农村水电安全监察员培训教材

水利部农村水电及电气化发展局　编著

内容提要

本书围绕农村水电系统电力安全监察工作和现行规程规范，较详细地叙述了抓好农村水电安全生产的重要意义、安全生产责任制、电力安全生产制度、电力安全监察工作内容、电力安全监察员职责和工作要求、电力事故调查和分析处理、人身触电事故预防、电气设备安全管理、防止电气火灾和爆炸事故、电气安全用具的正确使用等内容，并附有常用的规程规范和政策规定。

本书可作为水利行业农村水电系统电力安全监察员资格培训教材，也可供水行政管理部门从事农村水电管理的领导、工程技术人员和农村水电企业的安全生产管理人员学习、参考。

图书在版编目（CIP）数据

农村水电安全监察员培训教材/水利部农村水电及电气化发展局编著.—北京：中国水利水电出版社，2007（2014.10 重印）
ISBN 978-7-5084-5088-9

Ⅰ.农… Ⅱ.水… Ⅲ.①农村给水-安全监察-技术培训-教材②农村配电-安全监察-技术培训-教材
Ⅳ.S277.7 TM727.1

中国版本图书馆 CIP 数据核字（2007）第 168192 号

书　　名	**农村水电安全监察员培训教材**
作　　者	水利部农村水电及电气化发展局　编著
出版发行	中国水利水电出版社 （北京市海淀区玉渊潭南路 1 号 D 座　100038） 网址：www.waterpub.com.cn E-mail：sales@waterpub.com.cn 电话：(010) 68367658（发行部）
经　　售	北京科水图书销售中心（零售） 电话：(010) 88383994、63202643、68545874 全国各地新华书店和相关出版物销售网点
排　　版	中国水利水电出版社微机排版中心
印　　刷	北京纪元彩艺印刷有限公司
规　　格	184mm×260mm　16 开本　23.5 印张　557 千字
版　　次	2007 年 11 月第 1 版　2014 年 10 月第 3 次印刷
印　　数	8901—10900 册
定　　价	**38.00** 元

序

改革开放以来，我国以小水电为主体的农村水电发展迅速，到2006年底，全国农村水电有45000余座，发电装机容量近5000万kW，遍布全国1/2的地域、1/3的县市、1/4的人口。农村水电已成为国家电力工业重要组成部分，在增加电力供应、改善农村能源结构、保护生态环境、促进农村经济社会发展等方面发挥了不可替代的作用。我国农村水能资源十分丰富，可开发量达1.3亿kW，开发潜力还很大。根据我国《可再生能源中长期规划》，到2020年我国农村水电装机将达到7500万kW。随着农村水电的快速发展，农村水电在保障当地电力供应，确保供电系统安全中的作用日益突出，这对农村水电企业安全稳定运行提出了新的更高要求。

安全重于泰山。近几年国家先后出台了一系列安全生产的法律法规和政策措施，对各行业安全生产工作提出了明确要求。各级水行政主管部门认真贯彻中央关于安全生产工作的方针和政策，采取各种措施，加强了安全生产监督管理工作。目前全国农村水电安全生产形势总体上是好的，但由于农村水电点多、面广，管理水平参差不齐，一些地方特别是一些农村水电企业对安全生产工作缺乏应有的重视，安全措施不落实、安全生产管理和监察机构不健全、人员不到位，致使人身和设备安全事故时有发生，造成人民生命财产损失，影响正常供电、公共安全和社会安定。

为了切实加强对农村水电的安全监管，提高农村水电行业安全生产水平，根据国务院安全生产有关法规和文件精神，水利部先后出台了《关于加强农村水电安全生产监察和管理工作的意见》、《农村水电站安全分类及年检办法》、《关于明确水库水电站防汛管理责任的通知》等一系列文件，对于加强农村水电安全生产工作作出了明确规定。希望各级水行政主管部门认真学习贯彻，进一步提高安全意识，把安全生产作为一项长期艰巨的任务，完善安全生产行政首长负责制和业主负责制，建立健全安全监察体系，督促企业完善安全生产制度，落实安全生产措施，不断提高农村水电行业安全生产与管理水平，使农村水电为经济社会协调发展，为全面建设小康社会做出新贡献。

为适应农村水电安全监察工作需要，水利部水电局组织编写了《农村水电安全监察员培训教材》。希望这本教材能为全国农村水电行业开展电力安全监察员培训，提高农村水电安全监察员素质和执法水平起到积极的推动作用。

胡四一

2007年8月15日

目　　录

第一章　绪　　论

第一节　电力安全生产管理机构及其职责

一、国家电力安全管理机构及其职责

根据《电力安全生产监管办法》（2004 年 3 月 9 日国家电力监管委员会令第 2 号公布）规定：按照国务院的授权，由国家电力监管委员会（简称电监会）具体负责全国电力安全生产监督管理工作。国家电监会设立电力安全生产监管机构，行使以下电力安全监督管理职责：

（1）负责依法组织制定电力安全生产的规章、标准。

（2）组织电力安全生产大检查，督促落实安全生产各项措施。

（3）负责全国电力安全生产信息的统计、分析和发布。

（4）对全国电力行业发生的重大、特大安全生产事故组织调查。

（5）组织对电力企业安全生产状况进行检查、诊断、分析和评估。

（6）对电力安全生产工作中做出贡献者给予表彰奖励，对事故负有责任的单位和人员提出处罚建议。

二、农村水电行业电力安全管理机构及其职责

根据《中华人民共和国安全生产法》第九条“国务院有关部门依照本法和其他有关法律、行政法规的规定，在各自的职责范围内对有关安全生产工作实施监督管理”，各级水行政主管部门按照分级管理的原则，对其管辖范围内的农村水电电力安全生产行使如下安全监督管理职责：

（1）负责依法组织制定农村水电电力安全生产的规章、标准。

（2）组织对农村水电电力安全生产大检查，督促落实安全生产各项措施。

（3）负责对农村水电电力安全生产信息的统计、分析和发布。

（4）对农村水电企业发生的安全生产事故组织调查。

（5）组织对农村水电企业安全生产状况进行检查、诊断、分析和评估。

（6）对农村水电电力安全生产工作中做出贡献者给予表彰奖励，对事故负有责任的单位和人员提出处罚建议。

三、农村水电企业电力安全管理机构的职责

农村水电企业电力安全管理机构的职责归纳如下：

（1）监督本企业各级人员安全生产责任制的落实；监督各项安全生产规章制度、反事故措施和上级有关安全工作指示的贯彻执行。

（2）监督涉及设备、设施安全的技术状况，涉及人身安全的防护状况。对监督检查中

发现的重大问题和隐患，及时下达安全监督通知书，限期解决，并向主管领导报告。

(3) 组织编制本企业安全技术劳动保护措施计划，并监督所需费用的提取和使用；监督所属企业对计划的执行情况；监督劳动保护用品、安全工器具、安全防护用品的购置、发放和使用。

(4) 监督本企业及所属企业安全培训计划的落实；组织和配合《电业安全工作规程》的考试和安全网活动。

(5) 参加和协助本企业领导和组织的事故调查，监督“四不放过”贯彻落实，完成事故统计、分析、上报工作并提出考核意见。

(6) 对安全生产做出贡献者，提出给予表扬和奖励的建议或意见，对负有责任的人员提出批评和处罚的建议或意见。

(7) 参与工程和技改项目的设计审查、施工队伍资质审查和竣工验收，以及有关科研成果鉴定等工作。

四、农村水电企业安全生产管理人员的职责

农村水电企业安全生产管理人员除承担农村水电企业电力安全管理机构的主要职责外，根据《安全生产工作规定》(国电发［2000］643号)，企业安全管理监督人员有以下职权：

(1) 有权进入生产区域、施工现场、控制室、调度室检查了解安全情况。

(2) 有权制止违章作业、违章指挥、违反生产现场劳动纪律的行为。

(3) 有权要求保护事故现场，有权向企业内任何人员调查了解事故有关情况和提取事故原始资料，有权对事故现场进行拍照、录音、录像等。

(4) 对事故的调查分析结论和处理有不同意见时，有权提出或向上级安全监督机构反映；对违反规定、隐瞒事故或阻碍事故调查的行为有权纠正或越级反映。

第二节　电力安全监察

一、电力安全监察的主要内容

电力安全监察工作的主要内容可概括归纳如下：

(1) 制定有关电力安全生产和安全监察工作的政策和规章制度等。

(2) 制定本部门管辖范围内的年度安全监察工作计划，并组织实施。

(3) 对所管辖范围内的生产单位，监督检查其执行安全生产法规、规程及有关安全规章制度的情况。

(4) 组织并参加所管辖范围内的电力安全生产大检查。

(5) 严格执行事故报告制度，参与事故的调查和处理，做好电力生产事故统计和上报工作。

(6) 做好安全宣传和教育工作。依照有关规定对在安全生产中做出显著成绩的单位和个人进行表彰；对违反安全管理规章制度的单位和个人进行批评和处理。

二、电力安全监察员的职责和要求

电力安全监察员是安全监察的具体贯彻和执行者，在电力安全生产和安全监察工作中

起着重要的作用。

电力安全监察员的主要职责和要求如下：

(1) 代表上级行使安全监察职能，定期向行政正职和分管副职报告本单位安全情况。

(2) 负责监督本单位各级人员安全生产责任制的落实，监督各项安全生产规章制度、反事故技术措施和上级有关安全生产指标的贯彻执行。

(3) 深入现场检查安全状况及设备的安全运行情况。发现违章指挥、违章作业、违反劳动纪律的现象，有权制止与处罚；发现不安全隐患，有权发出安全监察通知书，要求限期消除；对于有严重事故危险的作业场所，有权责令停止作业或撤出人员。

(4) 参加或协助组织事故调查，监督“四不放过”原则的贯彻落实。

(5) 协助领导组织安全检查，监督整改措施的落实，监督检查中发现的重大问题和隐患的解决。

(6) 负责组织安全技术措施计划的制定，监督安全技术措施计划和反事故措施计划的落实。

(7) 负责制定企业安全生产基金的使用计划，监督安全生产基金费用的提取。

(8) 监督现场培训计划的执行，配合有关部门进行《电业安全工作规程》学习、考试和反事故演习。

(9) 利用各种工具和手段对职工进行安全教育。

(10) 负责事故统计报告管理工作。

三、电力安全监察员的任职条件和要求

由于安全监察员在安全管理工作中的重要性，对安全监察员的任职条件提出了较高的要求：应理解和执行国家有关安全生产的方针政策，具有较高的职业责任感和强烈的事业心，坚持原则，熟练掌握国家的有关安全法律法规；具备电力生产安全监察所需要的一定理论水平和较长时间的实践经验。可归纳为以下几条：

(1) 作风正派，坚持原则，责任心强，身体健康，接受群众监督。

(2) 了解国家有关电力安全生产的方针政策、法律法规，熟悉电力生产有关规程。

(3) 熟悉安全生产技术业务，了解本管辖范围内的电力生产企业的安全生产特点和状况，对可能发生的事故或存在的重大隐患有一定的预见和处理能力。

(4) 安全监察员和农村水电供电企业、5000kW 以上发电企业和单位的安全管理员应具有助理工程师、助理技师以上职称。其余企业和单位的安全管理员应具有相当于技术员以上的技术职称。

复习思考题

1. 农村水电行业电力安全管理机构职责是什么？
2. 农村水电企业电力安全管理机构职责是什么？
3. 农村水电企业安全管理人员职责是什么？
4. 电力安全监察员职责和要求是什么？
5. 电力安全监察员的任职条件和要求是什么？

第二章　电力安全生产管理

第一节　概　　述

电力生产的特点是发电、输电、变电、配电和用电同时进行。在这些环节中，任何一个环节发生故障，都会影响其他环节，影响电力生产和使用。电力中断，将会严重影响国民经济各个部门的生产和人民生活，给国家造成重大损失，因此，抓好电力安全生产，保证优质、可靠地供给国民经济各部门和人民生活用电是每个电力职工的神圣职责。

安全管理是搞好安全生产的重要工作。

认真做好安全管理的各项任务是保证电力企业安全生产的极其重要条件。电力企业的各部门必须高度重视安全生产管理。

一、电力安全生产管理的目的

电力安全生产管理的目的是保证电力正常供应，维护电力系统的安全稳定，防止和杜绝人身伤亡、大面积停电、主要设备损坏、垮坝和重大火灾等重、特大事故以及对社会造成重大影响的事故发生。

二、电力安全生产管理的原则

电力安全生产管理的原则是坚决贯彻“安全第一、预防为主、综合治理”的方针。做到标本兼治，重在治本，确保安全生产。

“安全第一”是指电力企业必须把安全生产作为头等大事，摆在一切工作的首位。只有抓好安全，才能保证电力生产的顺利进行。

“预防为主、综合治理”是指不能出了事故才想到安全生产，而是平时要做好各项工作，抓好安全生产各环节，做好综合治理，标本兼治，使电力生产不出事故，要把安全工作的重点放在预防上，做到防患于未然。

电力生产必须坚持“安全第一、预防为主、综合治理”的方针，保证安全发、供、用电，各设计、基建、生产和科研试验单位必须努力改进工程设计，提高施工质量，加强生产管理，开展技术革新，共同保证这一方针的实现。各生产、基建、设计、科研试验单位还必须建立严格的安全责任制，加强对安全工作的管理和对职工的安全教育，防止人身和设备事故的发生。

各发、供、用电单位在进行的生产、技术、思想政治、后勤，以及社会活动的各项工作中，都要有“安全第一、预防为主、综合治理”的思想，为安全生产服务。

各级领导干部在管理生产的同时，必须负责安全工作，认真贯彻国家有关安全生产和劳动保护的法令和规章制度。做到：在制订工作计划时要有安全工作的项目；在布置工作时要有安全工作的内容；在检查工作时要有安全工作的要求；在总结工作时要有安全工作的经验和教训；在评比工作时要有安全工作的先进事迹。充分发动群众，使每个职工认识到电力安全生产的重要性，在各项生产工作中坚决贯彻“安全第一、预防为主、综合治理”的方针，切实抓好安全生产工作。

三、电力安全生产管理的基本任务

电力安全生产管理的基本任务可以归纳为以下几点：

(1) 电力生产中确保人身和设备安全。杜绝人身死亡事故、主设备损坏事故、大面积停电事故和重要用户停电事故、垮坝事故以及重大火灾等事故。

(2) 建立和健全各种规章制度，贯彻执行《电业安全工作规程》等各种技术规程规范，保证电力安全生产。

(3) 落实以行政正职是安全生产第一责任者为核心的各级安全生产责任制，制订明确的安全职责，做到各负其责，密切配合，调动一切积极因素，从各个方面为安全生产创造条件。

(4) 抓好电力安全监察，及时发现和消除事故隐患和不安全因素，避免发生事故。

(5) 编制反事故措施计划和安全技术劳动保护措施计划并付诸实施。

第二节 安全生产责任制

安全生产责任制是指以企业行政正职在内的各级领导、各职能部门、各专业工种、各生产岗位为保证安全生产，制定明确的安全职责，做到各负其责，密切配合，从各个方面为安全生产创造条件，保证安全生产的一种制度。

一、企业的行政正职在安全生产方面的职责

企业的行政正职是本企业安全生产的第一责任者，对本企业的安全生产负全面领导责任。其主要职责是：

(1) 熟悉并负责贯彻国家及上级有关安全生产的方针、法规、政策和规定，熟悉并执行与本企业有关的安全规程、制度，保证企业安全生产目标的实现。

(2) 负责本企业各级安全生产责任制的建立和贯彻落实，组织制订本单位安全生产规章制度。

(3) 建立和健全本企业的安全管理机构及安全网组织并保证正常运转。

(4) 保证安全监督管理机构及其人员配备符合要求，支持安全监督管理机构履行职责。

(5) 保证安全生产所需资金的投入，尤其是保证反事故措施和安全技术劳动保护措施所需经费及安全奖励所需费用的提取和使用。

(6) 亲自主持本单位的安全例会，定期开展安全大检查，组织制订年度安全生产目标和安全工作计划、反事故措施计划及安全技术、劳动保护措施计划并督促落实。

(7) 经常深入班组和工作现场，了解本企业安全生产状况，及时解决存在问题。

(8) 组织制订并实施本单位的安全生产事故应急处理预案。

(9) 及时、如实报告安全生产事故。

（10）其他有关安全管理规定中所明确的职责。

二、企业分管领导在安全生产方面的职责

企业分管领导是分管范围的安全生产第一责任者，对分管工作范围内的安全生产工作负领导责任，向行政正职负责；总工程师对本企业的安全技术管理工作负领导责任；各职能部门、各专业岗位都要制定明确的安全职责，做到各负其责，密切配合，共同做好安全工作。

三、企业的安全管理人员在安全生产方面的职责

企业的安全管理人员在安全生产方面的主要职责是：

（1）宣传安全生产的方针、政策，督促与安全生产有关的各项规章制度的贯彻。

（2）监督安全生产计划、反事故措施计划、安全技术劳动保护措施计划的执行。

（3）组织安全教育培训和《电业安全工作规程》学习、考试。组织学习有关安全简报、事故通报、安全录像等。

（4）定期组织安全生产检查，组织并检查安全日活动及效果，深入班组和工作现场检查事故隐患，纠正违章行为等。

（5）参加事故调查分析，做好事故统计、报告工作。

（6）监督劳动保护用品的发放及安全工器具的使用和定期试验检查工作。

四、企业的每个职工在安全生产方面的职责

企业的每个职工在安全生产方面的职责是：

（1）自觉遵守国家、上级及本单位有关安全生产的法规、条例、规程及各项规章制度，自觉遵守劳动纪律。

（2）有权制止他人违章作业，有权拒绝执行违章指挥。

（3）认真吸取事故教训，不断提高安全意识和自我保护能力，做到“不伤害自己，不伤害他人，不被他人伤害”。

（4）及时反映和按规程规定处理一切危及人身和设备安全的问题。

（5）按要求参加安全生产培训和检查，参加各项安全活动，为不断提高企业安全生产水平提出合理化建议。

（6）刻苦学习和钻研业务，不断提高专业技术水平，保证安全生产。

（7）尊重和支持安全管理人员的工作，服从安全生产管理人员的管理。

五、电气工作人员在安全生产方面的职责和必须具备的条件

（一）电气工作人员在安全生产方面的职责

电气工作的内容很多，有内线、外线、值班、维修等。各种电气工种尽管工作范围和所需专业技术知识有所区别，但所需的安全技术则是一致的。

各种岗位的电气工作人员，除了应严格履行企业职工在安全生产方面的职责外，还必须对自己工作范围内的电气安全负责。要保持电气设备和电气线路的安全运行，保障用电人员的人身安全，避免和减少电气事故，保证发、供电可靠。因此，必须做到：

（1）电气设备安装前要认真检查验收，决不能安装质量不符合要求、型号规格不对或已有损坏的设备。

(2) 要严格按照规程规范和产品安装要求进行安装，确保安装和施工质量。

(3) 要绝对遵照运行规程和安全规程规定进行运行维护，决不能误操作。

(4) 维修工作要一丝不苟认真负责，要保证自己修理过的设备或线路不得再度发生因修理不善导致的电气事故。

(5) 经常向用电人员宣传安全用电知识。应使所有用电人员都知道以下一些安全用电要求。

1) 当发现设备有过热、冒烟、烧焦怪味、声音不正、打火、甚至起火等异常运行状况时，应立即切断电源，然后再进行处理。在故障未排除前，不能再度使用该设备。如果来不及切断电源，需带电灭火时，不得使用泡沫灭火器对带电设备灭火。

2) 设备操作人员要严格按照操作规程正确操作。禁止用湿手或湿抹布接触和擦拭带电设备。不得乱动乱接电器线路和接地接零线。非电工人员不得进行电气操作。更换熔丝必须查清故障原因并排除后按规定进行，不得随意增大或以铜丝代替熔丝。工作或处理事故时要与裸露带电部位之间保持足够的安全距离。

3) 发现绝缘破损、线芯外露等故障隐患，应及时请电工处理。遇雷雨天气，野外作业人员不要站在树下或独立高处。发现导线接地或架空线路断线，室内不得靠近接地点4m；室外不得靠近接地点8m，应派人看守并迅速通知有关部门派员抢修。

4) 对手持式、移动式电动工具和电气设备应特别注意检查绝缘及外壳接地是否良好，导线不能在地上乱拖，要按规程规定正确使用。

(二) 电气工作人员必须具备的条件

《电业安全工作规程（发电厂和变电所电气部分）》(DL408—91) 规定：电气工作人员，包括从事发电、输变电、供配电和运行维护及检修工作的人员，必须具备下列条件：

(1) 经医生鉴定，无妨碍工作的病症（体格检查约两年一次）。

(2) 具备必要的电气知识，且按其职务和工作性质，熟悉《电业安全工作规程（发电厂和变电所电气部分、电力线路部分、热力和机械部分）》的有关部分，并经考试合格。

(3) 学会紧急救护法，特别要学会触电急救。

电气工作人员必须具有高度的思想觉悟和认真负责的工作态度。

电气工作人员必须身体健康，不能有高血压、心脏病、气喘、癫痫、神经等病症或耳聋、眼瞎、色盲、高度近视以及肢体残缺等五官四肢不健全。身体不好，思想不易集中，就容易发生事故；发生人身触电事故时，抵抗力弱、摆脱电流小，触电危险性更大。所以当电气工作人员思想发生问题、身体不适、情绪不振、精神状态不佳时，应临时停止其参加重要的电气工作。

电气工作人员每年要进行一次《电业安全工作规程》考试，考试合格者方可独立工作，考试不合格者应限期熟悉《电业安全工作规程》，并禁止独立工作。对因故间断电气工作连续3个月以上者，必须重温《电业安全工作规程》，并经考试合格后，方可恢复工作。参加带电作业人员，需经专门培训，并经考试合格、领导批准后，方能参加工作。新参加电气工作的人员、实习人员和临时参加劳动的人员（干部、临时工等），必须经过安全知识教育后，方可下现场随同专门人员参加指定的工作，但不得单独工作。电工人员在开始工作前，必须先熟悉和明确工作中的安全注意事项。

《电业安全工作规程》和其他各种专业规程，是安全从事电气工作的法规，一切电气工作人员都必须认真学习，熟练掌握并严格执行。

电气工作人员必须具备必要的基础理论、基本技能和专业技术。学习安全技术不能离开专业技术基础，所以每个电气工作人员都必须掌握这些基本知识和技能，才能在工作中得心应手，才能切实地确保电力安全生产。

电气工作人员还必须熟悉本厂、本部门的电气设备和线路，只有这样才能避免工作中的失误，避免发生电气事故。

每个电气工作人员还必须掌握触电急救措施，学会人工呼吸法和胸外心脏按压法。万一发生触电事故，能迅速、安全、正确地进行救护。

现代科学技术、工农业生产、国防以及交通运输、市政、人民生活都离不开电。所以作为一名安装、维修、管理电气设备的农村水电行业电工，一定要严格要求自己、努力学习和不断提高自己的专业技术水平和基本技能，为社会主义经济建设和人民生活服务。

第三节 电力安全生产制度

电力规程规范是保证电力安全生产的重要法规。它是在总结电力事故教训的基础上科学制定的保障电力安全生产的规定。

电力安全监察员必须通晓各种规程规范，尤其是《电业安全工作规程》、《设备运行规程》、《设备检修规程》、《电业生产事故调查规程》。只有掌握这些规程规范及安全生产制度，才能做好安全监察工作。

电气工作人员必须认真学习和掌握有关的规程规范，并认真执行。必须经有关规程考试合格，才能上岗。

本节介绍电力安全生产制度和部分电力安全生产规程，必须在电力生产中认真贯彻执行。

一、操作规程

（1）农村水电各发、供电企业对国家和上级颁发的安全生产法规、标准、规定、规程、制度、反事故措施必须严格贯彻执行；在贯彻执行中可以结合实际情况制定细则或补充规定，但不得与上级规定相抵触，不得低于上级规定的标准。

（2）农村水电各发、供电企业应建立健全保障安全生产的各项规章制度。

1）根据上级颁发的标准、规程、制度、技术原则、反事故措施和设备厂商的说明书，编制企业各类设备的现场运行规程和制度。

2）根据上级颁发的检修规程、制度、技术原则制定本企业的检修管理制度；根据典型技术规程和设备制造说明，编制主、辅设备的检修工艺规程和质量标准。

3）根据国家颁布的《电网调度管理条例》和有关规定以及上级的调度规定，编制本系统调度规程。

4）根据上级颁发的施工管理规定，编制工程项目的施工组织设计和安全施工措施，按规定审批后执行。

（3）及时修订、复查现场规程和制度。

1）当上级颁发新的规程和反事故措施、设备系统变动、本企业事故防范措施需要时，应及时对现场规程进行补充或对有关条文进行修订，书面通知有关人员。

2）每年应对现场规程进行一次复查、修订，并书面通知有关人员；不需修订的，也应出具经复查人、审核人、批准人签名的“可以继续执行”的书面文件，并书面通知有关人员。

3）现场规程宜每3～5年进行一次全面修订、审定并印发。现场规程的补充或修订应严格履行审批手续。

(4) 必须严格执行两票（工作票、操作票）三制（交接班制度、巡回检查制度、设备定期试验轮换制度）和设备缺陷管理等制度；施工作业必须严格执行安全施工作业票和安全交底制度。

(5) 必须严格执行各项技术监督规程、标准，充分发挥技术监督专责人的技术管理作用，保证设备健康水平和电站、电网安全可靠运行。

二、保障电站、变电所安全运行的“两票三制”

电站、变电所为保证安全运行，必须严格执行工作票制度、操作票制度、交接班制度、巡回检查制度、设备定期试验轮换制度，简称“两票三制”。

（一）工作票制度

在电气设备上工作，应填用工作票或按命令执行，其方式有：填用第一种工作票、填用第二种工作票、口头或电话命令三种。

1. 填用第一种工作票的工作

填用第一种工作票的工作为：

(1) 高压设备上工作，需要全部停电或部分停电。

(2) 高压室内的二次接线和照明等回路上工作，需要将高压设备停电或做安全措施。

(3) 高压电力电缆需停电的工作。

(4) 其他需要将高压设备停电或要做安全措施的工作。

2. 填用第二种工作票的工作

填用第二种工作票的工作为：

(1) 带电作业和在带电设备外壳上的工作。

(2) 控制盘和低压配电盘、配电箱、电源干线上的工作。

(3) 二次接线回路的工作（无需高压设备停电）。

(4) 转动中的发电机、同期调相机的励磁回路或高压电动机转子电阻回路上的工作。

(5) 非当值值班人员用绝缘棒和电压互感器定相或用钳形电流表测量高压回路电流的工作。

3. 口头或电话命令的工作

除按上述规定填用第一种和第二种工作票的工作外，其他工作用口头或电话命令。

口头或电话命令，必须清楚正确，值班员应将发令人、负责人及工作任务详细记入操作记录簿中，并向发令人复诵核对一遍。

4. 工作票签发

工作票签发人应由分场、工区（所）熟悉人员、设备、和安全规程的生产领导人、技术人员或经厂、局主管生产领导批准的人员担任。工作票签发人员名单应书面公布。

工作票签发人不得兼任该项工作的工作负责人。工作负责人可以填写工作票但不得签发工作票。

5. 工作票填用规定

工作票填用规定包括以下几个方面的内容。

(1) 工作票要用钢笔或圆珠笔填写一式两份，应正确清楚，不得任意涂改。如有个别错、漏字需要修改时，应字迹清楚。

两份工作票的一份必须保存在工作地点，由工作负责人收执，另一份由值班员收执，按值移交。值班员应将工作票号码、工作任务、许可工作时间及完工时间记入操作记录簿中。

在无人值班的设备上工作时，第二份工作票由工作许可人收执。

(2) 一个工作负责人只能发给一张工作票。工作票上所列的工作地点以一个电气连接部分为限。如施工设备属于同一电压，位于同一楼层、同时停送电，且不会触及带电导体时，则允许在几个电气连接部分共用一张工作票。

开工前工作票内的全部安全措施应一次做完。

建筑工、油漆工等非电气人员进行工作时，工作票发给监护人。

(3) 在几个电气连接部分上依次进行不停电的同一类型的工作，可以发给一张第二种工作票。

(4) 若一个电气连接部分或一个配电装置全部停电，则所有不同地点的工作，可以发给一张工作票，但要详细填明主要工作内容。几个班同时进行工作时，工作票可发给一个总的负责人，在工作班成员栏内只填明各班的负责人，不必填写全部工作人员名单。

若在预定时间，一部分工作尚未完成，仍须继续工作而不妨碍送电的，在送电前，应按照送电后现场设备带电情况，办理新的工作票，布置好安全措施后，方可继续工作。

(5) 事故抢修工作可不用工作票，但应记入操作记录簿内。在开始工作前必须按规定做好安全措施，并应指定专人负责监护。

(6) 线路、用户检修班或基建施工单位在发电厂或变电所进行工作时，必须由所在单位（发电厂、变电所或工区）签发工作票并履行工作许可手续。

(7) 第一种工作票应在工作前一日交给值班员。临时工作在工作开始以前直接交给值班员。第二种工作票应在进行工作的当天预先交给值班员。

(8) 第一、二种工作票的有效时间，以批准的检修期为限。第一种工作票至预定时间，若工作尚未完成，则应由工作负责人办理延期手续。工作票有破损不能继续使用时，应补填新的工作票。

(9) 需要变更工作班中的成员时，须经工作负责人同意。需要变更工作负责人时，应由工作票签发人将变动情况记录在工作票上。若扩大工作任务，必须由工作负责人通过工作许可人，并在工作票上增填工作项目。若需变更或增设安全措施，必须填用新工作票，并重新履行工作许可手续。

6. 工作票所列人员的安全责任

工作票所列人员包括工作票签发人、工作负责人（监护人）、工作许可人、工作班人员。他们的安全责任分别如下所述。

（1）工作票签发人的安全责任如下：

1）工作是否必要。

2）工作是否安全。

3）工作票上所填安全措施是否正确完备。

4）所派工作负责人和工作班人员是否适当和足够，精神状态是否良好。

（2）工作负责人（监护人）的安全责任如下：

1）正确安全地组织工作。

2）结合实际进行安全思想教育。

3）督促、监护工作人员遵守安全规程。

4）负责检查工作票所列安全措施是否正确完备和值班员做的安全措施是否符合现场实际条件。

5）工作前对工作人员交代安全事项。

6）工作班人员变动是否合适。

（3）工作许可人的安全责任如下：

1）负责审查工作票所列安全措施是否正确完备，是否符合现场条件；

2）工作现场布置的安全措施是否完善；

3）负责检查停电设备有无突然来电的危险；

4）对工作票中所列内容即使发生很小疑问，也必须向工作票签发人询问清楚，必要时应要求作详细补充。

（4）工作班人员的安全责任如下：

认真执行《电业安全工作规程》和现场安全措施，互相关心工作安全，并监督《电业安全工作规程》和现场安全措施的实施，保证安全工作。

（二）操作票制度

操作票制度是保证电站、变电所安全运行的重要手段。它是将操作步骤先写下来，然后按写明的步骤逐项操作，这样可以防止误操作。倒闸操作前必须按规定先填写操作票，在操作中严格执行操作票和操作监护制度，保证安全正确操作。尤其要做到俗称的“五防”：防止带负荷拉合刀闸、防止带接地线（接地刀）合闸、防止带电挂接地线（接地刀）、防止误拉合开关、防止误入带电间隔事故。

倒闸操作票必须根据值班调度员或值班负责人命令，受令人复诵无误后填写，由操作人员填写操作票。每张操作票只能填写一个操作任务和编号。用计算机开出的操作票应与手写格式一致。操作票票面应清楚整洁，不得任意涂改。操作票应按照编号顺序使用。作废的操作票，应注明“作废”字样，已操作的注明“已执行”字样。使用过的操作票须在变电所内保存3个月（《国家电网公司电力安全工作规程》规定操作票应保存1年），以备查。

下列项目应填入操作票内：应拉、合的开关和刀闸，检查开关和刀闸位置，检查接地线是否拆除，检查负荷分配，装拆接地线，安装或拆除控制回路或电压互感器回路的熔断器，切换保护回路和检验是否确无电压等。

下列工作可以不用操作票：事故处理；拉、合开关的单一操作；拉开或拆除全站（厂）唯一的一组接地刀闸或接地线。上述操作应记入操作记录簿内。

（三）交接班制度

在一个工作班工作完毕，下一个工作班即将开始工作前进行工作交接的制度称交接班制度，交接班工作很重要，不少事故就是因为两个工作班工作交接时没有交接清楚而引发。所以交接班工作必须严肃认真，根据长期运行工作的总结，交接班时要做到“五清四交接”。“五清”就是指对交接的内容要讲清、听清、问清、看清、点清。“四交接”就是要进行站队交接、图板交接、现场交接、实物交接。站队交接是交接班双方均应站队立正、面对面把各项内容交接清楚。图板交接是交班负责人会同全值接班人员在模拟图板上交代清楚当时的运行方式。现场交接是指对现场设备（包括电气二次设备）停、复役的变更情况、接地线设置情况以及继电保护方式或定值的变更情况等交接清楚。实物交接是指具体实物（如工作票和操作票、文件、通知、工具、仪器仪表、值班记录等物件）要交接清楚。只有把各项内容交接清楚，下一班工作才能正确无误地继续进行，否则就可能发生事故。交接的项目一般有以下几项：

（1）系统异常运行及事故处理情况。

（2）各项操作任务的执行情况。

（3）设备的停、复役变更，继电保护方式或定值变更情况。

（4）工作票的执行情况和缺陷情况。

（5）设备的检修情况和缺陷情况，信号装置异常情况。

（6）各种记录簿、资料、图纸的收存保管情况。

（7）上级命令指示或有关通知。

（8）各种安全用具、开关钥匙及有关材料工具情况。

（9）本值尚未完成，需下一班续做的工作及注意事项。

（10）系统运行方式及模拟图板结线情况等。

当完成交接班手续，双方在值班记录簿上签字后，值班负责人应向电网有关值班调度员汇报设备的检修、重要缺陷以及本电站或变电所的运行方式、气候等情况，并核对时钟，组织本值人员简要地分析运行情况和应做哪些工作，然后分赴各自岗位。

如果在交接班过程中，需要进行重要操作、异常运行或事故处理，仍由交班人员负责处理，必要时可请接班人员协助工作。需待事故处理或操作结束或告一段落后，经调度员同意后再继续交接班。

（四）巡回检查制度

巡回检查是沿着预先拟订好的科学的、切合实际的路线，对所有电气设备按规定的巡回周期和运行规程规定的检查项目集中依次进行巡视检查。通过巡视检查可及时发现事故隐患，防止事故发生。巡回检查时应思想集中、一丝不苟，不能漏查设备和漏查项目，更不能不去巡回检查。要做到：走到、看到、听到、闻到，必要时摸到（不允许触及者除外）。

除按规定定期巡回检查外，还应根据设备情况、负荷情况、自然条件及气候情况增加巡查次数。例如：对过负荷设备，要求每小时巡查一次，对严重过负荷设备应严密监视；

对发生故障处理后的设备，在投入运行后4h内每2h检查一次；对危及安全运行的重大设备缺陷，每隔半小时或1h巡查一次；遇大雾、大雪、冰冻、台风、汛期、雷雨后，要增加特巡次数等。

（五）设备定期试验轮换制度

对电站、变电所内备用设备及继电保护自动装置等进行定期试验、校验和轮换使用，是及时发现缺陷，消除缺陷，保持备用设备始终处于完好状态的重要手段。确保备用设备在投用时能正确投用并可靠运行，在故障或事故时继电保护自动装置能正确可靠动作，能正确报警、切除故障。设备定期试验轮换制度是电站、变电所安全运行的重要组织措施之一。单位应针对设备情况，根据规程规范的规定制订本单位设备定期试验轮换计划，经批准后严格执行，确保电站、变电所安全运行。

电气试验是检查电气设备健康状况的有效方法，通过对电气设备定期试验，可以掌握电气设备的健康状况，可以及时发现事故隐患，做好预防措施，保证电气设备安全运行。有关电气试验的详细内容在第六章中叙述。

“两票三制”是从长期的生产运行中总结出来的安全生产制度，是防止电气事故的有效措施。此外，还有运行分析制度、检修验收制度、缺陷管理制度、设备管理制度、资料管理制度、保卫保密制度、文明生产制度等都是保证电站、变电所安全运行的重要组织措施，一定要严肃认真执行，保证电站安全运行。

三、保证安全工作的组织措施

在电气设备上工作，保证安全的组织措施为：工作票制度，工作许可制度，工作监护制度，工作间断、转移和终结制度。

（一）工作票制度

除应按规定填写工作票外，对工作票所列人员的基本要求如下：

(1) 工作票签发人必须是熟悉工作人员技术水平、设备情况、安全工作规程并具有相关工作经验的生产领导人、技术人员或经本单位生产领导批准的人员。工作票签发人员名单应书面公布。

(2) 工作负责人必须是具有相关经验，熟悉设备情况、工作班人员工作能力和安全工作规程，并经工区（厂、公司）生产领导书面批准的人员。

(3) 工作许可人应是经工区（厂、公司）生产领导批准的有一定工作经验的运行人员或经批准的检修单位的操作人员（进行该工作任务操作及做安全措施的人员）；用户变、配电站的工作许可人应是持有效证书的高级电工。

(4) 专责监护人应是具有相关工作经验，熟悉设备情况、熟悉安全工作规程的人员。

（二）工作许可制度

电气工作开始前，必须完成工作许可手续。工作许可人（运行值班负责人）应负责审查工作票所列安全措施是否正确完善，是否符合现场条件。并负责落实施工现场的安全措施。工作许可人应会同工作负责人到现场检查所做的安全措施是否完备、可靠，并检验证明检修设备确无电压。工作许可人应给工作负责人指明带电设备的位置和注意事项，然后分别在工作票上签名，工作班方可开始工作。

工作过程中，工作负责人和工作许可人任何一方不得擅自变更安全措施，值班人员不得变更有关检修设备的运行接线方式。工作中如有特殊情况需变更时，应事先取得对方同意。

线路停电检修，运行值班人员必须在变配电所将线路可能受电的各方面均拉闸停电，并挂好接地线，将工作班数目、工作负责人姓名、工作地点和工作任务记入记录簿内，然后才能发出许可工作的命令。

在工作中需注意：严禁约定时间送电。

（三）工作监护制度

完成工作许可手续后，工作负责人（监护人）应向工作班人员交代现场安全措施、带电部位及其他注意事项。工作负责人（监护人）必须始终在工作现场，对工作班人员的安全认真监护，及时纠正违反安全的动作。

工作班人员必须服从工作负责人（监护人）的指挥。工作负责人（监护人）如发现工作人员有违反安全工作规程或进行不安全工作时，应立即指正，必要时可暂停其工作。

工作负责人或专责监护人因故离开现场时，须指定能胜任的人员临时代替，并交代清楚，使监护工作不间断。若工作负责人必须长时间离开工作现场，则应由原工作票签发人变更工作负责人，履行变更手续并告知工作班人员及工作许可人。

所有工作人员（包括工作负责人）不许单独留在高压室内或户外变配电所高压设备区内，以免发生意外触电或电弧灼伤事故。

监护人所监护的内容归纳如下：

（1）部分停电时，监护所有工作人员的活动范围，与带电部分要保持规定的安全距离。

（2）带电作业时，监护所有工作人员的活动范围，与接地部分保持规定的安全距离。

（3）监护所有工作人员的工具使用是否正确，工作位置是否安全，操作方法是否正确等。

（四）工作间断、转移和终结制度

工作间断时，工作班人员应从工作地点撤出，所有安全措施保持不动，工作票仍由工作负责人执存。间断后继续工作，无需通过工作许可人。每日收工，应清扫工作地点，开放已封闭的通路，并将工作票交回运行值班员。次日复工时，应得到运行值班员许可，取回工作票，工作负责人必须在工作前重新认真检查安全措施是否符合工作票的要求，然后才能继续工作，若无工作负责人或监护人带领，工作人员不得进入工作地点。

在同一电气连接部分用同一工作票依次在几个工作地点转移工作时，全部安全措施由运行值班员在开工前一次做完，不需再办理转移手续，但工作负责人在转移工作地点时，应向工作人员交代带电范围、安全措施和注意事项。

全部工作完毕后，工作班应清扫、整理现场。工作负责人应先周密检查，待全体工作人员撤离工作地点后，再向运行值班人员讲清所检修项目、发现的问题、试验结果和存在问题等，并与运行值班人员共同检查设备状况，有无遗留物件，是否清洁等，然后在工作票上填明工作终结时间，经双方签名后，工作票方告终结。

只有在同一停电系统的所有工作票结束，拆除所有接地线、临时遮栏和标示牌，恢复常设遮栏，并得到运行值班调度员或运行值班负责人的许可命令后，才能合闸送电。合闸送电后，工作负责人应检查电气设备或线路的运行情况，正常后方可离开工作现场。

已结束的工作票、事故应急抢修单要保存一年。

四、保证安全工作的技术措施

在实施上述保证安全工作组织措施的同时，为确保电气工作安全，还必须实施技术措施。根据《电业安全工作规程（发电厂和变电所电气部分）》（DL408—91）规定：在全部停电或部分停电的电气设备上工作必须完成停电、验电、装设接地线、悬挂标示牌和装设遮栏等技术措施。

（一）停电

在工作地点，必须停电的设备如下：

（1）检修的设备。

（2）与工作人员进行工作时正常活动范围的距离小于规定安全距离的设备。

（3）带电部分在工作人员后面或两侧无可靠安全措施的设备。

将检修设备停电，必须把各方面的电源完全断开（运行中的星形接线设备的中性点，必须视为带电设备）。禁止在只经开关断开电源的设备上工作，必须拉开刀闸，使各方面至少有一个明显的断开点。与停电设备有关的变压器和电压互感器，必须从高、低压两侧断开，以防向停电检修设备反送电。

线路作业必须停电的范围是：

（1）检修线路的所有开关及联络开关和刀闸。

（2）危及检修线路停电作业，且不能采取安全措施的交叉跨越、平行及同杆架设线路的开关和刀闸。

（3）可能将电源返送至检修线路的用户自备发电机的开关和刀闸。

（二）验电

检修的电气设备和线路停电后，在悬挂接地线之前必须用验电器检验确无电压。因为虽然设备或线路电源是切断了，但很难保证没有邻近带电设备或线路对它的感应电，有时感应电压还不小，为了检修工作安全，所以在挂接地线之前必须进行验电。

验电时，必须用电压等级合适而且合格的验电器，在检修设备进出线两侧各相分别验电。验电前，应先在有电的设备上进行试验，确证验电器良好，然后进行验电。

线路验电应逐相进行。同杆架设的多层电力线路验电时，先验低压，后验高压；先验下层，后验上层。

高压验电时必须戴绝缘手套。

表示设备断开和允许进入间隔的信号及经常接入的电压表只能作为参考，不能作为设备有无电压的依据。但如果信号和仪表指示有电，则禁止在设备上工作。

（三）装设接地线

检修设备在完成停电、验电后，虽已确证不再带电，但还不能工作，因为在工作过程中，假如突然来电，对安全工作就构成威胁。所以为了工作安全，还必须装设接地线。

根据《电业安全工作规程（发电厂和变电所电气部分）》（DL408—91）规定：当验明设备确已无电压后，应立即将检修设备接地并三相短路。这样可防止突然来电，并放尽设备断开部分的剩余电荷。

对于可能由各方面送电至停电检修设备或停电检修设备可能产生感应电压的，都要装设接地线。所装接地线与带电部分应符合安全距离的规定。

接地线应采用多股软铜线，其截面积应符合短路电流的要求，但不得小于25mm²。接地线必须使用专用的线夹固定在导体上，严禁用缠绕的方法进行接地或短路。

装设接地线必须先接接地端，后接导体端，而且要接触良好。拆接地线的顺序与此相反。装、拆接地线均应使用绝缘棒和戴绝缘手套。装设接地线必须由两人进行。若为单人值班，只允许使用接地刀闸接地。

接地线必须妥善保管，要编号放在固定地方，不能用错。

（四）悬挂标示牌和装设遮栏（围栏）

检修设备在完成停电、验电、悬挂接地线后，还不能工作，以防工作中工作人员及工具误碰带电设备或距离带电设备太近，造成带电设备对人放电。同时，应防止误合闸造成误送电，所以还必须完成悬挂标示牌、装设遮拦工作。只有做好上述各项技术措施后，才能开始工作。设备不停电时的安全距离见表2-1。

表2-1　　设备不停电时的安全距离

电压等级（kV）	安全距离（m）	电压等级（kV）	安全距离（m）
10及以下	0.7	220	3.00
20～35	1.00	330	4.00
60～110	1.50	500	5.00

《电业安全工作规程》规定：在一经合闸即可送电到工作地点的开关和刀闸的操作把手上，均应悬挂“禁止合闸，有人工作!”标示牌。如果线路上有人工作，应在线路开关和刀闸的操作把手上悬挂“禁止合闸，线路有人工作!”标示牌。标示牌的格式、字样应符合《电业安全工作规程》的规定。标示牌的悬挂和拆除应严格按规定进行。

遮拦可用干燥木材、橡胶或其他坚韧绝缘材料制成，装设应牢固，并悬挂“止步，高压危险!”的标示牌。

工作人员在工作中严禁移动或拆除遮拦及接地线和标示牌，以确保工作安全。

五、倒闸操作制度

电气设备有四种工作状态，即运行、冷备用、热备用、检修状态。运行状态指设备在通电工作；冷备用状态指设备的开关和刀闸都打开，要合刀闸、开关后才能投入运行；热备用指设备的刀闸已经合上，开关打开，只要合上开关就能送电；检修状态指设备开关、刀闸全部拉开并且安全措施均已做好的工作状态。

将电气设备从一种工作状态变换到另一种工作状态所进行的一系列操作称为倒闸操作。倒闸操作必须正确，不能发生误操作，如果发生误操作，后果不堪设想，轻则造成设备损坏、部分停电，重则发生人身伤亡，破坏电网安全运行，导致大面积停电。

（一）倒闸操作的基本条件

倒闸操作的基本条件包括以下六个方面。

（1）操作人员应经过严格培训考核，有合格的操作证。

(2) 要有与现场设备实际接线相一致的一次系统模拟图、继电保护回路展开图和整定值揭示图及其他相关的二次接线图。

(3) 要有正确的调度命令和合格的操作票。

(4) 操作中要使用统一的调度术语。

(5) 现场一、二次设备要有明显的标志，包括命名和编号。

(6) 要具备合格的操作工具、安全用具和设施。

(二) 倒闸操作的操作步骤

倒闸操作的操作步骤如下：

(1) 模拟预演。根据填写的操作票先在一次系统模拟图上进行演习，逐项唱票，逐项翻正。预演完毕后，应检查操作票上所列项目的操作是否达到操作的目的。

(2) 准备工作。由操作人员准备好必要的合格操作工具和安全用具。

(3) 站正位置。操作人员按操作项目，有顺序地走到应操作的设备前立正，等候监护人的唱票。

(4) 核对设备。监护人按操作项目核对操作设备名称和设备编号，核对应与操作票全部符合。

(5) 高声唱票。监护人高声读应操作项目的全部内容。

(6) 高声复诵。操作人应手指被操作的设备，高声复诵一遍操作项目的内容。

(7) 允许操作。监护人认为一切无误，便发布“对，执行!”的命令。

(8) 执行操作。操作人员在听到“对，执行!”的命令后，进行果断操作。

(9) 检查设备。每一项操作结束后，操作人和监护人一起检查被操作的设备状态，被操作的设备应与操作项目的要求相符合并处于良好状态。

(10) 逐项勾票。每一个操作项目执行完毕，检查无误后，监护人应用笔将该项目打“√”，然后进行下一项目操作。

(11) 查清疑问。操作中发生疑问时，应立即停止操作并向值班调度员或值班负责人报告，弄清问题后，再进行操作。不准擅自更改操作票，不准随意解除闭锁装置。

(12) 记录时间。一张操作票操作完毕后，监护人应记录操作的起止时间。

(13) 签名盖章。一张操作票操作完毕后，监护人和操作人在操作票的相应栏目内各自签名，并加盖“已执行”的图章。

(14) 汇报制度。一张操作票操作完毕后，监护人应向发令人报告操作任务的执行时间和执行情况。

倒闸操作是一项十分重要的工作，要严格防止误调度、误操作、误整定事故发生。倒闸操作一定要严格做到“五防”。即防止带负荷拉合刀闸、防止带接地线（接地刀闸）合闸、防止带电挂接地线（接地刀闸）、防止误拉合开关、防止误入带电间隔，保证操作安全准确。

六、低压带电工作的安全措施

在 380/220V 低压电气设备和线路上带电工作，电气工作人员思想上绝对不能麻痹大意，绝不能认为电压低危险性小。统计数字表明，在触电伤亡事故中，在低压电气设备和线路上触电的比例较大，所以一定要严格按规定，做好安全措施。在低压带电工作时必须注意下面一些安全事项。

（1）低压带电工作应有专人监护，使用有绝缘柄的工具，并站在干燥的绝缘物上进行工作。人体与地和金属之间要有足够的安全距离。人体与其他相的导体（包括中性线）之间有良好的绝缘或规定的安全距离。工作时带电部分尽可能位于检修人员的一侧，检修人员最好单手操作，以免发生两相触电事故。

（2）对于高、低压同杆架设的线路，假如要在低压线路上工作时，应先检查与高压线的距离，采取防止误碰高压线的措施。工作人员手的活动范围和头部与上层合杆的6～10kV高压线路应保持0.7m以上距离，与35kV高压线路应保持1m以上距离。

（3）工作人员必须穿长袖工作服、工作裤，严禁穿背心、短裤进行带电工作。要穿戴好绝缘鞋、绝缘手套和安全帽，高处作业还必须系好安全带。

（4）在工作中要认清相线、中性线，要严格按顺序拆搭。断开导线时应先断火线，后断零线；搭接导线时顺序应相反。在工作时不准人体同时接触任何两根导线。

（5）工作中不准用钢卷尺或夹有金属丝的皮卷尺、线尺进行测量工作。也不得使用锉刀及用金属物制成的毛刷等工具。

（6）在带电的电流互感器二次回路上工作时，应有专人监护，并站在绝缘垫上工作。工作中严禁将电流互感器二次开路，以防止二次开路时产生的高电压损坏设备、伤人或铁芯产生的高温烧毁设备。要断开二次回路时必须用短接片将电流互感器二次回路先短路。禁止在电流互感器与短接端子之间的回路或导线上工作。

（7）在带电的电压互感器二次回路上工作时，应使用绝缘工具，并防止二次回路发生短路，以免短路电流使电压互感器发热烧坏或伤人。

在低压电气设备和线路上工作，应尽可能停电进行，以确保工作安全。

七、生产厂房及相关场所的安全管理

（一）生产厂房及工作场所的安全要求

生产厂房及工作场所的安全要求如下：

（1）生产厂房内外必须保持清洁完整。

（2）在楼板和结构上打孔或在规定地点以外安装起重滑车或堆放重物等，必须事先经过本单位有关技术部门的审核许可。规定放置重物及安装滑车的地点应标以明显的标记（标出界限和荷重限度）。

（3）禁止利用任何管道悬吊重物和起重滑车。

（4）生产厂房内外工作场所的井、坑、孔、洞或沟道，必须有与地面齐平的坚固盖板。在检修工作中如需将盖板取下，必须设临时围栏。临时打的孔、洞，施工结束后，必须恢复原状。

（5）所有升降口、大小孔洞、楼梯和平台，必须装置不低于1050mm高的栏杆和不低于100mm高的护板。如在检修期间需将栏杆拆除时，必须装设临时遮拦，并在检查结束时将栏杆立即装回。

（6）所有楼梯、平台、通道、栏杆都应保持完整，铁板必须铺设牢固。铁板表面应有防滑纹路。

（7）门口、通道、楼梯和平台等处，不准堆放杂物。电缆及管道不应敷设在经常有人通行的地方。

(8) 生产厂房内外工作场所的常用照明，应保证足够的亮度。在操作盘、重要表计及设备、主通道等地点还必须有事故照明。

(9) 生产厂房及仓库应备有必要的消防设备。消防设备应定期检查和试验，保证随时可用。

(10) 禁止在工作场所存贮易燃易爆物品。

(11) 所有的高温管道、容器等设备上都应有完整的保温层。

(12) 在油管的法兰盘和阀门的周围，如敷设有热管道或其他热体，为防止漏油而引起火灾，必须在这些热体保温层外面再包上铁皮。

(13) 生产厂房内外的电缆，在进入控制室、电缆层、控制柜、开关柜等处的电缆孔洞，必须用防火材料严密封闭。

(14) 生产厂房的取暖用热源，应有专人管理。

(15) 厂房必须定期检查，厂房结构应无倾斜、裂纹、风化、下塌等现象，门窗应完整。

(16) 生产厂房装设的电梯，在使用前应经有关部门检查合格，取得合格证并制定安全使用规定和定期检验维护制度。电梯应有专责人负责维护管理。电梯的安全闭锁装置、自动装置、机械部分、信号、照明等有缺陷时，必须停止使用并采取必要的安全措施。

(17) 生产厂房内应备有急救药箱，存放消过毒的包扎材料和必需的药品。

(二) 生产厂房及工作场所的工作人员的安全要求

生产厂房及工作场所的工作人员的安全要求如下：

(1) 新录用的工作人员，须经过体格检查合格。工作人员必须定期进行体格检查，凡患有不适宜进行生产工作病症的人员，经医生鉴定和有关部门批准，应调换其他工作。

(2) 所有工作人员都应学会触电急救，并熟悉有关烧伤、烫伤、外伤、气体中毒等急救常识。

(3) 使用可燃物品（如乙炔、氢气、油类、瓦斯等）的人员，必须熟悉这些材料的特性及防火防爆规则。

(4) 工作人员的工作服不应有可能被转动的机器绞住的部分；工作时必须穿符合规定的工作服，衣服和袖口必须扣好；禁止戴围巾和穿长衣服。工作人员进入生产现场禁止穿拖鞋、凉鞋，女工作人员禁止穿裙子、穿高跟鞋。辫子、长发必须盘在工作帽内。

(5) 进入施工及高空作业现场，任何人必须戴安全帽。

(三) 生产厂房及工作场所电气安全规定

生产厂房及工作场所对一般电气安全有如下规定：

(1) 所有电气设备的金属外壳均应良好接地。

(2) 电气设备上的标示牌，除原来放置人员或负责的运行值班人员外，其他任何人不准移动。

(3) 不准靠近或接触有电设备的带电部分，特殊许可的工作必须严格遵守《电业安全工作规程》中的有关规定。

(4) 湿手不准触摸电灯开关及其他电气设备。

(5) 开关、插座及导线绝缘破损，应立即找电工修好，否则不准使用。

(6) 发现有人触电，应立即切断电源，并进行急救。如在高空工作，抢救时要注意防止高空摔跌。

(7) 如遇电气设备着火，应立即将有关设备的电源切断，然后进行救火。救火时要注意正确选用灭火器材。

(四) 生产厂房及工作场所设备维护安全要求

生产厂房及工作场所设备维护安全有如下要求：

(1) 机器的转动部分必须装有防护罩或其他防护设备（如栅栏），露出的轴端必须有护盖。

(2) 不准在转动的机器上装卸和校正皮带，或直接用手往皮带上撒松香等物。

(3) 在机器完全停止以前，不准进行修理工作。修理中的机器应做好防止转动的安全措施。

(4) 禁止在运行中清扫、擦拭和润滑机器的旋转和移动部分，以及把手伸入栅栏内。

(5) 禁止在栏杆上、管道上、靠背轮上、安全罩上或运行中设备的轴承上行走和坐立。

(6) 设备异常运行可能危及人身安全时，应停止设备运行。在停止运行前除必须的运行维护人员外，其他人员不准接近该设备或在该设备附近逗留。

(7) 厂房外墙和烟囱等处固定的爬梯，必须牢固可靠，应设有护圈，高 100m 以上的爬梯，中间应设有休息平台，并应定期进行检查和维护。

第四节　电站安全监督工作

一、发供电设备安全监督

(一) 设备运行中的安全监督

现场监督是安全管理人员和监察人员职责范围内的一项重要工作。从电站的安全管理、监察人员到车间专责安全员都应该经常有计划地深入现场进行监督检查。通过日常的现场监督和定期检查，来掌握发供电设备安全运行状况，了解运行人员和检修人员的工作情况，了解规程制度的执行情况。从而分析掌握安全生产中存在的问题，以便向有关领导提出改进安全生产的措施和意见并督促其实施。

安全监察人员必须每日进行一次现场监督检查。检查的方法主要是巡视检查设备，查阅记录，了解人员工作情况，检查文明生产等。检查的具体内容应包括以下几方面：

1. 对设备主要运行参数的监督

现场巡视检查设备运行情况时，一定要注意以下几种运行参数的变化情况：

(1) 水轮发电机组推力瓦、水导瓦、导轴承温度。

(2) 机组各部分振动和摆度。

(3) 发电机出入口风温。

(4) 发电机定、转子电流、温度。

(5) 噪音。

通过上述主要运行参数的变化情况分析，就能大体上判断设备运行的安全状况。

上述各运行参数都在基准参数允许变化的上限下限范围内，则设备运行基本上是安全正常的，如果其中有一项超过了基准参数允许的变化范围，则说明该设备运行有一定问题，必须查明原因予以解决，使之恢复正常。因此安全监察人员对上述各项运行参数的运行基准值必须掌握并且要记住，这是现场巡视检查设备保证检查质量的基础，是安全监察的一项基本功。

2. 检查各种运行记录簿填写审阅情况

重点要检查审阅运行日志，交接班记录簿，设备缺陷记录簿，设备定期试验、轮换记录簿，事故预想记录簿，工作票登记簿等。通过对这些记录簿的检查可以了解分析车间领导、安全员以及各岗位运行人员执行规程制度和运行管理情况。

运行日志是运行人员定时记录设备运行各种参数的重要文件。每日24h设备各部分的运行变化情况都反映在日志上。填写得认真无误是考核运行人员工作质量的重要依据。如果检查发现运行人员没有按时、准时填写表单，说明该运行人员失职，没有按规定检查设备。如果发现一个值内某一项参数没有任何变化，都填写成同一个数，要调查数字是否真实。

事故预想记录簿，是各岗位的运行人员在接班后按照交接班时检查设备了解的设备运行情况，经过分析和事故预测得出的结论，在本班内设备可能发生的事故，并提出事故处理对策，引起全班人员或每个岗位运行人员的注意，做到有备无患。如果检查发现运行人员没按要求填写，说明该岗位的运行人员在巡视设备后没有认真分析研究，对在值班期间设备安全运行尚无全面的考虑，这是不允许的，特别是对于运行班长。如果这种情况连续几天未能纠正，说明该运行班的值班工作不深入或要求不严格。安全监察人员应及时向该运行班的工作人员提出意见。

设备定期试验、轮换记录簿，是记录设备在运行中按运行规程的要求周期，定期进行的试验和备用设备轮换运行。检查该记录簿就能了解设备是否按期试验和轮换。记录簿最好采用固定项目的周期表格，以方便检查。对未做的项目，要写明原因，安监人员把未按期做的项目及其原因，记录下来，经调查核实后，提出改进意见。

每日巡视审查各种运行记录簿是一项十分重要的工作，安全监察人员必须认真对待，严格要求，一丝不苟。要做到这一点，安全监察人员必须熟悉各种记录簿的内容和填写要求。

3. 检查运行纪律

现场巡视时应注意检查运行人员在值班期间，特别是在监盘时是否认真执行运行纪律，精神集中。

运行人员在值班时间内，必须严格遵守以下纪律：

(1) 不准迟到早退，串岗离岗。

(2) 不准围坐、闲谈、打盹、睡觉。

(3) 不准看与值班无关的书报。

(4) 不准做与值班无关的事。

(5) 不准在控制室抽烟。

各电站可能还有其他规定的纪律，安全监察人员应按各电站规定的运行纪律进行监督检查。

4. 检查并掌握设备缺陷消除情况

通过设备巡视检查、设备缺陷记录簿的检查，安全监察人员应掌握设备缺陷的消除情况；对当日还有那些主要设备存在缺陷威胁安全运行，做到心中有数。如果现有的设备缺陷长期未处理消除，应追查其原因，提出意见，督促缺陷的处理。

5. 检查有无严重违反《电业安全工作规程》

发现有违反《电业安全工作规程》的现象时应立即纠正。

6. 检查文明生产情况

安全监察人员应备有专门的现场巡视检查记录簿，每天将检查的情况记录下来作为备忘录，亦是向各级领导汇报和提意见的依据。

在巡视监督中发现的问题应及时通知有关车间、科室，采取措施改进，严重的应向站长、总工程师汇报。为了使检查出来的问题，能得到有关单位重视和及时解决，建议建立“安全监察通知单”，把发现的问题和提出的改进意见填写在通知单上，一式两份，一份交有关车间、科室去办，一份留安全监察人员处存查，以便以后督促检查。

（二）设备检修工作的安全监督

健康完好的设备是保证设备安全运行的基础，设备检修则是提高设备健康水平、确保安全经济运行、提高设备可用系数、充分发挥潜力的重要措施，是设备全过程管理的一个重要方面。

通过对设备事故多年来的统计分析，由于检修人员过失所造成的责任事故，在发电设备生产人员责任事故中所占的比例始终保持在70%左右。造成生产人员责任事故的原因大部分集中在以下三个方面：一是检修质量不良；二是维护不当；三是管理不当。

由此可见，在电力企业中，把设备检修工作搞好了就可使生产人员的责任事故大幅度下降，因此安全监察工程师要把对检修工作的监督检查作为开展工作的一个重要方面。

根据我国当前的检修管理水平和设备实际情况，检修一般可分为大修、小修和临时检修三种。大修、小修都属于定期的预防性检修或计划检修。近年来，国际上提出的状态性检修，在国内这也是一个发展方向。

1. 对检修管理基础工作的安全监督

要搞好检修安全监察，首先必须下大力气做好基础工作。一般检修管理的基础工作包括以下几个方面：

（1）根据有关规章制度，如《发电厂检修规程》、《电力变压器检修导则》、《电力安全工作规定》等，结合本单位实际情况制定实施细则或作出补充规定，如建立本单位的检修质量标准、工艺规程、验收制度、缺陷管理制度、备品配件管理办法等。

（2）不断收集整理和完善设备系统的多种技术资料和图纸。如各种原始技术资料、制造厂说明书、安装调试和定期试验记录、历年检修和重大设备缺陷处理记录等，并实行分级管理，明确各级的职责。

（3）加强对检修工具、机具、仪器的管理，做到正确使用，加强保养。

（4）搞好材料和备品配件的管理工作。

（5）严格执行各项技术监督制度，做到方法正确、数字准确、结论准确，及时指导检修工作。

（6）建立设备状况监督制度，如对机组累计运行小时数、主变压器油的气体分析变化情况，断路器短路容量和切断故障次数，各种预防性试验数据变化等的统计分析制度。

（7）加强检修队伍的建设，提高职工的素质，如举办特殊工种的培训班等。

（8）不断完善检修承包制度。

2. 对编制检修计划和审核检修计划的安全监督

（1）检修间隔。

水轮发电机组的检修间隔，多泥沙水电站为3～4年，非多泥沙水电站为4～6年，小修间隔为两年（新机投产后第一次大修时间为正式投产后1年左右）。主变压器新投产的第一次大修一般为投产后5年，运行中的一般为10年。高压断路器的检修间隔根据断路器的形式、遮断容量、制造质量、制造厂的要求、安装地点的短路容量、切断故障电流的次数及现场经验安排。操作频繁的断路器，检修间隔按操作次数确定。操作次数较少的断路器，一般110kV的少油断路器为3～5年，空气断路器为2～4年；35kV以下的，一般为2～4年。所有各种电压级的SF_6断路器一般为10～15年，全封闭组合电器为10～20年。

设备检修必须坚持“应修必修、修必修好”的原则。要严肃对待检修计划，不能随意变更或取消。如根据需要变动检修计划，应提前报请上级主管部门批准。

（2）在编制检修计划前，安全监察工程师应做的工作。

无论大修或小修，最重要的任务就是要消除设备隐患，提高设备的健康水平，保证安全经济运行。为此必须将那些需要通过停机检修计划的反事故措施项目纳入检修计划。为了做到这一点，安全监察工程师在编制检修计划前，应首先对当前设备系统的安全运行情况进行一次全面系统的分析，查阅设备的运行状况记录、变压器出口短路次数、断路器故障跳闸数等，根据所发生的事故、障碍、设备磨损、材质老化或劣化等缺陷，以及上级部门下发的事故通报，结合上次大修总结报告、技术档案、预防性试验记录等提出反事故措施项目，会同生技部门和基层有关的专业技术人员共同研究确定。

（3）安全监察人员应参加检修计划的审核工作。

坚持将已确定的反事故措施项目纳入检修计划，确保所需投资和人工得以落实。

重大的设备改造项目要做好设计、试验和鉴定工作。安全监察人员要参加对这些计划的审批。一般应重点审查以下六个方面：

1）所提出的反事故措施项目，包括完善的技术组织措施和安全技术措施。

2）非标准检修项目和安全要求较高的特殊项目的施工方案，对起重搬运、高空作业、带电作业或其他技术复杂的工作，不仅应有可靠的安全措施，还要有明确的质量标准。

3）检修中所需的材料、备品配件供应和加工计划。

4）施工现场布置情况，如变压器在露天检修，需做好防雨、防潮和消防措施等。

5）大修中需用的安全工器具、起重器具和其他影响安全或检修质量的工具的具体检验计划。

6）检修人员的培训计划，包括学习安全工作规程、检修工艺规程、质量标准和其他有关新工艺、新技术的培训计划。

在上述计划批准后，监督其逐项落实。

(4) 在检修任务正式下达后，各基层单位要根据检修任务中的项目编制技术组织措施计划和安全措施计划。

3. 对检修准备工作的安全监督

检修准备工作是保证检修做到安全好、质量优、工效高的基础。为此在检修开工前，安全监察人员要会同有关部门对检修准备工作进行检查。准备工作没有做好，不具备开工条件的应延期检修。只有在一切工作都准备好才允许开工。检修准备工作的内容很多，主要抓住以下几个方面：

(1) 材料和备品配件应有符合规定的制造厂出厂产品合格证，有的应有指定部门按规定进行检验的合格报告，在仓库中长期存放的材料和备品配件，要定期检验和保养，防止损坏锈蚀。总之要防止错用材料或将质量不合格的伪劣产品用到工程中去。

(2) 人员的培训质量应满足工程要求，应进行必要的考试。

(3) 检修现场增设的各种安全设施符合安全要求。如高空作业的脚手架、斜道与跳板、平台、栏杆、起重设备的安装必须牢固可靠，工地现场的照明布置照度符合要求，检修电源和所有的电动工具都应配备有漏电保安器，以及其他必要的防护设施都应符合安全要求。

4. 设备停机后开工前的安全监督

在设备按调度批准的时间停机后，正式开工检修前还有许多工作要做，其中有一些直接影响到检修人员人身安全和检修质量的，安全监察人员应进行检查。主要有以下几方面：

(1) 办理开工手续的情况。是否认真执行了工作票制度，安全技术措施是否完善，检修人员是否都掌握了安全技术措施，明确了工作范围。

(2) 参加主要设备的解体检查和试验工作。分析设备技术状况的变化，发现缺陷，及时调整检修项目，落实处理的安全组织技术措施，一般需要参加解体检查和试验的项目如下：

1) 水轮机的转轮、导叶和轴承等是否有腐蚀、磨损、裂纹等缺陷。

2) 发电机定子、转子线圈和铁芯是否有变形，绑线、垫块、槽楔和紧固螺丝是否有松动情况。

3) 变压器主绝缘和层绝缘有无损坏或受潮，线圈有无变形，各部件压紧装置、垫块、引线和螺栓有无松动，铁芯接地情况和穿心螺丝的绝缘情况。变压器套管和冷却系统有无漏水等。

4) 按有关试验规程监督有关部门对设备进行检修前的试验。

5. 设备检修中的安全监督

在设备检修正式展开以后，安全监察人员应经常到检修现场监督检查安全工作规程和检修规程的贯彻情况，由于工作范围大，除了一般性的巡视检查和通过安全网在班组中的安全员分兵把口进行检查外，应抓住以下几个重要环节进行比较深入细致的检查：

(1) 已列入检修计划的反事故措施项目，按时保质地完成的情况。

(2) 掌握与安全有关的重大非标准项目的施工情况，如发电机更换线棒等安全技术措施比较复杂、质量要求比较高的项目，在条件许可时也可参加工作。

（3）参加发电机和压力容器等的耐压试验。在试验前应认真检查准备工作是否完善，人员的安排是否符合要求，并应有防止超压的可靠措施。

（4）监督有关部门按预防性试验规程对设备进行大修中的试验。

（5）参加一些重要检修项目的分段验收和主要辅机的试运行。

6. 竣工验收的安全监督

为了确保检修质量，必须严格执行验收制度。

一般来说对于检修工程，安全监察人员不仅应参加竣工验收，而且应该是验收委员会的主要成员。验收中应重点检查以下几个方面：

（1）检修质量达到规定的质量标准。

（2）反事故措施项目和与安全有关的重点非标准项目应保质保量地全部完成。

（3）恢复出力、提高效率、达到预期要求。

（4）各种安全保护装置和自动装置动作可靠，主要仪表、信号及标志正确。

（5）消除“七漏”。

（6）现场整洁。

（7）各种检修和试验记录准确、完整。

设备试运行前，检修人员应向运行人员交代设备和系统变动情况及运行中的注意事项，运行人员应亲自检查验收以下几个项目：①检查设备运行情况，部件动作是否灵活、设备有无泄漏；②检查设备标示、指示、信号、自动装置、表计、照明等是否正确齐全；③核对设备系统的变动情况；④检查现场整齐清洁等情况。

按规定办理竣工手续和工作票终结手续。

7. 对检修工程承包的安全监督

时至今日，许多单位对检修机制进行了重大改革，有的通过机构改革实行集中检修制，将检修机构从生产单位分离出来；有的实行承包制，将检修工程承包给内部或外部的施工单位。近年来由于工程承包，检修质量下降，安全管理松懈，不仅造成了许多设备事故，还引发了多起人身伤亡事故。因此，安全监察人员对检修工程承包的安全管理应加大监察力度，一般说应做好以下几方面工作：

（1）会同生技部门等单位，制定本企业的承包工程安全管理制度。

（2）不论是内部承包或外部承包，都要严格审查承包单位的资质、严格控制承包单位的承包范围、严禁承包单位再行转包。承包单位必须具备下列条件：

1）持有有关部门颁发的营业执照和资质证书，持有法人代表资格证书，有施工简历和近三年安全施工记录。

2）负责人、工程技术人员和工人安全施工的素质符合工程要求。

3）备有满足工程需要，保证安全施工的机械、器具及防护设施和安全用具。

4）具有两级机构的承包单位，必须设有专职安全管理机构。施工队伍超过 30 人的，必须配有安全员；30 人以下的，必须有兼职安全员。

（3）所有发包工程都必须由本企业和承包方的法人代表或其委托人签订书面工程合同，合同中必须具体规定发包和承包双方各自应承担的安全责任。

(4) 在有危险性的电力生产区域内作业，有可能造成火灾、爆炸、触电、中毒、窒息、机械伤害，烧烫伤等，并可能引起生产设备停电、停动事故。应事先要求承包方制定安全措施经安全监察部门审查合格后监督实施，并按《电业安全工作规程》要求设有监护人。

(5) 在施工中承包单位承担以下安全责任，安全监察人员进行监督检查，发现不安全情况有权纠正或立即停止其工作。

1) 开工前，应组织施工人员学习《电业安全工作规程》有关部分和工程安全技术措施、施工工艺和质量标准，并考试合格。

2) 特种作业人员（带电作业、高空作业、起重、焊接等）必须经过有关部门的专业培训考试合格，持证上岗。

3) 开工前必须自上而下进行安全技术交底，全体施工人员均应掌握工程特点及施工安全措施。

4) 严禁使用未成年工和不适应现场安全施工要求的老、弱、病残人员进行施工。

5) 开工前应对施工机械、起重工器具及安全防护设施和用具，进行一次检查，确保符合安全规定和不超过检验周期。

6) 在施工中发现承包工作中有严重违章作业或不按工艺要求操作，忽视检修质量的现象，应立即停止其工作，令其进行整顿，并根据情节轻重处以罚款、曝光等。

8. 对检修工程临时工管理的安全监督

近年来各企业在生产上经常雇用临时工，并有逐年增多的趋势，一般临时工所从事的工作，大多是环境条件较差、危险性较大的脏活、累活或高处作业。往往是检修过程中的事故多发环节。由于临时工大多文化程度较低，年龄参差不齐，普遍缺乏安全知识和施工工艺技术，安全意识较差，几乎没有什么自我保护能力，加上缺乏纪律性的约束，有的到生产现场后，在好奇心的驱使下，到处乱窜，甚至乱动设备，往往造成伤亡事故和设备事故。从人身伤亡事故统计中可以看到，临时工占较大的比例。为了扭转这种不安全的局面，除了使用临时工的部门应加强管理外，安全监察人员应加强对使用临时工的监督检查。一般应重点抓好以下几方面的工作：

(1) 会同劳资部门制定临时工管理制度，对雇用的临时工必须严格执行审批手续，建立有关档案。

(2) 所有临时工在正式雇用前必须由劳资部门组织进行体检。只有在无妨碍工作的病症条件下方可雇用。

(3) 临时工到现场参加工作前由安全监察部门负责进行教育，讲解安全生产知识，组织学习《电业安全工作规程》中的有关部分。与此同时，劳资部门还应配合进行纪律教育。安全教育后应经过考试合格，持证或配戴胸卡上岗。

(4) 临时工享受同工种正式职工的劳动保护待遇。所需要劳动保护用品由劳资部门按规定发给。

(5) 临时工分散到车间（工区）班组参加工作时，由班组长或检修负责人直接领导。安全管理坚持“谁用谁负责”的原则。

现场安全管理的关键在于监护必须到位。监护人的职责是对临时工的安全全面负责。因此，必须认真交代安全注意事项，落实安全措施。

(6) 禁止指派临时工单独从事有危险性的工作。若需要参加危险性的工作时，应在有经验的职工领导和监护下进行，并做好可靠的安全措施。

(7) 安全监察人员在巡视检查中发现临时工有违章现象，如不戴安全帽、登高作业不使用安全带或没有个人安全防护用品等，应停止其工作，将其退回劳资部门。对不听从班组长或监护人管理、严重违反劳动纪律的临时工，应坚决辞退。

9. 状态检修

多年来，我国电力行业一直是按照前苏联计划检修的模式进行检修管理。《发电厂检修规程》明确规定，机组大修每3～5年1次，小修每年2次。主变压器大修和小修分别规定为10年和1年。对检修管理的要求是“到期必修，修必修好”。而且还明确规定了检修项目，也就是说不管设备运行状态如何，设备制造和安装质量如何，设备是否有缺陷，均必须按规定的检修间隔和检修项目进行大、小修。

(1) 定期检修的优点。定期检修因为时间安排充足，各种情况考虑较周全，能够对一些不易监测到的水轮发电机组缺陷进行处理，比如空蚀磨损、机械连接螺栓断裂、流道水工建筑物损坏等。定期检修还使检修管理工作能够有计划、有目标、有的放矢地进行。

(2) 定期检修的不足。定期检修虽然能对设备到期进行必要的维修，但对运行情况良好的设备也要按部就班修理，这样势必造成有些发电机组越修越坏或良好设备检修后反而故障率增加的现象。

一般情况下，电力设备的故障或缺陷在新安装投运初期由于安装质量方面的问题、设备本身存在的薄弱环节、设计和工艺等方面的缺陷等，在开始投运后的一段时间内暴露的问题比较多，随着消缺后运行时间的增长而近于平缓。随着设备陈旧化，缺陷开始逐步暴露、增加，呈现出一条趋近于浴盆曲线的图形，参见图2-1。定期检修使常规的设备运行浴盆曲线规律发生了变化，每检修一次，出现一次新的磨合期，反而使检修后的故障率增高，参见图2-2。

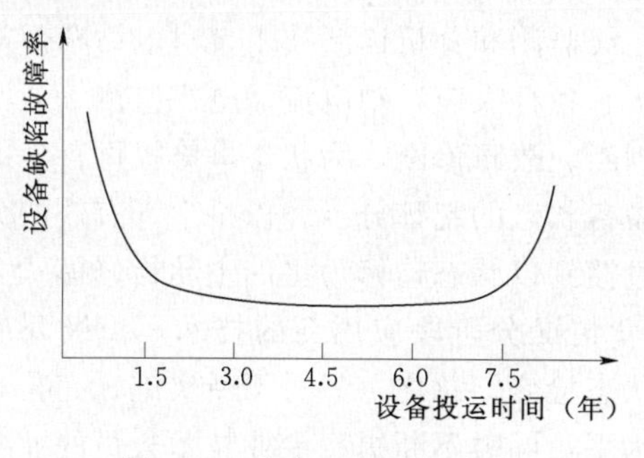

图2-1　常规运行时间变化的设备故障率曲线

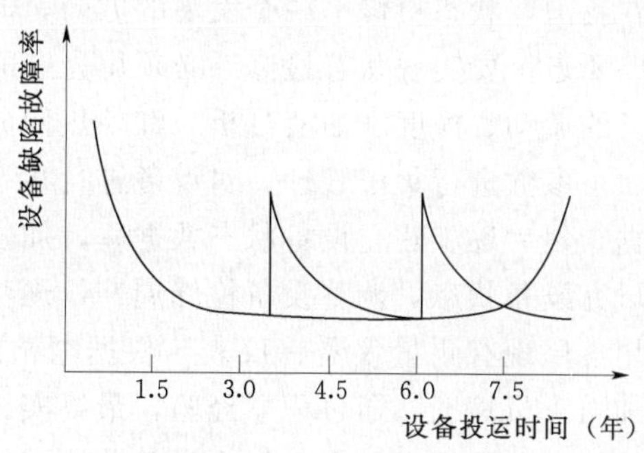

图2-2　多次定期检修可能形成的设备故障率曲线

从经济的角度来看，定期检修一方面致使有些状况较好的设备到期必须修理，降低了设备利用率，同时又增加设备检修费用；另一方面，少数状况不好的设备因检修周期未到而得不到及时检修，降低了设备运行的安全可靠性，有的到发生事故后才抢修，扩大了经济损失。

(3) 状态检修。状态检修是通过对设备状态进行监测，然后按设备的健康状态来安排检修的一种策略。

状态检修主要通过计算机状态监测及故障分析诊断系统对发电设备的运行状况及参数进行全面记录、监视、检测、分析和预测，对某些关键部位的参量在线监测，如对机组的振动和摆度、发电机绝缘、发电机气隙、尾水管真空度及压力脉动、定子局部放电、变压器绝缘油色谱分析等数据进行在线实时采集、监视，经过集合了现场积累的运行、检修、试验资料和专家经验的智能（专家）系统，综合分析其运行规律，并预测设备可能存在的隐患，及早发现设备所存在的缺陷和故障。当发现设备运行出现异常情况时，合理科学地作出判断或诊断，并提供可靠的报告，以作为发电设备检修的依据，对发电设备进行有针对性的检修，以保证运行的安全稳定。水电厂的状态监测及故障分析诊断系统，是一个自成体系的复杂的计算机系统，主要为掌握机组等主要机电设备的健康状况而设置，它与水电厂的计算机监控系统分工而又交换数据，它们是相互独立的两个系统，现在有相应的专业技术公司从事设计和施工。

因此状态检修是按设备的实际运行情况来决定检修时间与部位，这种检修方式解决了多年来在预防性检修中存在检修过剩或检修不足的问题，可以节约大量的检修费用和资源，并提高设备运行的可靠性。据有关部门统计，实施状态检修后，设备故障率可降低75%，综合检修费用可减少30%～50%，国内外一些电力企业应用电力设备状态检修的实践都能证明，这种设备检修管理策略具有明显的社会效益和经济效益。

但需要指出的是：状态检修法也有一定的局限性。这是因为水电机组各具个性，诊断较复杂，专家系统有待完善和充实，如对于封闭在设备内的结构，外部观察不到，有些缺陷外部没有征象，测试结果难以准确反映。因此，还需要把周期性检修和状态检修结合起来，特别是新投运的大型设备如水轮机、发电机、变压器、断路器等。投运至首次大修之间，遵守原规定的检修周期是必要的。

在我国，状态检修是一个发展的方向，但是要在电站完全实施状态检修，还有较长的一段路要走。要实现状态检修，必须用先进的在线监测和分析诊断技术，对电站全部需监测设备的振动、摆度、油液分析、红外热像分析、各种噪声、轴电流、电机监测、泄漏监测等状态参数进行集中管理，对设备进行状态判断、故障诊断，为状态检修提供科学的决策依据，然后逐步建立设备状态数据库，加强设备状态的统计分析。以科学、有效的分析方法研究设备状态，调整设备检修周期，逐步过渡到以状态检修为主的主动检修模式。充分利用各厂现有测量仪器、仪表，根据电站经营情况分阶段应用新的技术，积极开展试验，加强人员培训，通过积累经验，最终实施状态检修。总之，只有不断实施、完善和推广各种状态监测手段，全面提高设备监测监控水平，同时不断提高专业技术人员的业务水平，才能最终实现状态检修。

二、水库、大坝安全管理

(一) 水库、大坝安全管理主要职责

水库、大坝安全管理主要职责如下：

(1) 严格按大坝现场检查维护规程的规定，进行大坝日常检查、观测、维护和年内详

查，确保大坝经常处于良好工作状态。及时分析、检查观测资料，随时掌握大坝运行状况，发现异常现象和不安全因素时，应立即报告大坝主管部门。

(2) 编制水电站大坝安全管理工作年度计划和预算，报主管部门批准后实施。

(3) 按照批准的设计防洪标准和水库调度原则，编制年度水库调洪方案，上报审批。有防洪库容的水电站，其汛期防洪限制水位以上的防洪库容的运用，由防汛指挥机构统一调度。

(4) 在观测检查中，发现异常现象和险情，应及时处理并报主管部门，努力恢复大坝正常工作状态。

(5) 负责大坝加固工程设计委托（或招标）和施工招标管理。

(6) 建立健全大坝安全管理的技术档案和规章制度。

（二）水库、大坝安全管理内容

根据《水库大坝安全管理条例》（国务院令第77号，自1991年3月22日起施行）规定，大坝安全管理的主要内容如下：

(1) 大坝及其设施受国家保护，任何单位和个人不得侵占、毁坏，大坝管理单位应当加强大坝的安全保卫工作。

(2) 禁止在大坝管理和保护范围内进行爆破、打井、采石、采矿、挖沙、取土、修坟等危害大坝安全的活动。

(3) 非大坝管理人员不得操作大坝的泄洪闸门、输水闸门以及其他设施，大坝管理人员操作时应遵守有关的规章制度。禁止任何单位和个人干扰大坝的正常管理工作。

(4) 禁止在大坝的集水区域内乱伐林木、陡坡开荒等导致水库淤积的活动。禁止在库区内围垦和进行采石、取土等危及山体的活动。

(5) 大坝坝顶确需兼作公路的，须经科学论证和大坝主管部门批准，并采取相应的安全维护措施。

(6) 禁止在坝体修建码头、渠道、堆放杂物、晾晒粮草。在大坝管理和保护范围内修建码头、鱼塘的，须经大坝主管部门批准，并与坝脚和泄水、输水建筑物保持一定距离，不得影响大坝安全、工程管理和抢险工作。

(7) 大坝主管部门应配备具有相应业务水平的大坝安全管理人员。大坝管理单位应建立、健全安全管理规章制度。

(8) 大坝管理单位必须按照有关技术标准，对大坝安全监测资料及时整理分析，随时掌握大坝运行状况。发现异常现象和不安全因素时，及时采取措施消除。

(9) 大坝管理单位必须做好大坝的养护修理工作，保证大坝和闸门启闭设备完好。

(10) 大坝的运行，必须在保证安全的前提下，发挥综合效益。大坝管理单位应根据批准的计划和大坝主管部门的指令进行水库的调度运用。在汛期，综合利用的水库，其调度运用必须服从防汛指挥机构的统一指挥；以发电为主的水库，其汛限水位以上的防洪库容及其洪水调度运用，必须服从防汛指挥机构的统一指挥。任何单位和个人不得非法干预水库的调度运用。

(11) 大坝主管部门应当建立大坝定期安全检查、鉴定制度。汛前、汛后，以及暴风、暴雨、特大洪水或者强烈地震发生后，大坝主管部门应当组织对其所管辖的大坝的安全进行检查。

（12）大坝主管部门对其所管辖的大坝应按期注册登记，建立技术档案。

（13）大坝管理单位和有关部门应当做好防汛抢险物料的准备和气象水情预报，并保证水情传递、报警以及大坝管理单位与大坝主管部门、上级防汛指挥机构之间联系畅通。

（14）大坝出现险情征兆时，大坝管理单位应当立即报告大坝主管部门和上级防汛指挥机构，并采取措施；有垮坝危险时，应当采取一切措施向预计的垮坝淹没地区发出警报，做好转移工作。

（三）水电站防汛工作

水电站防汛工作职责如下：

水电站在主管单位和所在地方防汛部门的领导下，由行政负责人负责防汛工作。

（1）要认真贯彻“以防为主”的方针，遇设计标准洪水不垮坝、不漫坝、不淹发电厂房。对于超标准洪水须有应急抢险预案和措施，使损失减轻到最小程度。

（2）建立健全水电站防汛和水工建筑物管理的各项规章制度。主要规程有水库管理规程、水工建筑物观测规程、水工建筑物维修规程、水工机械运行检修规程、水工作业安全规程。主要制度有防汛岗位责任制、汛期和汛前汛后现场检查制、报汛制、年度防汛总结制。

（3）维护、完善水工观测设施，加强对水工建筑物安全监测工作。及时地整理分析观测资料，发现异常现象立即报告主管单位。

（4）为提高水工建筑物安全运行水平，要按维修规程经常进行检查维护，保持水工建筑物处于良好的工作状况。对于影响安全的缺陷，及时提出处理方案，报主管单位审批。

（5）每年汛前或汛后，对大坝、泄洪设施等水工建筑物，进行一次检查和评级；汛前对泄洪闸门、启闭设备进行试运转，发现问题及时处理，并将检查和处理结果书面报告主管单位和防汛指挥机构。

（6）每年汛前或汛后，要对水库上、下游进行调查，认真记载库区坍岸、滑坡、下游河道设障阻水情况和其他有损水库安全的事件，及时报主管单位和有关部门研究处理。

（7）遇大洪水、高蓄水位、库水位骤涨骤落、大暴风雨、地震等特殊情况时，由行政负责人和技术负责人负责并组织有关人员及时对所属工程的重要部位、薄弱环节进行巡视检查，发现威胁工程安全的问题，要及时采取应急措施并报主管单位和防汛机构。

（8）加强水文预报工作，水电站要根据需要逐步建立、完善水文测报预报系统，做好预报调度工作。要和地方水文、气象、电信部门搞好协作，充分利用他们的水文、气象预报资料和通信手段。如特殊需要可自建重要的水文、雨量站和通信电台。汛前应查看库区水文、雨量站的报汛准备工作情况，确保通信畅通、测报准确。

（9）所有有水文观测设施的水电站都应按《中华人民共和国水文条例》的规定向主管单位和有关防汛指挥部报汛。

（10）水电站泄洪应按批准的调洪方案调度，按规程规定的程序操作闸门。在泄放超过设计安全泄量（或经批准的安全泄量）时，要在上级防汛指挥部的统一指挥下，由指定部门通知下游有关单位，确保大坝和下游人民生命财产的安全。

（11）如遇特大暴雨洪水或其他严重险情危及大坝安全，而又来不及或通信中断无法与上级联系时，可按批准的度汛应急预案，采取非常措施，确保大坝安全。同时应通过一切途径通知下游地方政府，组织群众安全转移。

（12）在汛期要编写大事记。汛后及时作出防汛工作总结，报主管单位。

第五节　安全生产管理日常工作

电力安全生产管理日常例行工作有以下内容。

一、搞好班组安全日活动

开展班组安全日活动是提高班组工作人员安全意识和安全生产责任性的有效手段。在安全日活动中，大家认真学习上级有关安全工作指示和反事故措施要求；认真学习规程规范，总结本班组安全工作经验教训和存在问题，吸取本单位或兄弟单位事故教训，研究安排下一阶段安全工作措施，这对保证班组安全生产有着很重要的作用。班组是企业的基层单位，班组安全生产搞好了，企业安全生产就有保证。所以要持之以恒，联系实际，搞好班组安全日活动。

二、开好班前会和班后会

班前会是在布置工作任务的同时做好事故预想、危险因素分析，进行详细的安全技术措施交底，使每个工作人员在明确作业任务的同时，对工作中的安全措施及安全注意事项心中有数，在工作中保证安全生产。

班后会是一天工作结束或办完交接班手续后，由班长或工作负责人主持，总结一天或一个工作班内安全工作情况，总结经验，对安全工作做得好的同志给予表彰，对有违章、违规、不安全行为的同志给予严厉批评和纠正，并按规定处罚。

坚持开好班前会和班后会，对保障当天（当班）作业和工作中人身安全、设备安全起着很重要的作用，它是班组抓好经常性的安全思想教育的好办法。

三、定期召开安全分析会

定期召开安全分析会可以及时总结分析企业在这一阶段的安全生产情况，分析清楚企业当前安全生产存在的薄弱环节和影响安全生产的问题，这样可以有针对性地及时采取预防对策和措施保证安全生产，同时可及时总结推广安全工作中好的做法和兄弟单位的成功经验。

四、定期召开安全监督及安全网例会

定期召开安全监督及安全网例会除增强企业安全监督体系的组织活动能力外，还可以通过会议交流和安全分析，更好地做好安全生产监督工作。

安全监督例会和安全网例会研究交流的主要内容有：

（1）研究年度安全监督系统工作计划。

(2) 分析安全生产形势，查找企业安全生产的薄弱环节，研究反事故对策和措施。

(3) 分析执行安全生产法规、标准、规范、规程、制度中存在的问题，研究如何保证坚决贯彻。

(4) 交流安全工作经验，安排下一阶段安全工作。

(5) 研究、推广安全生产先进经验和科技成果。

五、认真做好安全生产检查

安全检查是及时发现和消除事故隐患的重要手段，通过安全检查可以及早发现影响安全生产、影响人身安全和设备安全的隐患，可及时采取措施予以防范，避免事故发生。同时，通过安全检查可以总结安全工作先进经验，进行推广。所以认真开展安全生产检查是促进安全生产的有效措施。

安全检查有季节性安全检查、定期安全检查、专业安全检查、即时性安全检查，还有安全互查等方式。不管哪一种方式的安全检查，在组织检查前都应该有充分的准备。应事先制订安全检查提纲、安全检查表，明确检查内容。保证安全检查工作达到预想的目的。

六、编写安全简报、通报、快报

安全简报是综合分析安全生产信息的一种形式，一般应定期下发。在安全简报上主要报道以下信息：某一阶段安全生产情况分析；某一阶段安全工作情况小结；某一阶段发生的事故或未遂事故等不安全情况；安全工作存在的问题分析；下一阶段安全工作任务；所属单位安全情况统计等。

安全通报，一般是对某一个事故或事件作详细报道，如报道某一次安全生产会议情况和有关领导讲话，报道安全生产上某一个先进经验、先进事迹，报道某一个事故调查分析情况等。

安全快报，一般是在某一个或某些事故、事件发生之后，即使尚未全部调查完毕，为了基层各单位能尽快获取相关信息，及时吸取教训，采取措施，防止同类型事故、事件再发生，而采用的一种快速报道方式。

编写安全简报、通报、快报，是进行安全信息交流的手段，对总结安全工作经验、吸取事故教训、改进安全管理、提高安全生产水平有着很好的意义。

七、做好企业职工的安全教育和技术培训

经常性地采用各种方式开展企业职工安全教育，提高职工安全意识，牢固树立“安全第一、预防为主、综合治理”的思想对保证企业安全生产有着重要意义。

会同其他科室，根据企业生产特点抓好职工的岗位培训、技术培训是消除事故隐患、保障安全生产的极其重要手段。光有“安全第一”思想，没有过硬的专业技术本领，还是不能保证施工安装及检修质量，不能发现事故隐患，不能及时采取有效措施防止事故发生，发生了事故也不能快速、准确处理，所以安全生产管理必须从两个方面常抓不懈，一个方面抓安全思想教育，另一个方面抓好工作人员岗位培训、技术培训，使每个工作人员都有过硬的专业技术水平，保证安全生产。

此外，做好编制企业反事故措施计划和安全技术劳动保护措施计划，做好事故调查、

分析等都是安全管理工作的重要内容。

抓好安全生产管理，发挥企业每个职工的主观能动性，保证安全生产是企业各级领导的神圣职责。

第六节　安全教育和技术培训

安全教育和技术培训是做好安全生产管理的重要一环，也是做好安全生产管理很重要的基础工作。一个企业，安全教育和技术培训工作开展的好坏，对这个企业的安全生产有着重要影响。

一、新入厂（公司）生产人员的培训

新入厂（公司）生产人员（含实习、代培人员）必须经厂（公司）、车间和班组的三级安全教育，经《电业安全工作规程》考试合格后方可进入生产现场工作。

二、新上岗人员的培训

新上岗人员必须经过下列培训，并经考试合格后上岗。

（1）运行、调度人员（含技术人员），必须经过现场规程制度的学习、现场见习和跟班实习。

（2）检修、试验人员（含技术人员）必须经过检修、试验规程的学习和跟班实习。

（3）特种作业人员，必须经过国家规定的专业培训，持证上岗。

三、在岗人员的培训

在岗人员的培训包括以下几方面：

（1）在岗人员应定期进行有针对性的现场考问、反事故演习、技术问答、事故预想等现场培训活动。

（2）离开运行岗位3个月及以上的值班人员，必须经过熟悉设备系统、熟悉运行方式的跟班实习，并经《电业安全工作规程》考试合格后，方可再上岗工作。

（3）生产人员调换岗位、所操作设备或技术条件发生变化，必须进行适应新岗位、新操作方法的安全技术教育和实际操作训练，经考试合格后，方可上岗工作。

（4）所有生产人员必须熟练掌握触电现场急救方法和消防器材的使用方法。

四、领导干部的培训

新任命的生产领导人员，应经有关安全生产的方针、法规、规章制度和岗位安全职责的学习，由上级管理部门安排或组织考试。

各级领导人员参加的生产培训，应有安全方面的课程内容。

五、安全生产法规、规程制度的定期考试

（1）农村水电各发、供电企业对车间负责人、生产科室负责人及专业技术人员，每年进行一次有关安全生产规程制度的考试。

（2）对车间的运行、检修、试验人员及特种作业人员，每年至少进行一次安全生产规程制度的考试。

（3）农村水电各发、供电企业可根据情况对生产人员进行安全生产的抽考，如抽考成绩与定期考试成绩差距较大，应重新进行考试。

六、其他规定

1. 农村水电各发、供电企业每年应对工作票签发人、工作负责人、工作许可人进行培训，经考试合格后书面公布有资格担任工作票签发人、工作负责人、工作许可人的人员名单。

2. 农村水电各发、供电企业应将安全生产规程制度的考试成绩记入个人教育培训档案，考试不及格的应限期补考，合格后方可上岗工作。

3. 对违反规章制度造成事故、一类障碍和严重未遂事故的责任者，除按有关规定处理外，还应责成其学习有关规章制度，经考试合格后，方可重新上岗。

4. 农村水电各发、供电企业应将企业内部及外部的典型事故案例编成教材，及时对有关人员进行教育。

5. 农村水电各发、供电企业可运用安全录像、幻灯、电视、计算机多媒体、广播、板报、实物、图片展览，以及安全知识考试、演讲、竞赛等多种形式宣传、普及安全技术知识，进行有针对性、形象化的培训教育，提高职工的安全意识和自我防护能力。

第七节　反事故措施计划与安全技术劳动保护措施计划

一、反事故措施计划

反事故措施计划是发、供电企业针对企业生产过程中较易发生或发生频率相对较高及一旦发生会造成严重后果的安全生产事故所预先制订的防范计划。反事故措施计划是把安全生产纳入科学管理轨道的手段，应认真编制。

1. 反事故措施计划的组织编制

年度反事故措施计划应由分管生产的领导组织生产技术部门及有关部门参加制订。

2. 反事故措施计划的编制依据

反事故措施计划的编制依据包括下列各项：

（1）上级颁发的反事故技术措施、需要消除的重大缺陷、提高设备可靠性的技术改进措施以及本企业事故防范对策。

（2）安全性评价结果。

（3）防汛、抗震、防台风等应急处理预案。

3. 反事故措施计划的内容

反事故措施计划的内容应包括下列各项：

（1）需建立、修订和贯彻的规章制度。

（2）季节性安全检查计划。

（3）消除设备缺陷计划。

（4）提高安全可靠性的技术改造项目计划。

（5）防止人身事故和改善劳动条件的安全技术措施计划。

（6）安全培训和考核计划。

（7）贯彻执行上级下达的反事故措施计划等。

（8）建立安全基础资料。安全基础资料是保证设备安全运行和人身安全的原始性或第一性的资料和文件，是事故分析、制定反事故措施和安全技术劳动保护措施的重要参考依据，日常要做好基础资料收集和积累工作。

（9）做好事故调查分析和统计报告。

（10）做好岗位安全技术培训和考核工作。做到上岗同志都经过培训考核，有合格的岗位证。

（11）做好安全生产检查和季节性专项检查。

4. 编制反事故措施计划的要求

发、供电企业每年应编制年度的反事故措施计划，并且反事故措施计划应纳入检修、技改计划。

二、安全技术劳动保护措施计划

安全技术劳动保护措施计划是发、供电企业为改善工作环境和劳动条件、防止工伤事故、预防职业病而预先制订的相关保护措施计划。

1. 安全技术劳动保护措施计划的组织编制

由分管安全工作的领导组织，以安监或劳动人事部门为主，有关部门参加制订。

2. 安全技术劳动保护措施计划的编制依据

（1）国家、行业颁发的有关标准，从改善工作环境和劳动条件、防止工伤事故、预防职业病、加强安全监督管理等方面进行编制。

（2）安全性评价结果。

3. 编制安全技术劳动保护措施计划的时间要求

每年应编制年度的安全技术劳动保护措施计划。

三、有关规定

1. 发、供电企业应优先安排反事故措施计划和安全技术劳动保护措施计划所需资金。反事故措施计划的经费可在每年的检修或技改经费中列支；安全技术劳动保护措施计划所需资金每年从生产费用或更新改造费用中提取。

2. 发、供电企业的安全监督部门负责监督反事故措施计划和安全技术劳动保护措施计划的实施，对存在的问题应及时向主管领导汇报。企业主管领导及车间负责人应定期检查反事故措施计划和安全技术劳动保护措施计划的实施情况，并确保得到落实。

3. 对于电力施工单位，则应编制年度安全技术措施计划及项目安全施工措施。项目安全施工措施应根据施工项目的具体情况，从作业方法、施工机具、工业卫生、作业环境等方面进行编制，并优先安排安全措施计划所需费用。

第八节　电力生产事故的应急处理

电力涉及社会各个领域，一旦发生事故，就会造成直接的经济损失和严重的社会影响，因此制订电力生产安全事故的应急处理预案，是十分必要的。《中华人民共和国安全生产法》和《国家电力监管委员会安全生产令》(国家电力监管委员会令第1号，2004年2月18日)对此都作了明确规定。农村水电各发、供电企业应制定本企业的电力生产安全事故应急处理预案，并建立有系统、分层次、上下一致、分工明确、相互协调的电力生产安全事故应急处理体系。

一、应急预案

1. 应急预案的基本概念

应急预案又称应急计划，是针对可能的重大事故(件)或灾害，为保证迅速、有序、有效地开展应急与救援行动、降低事故损失而预先制订的有关计划或方案。它是在辨识和评估潜在的重大危险、事故类型、发生的可能性及发生过程、事故后果及影响严重程度的基础上，对应急机构职责、人员、技术、装备、设施(备)、物资、救援行动及其指挥与协调等方面预先做出的具体安排。应急预案明确了在突发事故发生之前、发生过程中以及刚刚结束之后，谁负责做什么，何时做，以及相应的策略和资源准备等。

2. 应急预案的重要作用和意义

编制重大事故应急预案是应急救援准备工作的核心内容，是及时、有序、有效地开展应急救援工作的重要保障。应急预案在应急救援中的重要作用和地位体现在：

(1) 应急预案确定了应急救援的范围和体系，使应急准备和应急管理不再是无据可依、无章可循。尤其是培训和演习，它们依赖于应急预案：培训可以让应急响应人员熟悉自己的责任，具备完成指定任务所需的相应技能；演习可以检验预案和行动程序，并评估应急人员的技能和整体协调性。

(2) 制定应急预案有利于做出及时的应急响应，降低事故后果。应急行动对时间要求十分敏感，不允许有任何拖延。应急预案预先明确了应急各方的职责和响应程序，在应急力量和应急资源等方面做了大量准备，可以指导应急救援迅速、高效、有序地开展，将事故的人员伤亡、财产损失和环境破坏降到最低限度。此外，如果预先制定了预案，重大事故发生后必须快速解决的一些应急恢复问题，也就很容易解决。

(3) 成为应对各种突发重大事故的响应基础。通过编制应急预案，可保证应急预案具有足够的灵活性，对那些事先无法预料到的突发事件或事故，也可以起到基本的应急指导作用，成为保证应急救援的“底线”。在此基础上，企业可以针对特定危害，编制专项应急预案，有针对性制定应急措施，进行专项应急准备和演习。

(4) 当发生超过企业应急能力的重大事故时，便于与上级应急部门协调。

(5) 有利于提高风险防范意识。应急预案的编制，实际上是辨识企业重大风险和防御决策的过程，强调有关方面的共同参与，因此，预案的编制、评审以及发布和宣传，有利于社会各方了解可能面临的重大风险及其相应的应急措施，有利于促进社会各方提高风险防范意识和能力。

二、制订电力生产安全事故应急处理预案的目的

制订电力生产安全事故应急处理预案的目的如下：

(1) 尽速限制事故发展，消除事故的根源并解除对人身和设备的危险。

(2) 用一切可能的方法保证设备继续运行，以保证对用户的供电正常。

(3) 尽速对已停电的用户恢复供电。

(4) 调整运行方式，必要时应设法在未直接受到事故损害的机组上增加负荷。

三、制定电力生产安全事故应急处理预案的原则

制定电力生产安全事故应急处理预案应遵守“统一领导、分工协作、反应及时、措施果断、依靠科学”的原则。

四、电力生产安全事故应急处理预案的主要内容

电力生产安全事故应急处理预案的主要内容如下：

(1) 应急处理预案的制定机构。

(2) 应急处理预案的日常协调和指挥机构。

(3) 相关部门在应急处理中的职责和分工。

(4) 危险目标的确定和潜在危险性评估。

(5) 应急处理组织状况和人员、装备情况。

(6) 应急处理组织的训练和演习。

(7) 特大生产安全事故的紧急处置措施、人员疏散措施、工程抢险措施、现场医疗措施。

(8) 特大生产安全事故的社会支持和援助。

(9) 特大生产安全事故应急救援的经费保障。

(10) 应急处理预案的其他内容。

五、对农村水电企业下列事故应制订和启动应急处理预案

(1) 重大人员伤亡。

(2) 电网大面积停电。

(3) 发、变电设备大范围受损。

(4) 重要水电站、变电站全停。

(5) 重要用户停电。

(6) 水电站大坝垮塌。

(7) 对水电站及电网安全稳定有严重危害或对社会有严重影响的设备事故或停电事故。

上述以外的其他事故，应急救援与处理预案由企业按照有关要求制订。

农村水电企业发生应启动电力生产安全应急处理预案事故后，事故现场有关人员应当立即报告本单位负责人。单位负责人接到事故报告后，应当迅速采取有效措施，组织抢救，防止事故扩大，减少人员伤亡和财产损失，并按国家有关规定如实报告，不得隐瞒不报、谎报或拖延不报，不得故意破坏事故现场、毁灭有关证据。

六、农村水电企业如何制订应急处理预案

一般可分为四大步骤，即组建应急预案编制队伍、开展现状与能力分析、制订预案和预案实施。

(一) 组建编制队伍

应急响应和管理不是个别部门和人员能够完成的，预案从编制、维护到实施都应该有

企业各级、各部门的广泛参与。并且预案的编制需要投入大量的时间和精力，所以应抓紧组建编制队伍，并促进其开展工作和学习交流。编制队伍的组建取决于企业的作业、风险和资源的具体情况。

预案编制小组组长最好由企业高层领导担任，这样可以增强预案的权威性。实际工作中，往往由一两个人执笔，由少数人去完成绝大部分工作，但在编制中或编制完成后，要征求各应急响应部门尤其是高层管理人员的意见，形成书面文件，并且明确分工。接下来确定编制工作的时间进度和费用。

（二）企业现状与能力分析

1. 法律法规和现有预案分析

分析国家、省和地方法律、法规与规章，如职业安全卫生法律法规、环境保护法律法规、消防法律法规与规程、地震安全规程、交通法规、地区区划法规、应急管理规定等。

需要调研的现有预案包括政府与企业的预案，如疏散预案、消防预案、安全卫生预案、环境保护预案、保安程序、保险预案、财务与采购程序、工厂停产关闭的规定、员工手册、危险品预案、安全评价程序、风险管理预案、资金投入方案、互助协议等。

2. 关键作业分析

评估紧急情况对企业的影响，确定哪些系统必须备份，相关信息主要包括公司产品或服务所需要的设备设施；设施运行所需要的关键作业、操作人员和设备等。

3. 内、外部资源和能力分析

紧急情况所需要的内部资源和能力包括：人员（消防、危险品响应队伍、应急医疗服务、保安、应急管理小组、疏散队伍、公共信息），设备（消防设备、控制设备、通信设备、急救供应、应急生活必需品供应、警告系统、应急电力设备、污染消除设备），设施（应急行动中心、临时医疗区域、避难区域、急救站、消毒设施），能力（培训、疏散预案、员工支持系统），备份系统（职工薪水花名册、通信、产品、客户服务、运输与接收、信息支持系统、应急电力、恢复支持）。

在紧急情况下需要大量的外部资源，应与某些单位建立必要的联系，如地方应急管理办公室、消防部门、危险物质响应机构、应急医疗服务机构、医院、公安部门、社区服务组织、公用设施管理部门、合同方、应急设备供应单位、保险机构等。

4. 脆弱性分析

分析各类紧急情况的可能性和对单位的潜在影响。利用脆弱性分析，通过数值系统详细说明紧急情况的可能性、评估事故的影响和所需要的资源。

（1）潜在紧急情况分析。本单位面临的所有可能的紧急情况，包括由地方应急管理办公室所辨识出来的紧急情况和单位内部可能出现的紧急情况。通常应考虑下列因素。

1）历史情况——本单位及其他兄弟单位、本社区以往发生过的紧急情况，包括火灾、极端天气、地震、飓风、龙卷风、恐怖活动等。

2）地理因素——单位所处地理条件，是否邻近洪水区域、地震断裂带和大坝等。

3）技术问题——如果某操作或系统出现故障会产生什么样的后果，可能包括火灾、爆炸，安全系统失灵，通信系统失灵，计算机系统失灵，应急通知系统失灵等。

4）人的因素——如果员工出错会导致什么样的后果，人的因素可能是因为下列原因造成的：培训不足、工作没有连续性、粗心大意、错误操作、物品滥用、疲劳等。

5）物理因素——哪些紧急情况可能是因为设施和建筑物造成的？能否提高物理设施的安全性？考虑设施建设的物理条件、设备的布置、照明、紧急通道与出口、避难场所邻近区域等。

6）管制因素——单位对哪些紧急情况或危害有管制措施？彻底分析紧急情况，考虑如下情况的后果：如出入禁区、通信线缆中断等。

（2）评价对人身、财产和生产经营的潜在影响。分析各类紧急情况对人身的潜在影响——受伤或死亡。

考虑对财产的破坏和损失时，可以考虑置换财产成本、临时置换成本、修复成本等。

分析紧急情况造成的潜在市场损失时，在营业影响栏填入适当的数值。评价影响包括经营中断、职工缺勤、客户损失、公司违约、政府罚款、法律纠纷等。

（3）评价内部和外部资源。评价针对各类紧急情况的响应资源与能力的准备情况。为此，应考虑每一潜在紧急情况从发生、发展到结束所需要的资源。对每一紧急情况应询问如下问题：

1）所需要的资源与能力是否配备齐全？

2）外部资源能否在需要时及时到位？

3）是否还有其他可以优先利用的资源？

如果答案是肯定的，可以继续下一步工作。如果答案是否定的，提出整改方案。例如：制定额外的应急程序、开展额外的培训、获取额外的资源、制定互助协议、签订特殊合同或协议。

（4）综合分析。比较各紧急情况会有助于应急策划和确定资源利用的优先顺序，使应急工作的目标进一步明确。

在对资源评价时，应明确外部资源（公安、消防、医疗等部门）须响应的工作及需企业配合的相关工作，以免在紧急情况下不能及时有效地作出反应，导致企业应急响应行动的延误。

（三）制订预案

1. 预案组成

（1）概述。概述是为了便于管理人员理解，简要介绍应急预案的概况，包括：预案的目标、应急管理方针、预案的权威性和核心人员的职责、潜在的紧急情况、应急响应行动地点等。

（2）应急管理要素。企业应急管理的核心要素包括：指挥与控制、通信、生命安全、财产保护、恢复与重建、行政与后勤等。核心要素的目的是保护生命、财产和环境，它是企业应急救援行动和应急响应程序的基础，各项要素应明确各功能实现具体的原则和目标，以及部门之间的分工与合作。

（3）应急响应程序。应急响应程序说明了企业如何开展应急响应工作。为了便于高层管理人员、部门领导、响应人员和普通员工迅速采取行动，预案应尽可能制定应急响应程序检查表。

（4）支持文件。紧急情况下所需要的支持文件包括：应急电话通讯录、标注有紧急情况疏散通道的地形图（或示意图）、资源清单等。

制定相应关键作业的终止或运行程序、救援与医疗责任、紧急情况报告程序、核心人员与部门等。

2. 制定过程

（1）撰写预案。确定具体的工作目标和阶段性工作时间表。制定工作任务清单，落实到具体的人员和时间。根据脆弱性分析，确定解决问题的资源和存在的问题。确定预案总体和各章节的最佳结构。将预案按章节分配给每一位编写组成员。制定各项具体工作的时间进度表。

（2）与外部机构协调一致。将企业已经开始制定应急预案的情况通知相关的地方政府部门。将地方政府对紧急情况通报的要求纳入企业应急程序。

确定需要与外部机构沟通的内容，包括企业应急响应的通道，向谁汇报、如何汇报，企业如何与外部机构和人员沟通，应急响应活动负责人，在紧急情况下哪些权力部门应该进入现场等。

（3）评审、培训和修订。将第一稿发放给各编写组成员审校，必要时修订。

在第二次审校时，开展桌面演习，包括公司管理人员和应急管理人员。在一间会议室内，设计一个事故场景，各位参与人员讨论各自的职责，针对事故场景做出反应。充分讨论之后，找出并修订交代不清或重复的内容。

（4）批准和发布。经会议讨论后，向最高领导和高层管理人员汇报，经批准后发布预案。将预案装订好并逐一编号，发放并签收预案。注意应急响应核心人员家中应备份应急预案。

（四）预案实施

1. 融入公司整体活动

应急预案必须成为公司文化的一部分。创造机会建立职工应急意识；培训和教育职工；测试应急程序；动员各级管理人员、各部门和社区参与应急策划；将应急管理工作变成日常工作的一部分。

2. 培训

所有在企业工作人员都应接受培训。包括定期组织员工讨论会或评审会、技术培训 、应急响应设备的使用、疏散演习、全面演习等。根据培训对象不同，可以选择不同的培训方式和内容。

3. 预案的评审与修订

企业的应急预案每年至少要评审一次。评审时应注意如下问题：在脆弱性分析时发现的问题和不足是否得到充分的重视？各位应急管理和响应人员是否理解各自的职责？企业的风险有无变化？新成员是否经过培训？企业的培训是否达到目的？预案中的人员姓名、头衔和电话是否正确？是否逐渐将应急管理融入企业的整体管理？有关部门在预案里面是否适当体现，他们是否参与了预案的评审？

除了年度评审之外，某些特定时间还应开展评审和修订，如每次培训和演习之后、每次紧急情况发生之后、人员或职责发生变动之后、企业的布局和设施发生变化之后、政策和程序发生变化之后。

实例一　触电事故的应急处理

一、应急准备

1. 组织机构及职责

(1) 触电事故应急准备和响应领导小组。

组长：厂长（经理）

组员：负责生产的副厂长（经理）、安全员、各专业工长、后勤人员

值班电话：

(2) 触电事故应急处置领导小组负责对项目突发触电事故的应急处理。

2. 培训和演练

(1) 全厂（公司）每年按触电事故“应急响应”的要求进行一次模拟演练。各组员按其职责分工，协调配合完成演练。演练结束后由组长组织对“应急响应”的有效性进行评价，必要时对“应急响应”的要求进行调整或更新。演练、评价和更新的记录应予以保存。

(2) 施工管理部负责对相关人员每年进行一次培训。

3. 应急物资的准备、维护、保养

(1) 应急物资的准备：简易担架。

(2) 应急物资要配备齐全并加强日常管理。

二、应急响应

1. 脱离电源对症抢救

当发生人身触电事故时，首先使触电者脱离电源。迅速急救，关键是“快”。

2. 紧急救护

按第四章触电急救方法对触电伤员进行紧急救护。

3. 事故后处理工作

(1) 查明事故原因及责任人。

(2) 以书面形式向上级写出报告，包括发生事故时间、地点、受伤（死亡）人员姓名、性别、年龄、工种、伤害程度、受伤部位。

(3) 制定有效的预防措施，防止此类事故再次发生。

(4) 组织所有人员进行事故分析。

(5) 向所有人员进行事故教育。

(6) 向所有人员宣读事故结果，及对责任人的处理意见。

实例二　××县用电户误操作事故应急预案

1. 目的

为保证××县电力网的安全运行，加强对××县电力网事故的处理能力，特制定本应急预案。

2. 适用范围

“××县用电户误操作事故应急预案”适用于负责管理、维护电力网设备的调度管理

中心、用电稽查大队、变电管理所、配网管理所。

3. 职责

(1) 生技科负责组织、协调与应急预案相关的工作，调度管理中心、用电稽查大队、变电管理所、配网管理所，要制定紧急情况相关安全措施，严格按相关规程、制度、措施的有关规定实施。

(2) ××县用电户发生误操作事故时，调度管理中心、配网管理所、用电稽查大队，要组织力量对用电户电力设备进行稽查，找出事故（故障）点，必要时进行事故处理和抢修工作。

4. 应急预案

(1) 用电户误操作事故发生后，如造成了越级跳闸事故，调度管理中心要迅速通知配网管理所、用电稽查大队，调度室要迅速通知相关生产班、组，抽调精干人员迅速找出事故故障点。

(2) 找出用电户误操作而造成的越级跳闸事故原因后，要拉开用电户的进线刀闸或开关，或者拉开分支线的开关或断路器，让主供回路尽早投入运行。

(3) 必要时对事故进行抢修工作，及时安排抢修车辆、抢修材料，确保抢修人员能在最短时间内到达抢修现场。

(4) 调度管理所、相关班组进行抢修时，抢修人员要做好各项安全措施，并指定专人为现场指挥（现场指挥人员至少是工作负责人及以上）。

(5) 因用电户误操作而造成的越级跳闸事故的典型案例，由安全监察科统一归口报告省公司安监处、县安全生产委员会。

5. 相关文件

《电业安全工作规程》

6. 相关记录

检修记录

缺陷通知单

第九节　危险性预测及危险点控制

一、危险性预测

生产系统危险性预测和安全性评价是保证生产系统达到最佳安全状态的先进手段，是现代安全生产管理的一种科学方法，它属于安全系统工程范畴。

在进行一项工程活动（设计、施工、运行、维护等）之前，先对系统中可能存在的主要危险因素及其出现条件和事故后果或者对在生产运行中接连发生的一些不正常现象进行分析，预测可能发生的事故及事故可能出现的条件，及时采取相应措施。使这些危险因素及不正常现象不至于发展为事故，这样就将传统的事故事后处理变为事先预测、预防。所以生产系统危险性预测和安全性评价对提高企业安全生产水平和安全管理水平有很重要的意义。国内外很多企业广泛地研究、开发和应用这些现代安全管理方法，取得了很好效果。

（一）危险性预测的步骤

（1）了解以往发生的事故和同类系统发生过的事故，加以汇集和总结经验教训，以便对应现在生产系统状况，分析会不会发生类似事故或新的事故。

（2）对生产系统进行全面的危险性分析，找出危险因素及危险转化条件。

（3）制定防范和控制对策。分析危险性时一定要考虑仔细全面，不能遗漏。制定防范和控制措施要针对性强，切实可行，才能避免事故发生。

（二）变配电所危险性预测及防范、控制措施示例

现摘录有关资料上部分变配电所的危险性预测及防范措施如下，供参考。从中可进一步认识到做好危险性预测及制定防范措施对搞好企业安全生产的意义。

1. 倒闸操作

（1）接受操作命令时电话听不清，接受命令错误。

防范措施如下：

1）接受操作命令前与发令人应互通姓名，并做好记录。

2）启动录音设备，对发令和接受命令的全过程进行录音。

3）接受命令完毕要逐字逐句复诵，核对没有错误。

（2）填写操作票错误。

防范措施如下：

1）受令后根据操作任务，对照一次系统接线图，明确操作对象的运行状态，断路器、隔离开关的编号。

2）由操作人填写操作票，并经值班负责人（值长）签字审核。

3）正式操作前，必须在模拟盘上操作预演正确。

（3）操作时走错间隔。

防范措施如下：

1）操作人和监护人一前一后同时抵达操作现场。

2）确认操作对象的设备名称和编号与操作票相符。

（4）带电合装接地开关、装接地线。

防范措施如下：

1）操作前必须用电压等级合适的合格验电器，先验电。

2）在装设接地线或合接地刀开关处对各相分别验电。

3）验电前应先在有电设备上进行试验，确证验电器良好。

4）高压验电应戴绝缘手套。

5）当验明设备确已无电压后，应立即将检修设备接地并三相短路。

6）装设接地线应先接接地端后接导体端，而且应接触良好。

（5）误操作。

防范措施应严格按下列步骤正确操作：

1）模拟预演。根据操作票，先在一次系统模拟图上进行预演，逐项唱票，逐项翻正。

2）准备工作。由操作人员准备好必要的合格操作工具和安全用具。

3）站正位置。操作人员按操作项目，有顺序地走到应操作的设备前以后应立正，等

候监护人唱票。

4）核对设备。监护人按操作项目核对操作设备名称及设备编号，核对应与操作票全部符合。

5）高声唱票。监护人高声读应操作项目的全部内容。

6）高声复诵。操作人应手指被操作设备，高声复诵一遍操作项目的内容。

7）允许操作。监护人认为一切无误，便发布“对，执行。”的命令。

8）执行操作。操作人在听到“对，执行。”的命令后，进行果断操作。

9）检查设备。每一项操作结束后，操作人和监护人一起检查被操作设备状态，被操作设备应与操作项目的要求相符合并处于良好状态。

10）逐项勾票。每操作完一项，在检查无误后做一个“√”记号，然后进行下一项目操作。

11）查清疑问。操作中发生疑问时，应立即停止操作并向发令人报告，弄清问题后再进行操作。不准擅自更改操作票，不准随意解除闭锁装置。

12）记录时间。一张操作票操作完毕后，监护人应记录操作的起止时间。

13）签名盖章。一张操作票操作完毕后，监护人和操作人在操作票的相应栏目内各自签名，并加盖“已执行”的图章。

14）汇报制度。一张操作票操作完毕后，监护人应向发令人报告操作任务的执行时间和执行情况。

2. 高压设备巡视

(1) 雷雨天巡视时避雷针落雷造成反击伤人或避雷器爆炸伤人。

防范措施：雷雨天气需要巡视室外高压设备时，应穿绝缘靴，并不得靠近避雷器和避雷针。

(2) 雾天巡视时发生突发性设备污闪（雾闪）伤人。空气绝缘水平降低造成击穿放电，能见度低，误入非安全区域。

防范措施如下：

1）巡视时穿绝缘靴。

2）巡视时应严格遵守安全规定，与带电部分必须保持足够的安全距离。

(3) 夜间巡视时，能见度低，误入非安全区域，地上电缆沟盖板不完整，巡视人员踏空摔跤造成人体挫伤、扭伤。

防范措施：携带照度合格的照明器具，两人巡视时要相互关照。平时要认真检查盖板，应平整无窜动，保证夜间巡视时，行走方便。

(4) 系统发生接地或雷击时引起跨步电压、接触电压伤人。

防范措施：遵守《电业安全工作规程》规定，高压设备发生接地时，室内不得接近故障点 4m 以内，室外不得接近故障点 8m 以内。进入上述范围人员应穿绝缘靴，接触设备的外壳和构架时，应戴绝缘手套。

(5) SF_6 气体泄漏造成中毒。

防范措施：进入室内前先启动轴流风机，巡视户外 SF_6 设备时人站在上风处，进入气体积聚处应戴防护面具。

（6）充油设备异常声响、设备爆炸伤人或起火喷油伤人。

防范措施：巡视时戴好安全帽，两人同时进行，未采取可靠措施前不得靠近异常设备。

3. 主变压器运行、检修

（1）主变压器超温或温度异常升高。

防范措施如下：

1）认真监视、控制变压器负荷不超过规定。

2）根据气温、负荷情况合理投入散热器组数。

3）对散热器要定期清扫、冲洗，确保散热器无堵塞。

4）当在同样负荷、温度条件下，变压器油温异常升高，采取减负荷和加投冷却器措施后，仍不能降低油温时，应及时报告、申请停运检查处理。

5）加强运行监视，注意本体温度计与远方温度计的指示，防止温度计故障引起误判断。

6）运行中冷却器阀门应正常开启，风扇、油泵应正常运转。

7）主变压器出现超温现象时要加强巡视检查（15min 检查一次）。

（2）轻瓦斯动作。

防范措施如下：

1）在主变压器油路上工作后应对轻瓦斯内存放的气体排放干净，防止轻瓦斯因空气进入而误动。

2）抓好油泵检修质量，防止油泵负压进气引起轻瓦斯动作。

3）发生油泵因负压进气引起轻瓦斯动作后，应立即停用故障油泵并迅速检查处理。

4）轻瓦斯动作后应及时向调度及生产部门汇报，在情况不明时，应申请停运检查。

（3）主变压器大修时大型施工器材在施工现场的搬运中的危险性预测及防范措施。

1）吊车在高压设备区行走时误碰带电体。

防范措施：吊车进入高压设备区前，工作负责人应会同吊车司机踏查和确定吊车行走路线、核对吊车与带电体之间安全距离，明确带电部位、工作地点和安全注意事项。吊车在高压设备区行走时，应有专人监护和引导。

2）吊车在起吊作业中误碰带电体。

防范措施：作业前，工作负责人要向吊车司机讲清作业现场周围临近的带电部位，确定吊臂和重物的活动范围及回转方向。起吊作业必须得到指挥人的许可，并确保与带电体的安全距离（≤1kV，1.5m；1～10kV，2m；35～63kV，3.5m；110kV，4m；220kV，6m；330kV，7m；500kV，8.5m）。

3）器材起吊和放置过程中，砸伤、撞伤作业人员。

防范措施如下：作业由专人指挥，指挥方式明确、准确；吊臂和重物的下面及重物移动的前方不得站人；起吊和转动速度合适，器材和重物在起吊和移动过程中平衡；重物起吊前，工作负责人必须认真检查重物悬挂是否牢固；钢丝绳荷重，不得超载使用；吊车的支撑必须稳固，受力均匀。

（4）主变压器大修时电动工器具的使用中的危险性预测及防范措施。

1）交流触电。

防范措施：现场应配装有漏电保护器的配电箱；严禁带电拆、接电源线；防止重物碾压电源线。

2）电动工具外壳漏电。

防范措施：使用前应检查电动工具是否完好、外壳是否可靠接地。

（5）主变压器一、二次引线拆除和恢复工作中的危险性预测及防范措施。

1）高空坠落。

防范措施：高处作业人员必须使用安全带，安全带应系在能承受作业人员重量的牢固部件上。作业人员应穿防滑性能好的软底鞋。

2）砸伤。

防范措施：现场作业人员必须戴安全帽；使用起重工器具前，应按规定进行检查完好；使用滑轮时，悬挂点须牢固，滑轮门闭锁牢靠；吊用工具、物件时必须用工具袋。

（6）主变压器附件拆除与安装工作中的危险性预测及防范措施。

1）作业人员从器身顶部掉下。

防范措施：在器身顶部作业时必须使用安全带；器身顶部的油污在作业前必须擦干净。

2）吊装附件时，附件脱落、摆动，砸伤、碰伤作业人员。

防范措施：吊装时由专人统一指挥；控制吊装速度，保持重物平稳。

（7）主变压器吊芯检查工作中的危险性预测及防范措施。

1）起重工器具安全载荷选择不当或吊装过程中失灵，被吊件悬挂不牢使被吊件脱落，砸伤、碰伤作业人员。

防范措施：根据被吊件重量，正确选择起重工具；起吊由专人统一指挥；吊绳悬挂、捆绑牢固，吊绳夹角不大于60°；被吊件刚吊起时应再次检查其悬挂和捆绑牢靠，然后继续起吊。

2）被吊件在吊装过程中摆动、碰伤作业人员。

防范措施：被吊件的四角应系缆绳并指定专人控制。被吊件和吊车吊臂下严禁站人。

4. 断路器和隔离开关检修

（1）110kV断路器两侧引线拆、装时隔离开关误脱落，触碰带电体造成作业人员触电或电弧灼伤。

防范措施：在隔离开关动、静触头间加装绝缘夹板；在已拉开的隔离开关操作把手上加装机械锁。

（2）35kV及以上断路器、隔离开关两侧引线拆、装中的危险性预测及防范措施。

1）传递引线时误登带电设备构架。

防范措施：在可能误登的构架上挂“禁止攀登，高压危险！”标示牌；使用绝缘杆或绳索装拆和传递引线。

2）引线掉落伤人。

防范措施：引线用绳索牵引传递；地面工作人员远离引线运动的方向；戴安全帽。

3）感应电压引发摔伤。

防范措施：作业人员戴手套；在作业地点加设临时接地线。

(3) 断路器、隔离开关大修时大型器材、物件在现场搬运时触碰带电部位。

防范措施：梯、架等长、大物件，需两人放倒后搬移，并与带电部位始终保持足够的安全距离。

(4) 装、拆断路器专用检修架时，作业人员从构架上摔落。

防范措施：作业人员系安全带并且安全带绑在牢固的金属件上；检修架各部件连接紧固；跳板牢固地固定在检修架上，跳板表面不得有油污。

(5) 110kV 及以上断路器本体吊装中的危险性预测及防范措施。

1) 吊车经过高压设备区时触碰带电部位。

防范措施：吊车在进入高压设备区前，工作负责人会同吊车司机踏查和确定吊车行走路线；吊车在高压设备区行走时，设专人监护和引导。

2) 起重工器具选择不当，被吊件掉落伤人。

防范措施：根据被吊件重量选择合适的起重工器具；起吊过程中不得剧烈抖动和摆动。

3) 吊绳受力不均，造成吊件倾斜和翻倒。

防范措施：吊绳受力点应适当；捆绑绳强度可靠、捆绑牢固。

(6) 35kV 及以上断路器本体分解、检修工作中的危险性预测及防范措施。

1) 断路器误合伤人。

防范措施：将断路器分闸后取下合闸熔丝，断开操作电源；液压机构的油压泄到零位。

2) 瓷件、上帽、法兰等重物脱落砸伤人。

防范措施：分解、安装器件时，由专人扶持；搬运器件时，使用专用吊具或用绳索传递；瓷件、上帽、法兰等器件应放置平稳，避开人员经常活动的范围。

(7) CD 型电磁操作机构检修中的危险性预测及防范措施。

1) 分解机构时弹簧伤人。

防范措施：分解前，先将弹簧能量释放；做好弹簧突然弹出的防范措施。

2) 合闸铁芯拆、装时伤人。

防范措施：两人抬铁芯时要相互配合；不得将手放在合闸铁芯的底部。

3) 紧固控制回路螺丝时触电。

防范措施：确认无电压后方可工作。

4) 用油清洗时引起火灾。

防范措施：作业现场严禁吸烟、动明火。

(8) 隔离开关支持绝缘子检修中的危险性预测及防范措施。

1) 绝缘子掉落砸伤人。

防范措施：拆、装绝缘子时由专人扶持或使用专用器具固定；使用专用吊具或绳索传递。

2) 绝缘子断裂伤人。

防范措施：不得将身体倚靠在绝缘子上；不得在绝缘子上施加横向冲击力。

二、危险点控制

危险点控制管理，是从企业生产特点及使用物质危险性的实际情况出发，对生产过程中的要害部位、薄弱环节进行重点控制和管理，保证企业安全生产。这种管理方法是把容易发生重大事故的危险点作为安全管理工作的重点，这样就抓住了要害，把握了关键，经实践证明是控制重大事故发生的有效方法。

下面摘录有关书刊上列举的水电站的主要危险点、水电站机电设备薄弱环节及水电站生产系统的要害部位，供水电企业在安全生产管理中参考。

（一）水电站主要危险点

危险点是指容易发生重大火灾、爆炸等严重事故和人身、设备事故的场所及部位。水电站主要危险点见表2－2。

表2－2　　水电站主要危险点

危险点	肇事后果	安全管理要点
炸药库	爆炸引起火灾及人身伤亡	炸药库应远离人群、住宅、建筑物和生产场所；应设置隔离防爆措施
油库	爆炸引起火灾及人身伤亡	油库应远离人群、住宅、建筑物；布设隔离防爆措施，并有排险与灭火措施
有毒药物	流散或被人盗用后果不堪设想	专人专库保存，严格领用制度
高压带电设备	触电伤亡事故	遮栏（围栏）牢固，安全距离符合要求；严格执行工作票、操作票，加强值班人员安全教育，悬挂“止步，高压危险！”等标示牌
楼梯口、高平台等	跌落伤亡事故	高层平台非工作人员严禁攀登；楼梯口保持畅通，禁放杂物，有充足照明；栏杆完好，坑口加设盖板；临时楼梯应有防滑措施
机器的转动部分	绞结伤人	靠背轮加设防护罩，工作人员着紧身工作服，木工刨床有安全护手，女车工戴安全帽
氧气瓶、乙炔筒	爆炸伤人	氧气瓶防止曝晒烘烤和接近火源，搬运时不能撞击；乙炔筒有可靠的回火装置，使用时遵守安全规程
汛期溢流坝、上游水域	坝面溢洪射流，水位跌落，船只发生毁船人亡事故	加设拦河绳缆，设人警戒
雷雨时避雷针下	雷击放电造成人畜电击伤亡	加强防雷知识宣传，设置明显的警示标志
大型机组检修时，水轮机蜗壳中	工作人员发生憋气、晕厥、撞伤、滑跌、麻电、溺水	严加防护，有通信联络设备，有可靠的照明及救护设备

（二）水电站机电设备薄弱环节

水电站机电设备薄弱环节见表2－3。

表 2-3　　　　常见水电站机电设备薄弱环节

设备薄弱环节	损 伤 后 果	安全防护措施
(一) 水轮机		
1. 工作轮	空蚀、裂纹、变形，影响出力，造成振动，影响使用寿命	合理选型，改善运行工况，注意修补
2. 导水机构	导叶关闭时被障碍物卡住，剪断销折断	及时替换损坏元件
3. 联杆、轴承系统	烧瓦、润滑油变质、橡胶瓦冷却水中断或钢管破裂导致轴损坏，影响发电	加强运行维护，提高检修质量
(二) 发电机		
1. 定子、转子绕组的绝缘	击穿、变质、老化危及安全运行和人身安全	定期进行绝缘预防性试验加强绝缘监督，不能退出保护运行
2. 转子磁极间的软连接片	在离心力作用下甩掉，导致励磁开路事故以及甩掉后的碎片跌入发电机空气间隙使定子损伤	保证连接处检修质量，发生逸速后对发电机进行仔细检查
3. 线圈鼻部	在电磁振动下绑线松脱，端部污染闪络，降低绝缘电阻	注意清除端部积灰，吊转子时禁止脚踏端部及重物挤压
4. 轴瓦系统	烧瓦、润滑油变质、冷却管破裂、刮伤导致事故停机	检修时保证刮瓦、调瓦质量；运行中加强巡视检查，润滑油经常过滤
(三) 励磁机或励磁装置		
1. T形铜排	磨损、划痕、电火花、腐蚀，缩短励磁机使用寿命	碳刷质量合格，碳刷压力适当，调整换向器与碳刷，消除环火
2. 硅管	烧毁导致励磁事故	加强维护，做好硅管参数选配
3. 磁钢	失磁后造成永磁机失效或降低性能	检修时不击打磁极，用带屏蔽磁极
(四) 断路器动触头	烧毁时导致灭弧室事故	定期检修和预防性试验
(五) 变压器		
1. 高低压绕组绝缘结构	绝缘损坏导致电气事故	定期预防性试验，加强绝缘监督运输与安装小心谨慎
2. 散热管	破裂漏油，影响变压器运行	发生漏油，及时修补
(六) 起重机与启闭机		
1. 钢丝绳	断丝断股减低强度，导致重物跌落事故	定期加油润滑，不合格钢丝绳立即更换
2. 闸瓦	失灵、失效	检查调整
(七) 管道系统阀芯	磨损、锈坏、卡死	定期检查更换
(八) 闸门		
1. 水封元件	橡皮老化或被水冲坏，使闸门关闭不严	及时修复更换
2. 门枢、吊耳	锈坏、失灵	防护、检透、更换
(九) 线路		
1. 转角杆	倾斜、栽倒	杆基埋设牢固、电杆强度符合设计要求，杆塔结构安装可靠
2. 导线接头	发热、断裂	严格把好接头工艺质量关
3. 跨河线	弛度过大，大风中摇摆振荡	悬挂倒桅航行标志，加设防震锤
4. 风口、覆冰地带线路	冬季风雪覆冰造成断线	走线时应尽量避开风口、覆冰地带

（三）水电站生产系统要害部位

水电站生产系统的要害部位见表2－4。

表2－4　　水电站生产系统的要害部位

序号	要害部位	误动或破坏的后果	保护措施
1	发电机（主变压器）开停机（投切）开关	误动时会发生误停机或误启动	严禁闲人进入中控室或接近操作屏 操作回路加设闭锁装置，检修时悬挂标示牌和做好安全措施
2	断路器跳闸衔铁	经振动或碰撞，引起跳闸	断路器附近规定红线警戒，装设遮栏（围栏）防护
3	调速器开、停机把手，紧急停机按钮	误动将发生严重后果	有防止误动的措施
4	发电机转子与定子气隙	硬物卡入损坏绝缘	风洞周围保持清洁，非值班人员禁止在盖板上行走
5	各种继电器衔铁	碰撞衔铁，造成继电器误动，造成严重后果	严禁非值班人员靠近，禁止运行中启封与调试
6	汛期水电站防汛门与厂内排水系统	下游洪水上漫，如果厂房防汛门失灵，水淹厂房，造成严重后果	加强防汛门维护管理，保证使用安全可靠 厂内排水泵有柴油机备用电源，保证能随时启动，灵活运转
7	汛期水电站溢洪设施启闭设备	大洪水时，如果启闭设备失灵，水库不能泄水，就会发生洪水漫坝，造成严重后果	汛前认真做好检查，保证启闭灵活可靠，尤其水下钢绳一定要牢靠。汛期有专人防汛值班
8	混凝土坝的底孔 土坝的自动爆破井	如特定条件下需放空水库或特大洪水需爆破土坝泄洪。若失事将会造成严重事故	做好保卫和保护工作，加强维护和检查

第十节　安全性评价

对生产系统的安全性和存在的不安全因素进行定性和定量分析及评价，制定出有效的防范和控制措施，使危险因素不发展到事故，同时使企业领导和安全生产管理人员、生产作业人员心中有数，工作中可有的放矢地防止生产事故发生。这对保障安全生产有着很重要的意义，是“安全第一、预防为主、综合治理”安全方针的一个重要体现。

企业应结合生产管理范围和安全工作需要组织开展各种层次的安全性评价。

安全性评价工作应实行闭环动态管理。企业应结合安全生产实际和安全性评价内容，以2～3年为一周期，按照“评价、分析、评估、整改”的过程循环推进，即按照评价标准开展自评价或专家评价，对评价过程中发现的问题进行原因分析，根据危害程度对存在问题进行评估和分类，按照评估结论对存在问题制定并落实整改措施。

安全性评价方法有很多，例如：安全检查表法、事故树（事件树）分析法等。本节对最简单的、最常用的安全检查表法作概要介绍，供安全工作中参考。

为了更好地对生产系统的各个环节和设备健康状况进行安全检查，事先集中有丰富实践经验的专业技术人员、工人师傅和有关领导对生产系统进行剖析，根据现行规程、规范要求，结合长期生产实践经验，将被检查对象可能出现的不安全因素列成表格，然后按表格上的项目和要求进行安全检查，这样有条不紊，不会漏检。安全检查表上列出了每个检查项目的安全合格要求，使检查组成员一目了然，非常清楚、方便。这种安全检查表格称为安全检查表。使用安全检查表进行安全检查可以大大提高安全检查的质量，从而提高安全性评价和危险性预测的准确度。

一、编制安全检查表的注意事项

(1) 安全检查表必须以现行规程规范和有关安全生产的文件为依据，编写内容应全面完整、准确无误，具有科学性。

(2) 安全检查表要抓住被检查对象的主要危险因素和对工作（操作）者有威胁的问题，应重点突出，层次清楚。

(3) 安全检查表内容不能遗漏。编制过程中要充分讨论和仔细分析，已在使用的安全检查表应不断完善和修改补充，使安全检查表标准化、系统化和科学化。

(4) 安全检查表上语言、文字表述要准确，每一条检查内容只能有一个含义，以便检查时能对某一项检查情况作出“是”或“否”的肯定评价。

二、安全检查表示例

安全检查表的格式目前有各种各样，主要要求是使用方便、应用效果好。下面摘录有关资料上的几张安全检查表格式，供编制安全检查表时参考。

1. 电气安全用具安全检查表

电气安全用具安全检查表见表 2-5。

表 2-5　电气安全用具安全检查表

检查标准	符合下列条件为合格： 1. 属于经过国家检测中心试验鉴定的合格产品 2. 有漆写清楚的编号 3. 有试验合格标签，未超过有效期使用 4. 结构设计符合规定 5. 绝缘部分的表面无裂纹、破损或污渍 6. 绝缘手套卷曲试验不漏气 7. 携带型接地线导线、线卡、连接部分及导线护套符合标准要求 8. 存放保管符合要求，如：携带型接地线对号入座等 9. 属合格产品，功能正常
检查结果	检查标准： 1. 检查总数： 2. 抽查数： 3. 不合格数： 4. 不合格率：

续表

发现的主要问题	
检查负责人：	检查日期：　　年　　月　　日

2. 手持电动工具安全检查表

手持电动工具安全检查表见表 2-6。

表 2-6　　手持电动工具安全检查表

检查标准	符合下列条件为合格： 1. 有漆写清楚的编号 2. 外壳、手柄无裂纹或破损 3. 电源线使用多铜芯橡皮护套软电缆或护套软线。Ⅰ类工具：单相的采用三芯电缆，三相的采用四芯电缆 4. 保护接地（零）线连接正确（使用绿/黄双色）、牢固可靠 5. 软电缆或软线完好、无破损 6. 插头符合安全要求，完整无破损 7. 开关动作正常、灵活、无破损 8. 机械防护装置良好 9. 转动部分转动灵活 10. 绝缘电阻符合要求，有定期测量记录，未超期使用（Ⅰ类工具大于 2MΩ；Ⅱ类工具大于 7MΩ；Ⅲ类工具大于 1MΩ）
检查结果	检查标准： 1. 检查总数： 2. 抽查数： 3. 不合格数： 4. 不合格率：
发现的主要问题	
检查负责人：	检查日期：　　年　　月　　日

3. 动力、照明配电箱安全检查表

动力、照明配电箱安全检查表如表2-7所示。

表2-7　动力、照明配电箱安全检查表

检查标准	符合下列条件为合格： 1. 内部器件安装及配线工艺符合安全要求 2. 各路配线负荷标志清晰，熔丝（片）容量符合规程规定 3. 保护接地（零）系统连接符合安全要求 4. 箱体接地良好 5. 引进、引出电缆孔洞封堵严密 6. 箱门、箱体完好，内部无杂物 7. 室外电源箱防雨设施良好
检查结果	检查标准： 1. 检查总数： 2. 抽查数： 3. 不合格数： 4. 不合格率：
发现的主要问题	
检查负责人：	检查日期：　　年　　月　　日

第十一节　农网无人值班、少人值守变电所（电站）运行管理

相对有人值班变电所（电站）而言，无人值班变电所（电站）是变电所（电站）一种先进的运行管理模式。它是以提高变电所（电站）设备可靠性和基础自动化为前提，借助微机远动技术，由远方值班员取代变电所（电站）现场值班员实施对变电所（电站）设备运行的有效控制和管理。它通过监控中心（集控站）对管辖范围内无人值班变电所（电站）的运行、操作等进行管理。本节简要介绍农网无人值班变电所（电站）运行管理的职能、管理内容及要求。

一、管理职责

（一）变电所（电站）远方值班员的主要职责

（1）按运行要求，正确运用遥测、遥信信息，掌握变电所（电站）电气设备的运行情况以及其他异常情况（如防盗、外人翻墙入内、消防警报等）。

（2）按《地区电网调度自动化管理规范》（DL/T550—1994）的要求，正确运用遥

控、遥调功能对变电所（电站）电气设备进行遥控和遥调操作。

（3）认真填写运行日志和事故异常处理记录。

（二）调度值班员的职责

（1）据电网潮流和各变电所（电站）的负荷、电压等实时信息及时向变电所（电站）远方值班员下达操作命令，改变所辖电网运行方式，实现电网安全、经济运行。

（2）根据检修和事故处理的要求，下达操作命令，实现变电所的安全运行。

（三）巡视操作班主要职责

（1）定期或不定期对变电所（电站）设备、设施、工具等进行巡视、检查、记录和报告。

（2）负责完成变电所（电站）电气设备和进出线检修停电、恢复送电操作，安全设施拆装及熔断器熔断体的更换和投切操作。

（3）对危及人身、设备安全的情况及时进行处理。

（四）看守人员的职责

（1）看守人员必须遵守各项规章制度，上班期间必须坚守岗位，不得脱岗，提高警惕，做好变电所（电站）防火防盗等各项安全保卫工作和环境清洁卫生工作。

（2）正常情况下，看守人员不得擅自动变电所（电站）内设备，发现紧急情况或严重缺陷时应立即报告调度值班员及运行主管部门，并积极配合采取措施，防止事故扩大。

（3）当全变电所（电站）失电时，应及时将详细情况报告调度值班员及巡视操作班。

（4）负责防止小动物事故的各项措施的落实，并搞好房屋维护和防汛排水工作。

（5）严格执行交接班制度。

二、运行维护

（一）设备巡视

（1）无人值班变电所（电站）的现场巡视工作由巡视操作班负责。

（2）设备巡视分为定期巡视、特殊巡视和夜间巡视，巡视人员应按规定时间认真进行巡视并将巡视时间、巡视内容及发现的问题记入有关记录。

（3）巡视检查设备必须遵守有关规定，不允许对运行设备进行维修工作。

（二）遥控操作

为保证操作正确，操作时应严格按照规定的顺序进行，操作时对操作内容必须做到心中有数。严格按遥控、遥调程序，由一人操作一人监护，并分别输入各自密码。操作前要填写遥控、遥调操作票，操作完毕后应检查遥信、遥测及负荷的正确性。

当设备出现异常情况时，禁止遥控、遥调操作，并填写调度日志。

检修、试验等开关的操作，不进行遥控操作，应按地区电网调度自动化管理规范规定的程序进行。

连续两次遥控失败时，禁止再进行遥控操作，应立即通知有关人员进行检查。

（三）现场操作

（1）现场操作的主要内容如下：

1）不能完全遥控实现运行方式变更的操作，如涉及不能遥控的隔离开关操作等。

2）跌落式熔断器操作。

3）自动化系统及设备故障等必需的操作。

（2）现场操作人员必须是考试合格经上级批准公布名单的操作人和监护人。操作由两人进行，一人监护，一人操作。操作结束后，应及时向调度值班员汇报。

（3）计划停电检修、试验工作的现场操作由巡视操作班负责人负责安排，进行操作。

（4）临时操作由巡视操作班人员或经批准可以担任操作工作的看守人员进行。

（四）运行分析

定期和不定期的对运行设备运行情况进行分析，及时发现设备缺陷和异常情况，及时进行处理，是保障安全运行的重要措施。巡视操作班人员和远方值班员均应参加。

专题分析，如事故预想、反事故演习、岗位练兵等活动应根据需要随时进行，并且有记录。

（五）异常处理

（1）远方值班员发现运行异常，应立即通知巡视操作班检查有关设备，并将检查结果报告调度及运行主管部门。

（2）巡视检查中发现设备运行异常，巡视人员应立即报告调度及运行主管部门。

（3）调度自动化装置运行异常并且短期内不能恢复时，相应的变电所（电站）应恢复有人值班。

（4）遇有天气恶劣以及其他情况时，可根据领导要求恢复有人值班。

三、电网调度

（一）基本工作要求

（1）调度值班员必须认真监视电网的运行情况，及时记录各种异常现象，定期与变电所（电站）看守人员或巡视操作人员核对开关位置，负责操作管理。

（2）调度值班员要负责潮流、负荷、电压、有功及无功电量、故障信号的采集和打印，并按要求提供给有关部门。

（3）调度值班员应坚守岗位，对变电所（电站）发出的异常情况能及时处理。

（4）调度值班员必须具有对变电所（电站）进行实时遥控的能力。

（5）调度值班员交接班应尽量避开操作，交接班时发生事故或异常情况，原则上由交班人员处理，接班人员积极配合。

（6）调度人员必须严格按交接班制度进行交接，对变电所（电站）遥信信号进行核对和验收，各种声光信号应反应无误。

（二）事故处理

调度值班员应根据远动系统发出的事故报警、遥测数据的变化，正确判断，果断处理。在调度日志上详细记录处理过程及处理结果。需要检修人员处理的事故，应及时通知主管部门和有关班组，需要线路检修人员处理的事故及时通知主管部门组织人员巡查线路，尽快处理恢复送电。当发现某站内信号出现异常时，应迅速通知有关人员到现场进行处理。

（三）设备检修时的调度管理

（1）无人值班变电所（电站）的设备及线路检修，应按调度规定时间向调度或集控站提出申请，调度按规定时间向检修班作出准确答复。

(2) 各单位申请检修时，要提出工作内容、地点、停电范围及要求、停电时间、检修时间等情况。

(3) 已安排的停电检修，因故不能进行时，检修单位应在工作前一日12时前通知调度，如因天气变化，被迫不能工作时，检修单位应及时通知调度值班员。

(4) 开关检修完毕，巡视操作班运行负责人员验收合格后，经调度值班员遥控试验拉合开关，正常后方可报竣工。巡视操作班负责人应按调度值班员所下操作命令操作完毕，确认设备运行正常，完成全部规定的手续后方可撤离。

复习思考题

1. 电力安全生产管理的目的、原则和基本任务是什么？
2. 什么是安全生产责任制？
3. 企业安全管理人员的职责有哪些？
4. 什么是"两票三制"？
5. 保证安全工作的组织措施有哪些？
6. 工作监护制度监护人所监护的内容包括哪些方面？
7. 保证安全工作的技术措施有哪些？
8. 低压带电工作的安全措施应注意哪些事项？
9. 生产厂房及工作场所安全要求的主要内容是什么？
10. 请讲述电站发供电设备在运行中和检修工作中安全监督内容。
11. 水电站安全管理内容是什么？
12. 电力安全生产管理日常例行工作的主要内容是什么？
13. 安全生产法规、规程制度的定期考试的对象包括哪些人员？
14. 危险性预测及危险点控制是什么安全管理方法？
15. 危险性预测的步骤是什么？
16. 编制安全检查表应注意哪些事项？
17. 反事故措施计划的编制依据是什么？
18. 反事故措施计划主要包括哪些内容？
19. 制订电力生产安全事故应急处理预案的原则是什么？
20. 电力生产安全事故应急处理预案的主要内容是什么？
21. 农村水电企业哪些事故应制订和启动应急处理预案？
22. 请讲述农网无人值班、少人值守变电所（电站）远方值班员和巡视操作班的主要职责。
23. 请讲述少人值守变电所（电站）看守人员职责。

第三章 电力事故调查、分析及处理

第一节 电力事故确定

国家电力监管委员会《电力生产事故调查暂行规定》(国家电力监管委员会令第4号，自2005年3月1日起施行）中规定电力事故包括电力生产人身事故、电力生产设备事故、火灾事故等。具体规定如下所述。

一、电力生产人身事故

电力企业发生有下列情形之一的人身伤亡，为电力生产人身事故。

(1) 员工从事与电力生产有关的工作过程中，发生人身伤亡（含生产性急性中毒造成的人身伤亡，下同）的。

(2) 员工从事与电力生产有关的工作过程中，发生本企业负有同等以上责任的交通事故，造成人身伤亡的。

(3) 在电力生产区域内，外单位人员从事与电力生产有关的工作过程中，发生本企业负有责任的人身伤亡的。

二、电力生产设备事故

电力企业发生设备、设施、施工机械、运输工具损坏，造成直接经济损失超过规定数额的，为电力生产设备事故。

电力生产设备事故的等级划分和标准，执行下列规定：

(1) 装机容量400MW以上的发电厂，一次事故造成2台以上机组非计划停运，并造成全厂对外停电的，为重大设备事故。

(2) 电力企业有下列情况之一，未构成重大设备事故的，为一般设备事故。

1) 发电厂2台以上机组非计划停运，并造成全厂对外停电的。

2) 发电厂升压站110kV以上任一电压等级母线全停的。

3) 发电厂200MW以上机组被迫停止运行，时间超过24h的。

4) 电网35kV以上输变电设备被迫停止运行，并造成对用户中断供电的。

5) 水电厂由于水工设备、水工建筑损坏或者其他原因，造成水库不能正常蓄水、泄洪或者其他损坏的。

三、火灾事故

火灾事故的定义、等级划分和标准，执行国家有关规定。

第二节 电力事故分类

国务院《生产安全事故报告和调查处理条例》(国务院第493号令，自2007年6月1

日施行）中规定，生产安全事故一般分为以下等级：

（1）特别重大事故：是指造成30人以上死亡，或者100人以上重伤（包括急性工业中毒，下同），或者1亿元以上直接经济损失的事故。

（2）重大事故：是指造成10人以上30人以下死亡，或者50人以上100人以下重伤，或者5000万元以上1亿元以下直接经济损失的事故。

（3）较大事故：是指造成3人以上10人以下死亡，或者10人以上50人以下重伤，或者1000万元以上5000万元以下直接经济损失的事故。

（4）一般事故：是指3人以下死亡，或者10人以下重伤，或者1000万元以下直接经济损失的事故。

国务院安全生产监督管理部门可以会同国务院有关部门，制定事故等级划分的补充性规定。

上述条款中所称的“以上”包括本数，所称的“以下”不包括本数。

第三节　事故调查、分析和处理

一、事故调查的目的、作用和要求

通过事故调查，找出发生事故的原因，然后总结事故教训，进行整改，避免再次发生类似事故。通过事故分析和处理使企业领导和生产管理人员、广大企业职工认识到了企业安全生产的薄弱环节，增强安全生产意识。

同时，为本行业、本系统的兄弟单位敲了警钟，使他们也吸取事故的教训，结合本单位实际，立即整改，避免也发生类似事故。

事故调查必须实事求是，尊重科学，严肃认真。应按规定要求将事故调查清楚，要保证涉及事故的材料正确，决不准弄虚作假，更不准营私舞弊。必须及时、准确地查清事故原因，查明事故性质和责任，总结事故教训，提出整改措施，并对事故责任者提出处理意见。

二、事故调查、分析和处理的原则

以真正达到事故原因查清、整改措施落实，保证不再发生类似事故，并能认真总结事故的经验教训、达到安全生产教育目的为原则。在事故调查、分析和处理中必须严格坚持“四不放过”原则，即：事故原因未查清不放过、事故责任人员未处理不放过、整改措施未落实不放过、有关人员未受到教育不放过。

三、事故调查组组成

国家电力监管委员会《电力生产事故调查暂行规定》（国家电力监管委员会令第4号，自2005年3月1日起施行）中规定，电力生产事故的组织调查，按照下列规定进行：

（1）人身事故、火灾事故、交通事故和特大设备事故，按照国家有关规定组织调查。

（2）特大电网事故、重大电网事故、重大设备事故由电监会组织调查。

（3）一般电网事故、一般设备事故由发生事故的单位组织调查。

国务院《生产安全事故报告和调查处理条例》（2007 年 6 月 1 日施行）中规定：特别重大事故由国务院或者国务院授权有关部门组织事故调查组进行调查。重大事故、较大事故、一般事故分别由事故发生地省级人民政府、设区的市级人民政府、县级人民政府负责调查。省级人民政府、设区的市级人民政府、县级人民政府可以直接组织事故调查组进行调查，也可以授权或者委托有关部门组织事故调查组进行调查。未造成人员伤亡的一般事故，县级人民政府也可以委托事故发生单位组织事故调查组进行调查。

农村水电系统生产事故发生后，如何组织调查，除按照上述规定外，还应遵照《农电事故调查统计规程》（DL/T633—1997）和水利部规定进行。

四、事故调查组及其成员职责

国务院《生产安全事故报告和调查处理条例》（国务院第 493 号令，自 2007 年 6 月 1 日起施行）中规定，事故调查组履行下列职责：

（1）查明事故发生的经过、原因、人员伤亡情况及直接经济损失。

（2）认定事故的性质和事故责任。

（3）提出对事故责任者的处理建议。

（4）总结事故教训，提出防范和整改措施。

（5）提交事故调查报告。

五、事故调查组成员要求

事故调查组成员应符合下列条件：

（1）具有事故调查所需要的某一方面专长。

（2）与所发生事故没有直接利害关系。

为了顺利进行事故调查，与所发生事故有下列关系的人员不能参加事故调查组：

（1）与本次事故有直接利害关系。

（2）是本次事故的当事人。

（3）与本次事故当事人有其他关系，可能影响对事故公正分析处理的人员。

六、事故调查内容

事故调查应严肃认真、实事求是，事故调查内容归纳如下：

（1）人身事故应查明伤亡人员和有关人员的单位、姓名、性别、年龄、文化程度、工种、技术等级、工龄、本工种工龄等。

电网或设备事故应查明发生的时间、地点、气象情况，查明事故发生前设备和系统的运行情况。

（2）查明电网或设备事故发生经过、扩大及处理情况。

人身事故应查明事故发生前工作内容、开始时间、许可情况、作业程序、作业时的行为及位置、事故发生的经过、现场救护情况。

（3）查明与电网或设备事故有关的仪表、自动装置、断路器、保护、故障录波器、调整装置、遥测遥信、遥控、录音装置和计算机等设备记录和动作情况。

人身事故应查明事故发生前伤亡人员和相关人员的技术水平、安全教育记录、健康状况及过去的事故记录、违章违纪情况等。

（4）调查清楚设备资料（包括订货合同和大、小修记录等）情况，以及规划、设计、制造、施工安装、调试、运行、检修等质量方面存在的问题。

人身事故应查明事故场所周围的环境情况（包括照明、湿度、温度、通风、声响、色彩度、道路、工作面状况，以及工作环境中有毒、有害物质和易燃易爆物取样分析记录）、安全防护设施和个人防护用品的使用情况（了解其有效性、质量及使用时是否符合规定）。

（5）查明电网事故造成的损失，包括波及范围、减供负荷、损失电量、用户性质；查明事故造成的设备损坏程度、经济损失。

（6）了解现场规程制度是否健全，规程制度本身及其执行中暴露的问题；了解企业管理、安全生产责任制和技术培训等方面存在的问题；事故涉及两个及以上单位时，应了解相关合同或协议。

七、事故现场保护

事故现场状况及事故现场原始材料收集是事故分析的重要依据，发生事故后，事故现场必须按规定做好保护。

国家电力监管委员会《电力生产事故调查暂行规定》（国家电力监管委员会第 4 号令，自 2005 年 3 月 1 日起施行）中规定：

（1）事故发生后，发生事故的单位应当迅速抢救伤员和进行事故应急处理，并派专人严格保护事故现场。未经调查和记录的事故现场，不得任意变动。

（2）事故发生后，发生事故的单位应当立即对事故现场和损坏的设备进行照相、录像、绘制草图。

（3）事故发生后，发生事故的单位应当立即组织有关人员收集事故经过、现场情况、财产损失等原始材料。

根据上述规定，具体要认真做好下列工作：

（1）事故发生后，事故单位必须派专人严格保护事故现场并迅速抢救伤员。未经调查和记录的事故现场，不得任意变动。

（2）特大事故发生后，事故单位应立即通知当地公安部门，并要求派人负责现场的保护和收集证据工作，同时报主管部门。

（3）事故发生后，安监人员（发生重大伤亡或死亡事故时会同当地劳动部门）和参加事故调查的有关人员应迅速赶赴现场，立即记录，并对事故现场和损坏的设备进行照相、绘制草图、收集资料。对特大事故、重大事故、死亡事故和其他严重事故还应立即组织录像。

未经调查和记录的事故现场，不得任意变动。需要紧急抢修恢复运行而变动事故现场者，必须经安监部门和企业有关领导同意。

（4）因抢救伤员，防止事故扩大以及疏通交通等需要移动现场物件时，应做出标志、绘制现场简图并写出书面记录，妥善保存现场必要的痕迹、物证。

（5）特大和重大火灾事故现场勘察按公安消防部门规定进行，事故单位的保卫和安监部门应配合。

八、事故原始资料收集

事故原始资料收集工作，应按下列要求做好：

(1) 事故发生后，当值值班人员或现场作业人员和在场的其他有关人员在下班离开事故现场前，必须分别如实提供现场情况和写出事故的原始材料，并保证其真实性。

安监部门要及时收集有关资料，并妥善保管。

(2) 事故调查组成立后，安监部门应及时将有关材料移交事故调查组。事故调查组应根据事故情况查阅有关运行、检修、试验、验收的记录文件和事故发生时的录音、故障录波图、计算机打印记录等，及时整理出说明事故情况的图表和分析事故所必需的各种资料和数据。

(3) 事故调查组在收集原始资料时应将事故现场收集到的所有物件（如破损部件、碎片、残留物等）保持原样，并贴上标签，注明地点、时间、物件管理人。

(4) 事故调查组有权向事故发生单位、有关部门及有关人员了解事故的有关情况并索取有关资料，任何单位和个人不得拒绝。

九、事故分析、处理及责任追究

在事故调查，原始资料收集的基础上，应按下列要求认真做好事故的分析、处理及责任追究工作。

(1) 事故调查组在事故调查的基础上，分析并明确事故发生、扩大的直接原因和间接原因（必要时，事故调查组可委托专业技术部门进行相关计算、试验、分析）。

“事故发生、扩大的直接原因”是指直接导致事故发生的原因。如安全防护装置缺少或有缺陷；设备、设施、工具、附件有故障隐患或有缺陷；个人防护用品、安全用具缺少或有缺陷；生产场地环境不良；误操作、违章操作、监视调整不当；物体存放不当；工作中忽视安全，对设备维护不当，使用不安全设备、工具等。

“事故发生、扩大的间接原因”是指直接原因以外的管理等方面的原因。如没有安全操作规程或安全操作规程不健全，劳动组织不合理，对现场工作缺乏检查或指导错误，设计、制造、施工安装上有缺陷或有隐患，教育培训不够，事故隐患防范措施和整改措施不力等。

(2) 根据事故调查所确认的事实，通过对直接原因和间接原因的分析，确定事故中的直接责任者和领导责任者。在直接责任者和领导责任者中，根据其在事故发生过程中的作用，确定主要责任者、次要责任者和扩大责任者，并确定各级领导对事故应负的责任。

“直接责任”和“主要责任”是指违章指挥，违章作业，过失和失职（如擅自拆除、毁坏、挪用安全、保护、自动装置和设施，违反操作规程和安全规程，违反劳动纪律等），直接导致事故发生、发展，在事故过程中起主导作用。

“次要责任”是指由于过失、疏忽，在安全组织措施、安全技术措施等方面安排、布置不严密，未能及时制止事故的发生、发展。

“扩大责任”是指由于违章、过失、失职、违反劳动纪律，安全措施的布置、安排不当或发生事故过程中处置不当等，导致了事故的扩大和发展。

“领导责任”是指各级领导人员在其职责范围内未履行，或未正确履行安全生产责任制，或因工作计划和安排、组织措施和技术措施不落实，督促、检查、指导不够，对安全生产方针政策贯彻不力，对职工安全教育不够等，导致或影响了事故的发生、发展。根据对事故责任的分析，领导责任一般可分为主要领导责任、次要领导责任。

(3) 发供电设备投产后发生的事故，如与设计、制造、施工安装、调试等单位有关时，应通知有关单位派人参加调查分析。由上述单位造成的责任事故，都应根据“四不放过”的原则，追究事故责任。

(4) 凡事故原因分析中存在下列与事故有关的问题，确定为领导责任。

1) 企业安全生产责任制不落实。

2) 规程制度不健全。

3) 对职工教育培训不力。

4) 现场安全防护装置、个人防护用品、安全工器具不全或不合格。

5) 反事故措施不落实。

6) 同类事故重复发生。

7) 违章指挥。

(5) 提出防范措施。事故调查组应根据事故发生、扩大的原因和责任分析，提出防止同类事故发生、扩大的组织措施和技术措施。

(6) 提出人员处理意见。事故调查组在事故责任确定后，要根据有关规定提出对事故责任人员的处理意见，由有关单位和部门按照人事管理权限进行处理。

(7) 对下列情况应从严处理。

1) 违章指挥、违章作业、违反劳动纪律造成事故的。

2) 事故发生后隐瞒不报、谎报或在调查中弄虚作假、隐瞒真相的。

3) 阻挠或无正当理由拒绝事故调查；拒绝或阻挠提供有关情况和资料的。

对上述情况的有关人员，应按有关规定严肃处理。

(8) 在事故处理中积极恢复设备运行和抢救、安置伤员；在事故调查中主动反映事故真相，使事故调查顺利进行的有关事故责任人员，可酌情从宽处理。

(9) 特大事故和重大事故调查组写出《事故调查报告书》后，应报送组织调查的部门。经组织调查的部门同意，调查组工作即告结束。

第四节 事故资料归档

事故调查、分析和处理结案后，事故调查的组织单位应将有关资料归档。事故归档资料必须完整，根据情况应包括以下内容。

(1) 职工伤亡事故登记表或设备事故报告。

(2) 事故调查报告书、事故处理报告书及批复文件。

(3) 现场调查笔录、图纸、仪器表计打印记录、资料、照片、录像带等。

(4) 技术鉴定和试验报告。

(5) 物证、人证材料。

(6) 直接和间接经济损失材料。

(7) 事故责任者的自述材料。

(8) 医疗部门对伤亡人员的诊断书。

(9) 发生事故时的工艺条件、操作情况和设计资料。

(10) 处分决定和受处分人的检查材料。

(11) 有关事故的通报、简报及成立调查组的有关文件。

(12) 事故调查组的人员名单，内容包括姓名、职务、职称、单位等。

第五节 事故统计与报告

事故统计与报告是研究、分析、预防事故的重要工作，各级务必按规定做好。

(一) 国务院《生产安全事故报告和调查处理条例》(国务院令第 493 号，2007 年 6 月 1 日起施行) 中有关事故报告的规定

(1) 事故发生后，事故现场有关人员应当立即向本单位负责人报告；单位负责人接到报告后，应当于 1h 内向事故发生地县级以上人民政府安全生产监督管理部门和负有安全生产监督管理职责的有关部门报告。

情况紧急时，事故现场有关人员可以直接向事故发生地县级以上人民政府安全生产监督管理部门和负有安全生产监督管理职责的有关部门报告。

(2) 安全生产监督管理部门和负有安全生产监督管理职责的有关部门接到事故报告后，应当依照下列规定上报事故情况，并通知公安机关、劳动保障行政部门、工会和人民检察院：

1) 特别重大事故、重大事故逐级上报至国务院安全生产监督管理部门和负有安全生产监督管理职责的有关部门。

2) 较大事故逐级上报至省、自治区、直辖市人民政府安全生产监督管理部门和负有安全生产监督管理职责的有关部门。

3) 一般事故上报至设区的市级人民政府安全生产监督管理部门和负有安全生产监督管理职责的有关部门。

安全生产监督管理部门和负有安全生产监督管理职责的有关部门依照上述规定上报事故情况，应当同时报告本级人民政府。国务院安全生产监督管理部门和负有安全生产监督管理职责的有关部门以及省级人民政府接到发生特别重大事故、重大事故的报告后，应当立即报告国务院。

必要时，安全生产监督管理部门和负有安全生产监督管理职责的有关部门可以越级上报事故情况。

(3) 安全生产监督管理部门和负有安全生产监督管理职责的有关部门逐级上报事故情况，每级上报的时间不得超过 2h。

(4) 报告事故应当包括下列内容：

1) 事故发生单位概况。

2) 事故发生的时间、地点以及事故现场情况。

3）事故的简要经过。

4）事故已经造成或者可能造成的伤亡人数（包括下落不明的人数）和初步估计的直接经济损失。

5）已经采取的措施。

6）其他应当报告的情况。

（5）事故报告后出现新情况的，应当及时补报。

自事故发生之日起30日内，事故造成的伤亡人数发生变化的，应当及时补报。道路交通事故、火灾事故自发生之日起7日内，事故造成的伤亡人数发生变化的，应当及时补报。

（6）事故发生单位负责人接到事故报告后，应当立即启动事故相应应急预案，或者采取有效措施，组织抢救，防止事故扩大，减少人员伤亡和财产损失。

（7）事故发生地有关地方人民政府、安全生产监督管理部门和负有安全生产监督管理职责的有关部门接到事故报告后，其负责人应当立即赶赴事故现场，组织事故救援。

（8）事故发生后，有关单位和人员应当妥善保存事故现场以及相关证据，任何单位和个人不得破坏事故现场、毁灭相关证据。

因抢救人员、防止事故扩大以及疏通交通等原因，需要移动事故现场物件的，应当做出标志，绘制现场简图并做出书面记录，妥善保存现场重要痕迹、物证。

（9）事故发生地公安机关根据事故的情况，对涉嫌犯罪的，应当依法立案侦查，采取强制措施和侦查措施。犯罪嫌疑人逃匿的，公安机关应当迅速追捕归案。

（10）安全生产监督管理部门和负有安全生产监督管理职责的有关部门应当建立值班制度，并向社会公布值班电话，受理事故报告和举报。

（二）国家电力监管会《电力生产事故调查暂行规定》中有关事故统计与报告的规定

电力生产事故统计与报告应当及时、准确、完整。电力生产事故统计分析应当与可靠性分析相结合，全面评价安全水平。

任何单位和个人对违反《电力生产事故调查暂行规定》中规定的行为、隐瞒电力生产事故或者阻碍电力生产事故调查的行为，有权向国家电力监管委员会（以下简称电监会）及其派出机构、政府有关部门举报。

电力生产事故的统计和报告，按照电监会《电力安全生产信息报送暂行规定》办理。涉及电网企业、发电企业等两个以上企业的事故，如果各企业均构成事故，各企业都应当按照有关规定统计、上报。一起事故既符合电网事故条件，又符合设备事故条件的，按照“不同等级的事故，选取等级高的事故；相同等级的事故，选取电网事故”的原则统计、上报。伴有人身事故的电网事故或者设备事故，应当按照电监会《电力生产事故调查暂行规定》的要求将人身事故、电网事故或者设备事故分别统计、上报。

按照国家有关规定，由人民政府有关部门组织调查的事故，发生事故的单位应当自收到《事故调查报告书》之日起一周内，将有关情况报送电监会。

（三）水利部有关事故统计与报告的规定

水利部规定，事故统计工作由各级安全监察机构负责，必须按填报统计的要求认真做好事故的填报统计工作并按规定做好上报工作，要及时、准确地上报省（市）主管部门和水利部。事故报告不准谎报、漏报，不准误期拖延。

复 习 思 考 题

1. 电力事故如何分类？
2. 事故调查的目的、作用和要求是什么？
3. 什么是“四不放过”？
4. 事故调查组及其成员职责是什么？
5. 事故调查组成员应符合什么条件？
6. 请讲述事故调查内容。
7. 事故现场保护有哪些规定？
8. 事故原始资料收集有哪些规定？
9. 事故原因分析中，与事故有关的哪些问题确定为领导责任？
10. 事故处理中，哪些情况应从严处理？
11. 事故归档资料应包含哪些内容？

第四章　人身触电事故预防

人身触电是经常发生的一种电气事故，它会造成人员死亡或电伤，而且电伤的部位很难愈合。现在电力不仅是工业、农业、交通运输和科学技术研究的主要动力，而且已成为现代家庭的重要能源。假如人们在工作中和生活中不注意安全使用电气设备和电气工具，就可能发生触电事故，如果再加上不懂或不会正确救护，那就可能导致人员伤亡，给社会和家庭造成不幸。所以必须做好人身触电预防和触电救护知识普及。

第一节　电流对人体的危害

电流通过人体，它产生的热效应会造成人体电灼伤；它引起的化学效应会使人体造成电烙印和皮肤金属化；它产生的电磁场能量对人体的辐射会导致人头晕、乏力和神经衰弱。

电流通过人体头部会使人立即昏迷，甚至醒不过来；通过人体脊髓时会使人肢体瘫痪；通过中枢神经或有关部位会导致中枢神经系统失调而死亡；通过心脏会引起心室颤动，致使心脏停止跳动而死亡。

由此可见，电流通过人体非常危险，尤其是通过心脏、中枢神经和呼吸系统危害性更大。

电流通过人体，对人的危害程度与通过的电流大小、持续时间、电压高低、频率以及通过人体的途径，人体电阻状况和人的身体健康状况等有密切关系。

一、不同电流强度对人身触电的影响

通过人体的电流越大，人的生理反应越明显，引起心室颤动所需的时间越短，致命的危险就越大。按照不同的电流强度通过人体时的生理反应，可将电流分成以下三类：

（1）感觉电流。人体能感觉到的最小电流称为感觉电流。比这个电流小，人就感觉不到了，一般女性对电流较敏感，成年女性约为 0.7mA 左右的工频电流就能感觉到；而成年男子的感觉电流约在 1.1mA 左右（工频）。

（2）摆脱电流。触电后人能自主摆脱电源的最大电流称为摆脱电流。比这电流大，人就无法自主摆脱了。摆脱电流男性比女性要大，当然要根据触电人的身体情况，身强力壮的男性摆脱电流甚至可达几十毫安；而女性触电后，由于心理紧张加上体力不如男性，所以女性摆脱电流一般较小。一般成年男性摆脱电流在 16mA（工频）左右，而成年女性约为 10mA（工频）左右。

（3）致命电流。从字眼就可以看出，这个电流数值将导致人触电死亡。即在较短时间内，危及人生命的最小电流称为致命电流。一般情况下，通过人体的工频电流超过 50mA 时，人的心脏就可能停止跳动，发生昏迷和出现致命的电灼伤。当工频电流达到 100mA 通过人体时，很快就会致人死亡。

不同电流强度对人体的影响，见表 4－1。

表 4-1　不同电流强度对人体的影响

电流强度（mA）	对人体的影响	
	交流电（50Hz）	直流电
0.6～1.5	开始感觉，手指麻刺	无感觉
2～3	手指强烈麻刺、颤抖	无感觉
5～7	手部痉挛	热感
8～10	手部剧痛，勉强可以摆脱电源	热感增多
20～25	手迅速麻痹，不能自立，呼吸困难	手部轻微痉挛
50～80	呼吸麻痹，心室开始颤动	手部痉挛呼吸困难
90～100	呼吸麻痹，心室经3s及以上颤动即发生麻痹停止跳动	呼吸麻痹

二、电流通过人体的持续时间对人体触电的影响

电流通过人体的时间越长，对人体组织破坏越厉害，后果越严重。

人体心脏每收缩和扩张一次，中间有一时间间隙，在这间隙时间内触电，心脏对电流特别敏感，即使电流很小，也会引起心室颤动。所以，触电持续时间如果超过1s，就相当危险。

为了能够迅速解救触电人员，我国《电业安全工作规程》（DL408—91）和《国家电网公司电力安全工作规程》（试行）（2005年）都规定：在发生人身触电事故时，为了抢救触电人，可以不经许可，即行断开有关设备的电源，但事后必须立即报告调度和上级部门。

三、作用于人体的电压对人体触电的影响

当人体电阻一定时，作用于人体的电压越高，则通过人体的电流就越大，这样就越危险。而且，随着作用于人体的电压升高，人体电阻还会下降，导致电流更大，对人体的伤害更严重。随着电压而变化的人体电阻值见表4-2。

表 4-2　随电压而变化的人体电阻

U(V)	12.5	31.5	62.5	125	220	250	380	500	1000
R(Ω)	16500	11000	6240	3530	2222	2000	1417	1130	640
I(mA)	0.8	2.84	10	35.2	99	125	268	143	1560

四、电源频率对人体触电的影响

人触电碰到的电源频率越高或越低，对人体触电危险性不一定就越大。对人体伤害最严重的是50～60Hz的工频交流电。各种频率的死亡率见表4-3。

表 4-3　各种频率的死亡率

频率（Hz）	10	25	50	60	80	100	200	500	1000
死亡率（%）	21	70	95	91	43	34	22	14	11

五、人体电阻对人体触电的影响

人体触电时，当接触的电压一定，流过人体的电流大小就决定于人体电阻的大小。人体电阻越小，流过人体的电流就越大，也就越危险。

人体电阻主要由两部分组成，即人体内部电阻和人体表面电阻。前者与接触电压和外

界条件无关，一般在500Ω左右；而后者随皮肤表面的干湿程度、有无破伤，以及接触的电压等而变化。

不同情况的人，皮肤表面的电阻差异很大，因而使人体电阻的差异也很大。但一般情况人体电阻可按1000～2000Ω考虑。

不同条件的人体电阻见表4-4。

表4-4　　不同条件下的人体电阻

接触电压（V）	人体电阻（Ω）			
	皮肤干燥①	皮肤潮湿②	皮肤潮湿③	皮肤浸入水中④
10	7000	3500	1200	600
25	5000	2500	1000	500
50	4000	2000	875	440
100	3000	1500	770	375
250	1500	1000	650	325

① 干燥场所的皮肤，电流途径为单手至双脚。

② 潮湿场所的皮肤，电流途径为单手至双脚。

③ 有水蒸气，特别潮湿场所的皮肤，电流途径为双手至双脚。

④ 游泳池或浴池中的情况，基本为体内电阻。

六、电流通过人体不同的途径对人体触电的影响

电流总是从电阻最小的途径通过，所以触电情况不同，电流通过人体的主要途径也不同。

很明显，电流从左手到脚是最危险的途径。从右手到脚的途径，危险性相对要小些，但也很容易引起剧烈痉挛而摔倒，导致电流通过全身或摔伤，造成严重危害。

电流途径与通过人体心脏电流的百分数见表4-5。

表4-5　　电流途径与通过心脏的百分数

电流的途径	左手至双脚	右手至双脚	右手至左手	左脚至右脚
通过心脏电流的百分数（%）	6.7	3.7	3.3	0.4

七、人体健康状况对人体触电的影响

人身体健康，精神饱满，思想就集中，工作中就不容易发生触电，万一发生触电时，其摆脱电流相对也大。反之，若人有慢性疾病，身体不好或醉酒，则精力就不易集中，就容易发生触电事故；而且触电后，由于体力差，摆脱电流相对也小，加上自身抵抗力差，容易诱发疾病，后果更为严重。

人的身心健康也是影响触电的重要因素。假如人的身心不够健康，整天思想很混乱，工作中就容易发生触电事故，而且触电后果也严重。

第二节　电流对人体的伤害分类

电流对人体的伤害可分为电击和电伤（包括电灼伤、电烙印和皮肤金属化）两大类。

一、电击

电击就是我们通常所说的触电，绝大部分的触电死亡事故都是电击造成的。当人体在触及带电导体、漏电设备的金属外壳或距离高压电太近以及遭遇雷击、电容器放电等情况下，都可以导致电击。

电击是电流对人体器官的伤害，例如破坏人体心脏、肺部、神经系统等造成人死亡。电击的伤害程度主要取决于电流的大小和触电持续时间。

（1）电流通过人体的时间较长，可引起呼吸肌抽缩，造成缺氧而致使心脏停搏。

（2）较大的电流流过呼吸中枢时，会使呼吸肌长时间麻痹或严重痉挛，造成缺氧性心脏停搏。

（3）在低压触电时，会引起心室纤维颤动或严重心律失常，使心脏停止有节律的泵血活动，导致大脑缺氧而死亡。

二、电伤

电伤是指触电时电流的热效应、化学效应以及电刺击引起的生物效应对人体造成的伤害。电伤多见于肌肉外部，而且往往在肌体上留下难以愈合的伤痕。常见的电伤有电弧烧伤（电灼伤）、电烙印和皮肤金属化等。

1. 电灼伤（电弧烧伤）

电弧烧伤是最常见也是极严重的电伤。在低压系统中，带负荷（特别是感性负荷）拉合裸露的闸刀开关时，产生的电弧可能会烧伤人的手部和面部；线路短路、跌落式熔断器的熔丝熔断时，炽热的金属微粒飞溅出来也可能造成灼伤；错误操作引起短路也可能导致电弧烧伤人体。在高压系统中由于误操作，如带负荷拉合隔离开关、带电挂接地线等，会产生强烈的电弧，将人严重灼伤，甚至深达骨骼，并使其坏死。另外，人体过分接近带电体，其间距小于放电距离时，会直接产生强烈的电弧对人放电，造成人电击死亡或大面积烧伤而死亡。强烈电弧的辐射还会使眼睛受伤。

2. 电烙印

电烙印也是电伤的一种，当通过电流的导体长时间接触人体时，由于电流的热效应和化学效应，使接触部位的人体肌肤发生变质，形成肿块，颜色呈灰黄色，有明显的边缘，如同烙印一般，称之为电烙印。电烙印一般不发炎、不化脓、不出血，受伤皮肤硬化，造成局部麻木和失去知觉。

3. 皮肤金属化

在电流电弧的作用下，使一些熔化和蒸发的金属微粒渗入人体皮肤表层，使皮肤变得粗糙而坚硬，导致皮肤金属化，给身体健康造成很大的危害。

第三节　人体触电类型

人体触电一般有直接接触触电、跨步电压触电、接触电压触电等几种类型。

一、直接接触触电

人体直接接触带电导体造成的触电，或离高压电距离太近造成对人体放电引起触电称之为直接接触触电。如果人体直接接触到电气设备或电力线路中一相带电导体，或者与高压系统中一相带电导体的距离小于该电压的放电距离而造成对人体放电，这时电流将通过人体流入大地，这种触电称为单相触电，如图 4-1 所示。如果人体同时接触电气设备或电力线路中两相带电导体，或者在高压系统中，人体同时过分靠近两相带电导体而发生电弧放电，则电流将从一相导体通过人体流入另一相导体，这种触电现象称为两相触电，如图 4-2 所示。显然，发生两相触电危害就更严重，因为这时作用于人体的电压是线电压。对于 380V 的线电压，人体发生两相触电时流过人体的电流为 268mA（见表 4-2），这样大的电流只要经过约 0.186s，人就会死亡。

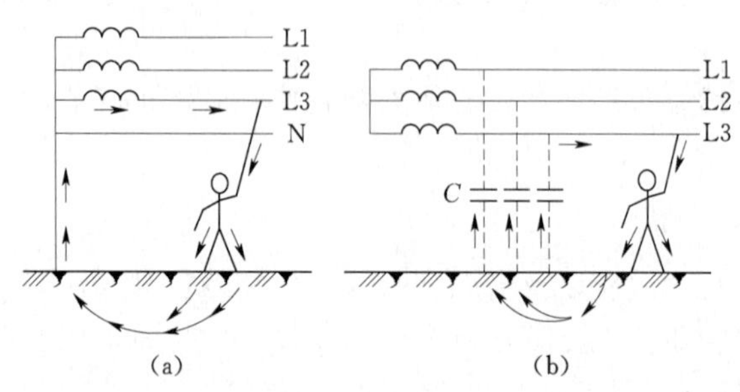

图 4-1　单相触电示意图

(a) 中性点接地系统的触电；(b) 中性点不接地系统的触电

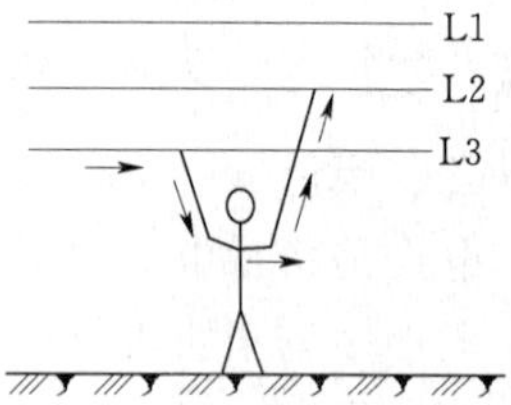

图 4-2　两相触电示意图

设备不停电时的安全距离，见表 2-1 所示。工作人员工作中正常活动范围与带电设备的安全距离，见表 4-6。

表 4-6　　工作人员工作中正常活动范围与带电设备的安全距离

电压等级（kV）	10 及以下（13.8）	20、35	63（66）110	220	330	500
安全距离（m）	0.35	0.60	1.50	3.00	4.00	5.00

二、跨步电压触电

当电气设备或线路发生接地故障时，接地电流从接地点向大地四周流散，这时在地面上形成分布电位。要在 20m 以外，大地电位才等于零。离接地点越近，大地电位越高。人假如在接地点周围（20m 以内）行走，其两脚之间就有电位差，这就是跨步电压。由跨步电压引起的人体触电，称为跨步电压触电，如图 4-3 所示。

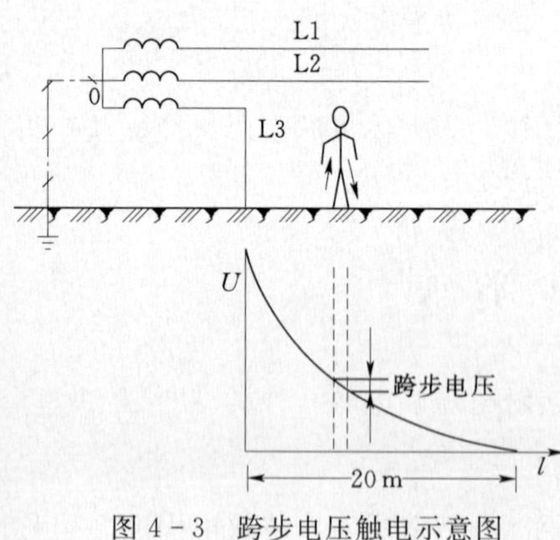

图 4-3　跨步电压触电示意图

跨步电压的大小决定于人体离接地点的距离和人体两脚之间的距离。离接地点越近，跨步电压的数值就越大。

《电业安全工作规程》（DL408—91）和《国家电网公司电力安全工作规程》（试行）（2005 年）中规定：高压设备发生接地时，室内不得接近故障点 4m 以内，室外不得接近故障点 8m 以内。进入上述范围的人员必须穿绝缘靴，接触设备的外壳和构架时，应戴绝缘手套。同时又规定：雷雨天气，需要巡视室外高压设备时，应穿绝缘靴，并不得靠近避雷器和避雷针。这些规定，都是为了防止跨步电压触电，保护人身安全。

三、接触电压触电

电气设备的金属外壳，本不应该带电，但由于设备使用时间长久，内部绝缘老化，造成击穿碰壳；或由于安装不良，造成设备的带电部分碰到金属外壳；或其他原因也可能造成电气设备金属外壳带电。人若碰到带电外壳，就会发生触电事故，这种触电称为接触电压触电。接触电压是指人站在带电外壳旁（水平方向 0.8m 处），人手触及带电外壳时，其手、脚之间承受的电位差。

第四节　防止人身触电的技术措施

防止人身触电，首先要时刻具有“安全第一”的思想，在工作中一丝不苟；要努力学习专业业务，掌握电气理论和电气安全知识。电气安全技术与电气专业技术基础紧密相关，只有掌握好电气专业技术基础和电气安全技术，才能在工作中避免发生触电事故。另外，必须严格遵守规程规范和各种规章制度。电气设计、设备制造、设备安装验收、设备运行维护管理以及检修都必须按规程规范要求保证质量，每个环节都不能马虎。除上述这些要求外，为确保安全，还要有防止人身触电的一些技术措施。

防止人身触电的技术措施有保护接地和保护接零、采用安全电压、装设漏电保护器（触电保安器）等。

一、保护接地和保护接零

1. 保护接地

将电气设备的金属外壳通过接地装置与大地相连接称为保护接地，如图 4－4 所示。

接地装置是接地体和接地线的总称。接地体是埋在地下与土壤直接接触的金属导体，有自然接地体和人工接地体两种。自然接地体是指利用现有的埋在地下的金属管道（有爆炸、易燃性气体和液体的管道除外）、地下金属构架、钢筋混凝土钢筋（注意：用钢筋混凝土钢筋作接地体时，施工时应将钢筋焊接，使其在电气上成一整体）等作为接地体。人工接地体是指人为打入或埋入地下的金属导体。垂直打入地下的金属导体，一般用 50mm×50mm×5mm 镀锌角钢，头部削成尖角，长度 2.5m，垂直打入地下的有效深度不小于 2.0m，而且至少要打两根，相邻两根之间的距离要求在 2 倍打入深度以上。把打入地下的接地体可靠连接起来，然后与接地线可靠连接（焊接）。接地体也可平行埋入地下，埋入深度不应小于 0.6m。接地体不能用裸铝导体。接地线是连接电气

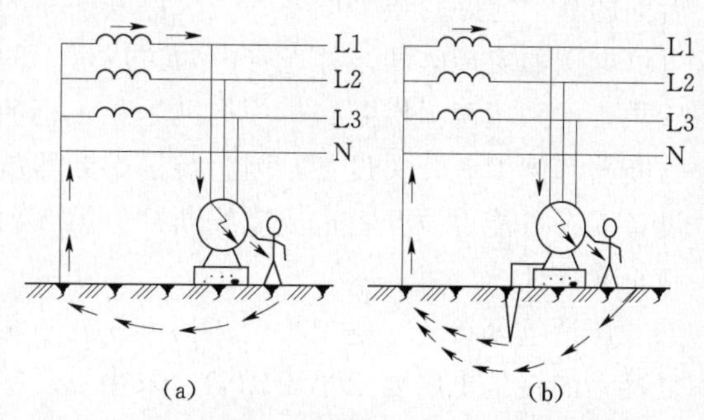

图 4－4　中性点直接接地系统保护接地原理图
（a）未装保护接地；（b）装设保护接地

设备接地部分（金属外壳）与接地体的金属导体。常用镀锌扁铁作接地线。

保护接地的接地电阻不能大于4Ω。接地电阻由接地体的电阻和接地线的电阻及土壤流散电阻三部分组成，可用专用的接地电阻测量仪器测量。

采用保护接地后，假如电气设备发生带电部分碰壳或漏电，人触及带电外壳时，由于人体电阻与接地装置的接地电阻并联，如前所述人的电阻有1000～2000Ω，而保护接地电阻小于4Ω，人体电阻较保护接地的接地电阻大得很多，因此，大部分电流通过保护接地装置流走了，仅一小部分电流流过人体，这样就大大减轻了人身触电危险，如图4－4所示。图4－4（a）中没采取保护接地，电气设备发生漏电或带电部分碰壳时，人碰到带电外壳，漏电（或碰壳）电流将全部通过人体，人将发生严重触电事故；图4－4（b）中采取了保护接地，当发生电气设备漏电或带电部分碰壳，人碰到带电外壳时，大部分电流通过接地装置流走了，仅一小部分通过人体，这样就减轻了人触电危险。保护接地的接地电阻越小，流过人体的电流就越小，这样危险性就越小；反之，假如保护接地的接地电阻不符合要求，电阻越大，那流过人体的电流就越大，就不能起到安全保护的作用。所以在实施保护接地时，接地电阻必须符合要求，而且越小越好。

2. 保护接零

保护接零是将电气设备的金属外壳与供电变压器的零线（三相四线制供电系统中的零干线）直接相连接，如图4－5所示。

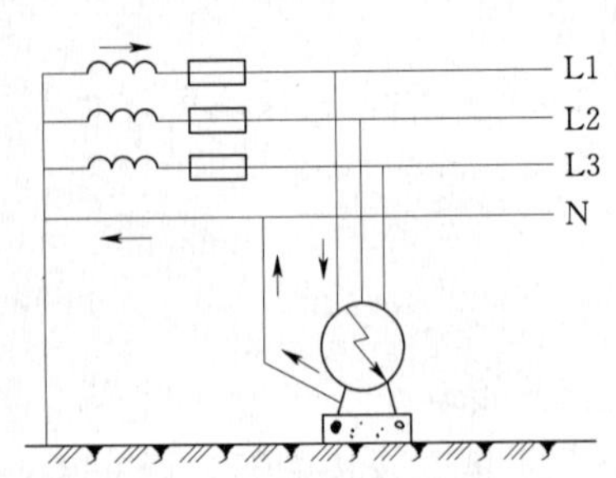

图4－5　保护接零作用原理图

实施保护接零后，假如电气设备发生漏电或带电部分碰到外壳（碰壳），就构成单相短路，短路电流很大，使漏电或碰壳的一相电源自动切断（熔断器熔丝熔断或自动空气开关跳闸），这时人碰到设备外壳时，就不会发生触电。图4－5中，电动机L1相碰壳，这时L1相熔断器熔丝立即熔断，电动机外壳就不再带电，人碰到外壳时，就不会发生触电事故。这就是保护接零保护人身安全的基本原理。

实施保护接零后，必须注意零线不能断线。否则，在接零设备发生带电部分碰壳或漏电时，就构不成单相短路，电源就不会自动切断。这样产生两个后果：一是使接零设备失去安全保护，因为这时等于没有实施保护接零；二是会使后面的其他完好的接零设备外壳、保安插座的保安触头带电。引起大范围电气设备和移动电器（例如家用电器）外壳带电，造成可怕的触电威胁。为了防止变压器零线断线造成的后果，常采用两项措施：一项措施是在三相四线制的供电系统中，规定在零干线上不准装熔断器和闸刀等开关设备，因为装了熔断器就可能熔丝熔断或熔丝拔掉；装了闸刀等开关设备就有可能误拉开，造成零线断开。第二项措施是保护接零的系统中，变压器零线要实施重复接地。

所谓重复接地，是指将变压器零线（三相四线制供电系统中的零干线）多点接地。重复接地的接地电阻要求小于10Ω。采用重复接地后，如果变压器零线断线，接零设备发生漏电或带电部分碰壳时仍有安全保护，而且可以减小接零设备外壳对地电压，减轻零线断线时触电危险，对保护人身安全有很重要作用。

重复接地原理如图 4－6 所示。

对引入建筑物的电源重复接地，一般在进户线与接户线第一支持物连接处进行。而且零线实施重复接地后，将零线分成两根引进建筑物，其中一根作为工作零线，另一根作为保护零线（PE 线）。例如，单相保安插座的工作接零触头（所谓“左零右火”，面对插座，左侧一个触头）接工作零线，保安触头接保护零线（PE 线）。即建筑物外面供电系统是三相四线制，而建筑物内部是三相五线制系统。工作零线和保护零线（PE 线）上同样规定不准装设熔断器、闸刀等开关设备。电缆进线重复接地在总开关柜上进行。

3. 注意事项

实施保护接地和保护接零时必须注意：在同一只配电变压器供电的低压公共电网内，不准有的设备实施保护接地，而有的设备实施保护接零。

假如有的采用保护接地，有的采用保护接零，那当保护接地的设备发生带电部分碰壳或漏电时，会使变压器零线（三相四线制系统中的零干线）电位升高，造成所有采用保护接零的设备外壳带电，构成触电危险，如图 4－7 所示。

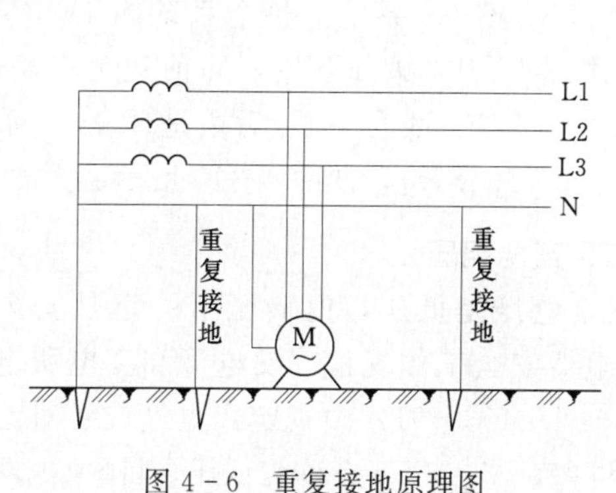

图 4－6　重复接地原理图

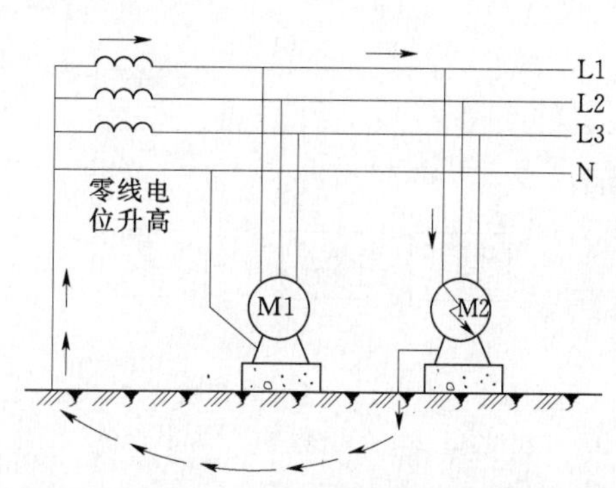

图 4－7　同一供电系统同时采用接地、接零两种保护方式时的危险性示意图

图 4－7 中，电动机 M1 和 M2 接在同一供电网络中，M1 采用保护接零保护，M2 采用保护接地保护。这样会产生严重后果。假如采用接地保护的电动机 M2，发生带电部分碰壳或漏电时，会使变压器零线电位升高，造成电动机 M1 等其他完好接零设备外壳带电，构成触电危险。

4. IEC 对配电网接地方式的分类

国际电工委员会 IEC（第 64 次技术委员会）将低压电网的配电制及保护方式分为 IT、TT、TN 三类。

（1）IT 系统。IT 系统是指电源中性点不接地或经足够大阻抗（约 1000Ω）接地，电气设备的外露可导电部分（如设备的金属外壳）经各自的保护线 PE 分别直接接地的三相三线制低压配电系统。

（2）TT 系统。TT 系统是指电源中性点直接接地，而设备的外露可导电部分经各自的保护线 PE 分别直接接地的三相四线制低压供电系统。

（3）TN 系统。TN 系统是指电源系统有一点（通常是中性点）接地，而设备的外露可导电部分（如金属外壳）通过保护线 PE 连接到此接地点的低压配电系统，称为 TN 系统。依据工作零线 N 和保护零线 PE 的不同组合情况，TN 系统又分为 TN—C、TN—S、TN—C—S 三种形式。

1）TN—C 系统。整个系统内工作零线 N 和保护零线 PE 合一。一般标有 PEN，如图 4－8 所示。

2）TN—S 系统。整个系统内工作零线 N 与保护零线 PE 是分开的，如图 4－9 所示。

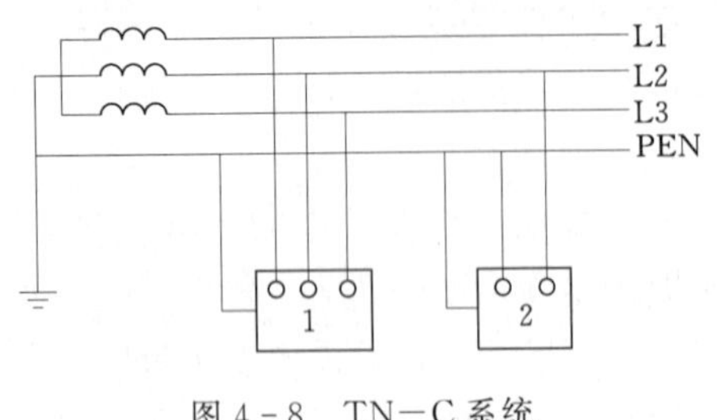

图 4－8　TN－C 系统

1－三相设备；2－单相设备

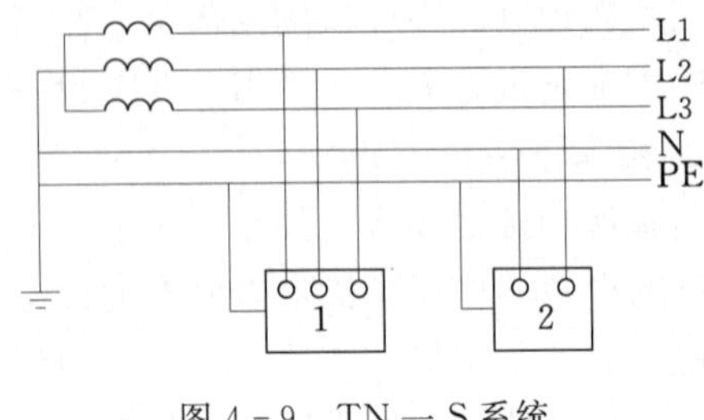

图 4－9　TN－S 系统

1－三相设备；2－单相设备

3）TN—C—S 系统。整个系统内工作零线 N 与保护零线 PE 部分合用，即前边为 TN—C 系统（N 线和 PE 线合一），后边是 TN—S 系统（N 线与 PE 线分开），如图 4－10 所示。

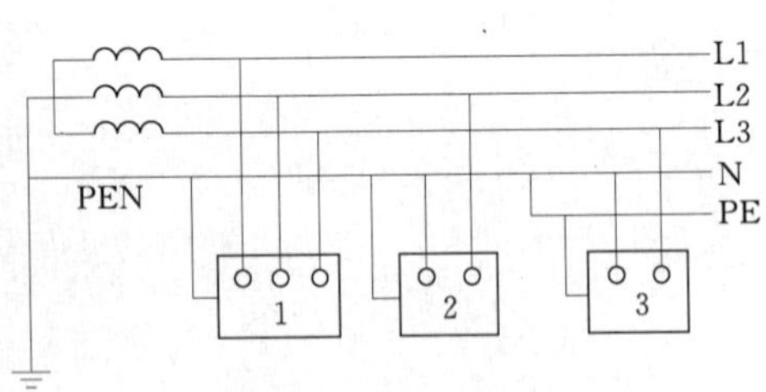

图 4－10　TN－C－S 系统

1－三相设备；2－单相设备；3－单相设备

二、安全电压

安全电压是低压，但低压不一定是安全电压。《电业安全工作规程（发电厂和变电所电气部分）》（DL408－91）中规定：电气设备对地电压在 250V 以上者称为高压；电气设备对地电压在 250V 及以下者称为低压。《国家电网公司电力安全工作规程》（变电站和发电厂电气部分）（试行）中规定：对地电压 1000V 及以上者为高压电气设备；对地电压 1000V 以下者为低压电气设备。

人接触到工频 250V 电压时，就可能触电伤亡。所以低压不等于安全电压。

我国规定的安全电压一般是指 36V、24V、12V。例如机床的局部照明应采用 36V 及以下安全电压；行灯的电压不应超过 36V；在特别潮湿场所或工作地点狭窄、行动不便场所（如金属容器内）的行灯电压不应超过 12V；还有一些移动电器设备等都应采用安全电压，以保护人身用电安全。

三、装设漏电保护器

漏电保护器又叫漏电开关、触电保安器。它在 20 世纪 50 年代开始已作为防止人身触电的一种技术措施在国外出现。经过多年来使用证明，漏电保护器是防止人身触电有效的保护装置。尽管目前由于某些产品质量不良、导线质量不良或使用长久而发生漏电，造成漏电保护器经常动作，但不能因此而否定漏电保护器对防止人身触电的保护作用；但也不能以为安装了漏电保护器就认为一切保险，过分依赖漏电保护器而忽略其他的防护措施。采用漏电保护器时，应同时考虑与其他防护措施的相互配合，这样才能有效地防止触电伤亡事故发生。

漏电保护器目前市场上有电磁式和电子式等类型。电磁式漏电保护器主要由检测元件、电磁式脱扣器和主开关组成。电子式漏电保护器是在电磁式漏电保护器的基础上加装具有比较、放大、整形等功能的电子电路，其保护原理与电磁式相同。根据控制原理分，漏电保护器主要有电流动作型、电压动作型等。目前用的较多的是电流型漏电保护器。

电流动作型漏电保护器由零序电流互感器、脱扣机构及主开关等部件组成。零序电流互感器作为检测元件，可以安装在系统工作接地线上，构成全网保护方式，如图4－11(a)所示；也可安装在干线或分支上，构成干线或分支保护，如图 4－11（b）所示。

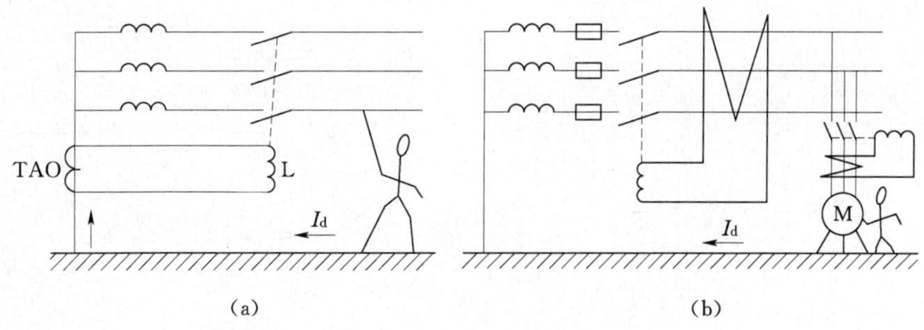

图 4－11　电流型漏电保护器工作原理图

(a) 全网保护；(b) 支干线保护

全网保护方式的工作原理是：当系统发生人身触电事故时，流过人体的电流经过大地返回变压器中性点，这时在零序电流互感器 TAO 的二次线圈中产生感应电动势，该电动势加在与之相连的漏电保护器的脱扣线圈 L 上，当触电电流（或漏电电流）达到某一规定值时，零序电流互感器的二次线圈感应电动势就达到足够大，使脱扣器动作，主开关便迅速切断电源，达到安全保护目的。全网保护方式由于断电范围较大，所以一般只用于规模较小的电网。

图 4－12 是干线或分支式漏电保护器的工作原理图。正常时，零序电流互感器的环形铁芯中电流的矢量和为零，铁芯中产生的磁通也为零，零序电流互感器二次线圈没有感应电动势产生，漏电保护器不动作；当有人触电或发生其他故障而有漏电电流流入地时，将破坏零序电流互感器环形铁芯中电流平衡状态，在铁芯中将产生交变磁通 Φ_d，零序电流互感器的二次线圈将有感应电动势，其大小决定于零序电流互感器中电流不平衡情况，也就是决定于触电（或漏电）电流大小，当感应电动势达到一定值时，零序电流互感器二次线圈电流 I_2 足够大时，脱扣器动作，使主开关迅速切断电源，保护人身安全。

电压动作型漏电保护器是因人身触电时有对地电压，根据对地电压大小而动作。电压型漏电保护器常用在中性点不直接接地的小接地电流供电系统中。

安装和使用漏电保护器，除了正确选用外，还必须注意以下问题：

(1) 装在中性点直接接地电网中的漏电

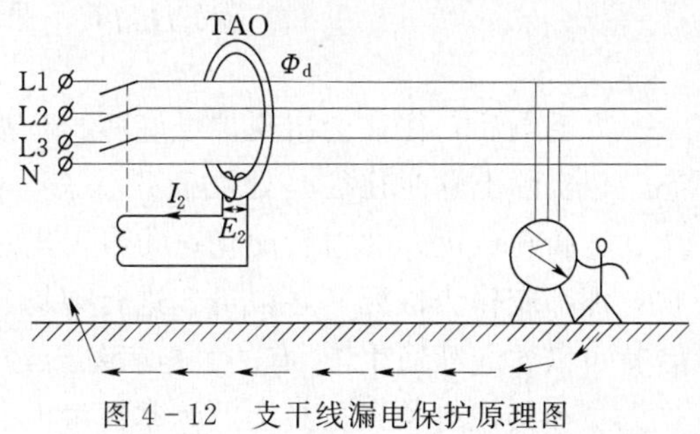

图 4－12　支干线漏电保护原理图

保护器后面的电网零线不准再重复接地，电气设备只准保护接地，不准保护接零，以免引起漏电保护器误动作。

(2) 被保护支路应有各自的专用零线，如图 4-13 所示。相邻保护支路的零线不得就近相连，以免引起漏电保护器误动作。

(3) 用电设备的接线应正确无误，如图 4-14 所示。不能像图中 3、4、5、6 负载那样接线，以保证漏电保护器能正确工作。

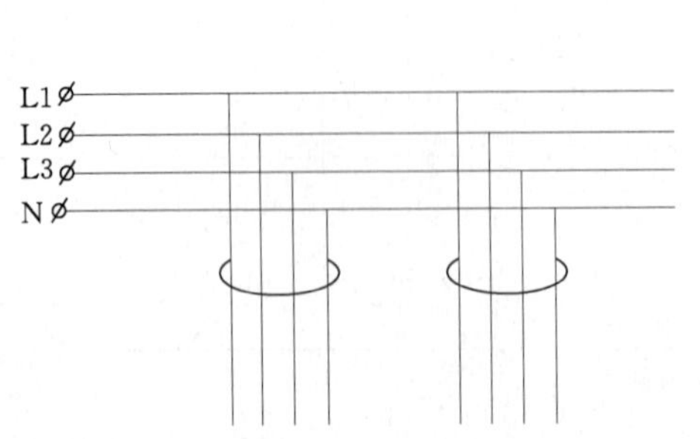

图 4-13 相邻分支线路零线不得就近相接

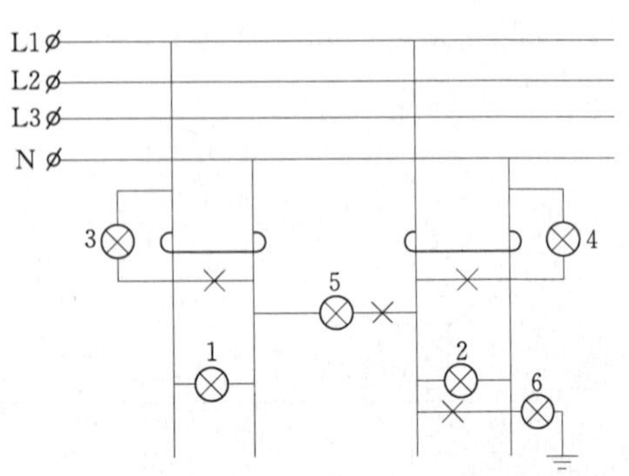

图 4-14 正确接线与错误接线

(4) 安装漏电保护器和没有安装漏电保护器的设备不能共用一套接地装置，如图4-15所示。图中电动机 M1 与 M2 共用一套接地装置，当未装漏电保护器的 M1 电动机发生漏电或带电部分碰壳时，电动机 M1 外壳上的对地电压必然反映到电动机 M2 的外壳上，当人触及这时已带电的电动机 M2 的外壳时，就会发生触电事故，因为此时触电电流并不经过漏电保护器，因而漏电保护器不会动作，不能起到安全保护的作用。

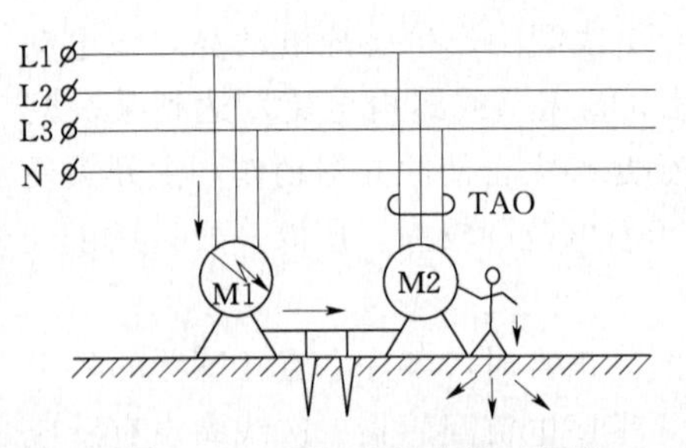

图 4-15 M1、M2 共用一套接地装置的危险

装设了漏电保护器的系统，如果发生严重漏电、单相接地短路或有人触电时，漏电保护器应正确动作，若不动作或系统正常时却动作，则说明漏电保护器本身有缺陷，如控制失灵、损坏或与系统配合不当等。此时应及时对漏电保护器进行检查，找出毛病，予以处理。对已损坏的漏电保护器应予以更换。

第五节 触 电 急 救

人触电后，往往会出现神经麻痹、呼吸中断、心脏停止跳动等症状，呈昏迷不醒的状态。但实际上这时往往是处在假死状态。触电死亡者一般有以下特征：①心跳、呼吸停止；②瞳孔放大；③血管硬化；④身上出现尸斑；⑤尸僵。如果上述特征中有一个尚未出现，那都应作为假死，必须迅速进行现场急救。只要救护方法得当，坚持不懈，多数触电者就可以“起死回生”。有的触电者甚至经过数小时救护才脱离危险。因此，每个电气工作人员和其他有关人员必须熟练掌握触电急救的方法。

一、解脱电源

触电急救首先要使触电者迅速脱离电源。因为电流通过人体的时间愈长，对生命的威胁愈大。下面介绍使触电者解脱电源的几种方法，可根据情况选择采用。

1. 脱离低压电源

如果触电者是触及低压带电设备，则救护人员应迅速设法切断电源，方法如下：

（1）拉开电源开关或刀开关，拔除电源插头。

（2）使用绝缘工具、干燥的木棒、木板、绳索等不导电的东西设法使触电者与电源解脱；救护者也可用抓住触电者干燥而不贴身的衣服，将触电者拖开电源（不能碰到金属物体和触电者的裸露身躯）。

（3）戴绝缘手套或用干燥衣物将手包起来绝缘，然后解脱触电者。

（4）站在绝缘垫上或干木板上绝缘自己，然后进行救护，将触电者从电源解脱。

解脱触电者时，救护人员最好用一只手进行。如果电流通过触电者入地，并且触电者紧握导线，救护人员可设法用干板塞到触电者身下，使其与地绝缘，隔断电源，然后再采取其他办法切断电源，如用干木把斧子或有绝缘柄的钳子将电源线剪断。剪断电线时要分相，一根一根分开距离剪断，并尽可能站在绝缘物体或干木板上剪。

2. 脱离高压电源

如果触电者触及高压电源，因高压电源电压高，一般绝缘物对救护人员不能保证安全，而且往往电源的高压开关距离较远，不易切断电源，这时应采取下列措施：

（1）立即通知有关部门停电。

（2）戴好绝缘手套、穿好绝缘靴，拉开高压断路器（高压开关）或用相应电压等级的绝缘工具拉开跌落式熔断器，切断电源。救护人员在抢救过程中应注意保持自身与周围带电部分足够的安全距离。

3. 在抢救触电者脱离电源中应注意下列事项：

（1）救护人员不得采用金属和其他潮湿的物品作为救护工具。

（2）未采取任何绝缘措施，救护人员不得直接触及触电者的皮肤或潮湿衣服。

（3）在使触电者脱离电源的过程中，救护人员最好用一只手操作，以防自身触电。

（4）当触电者站立或位于高处时，应采取措施防止触电者脱离电源后摔跌。

（5）夜晚发生触电事故时，应考虑切断电源后的临时照明，以利救护。

二、迅速诊断

电源解脱后，如果触电者神态清醒，伤害并不严重，只是心慌、四肢发软、全身乏力等感觉，这时只要安静休息，并作严密观察就行了。如果触电者触电时间较长，通过的电流较大，出现“假死”症状，这时必须迅速判断触电者有没有呼吸、有没有心跳、瞳孔是否已放大，然后进行紧急救护。

三、心肺复苏

心肺骤停是各种原因所致的循环和呼吸的突然停止和意识丧失，是医院临床上最紧迫的急诊。心肺复苏就是对此采用的一系列急救措施。这里介绍的是心肺复苏法在现场触电急救中的应用，仅介绍徒手操作法。触电伤员呼吸和心跳均停止时，可以按心肺复苏法支持生命的三项基本措施，就地进行抢救。这三项基本措施是：通畅气道、口对口（鼻）人工呼吸、胸外按压。

1. 通畅气道

触电伤员呼吸停止，抢救时重要的一环是始终确保气道通畅。如发现触电伤员口内有异物，可将其身体及头部同时侧转，迅速用一个手指或用两手指交叉从口角处插入，取出异物。另外可采用如图 4-16 所示的仰头抬颏法，用一只手放在触电者前额，另一只手的手指将其下颌骨向上抬起，两手协同将头部推向后仰，舌根随之抬起，气道即可通畅。严禁用枕头或其他物品垫在触电伤员头下，因为头部抬高前倾会加重气道阻塞，且使胸外按压时流向脑部的血流量减少，甚至消失。同时要解开触电者衣领，松开上身紧身衣着，使触电者胸部可自由扩张。

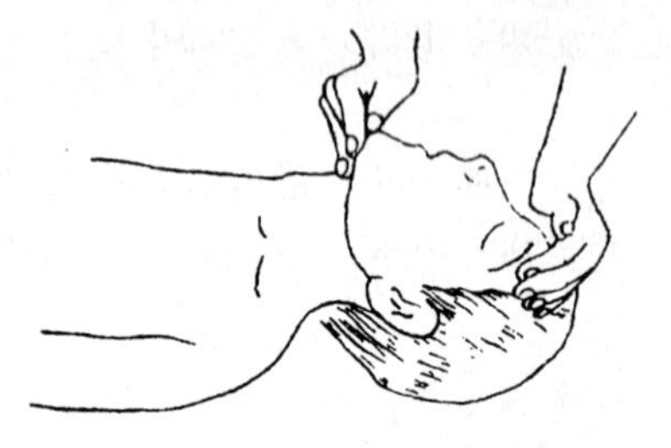

图 4-16 仰头抬颏法

2. 口对口（鼻）人工呼吸

人工呼吸法很多，它主要是通过人工的机械方法促使肺部扩张和收缩来达到气体交换的目的。口对口（鼻）人工呼吸是较有效的方法，不需要任何设备条件便能进行抢救。凡是呼吸停止或呼吸不规则的情况都可以使用此法，如图 4-17 所示。

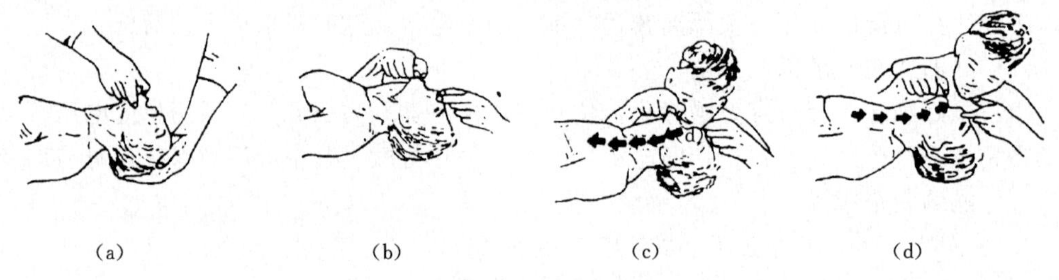

(a)　(b)　(c)　(d)

图 4-17 口对口人工呼吸法示意图

(a) 头部后仰；(b) 捏鼻掰嘴；(c) 贴嘴吹气；(d) 放松换气

口对口（鼻）人工呼吸的具体做法如下：救护人员用放在触电伤员额上的手的手指捏住伤员鼻翼，深吸气后，与触电者口对口紧合，在不漏气的情况下，先连续大口吹气两次，每次 1～1.5s。如两次吹气后颈动脉仍无搏动，可判断心跳已停止，要立即同时进行胸外按压。除开始时大口吹气两次外，正常口对口（鼻）人工呼吸的吹气量不需过大，以免引起胃膨胀。吹气和放松时要注意伤员胸部应有起伏的呼吸动作。吹气时如有较大阻力，可能是头部后仰不够，应及时纠正。每次吹气完毕，救护者的口应立即离开触电者的口，并放松鼻孔，等触电者自身胸部回缩，达到呼吸的目的。触电者如果牙关紧闭，可口对鼻人工呼吸。口对鼻人工吸、吹气时，要将触电者嘴唇紧闭，防止漏气。

3. 胸外按压

人工胸外按压法，见图 4-18 所示。其原理是用人工机械方法按压心脏，代替心脏跳动，以达到血液循环的目的。凡触电者心脏停止跳动或不规则的颤动可立即用此法急救。

胸部按压的操作步骤如下：

(1) 使触电者朝天仰卧，后背着地结实（硬地、木板之类）。

(2) 救护者位于触电者一侧或骑跨在触电者腰部，两手交叠，手掌根部放在正确的压点上，即心口窝稍高，两乳头间略低，胸骨下 1/3 处，如图 4－18 (b) 所示。

(3) 救护人员两臂伸直，双肩在伤员胸骨上方正中，靠自身重量垂直向下压。压陷深度 3～5cm（儿童、瘦弱者酌减）。

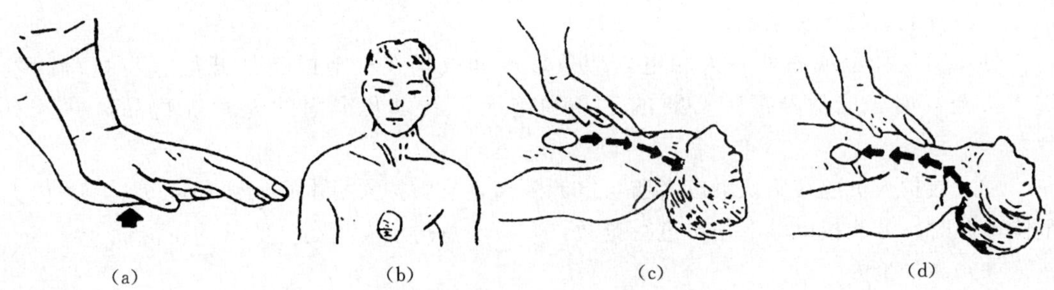

(a) (b) (c) (d)

图 4－18 胸外心脏按压法示意图

(a) 叠手方式；(b) 正确压点；(c) 向下挤压；(d) 迅速放松

(4) 压到要求程度后，立即全部放松，但放松时救护人员的掌根不得离开胸壁。按压必须有效，有效的标志是按压过程中可感觉到触电者颈动脉跳动。

(5) 胸外按压要以均匀速度进行，每分钟 80～100 次左右，每次按压和放松的时间相等。

(6) 胸外按压与口对口（鼻）人工呼吸同时进行，其节奏为：单人救护时，每按压 15 次后吹气 2 次（15：2），反复进行；双人救护时，每按下 5 次后由另一人吹气 1 次（5：1）反复进行。

四、抢救过程中的再判定

(1) 胸外按压和口对口（鼻）人工呼吸 1min 后，应当用看、听、试方法在 5～7s 时间内完成对触电者呼吸及心跳是否恢复进行的判定。

(2) 若判定颈动脉已有搏动但无呼吸，则暂停胸外按压，再进行 2 次口对口（鼻）人工呼吸，接着每 5s 吹气一次。如果脉搏和呼吸均未恢复，则继续坚持心肺复苏法抢救。

(3) 在抢救过程中，要每隔数分钟再判定一次，每次判定时间均不得超过 5～7s。在医务人员未接替抢救前，现场抢救人员不得放弃现场抢救。

五、抢救过程中触电伤员的移动

(1) 心肺复苏应在现场就地坚持进行，不要为方便而随意移动伤员，如确需要移动时，抢救中断时间不应超过 30s。

(2) 移动伤员或将伤员送医院时，应使伤员平躺在担架上，并在其背部垫以平硬宽木板。在移动或送医院过程中，应继续抢救。心跳、呼吸停止者要继续用心肺复苏法抢救，在医务人员未接替救治前不能中止。

（3）应创造条件，用塑料袋装入碎冰屑作成帽子状包绕在伤员头部、露出眼睛、使脑部温度降低，争取心、肺、脑完全复苏。

六、触电伤员好转后处理

如果触电者的心跳和呼吸经抢救后均已恢复，则可暂停心肺复苏法操作。但心跳、呼吸恢复的早期有可能再次骤停，应严密监护，不能麻痹，随时准备再次抢救。

初期恢复后，伤员可能神志不清或精神恍惚、躁动、应设法使其安静。

七、杆上或高处触电急救

（1）发现杆上或高处有人触电，应争取时间及早在杆上或高处开始进行抢救。救护人员登高时，应随身携带必要的工具和绝缘工具以及牢固的绳索等物品，并紧急呼救。

（2）救护人员应在确认触电者已与电源隔离，且救护人员本身所涉环境安全距离内无危险电源时，方能接触触电伤员进行抢救，并应注意防止发生高空坠落的可能性。

（3）高处抢救。

1）触电伤员脱离电源后，应将伤员扶卧在自己的安全带上，注意保持伤员气道通畅。

2）救护人员迅速判定触电者反应、呼吸循环情况。

3）如伤员呼吸停止，立即进行口对口（鼻）吹气 2 次，再触摸颈动脉，如有搏动，则每 5s 继续吹气一次；如颈动脉无搏动时，用空心拳头叩击心前区 2 次，促使心脏复跳。

4）高处发生触电，为使抢救更为有效，应及早设法将伤员送至地面。

5）在将伤员由高处送至地面前，应再口对口（鼻）吹气 4 次。

6）触电伤员送至地面后，应立即继续按心肺复苏法坚持抢救。

现场触电急救，对采用肾上腺素等药物应持慎重态度。如没有必要的诊断设备条件和足够的把握，不得乱用。在医院内抢救触电者时，医务人员应经医疗仪器设备诊断后，根据诊断结果决定是否采用。

八、外伤处理

对于电伤和摔跌造成的人体局部外伤，在现场救护中也不能忽视，必须作适当处理，防止细菌侵入感染，防止折骨刺破皮肤、周围组织、神经和血管，并迅速送医院治疗。

一般性的外伤表面，可用无菌盐水或清洁的温开水冲洗后用消毒纱布、防腐绷带或干净的布片包扎，然后送医院治疗。

伤口出血严重时，应采用压迫止血法止血，然后迅速送医院治疗。如果伤口出血不严重，可用消毒纱布叠几层盖住伤口，压紧止血。

高压触电时，可能会造成大面积严重的电弧灼伤，往往深达骨骼，处理起来很复杂，现场可用无菌生理盐水或清洁的温开水冲洗，再用酒精全面消毒，然后用消毒被单或干净的布片包裹送医院治疗。

对于因触电摔跌而四肢骨折的触电者，应首先止血、包扎、然后用木板、竹竿、木棍等物品临时将骨折肢体固定，然后立即送医院治疗。

复 习 思 考 题

1. 人身触电有哪几种基本类型？

2. 什么是跨步电压？什么是跨步电压触电？

3. 什么是接触电压？什么是接触电压触电？

4. 影响人身触电的因素有哪些？

5. 什么是保护接地？什么是保护接零？

6. 什么是接地装置？人工接地体垂直敷设时，打入地下的有效深度一般为多少？

7. 对保护接地电阻有什么要求？

8. 什么是重复接地？重复接地的作用是什么？重复接地电阻不能大于多少？

9. 请画一个 TN－S 配电系统接线图，并讲述它与 TN－C 配电系统的区别，它有什么优缺点？

10. 在实施保护接地和保护接零时，有什么注意事项？为什么在一个公共的低压电网中不能同时发生保护接地和保护接零？

11. 什么是安全电压？我国对安全电压是怎么规定的？

12. 漏电保护器有哪几种类型？装设漏电保护器有哪些注意事项？

13. 触电急救中使触电者迅速解脱电源，有哪些常用方法？

14. 触电急救中实施心肺复苏，如何畅通触电者气道？

15. 触电急救中实施心肺复苏，如何正确进行口对口（鼻）人工呼吸？如何正确进行胸外按压？

第五章　电气设备的安全管理

第一节　电气设备安全技术管理

电气设备是电力系统的重要元件。电力系统是从发电厂发电机发出电开始，经过变电、输电、配电，一直到用户用电设备为止的一个综合系统，它包括发电厂、变电所、输配电线路和用户。在这么多电气设备中，任何一个电气设备出故障都可能直接影响用户供电和威胁电力系统运行安全。所以保证电气设备健康并运行良好是发、供、用电单位的重要工作。

影响电气设备安全运行的主要环节有三个方面：首先是产品设计和制造质量及正确选择。产品设计、制造质量好，选择正确是保证产品运行安全的先决条件；其次是设备安装和验收。例如安装施工质量不符要求，没按有关安装和验收规范认真安装和验收，则设备投用后就不能安全可靠地运行；再次是电气设备投用后的运行维护和缺陷管理。电气设备在运行中，由于受电流引起的发热及灰尘、潮湿、过电压等各种因素的影响，随着时间的推移，会使电气设备的绝缘状况和健康水平不断老化变差，从而降低了安全运行的水平。所以要求电气工作人员在使用中加强设备的运行维护，定期进行试验检查、检修，密切监视各种变化，发现问题立即处理，以保证电气设备的安全运行。

一、电气设备的运行维护

电气设备在运行中，应经常掌握运行参数，分析设备的运行状况，并不断对发现的问题进行处理。对电气设备的操作必须正确。为此，应建立以下制度：

(1) 值班制度。运行值班人员当值期间必须坚守岗位，集中思想，严密监视运行设备，使其在设计和运行规定的条件下运行。当发现有超出正常运行的情况时，应及时采取措施，保证设备安全运行。

(2) 记录制度。运行值班人员应按规定准时将设备的运行参数正确的手动或自动记录下来，作为运行分析和事故分析处理的依据。另外，必须按规定做好运行值班记录。

(3) 运行分工负责制。运行中的电气设备，要根据其复杂程度分成若干单元，按值班人员的技术等级，分工负责运行维护。

(4) 建立专门机构，整理、分析运行资料，及时掌握设备运行状况，并及时提出改进安全运行的措施。

(5) 根据电气设备的复杂程度，制定现场安全操作规程、运行规程和各种保证安全生产的制度，并做好运行人员的岗位技术培训、安全规程规范学习考核及进行反事故演习等，提高运行人员的技术水平和事故处理能力，防止发生误操作事故。

二、电气设备的技术监督

对电气设备的健康状况进行经常性的技术监督，是保证电气设备安全运行的有力手段。

电气设备主要技术监督通常有四类，即绝缘监督、油务监督、仪表监督和继电保护监督。

1. 绝缘监督

所谓绝缘监督就是指严密监视电气设备的绝缘状况。电气设备的绝缘监督采取的主要方法是定期进行绝缘预防性试验和各种检查（包括摇测绝缘电阻、测量介质损失角正切值、做泄漏试验和吸收比试验等），将测试结果与该台设备的历史试验记录做比较，从其上升或下降的趋势、升降的速度来判断设备的健康状况及今后的变化趋势，以便及时采取措施，进行故障预防。绝缘监督的重点是变压器、断路器、电机等主要电气设备。

2. 油务监督

电气设备中目前有很多设备是用油作为主要绝缘和冷却的介质。这些设备中，对绝缘油的优劣变化进行监督往往可直接发现电气设备本体绝缘的好坏。有些局部性故障，如变压器油箱内线圈匝间短路、局部放电、铁芯发热等故障，在作本体绝缘试验时不一定能发现，但通过分析油中的成分变化、油中杂质，作溶解气体成分的色谱分析，则容易发现和判断出存在的故障。

一般对多油设备的绝缘油，每年在雷雨季节到来之前要进行一次检测，包括化学分析和电气绝缘试验。对大容量电气设备和重要电气设备，每半年要进行一次检测。根据油质检验，一般可发现绝缘受潮、进水、局部故障等缺陷。

3. 仪表监督

各种测量仪表是监视电气设备运行工况的“眼睛”，它直接反映出电气设备在运行中的各种参数，对正确掌握电气设备运行状况极为重要。因此要求各种监视表计指示正确。

在装设测量表计时，必须做好以下几点：

(1) 根据规程规定装设有关测量仪表，如电压表、电流表、频率表、有功功率表、无功功率表及功率因数表等。

(2) 选用合适的表计规范，要和相应的互感器变比一致；正常运行中的表计最小指示数不小于表面刻度的 1/3，最大指示数不大于表面刻度的 4/5 为好。

(3) 装设的方向和高度要方便运行值班人员读数。

仪表监督就是指要按规定的周期定期对仪表校验，保证表计准确度并及时调换不能满足要求的表计和相应的互感器等工作。只有仪表准确，才能使值班人员随时对设备运行工况心中有数，这样才能保证设备安全可靠运行。

4. 继电保护监督

继电保护装置是保障电气设备和电力系统安全的自动装置。当电气设备或电力系统发生事故时，它能迅速、有选择性地自动将事故元件切除，把设备损坏或停电范围控制到最小；在出现严重异常情况时，它能动作报警，通知值班人员迅速处理，避免事故发生。因此必须保证继电保护装置可靠、灵敏。继电保护装置要有专人负责管理，定期校验，保证定值正确。

继电保护装置的监督工作主要是按规定的校验周期进行定期校验。校验其整定值和进行动作跳闸试验，验证其可靠性。继电保护装置的校验周期和内容应按规程规定进行。调试中要做好详细的记录，对历史资料要妥善保管并做好分析。

三、电气设备的重点技术检查

为保证电气设备安全运行，每年应根据季节特点，组织人员进行专项检查，以便及时发现事故隐患，防止事故发生。

（1）每年在雷雨季节到来之前应组织防雷检查，重点检查防雷设施、接地装置、设备绝缘状况及进行瓷瓶（绝缘子）清扫。

（2）夏季到来之前应进行降温、防风、防雨、防汛等检查。重点检查设备是否过负荷、温升情况，通风装置是否良好，线路杆塔拉线、导线等有无缺陷，设备是否会受到洪水和大风的破坏，室内配电装置的防雨、防水等设施是否良好，以及备品备件的绝缘状况等。

（3）在冬季到来之前要及时检查防冻措施是否落实、取暖装置是否完好、设备的出力与预计的冬季最高负荷能否适应等。另外，要经常检查防止小动物入侵的措施是否完好。

四、电气设备定级

对电气设备定级可以加强对重点设备的监督，做好设备的运行监视和检修维护。设备完好率是考核电力生产企业设备管理好坏的重要考核指标之一。

电气设备定级主要是根据设备在运行和检修中发现的缺陷，并结合试验和校验的结果进行综合分析，看其对安全运行的影响程度以及设备技术管理状况来评定设备的等级。根据评级标准，将设备分为三类。

（1）一类设备：指技术状况全面良好，外观整洁，技术资料齐全、正确，能保证安全经济运行的设备。

（2）二类设备：指设备个别次要部件或次要试验结果不合格，但尚不致影响安全运行或仅有较小影响；外观尚可，主要技术资料具备并基本符合实际；检修和预防试验周期已超过，但不足半年者。

（3）三类设备：指设备有重大缺陷，不能保证安全运行；外观很不整洁，主要技术资料残缺不全；检修和预防性试验已超过一个周期仍未修、试、校者。还有上级规定的重大反事故措施项目未完成者。

上述设备中，一、二类设备属完好设备，三类设备是不合格设备。一、二类设备之和与一、二、三类设备的总和在数量上的比例称为设备完好率，即：

$$K\% = (n_1 + n_2)/(n_1 + n_2 + n_3) \times 100\%$$

式中 K——设备完好率（%）；

n_1——一类设备数量；

n_2——二类设备数量；

n_3——三类设备数量。

设备完好率是指完好设备占全部设备的百分数，它是考核企业技术管理的重要指标之一，提高设备完好率是保证设备运行安全可靠的重要措施，是保证安全生产的重要手段。

五、电气设备缺陷管理

电气设备在运行中会不断暴露设计、制造、运行、检修中的缺陷以及由于运行磨损等引起的缺陷，对这些缺陷必须及早处理，避免发生事故，所以设备缺陷管理制度规定：运行人员发现设备缺陷后应填报、登录，并由有关领导将设备缺陷通知单送交检修部门。对危及设备安全运行或能及时修理维护的缺陷应争取及早解决；一时不能消除，需要停用交付修理的缺陷应汇总后列入设备的大、小修计划，然后交检修部门修理。在缺陷消除后，检修单位应填写消除缺陷的回单交运行部门查核、登录。

根据缺陷对安全运行威胁的程度，我们常把缺陷分成下列四种类型，分别进行处理。

(1) 一类缺陷：指对安全运行有严重威胁，短期内可能导致事故，或一旦发生事故，其后果极为严重，必须迅速申请停电或带电处理，即抢修的缺陷。

(2) 二类缺陷：指对安全运行有一定的威胁，短期内尚不可能导致事故，但必须在下个月度计划中安排停电处理的缺陷。对这类缺陷在正常巡视中应加强检查和监视，防止缺陷升级。

(3) 三类缺陷：指设备存在一定问题，但对安全运行威胁较小，在较长时期内不会导致事故，可以在检修或改进工程中结合消除的缺陷。

(4) 四类缺陷：指设备不符合部颁规程要求，或已属淘汰产品，或者设备存在的薄弱环节由于材料设备、技术水平的限制，在较长时期内都是难以解决的“老大难”问题，这类缺陷必须结合基建、扩建或更新改造来解决。

六、电气设备检修

发现电气设备存在缺陷应及时进行检修，防止缺陷扩大而发生事故。另外，为保证设备运行安全，应定期对电气设备进行试验检查和检修，使运行设备一直在健康状态。

电气设备检修分两种，即计划检修和非计划检修。计划检修是根据不同的电气设备，执行不同的计划检修周期，实行“到期必修，修必修好”的原则；非计划检修是对由于某种原因造成设备损坏而抢修设备，所以非计划检修又叫事故抢修。

设备的计划检修一般又分为小修和大修两种。

(1) 小修：小修是指工作量较小的局部修理。一般是半年到一年检修一次（具体按电气设备检修规程规定执行）。小修内容一般是零部件检修以及进行绝缘预防性试验，对注油设备采样化验，继电保护回路检查、接点清理，瓷瓶（绝缘子）清扫，传动机构检查，更换不合格的零部件等。通过小修恢复设备额定容量和其他技术性能。

(2) 大修：大修是指工作量很大的一种检修，它需将电气设备全部解体检查、试验、校验、更换和修复零部件。通过大修使设备恢复额定容量、技术性能和效率。变电设备一般 3～5 年进行一次大修，变压器一般 10 年进行一次大修，线路设备一般 1～2 年进行一次大修，具体按电气设备检修规程执行。

电气设备检修是保证电气设备健康水平，使电气设备安全经济运行的重要工作。加强检修管理是搞好设备检修的重要环节。检修管理应遵循以下原则：

(1) 必须贯彻“预防为主、计划检修、修必修好”的原则。设备检修后要保证设备恢复应有的性能和出力，保证应有的安全运行周期，延长使用寿命。

(2) 必须实行“分级管理、统一检修”的原则。主管检修部门要安排好检修计划。相关设备应尽量能同时检修，以减少停电次数，提高供电可靠性。

(3) 一些主要设备的检修应避开高峰用电时间。

(4) 污秽地区的设备应安排在雾季以前进行检修。农电设备应在农村排灌高峰季节前检修。

在编制检修计划时要对下列各项同时进行安排，结合检修一并予以解决和落实：

(1) 设备缺陷记录内项目，安全检查中发现的缺陷及上次检修遗留未解决的问题。

(2) 生产设备更新改造项目及技术革新推广项目。

(3) 反事故措施项目及技术措施项目。

编制检修计划时要做到综合考虑，分别按轻、重、缓、急进行合理安排，做到既不影响生产又完成检修任务。

电气设备检修后，要按“三级验收制”的规定严格验收。首先检修人员应对检修质量自行组织验收，然后班组长或检修负责人进行复验，做到不符合检修标准不交，最后由运行人员验收。对于110kV及以上设备还应有单位领导及专业技术人员参加监督性验收。经验收合格并办理竣工验收手续后，设备检修工作才告结束。

七、备品备件管理

为了能使检修工作顺利进行和满足事故抢修的需要，平时应有一定数量的质量合格的设备备品备件，以便急用。备品备件配置范围一般是：

(1) 在正常运行情况下，易损坏或老化，在检修中一般需要更换的零部件。

(2) 影响正常运行或影响设备出力或影响设备安全的零部件。

(3) 损坏后不容易买到和不容易修复的零部件。

(4) 缩短检修时间用的检修轮换备件。

上述这些零部件，平时都要备有一定数量，以便正常检修和事故抢修时可立即应用。

备品备件管理要建立制度，品种型号对号入位，质量保持合格。

要定期进行试验检查，对于精密零部件和绝缘物要保持一定的温度和湿度。备品备件的领用、退料、补充都要有制度，设备合格证和实物要放在一起。备品备件进库时要严格验收，不合格的不许入库。对于事故抢修用的备品备件，平时不得挪用，事故抢修使用后应及时登记补足。

电气设备的备品备件对于及时消除设备缺陷，提高设备健康水平，提高供电可靠性有着十分重要的意义，备品备件的定额储备及管理、保养工作要认真抓好。

八、电气设备试验

电气试验是检查电气设备健康水平的有效方法。通过各种电气试验，可以掌握设备的健康状况，可以及时地发现事故隐患，做好预防措施，保证设备能安全可靠地运行。《电气设备预防性试验规程》是进行电气试验的准则，电气试验必须按照这个规程的要求进行。

按照作用和要求的不同，电气设备的试验可分为绝缘试验和特性试验两类。这两类试验都是通过对设备的绝缘和特性测试，发现设备的潜伏缺陷和薄弱环节，为设备的安全运行和检修提供依据。

电气设备的绝缘缺陷一般由两种情况造成：一种情况是在设备制造时潜伏的；另一种情况是设备投入运行后，由于长时间工作电流的热效应，造成设备发热老化，或者由于工作电压或过电压等影响，以及受外力破坏等原因造成。

绝缘缺陷有集中性缺陷和分布性缺陷之分。如瓷绝缘子瓷质裂纹、发电机和电动机绝缘的局部磨损、电缆绝缘的气隙在电压作用下发生局部放电而逐步损坏绝缘，以及机械损伤、局部受潮等都是集中缺陷。电气设备的整体绝缘性能下降，如电机、套管等设备绝缘中有机材料受潮、老化、变质等都是分布性缺陷。绝缘体内部的缺陷，降低了电气设备的绝缘水平，使设备存在安全隐患。通过试验检测可以把隐藏的缺陷检查出来，然后采取措施消除缺陷。

（一）电气绝缘试验

电气绝缘试验的方法，一般分为非破坏性试验和破坏性试验两类。

1. 非破坏性试验

非破坏性试验是指在较低的试验电压下或用其他不会损伤绝缘的办法来测量各种特性，从而判断设备内部缺陷。如绝缘电阻试验、吸收比试验、泄漏试验和介质损失角正切值试验等。这类试验不会损伤设备，但由于试验电压较低，所以有些缺陷较难充分暴露。

（1）绝缘电阻试验。

绝缘电阻是指加于试品上的直流电压与流过试品的泄漏电流之比，即

$$R = U/I$$

式中　U——加于试品两端的直流电压，V；

I——对应于电压 U 时，试品的泄漏电流，μA；

R——试品的绝缘电阻，MΩ。

从上式看到，绝缘电阻 R 与泄漏电流 I 成反比，而泄漏电流的大小又取决于绝缘材料的状况。当绝缘受潮、表面脏污或局部缺陷时，泄漏电流显著增大，绝缘电阻显著降低。因此，测量绝缘电阻是了解设备绝缘状况的有效手段之一，方法最为简便，所用仪器一般用兆欧表（俗称摇表）。

（2）吸收比试验。

电介质通常称为绝缘材料，电气设备中需要与电隔绝的部位均填入绝缘材料。但绝缘材料并不是绝对不导电，只是它的电阻率很大。

当在介质上施加直流电压时，开始流过的电流较大，以后逐渐减小，到一定时间之后电流趋于稳定。这是由于电介质在外加电压作用下发生极化和吸收引起。

电气设备的绝缘常常由多种材料组成，即使是同一种介质制成的绝缘体，也会在制造和运行中发生电性能变化，所以绝缘材料不可能是绝对均匀的介质。不均匀介质加上直流电压后，介质中会发生三种电流，即加压瞬间出现的电容电流 i_1，介质夹层式极化引起的吸收电流 i_2，介质导电引起的泄漏电流 i_3。介质总的电流 $I = i_1 + i_2 + i_3$。

在绝缘良好的状态下，其泄漏电流一般很小，而吸收电流相对较大。这时加压 60s 时的绝缘电阻 R_{60} 较加压 15s 时的绝缘电阻要大得多。而当绝缘有缺陷时，电介质极化加强，吸收电流增大时，泄漏电流增大更显著，R_{60} 与 R_{15} 数值上就接近，绝缘状态越差两者越接近。

我们把加压 60s 时测量的绝缘电阻值 R_{60} 与加压 15s 时测量的绝缘电阻值 R_{15} 的比值称为吸收比 K。即

$$K = R_{60}/R_{15}$$

从上述分析可知，吸收比 K 越大表示绝缘状况越好；K 越接近于 1，绝缘状况就越不

好。根据 K 值的大小，并与以前相同情况下试验得到的 K 值进行比较，就可以判断设备绝缘水平的变化，了解设备的绝缘性能。吸收比试验一般用于电容量较大的试品。如大型发电机、变压器及电缆等，试验时用的主要仪器是兆欧表（摇表）。由于手摇式兆欧表测量不易准确，现在一些新型电子式兆欧表更适宜做吸收比试验。

（3）泄漏电流试验。

泄漏电流试验的原理与绝缘电阻试验的原理基本相同，不同之处是做泄漏电流试验的试验电压是可以任意调整的，对一定电压等级的试品，可以施加相应的试验电压。

做泄漏电流试验不是用兆欧表，而是用调压器、试验变压器、高压硅整流器等设备。

做泄漏电流试验时，由于试验电压比兆欧表的试验电压高，所以比用兆欧表测量容易发现设备绝缘的缺陷。

（4）介质损失角正切值（$\tan\delta$）试验。

在电场作用下，电介质中有一部分电能会转变成其他形式的能量，通常转变为热能。所谓介质损失是指在电场作用下，电介质内单位时间消耗的电能。如果损失很大，则会使介质温度升得很高，促使绝缘材料发热老化。这时介质损耗进一步增加，介质温度进一步升高，造成发热量大于散热量的恶性循环，严重时会使介质熔化、烧焦、完全丧失绝缘性能。因此，介质损耗的大小是衡量绝缘材料绝缘性能的一项重要指标。

当外加电压和频率一定时，电介质的损耗大小与损失角正切值 $\tan\delta$（δ 角是电流和电压相角差的余角）及试品电容 C 成正比。对于一定结构的试品，其 C 值为定值，因此，同类试品的绝缘优劣可直接由 $\tan\delta$ 的大小来加以判断，并可以从同一试品 $\tan\delta$ 的历史数值比较中看出该设备绝缘性能的发展趋势。

测量 $\tan\delta$ 的方法目前有：平衡电桥法、不平衡电桥法、相敏电路法和低功率因数瓦特表法等。相应的仪器是 QS_1（QS_3）电桥、M 型试验器、介质损失测量仪和低功率因数瓦特表等。其中平衡电桥法用的较多，具体试验方法可参阅有关资料。

2. 破坏性试验（或称耐压试验）

要发现电气设备绝缘的内部缺陷，除上述讲到的非破坏性试验外，还有一种是破坏性试验，即：耐压试验。耐压试验对绝缘的考验最严格，施加的电压很高，一些危险性较大的集中缺陷一般通过耐压试验都能发现。

目前，在绝缘预防性试验中应用的耐压试验方法有两种：

一种是交流耐压试验法；另一种是直流耐压试验法。

交流耐压试验是对试品施加超过工作电压一定倍数的高电压，且经历一定的时间（一般为 1min）用来模拟设备在运行状态下可能遇到的过电压作用，对设备的绝缘性能进行极其严格的考验。耐压试验合格，则可以保证该设备有一定的绝缘水平和裕度。但进行耐压试验，对电气设备的绝缘有一定的破坏性，可能将有缺陷的部位击穿，或者使局部缺陷发展，甚至使尚能继续运行的设备在高电压下受到一定损伤，故耐压试验为破坏性试验。为此，在耐压试验前必须对试品先进行绝缘电阻、吸收比、泄漏电流及 $\tan\delta$ 等项目试验，对试品的绝缘状况进行初步鉴定，若已发现绝缘不良，应处理后再进行耐压试验。交流耐压试验接线和操作都比较简单，试验电压标准是根据大气过电压和内部过电压的幅值及系统中相应保护装置的水平而决定的，详见有关规程。

对于大电容量的试品（如：电力电容器、电力电缆、大容量发电机等），进行交流耐压试验时因电容电流大，所以需要大容量的试验设备，给试验造成困难，为此可以采用另一种耐压试验方法——直流耐压试验法。直流耐压试验的方法及试验设备与泄漏试验相同。交流耐压试验使用的试验设备有试验变压器、调压器、限流电阻、保护球隙、静电电压表等，一般都有试验台进行操作、控制。

（二）特性试验

通常把绝缘试验以外的试验统称特性试验。例如变压器、互感器的变比试验、极性试验、变压器空载试验、短路试验、线圈直流电阻测量、断路器分合闸时间测试等。通过特性试验测试电气设备技术参数。特性试验也是经常开展的电气试验。

通过上述各种试验结果，对比设备出厂时原始数据记录和历年的试验数据，并与同类型设备的试验数据相比较，经过分析，就可以作出设备健康水平的判断，找出设备缺陷和薄弱环节，以便及时进行处理，保障设备运行安全。为此要严格按设备试验周期认真做好有关试验和按设备检修周期认真做好设备检修工作，这些工作都是安全生产管理的重要内容。

第二节　发电机常见故障分析及对策

发电机的故障按结构可分为定子故障、转子故障、励磁系统故障三大类。其中定子故障占的比例较大，在定子故障中定子绕组单相接地故障最多。转子故障中转子绕组一点接地和匝间短路居多。励磁系统故障多见于主励磁机整流子开焊、可控硅（晶闸管）励磁系统中元件损坏。现对发电机常见的故障举例分析并提出防止对策供工作中参考。

一、定子绕组单相接地

定子绕组单相接地是发电机常见故障之一。对于中性点不接地的发电机，发生单相接地时接地电流大小取决于发电机电压系统（包括与发电机相连的母线、电缆、架空线等）的对地电容电流，当接地电容电流超过5A时，必须在发电机中性点装设消弧线圈，予以补偿，否则就有可能烧坏定子铁芯。

接地电容电流的大小可用下列方法估算或计算：

（1）对于架空线路：$I_c = U_d L/350$

（2）对于电缆线路：$I_c = U_d L/10$

式中　U_d——线路额定电压，kV；

L——线路（电缆）长度，km。

（3）对于水轮发电机，一般可在耐压试验时，读出其在额定电压下的电容电流。把发电机及其所连接的线路电容电流加起来就是发电机电压系统的电容电流。

在中性点不接地或经消弧线圈接地的系统中（即小接地电流系统中）运行的发电机，当发现有一点接地时，应立即查明接地点，如果接地点在发电机内部，那应迅速转移负荷停机，然后通过试验找出对地击穿线圈所在的部位，进行抢修。

（一）电机发生单相接地的原因

（1）运行时间长久，绝缘普遍老化。

(2) 运行中过负荷，使绝缘因过热而老化加速。

(3) 发电机设计结构不合理。引起发电机内部温度过高，加速电机绝缘老化。

(4) 线圈制造质量不良，由于制造工艺等原因造成“内游离”放电，绝缘击穿。

(5) 发电机运行中受到大电流冲击（如非同期并列、出口短路等），产生强大电动力，使主绝缘受到损伤（特别槽口处）。 、

(6) 发电机转子或定子零部件固定不牢，运行中脱落，打击定子主绝缘，使定子主绝缘损坏。

(7) 定子铁芯矽钢片松动、移位，将主绝缘磨破接地。

(8) 检修或安装时，由于不小心，使定子主绝缘受到机械损伤。

(9) 在进行预防性试验或投运试验时，不适当地降低试验电压，致使有的绝缘薄弱环节未能暴露，运行中遇到过电压或大电流冲击时，便发生绝缘击穿。

(10) 发电机防雷设施不完善，遇到雷击使线圈绝缘击穿。

(11) 线圈在槽中固定不紧，运行中因振动、蠕动与铁芯摩擦，使绝缘损坏。

(二) 防止发电机定子绕组单相接地故障的措施

(1) 在中性点不接地或经消弧线圈接地的小接地电流系统中运行的发电机，当发现系统中有一点接地时，应立即查明接地点，如接地点发生在发电机内部，应立即采取措施并迅速停机。如接地点在发电机以外，那也应迅速查明，并将其消除。

(2) 严格执行工作票、操作票制度和发电机反事故技术措施，严禁非同期并列、带地线合闸、带负荷拉合刀闸等误操作事故以及小动物引起发电机出口短路事故，避免大电流冲击发电机使主绝缘损坏。

(3) 对运行中或试验中频发绝缘击穿的发电机，要组织进行全面绝缘测试试验，全面判断发电机的绝缘状况，然后分别按情况进行处理。

(4) 严格检修管理，保证检修质量。

(5) 运行中应严格监视发电机的线圈和铁芯温度、风温、水温，防止发电机线圈过热引起绝缘损坏。

二、定子绕组相间短路

定子绕组相间短路对发电机危害极大（特别是发电机出口三相短路）。其短路电流值可达额定电流的10～20倍，强大的短路电流产生强大的电动力，使线圈变形位移，甚至使绝缘破裂，特别是定子绕组的端部更严重。

(一) 引起定子绕组相间短路的原因

(1) 运行中发生误操作。强大的电弧造成相间弧光短路。

(2) 小动物引起发电机出口短路，由于未堵塞和封闭电缆沟道的孔、洞、发电机出口母线、发电机开关室、互感器室等的网门，鼠、蛇、猫、麻雀等小动物进入引起短路。

(3) 发电机定子绕组端部接头开焊，引起电弧扩大为相间弧光短路事故。水轮发电机直径大、槽数多、接头多，个别接头有问题不仔细测量分析往往不易发现，所以一定要很好地监视。

(4) 发电机零部件固定不牢或强度不够，运行中由于振动、离心力等原因甩出，引起相间短路。

（5）立式水轮发电机空气冷却器漏水至发电机端部，引起绝缘水平降低，导致相间短路。水轮发电机空气冷却器的冷却水源多取自蜗壳，水压较高，通常用普遍阀门节流调压，特别是进水端铜管承压很高，加上水锤作用，容易引起铜管甚至端盖漏水。水流至端部使绝缘水平降低，加上与灰垢混合滴落在水平挡风板上，形成相间弧光短路，烧坏线圈端部。

（6）轴承甩油、漏油引起定子绕组端部绝缘被油侵蚀膨胀变形，潮气侵入，使绝缘强度和机械强度降低，遇到过电压或大电流冲击时就击穿引起相间短路。

（7）电机端部固定不好，端部线圈与端箍绑环在运行中摩擦，造成线圈绝缘损坏而引起相间短路。

（8）定子绕组匝间短路扩大为相间短路。定子线圈匝间绝缘损坏，造成匝间短路、局部放电扩大到相间短路。

（9）定子绕组绝缘已严重老化，遇到过电压或大电流冲击时就引起相间短路。

（二）防止定子绕组相间短路的措施

（1）严格执行操作票和操作监护制度，严防误操作事故。如带负荷拉发电机出口刀闸、非同期并列、带地线合闸等误操作。

（2）严防小动物造成发电机出口短路。电缆沟的孔、洞、门窗（尤其是发电机出口母线和一次设备的网门）应堵死和关闭，防止小动物进入。

（3）加强对发电机巡视检查，发现发电机有声响异常、有绝缘烧焦味、轴承严重漏油甩油、空气冷却器漏水等异常情况，应立即查明原因，并及时处理。对空气冷却器应定期检查，水压表、进水出水阀门应正常，冷却器水管及端盖应无漏水，空气冷却器操作时应防止水管超压漏水，检修时应按规定做水压试验。

（4）经常检查发电机接头绝缘有无过热变色、焦枯、流胶流锡以及端部绝缘磨损等异常情况，发现问题，及时处理。

（5）发电机发生出口短路或非同期并列等事故后，应仔细检查端部线圈有无移动变形，槽口处绝缘有无裂纹，必要时应进行绝缘鉴定。

（6）在大修或发电机发生出口短路，非同期并列后，应仔细测量发电机定子绕组直流电阻，测出的直流电阻与出厂或交接时测量的数值比较，相对变化不得大于2%，水轮发电机不应大于1%，超标时应查明原因。

三、发电机非同期并列事故

发电机常用的并列方法有两种，即自同期和准同期。自同期并列是在发电机达到额定转速时先合上主开关，再投入励磁，让电机拉入同步，操作简单，但合闸时冲击电流很大。准同期并列的优点是发电机并列时冲击电流很小，对系统的影响小，但操作麻烦，对操作人员的技术要求也较高，现在一般用半自动准同期或自动准同期方法并列，借助同期装置实现。准同期并列必须遵守并列的四个条件，即：

（1）待并发电机电压与系统电压相等。

（2）待并发电机频率与系统频率相等。

（3）待并发电机的电压相位与系统电压相位相同。

（4）待并发电机的相序与系统相序相同。

采用准同期并列，必须同时满足以上四个条件，否则造成非同期并列。非同期并列时产生的冲击电流可达发电机出口短路电流的2倍（相当于发电机额定电流的20余倍），这么大的冲击电流会使发电机损坏。

（一）造成非同期并列的原因

（1）没有严格执行操作票和操作监护制度，造成误操作。

（2）处理事故时慌乱，造成非同期合闸。

（3）违反规定，使用两个同期钥匙（同期把手）造成非同期并列。

（4）主开关检修质量不良，开关辅助接点调整不当，开关操作把手还未到合闸位置就自动合闸，造成非同期并列。

（5）非同期闭锁装置不正常，如非同期闭锁装置未投入，或非同期闭锁装置接线错误。

（6）采用自同期并列的发电机，主开关和灭磁开关动作时限配合不当，有时灭磁开关先合，主开关后合造成非同期并列。

（7）有的小水电站与系统并网运行，联络线靠系统一侧未装无压检定重合闸。突然复电时，造成小水电站与系统非同期并列。

（二）防止非同期并列的对策

（1）并列操作一定要填写操作票，填好的操作票要有人审核，操作时要严格执行监护、复诵制度。

（2）只允许共用一个同期转换开关的操作把手，并存放在固定位置。

（3）新机投运或大修动过同期回路，一定要检查发电机和系统相序，并核相。电压互感器经过解体检修后一定要作组别试验。

（4）定期校验非同期闭锁装置，确保正常投入。

（5）保证主开关检修质量，防止“开关跳跃”、操作机构失灵等故障，对发电机操作开关（控制开关）要定期检查修理，保证动作可靠。

（6）加强技术培训提高运行人员技术业务水平，每个运行操作人员都要熟悉运行接线，熟练操作方法，防止误操作。

（7）采用自同期并列的发电机，主开关与灭磁开关动作时间配合一定要调整好，要确保主开关先合，灭磁开关后合。并列时如发电机声音异常、振动，定子电流大幅摆动，系统电压下降，且增加励磁无效时，应立即解列。未查明原因前不许并。

（8）与系统并列运行的小水电厂要完善联络线的保护，联络线靠系统一侧，应装无压检定重合闸，防止非同期合闸。

四、转子绕组接地故障

转子绕组接地分一点接地和两点接地。

一点接地是转子绕组常见的故障，由于一点接地并未形成回路，所以对发电机运行不产生严重的影响，但一点接地会发展成两点接地，尤其是凸极式水轮发电机转子。当转子绕组发生两点接地，那将产生以下严重后果。

（1）故障电流由接地点经过铁芯构成回路，使铁芯损坏。

（2）由于两点接地使转子绕组部分线圈被短路，使磁通分布不平衡，引起机组振动，极式水轮发电机这种振动会使发电机底脚螺丝和护板螺丝断裂，使发电机严重损坏。

（一）转子绕组发生接地故障的原因分析

（1）脏污和潮湿是引起转子绕组接地的主要原因，例如碳粉未及时清除，碳刷质量不良，碳刷弹簧压力不当，造成碳刷磨损过快；发电机轴承漏油甩油，油污和碳粉等灰尘混合进入转子和励磁回路；环境脏污，冷却空气质量不好，开启式通风的发电机进风无过滤装置，使大量灰尘吸入；现场潮湿等原因都可能引起转子一点接地。

（2）转子绕组受到机械损伤。

（3）转子运行中受到大电流冲击。

（4）灭磁时过电压，由于灭磁开关选型不当或灭磁电阻开路，都有可能在灭磁时产生过电压造成转子绕组击穿而接地。

（5）制造工艺不良，如有的水轮发电机磁极绝缘机械强度不够，运行中过速时引起错位接地；有的水轮机发电机因磁极撑块绝缘在离心力作用下破裂，造成励磁线圈接地等。

（二）防止转子绕组接地的措施

（1）凸极式水轮发电机的转子线圈应有一点接地的保护信号装置，当发生一点接地，该信号装置便动作，这时应迅速转移负荷，停机处理，一般不允许继续运行，已发现一点接地的转子应查明接地部位，加以消除。

（2）保持发电机环境清洁，采取措施消除轴承漏油甩油，勤清扫滑环及整流子的油污和碳粉，对碳刷经常做好维护。开启式运行的发电机应定期停机清灰。环境潮湿或长期备用的发电机要注意防潮。

（3）选用合适的灭磁开关。采用常值电阻灭磁的发电机，大修中应认真检查灭磁电阻，引线与灭磁电阻连接处及各段电阻连接头有无锈蚀，发现问题应及时处理解决。

（4）对励磁回路绝缘电阻偏低的发电机，应装设“转子回路绝缘监测装置”，以便在运行中监测转子回路中绝缘的变化情况。

第三节　电力变压器常见故障分析及对策

一、电力变压器的常见故障及处理

电力变压器在运行中如发生不正常现象，不能忽视，必须立即找出原因进行处理，防止故障扩大，发生严重事故。

电力变压器运行中常见的异常情况和故障主要有以下9种。

1. 声音异常

变压器在运行中总是有一定的声音，而且运行情况不同声响会有一定的变化，运行值班人员可根据声音的正常与不正常，判断变压器是否发生故障，例如在大容量电动机起动时，变压器所发生的声响要增大一些；变压器过负荷时声音变高而且很沉重；变压器铁芯松动会发出不均匀的噪声等。值班运行人员发现变压器声音有异常，就要分析判断找出原因，然后对症处理。

2. 油温过高

变压器内发生绕组匝间或层间短路；铁芯硅钢片间绝缘损坏或穿芯螺栓绝缘损坏与硅

钢片短接使铁芯涡流增大；分接开关有故障使接触电阻增大以及低压侧线路上有短路等都会使变压器油箱内油温升高。

在正常负荷和冷却条件下，假如变压器油温较平时高出10℃以上，则变压器内部就会可能发生了故障，这时必须找出原因，尽快分别进行处理，防止故障扩大。

3. 油色显著变化

变压器油的颜色发生显著变化，说明变压器油内已有碳粒和水分或油发生化学变化有结晶沉淀，油的酸价增高（pH值增大）。这时油的闪点（起燃温度）就降低，绝缘强度下降，这样就很容易引起变压器油燃烧，使变压器发生爆炸事故，就很容易引起导电部分对外壳放电及相间短路等事故，所以必须对油进行处理或更换。

4. 油枕或防爆管喷油

当变压器内部有短路故障或局部放电，保护装置又发生拒动，这时油箱内部会因短路电流产生的热量或局部放电产生的热量，而引起压力急增，这时防爆管防爆膜会破损喷油，这是很严重的事故，必须立即将变压器停止运行，作吊芯检查和对保护装置进行检查修复。假如防爆管、油枕质量有问题引起喷油，那应立即停电将防爆管、油枕更换。

5. 套管闪络和爆炸

套管密封不严、瓷件受机械损伤、瓷件破损、套管脏污严重等都会引起套管发生闪络或爆炸。发生这种事故应立即采取措施清扫套管脏污或停电更换套管，然后恢复运行。

6. 铁芯发生故障

铁芯硅钢片间绝缘损坏或穿芯螺栓绝缘损坏或线圈发生两点以上接地，都使铁芯损耗增大，铁芯严重发热，使变压器油的油质变坏，造成烧坏线圈，发生短路等严重事故，这时应将变压器立即停运，进行吊芯检查和测量片间绝缘电阻，然后检修，恢复正常后才能再投运。

7. 绕组故障

绕组故障有相间短路，对地击穿，匝间短路及断线等类型。

相间短路主要由于线圈绝缘老化、变压器油变质绝缘强度下降等原因引起，这时继电保护装置立即动作，自动切断变压器各侧电源，变压器停用。

绕组对地绝缘击穿引起的主要原因也是绕组绝缘老化绝缘强度降低，变压器油质变坏以及线圈内有金属杂物等，在短路冲击或过电压冲击时对地击穿。

匝间短路往往由于绕组绝缘原有霉点等薄弱环节，在运行过程中过电压冲击使薄弱点击穿，发生匝间短路，而且会逐渐扩大短路范围，这时变压器瓦斯保护装置应动作，轻瓦斯动作发信号，重瓦斯动作跳闸（即自动切断变压器各侧电源，使变压器停下来）。对这类故障或事故应及时进行吊芯检查处理。

断线往往由于接头焊接不良，短路电流冲击或匝间短路烧断导线所致。断线可能在断口处发生电弧，使油分解，这时瓦斯继电器会动作发信号或跳闸。应及时进行吊芯检查和有关测量，判断出故障点进行处理。

8. 分接开关故障

分接开关是调节变压器抽头，改变输出电压的装置。假如分接开关弹簧压力不够，触头严重过热、灼伤或熔化，影响变压器运行。因此，分接开关调整后，要用电桥测量其直流电阻，以判断调整后接触是否良好。一般要求测得的直流电阻与出厂试验数值比较不得大于1%，三相间直流电阻值相差不超过2%，即要求三相接触应一样好，假如分接开关调整后发现接触不好，接触电阻大于规定，那应对症迅速处理，不能影响变压器运行。

9. 三相电压不平衡

三相负载不平衡、绕组发生匝间或层间短路、系统发生铁磁谐振等均可能造成三相电压不平衡。三相电压不平衡会影响供、用电，而且会使线损增大，影响安全可靠运行，所以发生三相电压不平衡情况应查明原因及时修复和调整。

二、电力变压器的运行维护

变压器在运行中，应做好运行监视及巡回检查，要及时掌握和发现变压器异常，以便迅速处理，避免事故发生。

（一）运行监视

电力变压器运行应严格按照其铭牌规范和《变压器运行规程》中的规定运行。值班人员应根据装设的仪表指示，严密监视其运行状况并做好运行记录和运行分析。运行中主要监视项目为：温升、负荷、电压、变压器油质等。油浸式电力变压器上层油温一般不超过85℃，最高不超过95℃。变压器油应澄清透明、不含杂质，不发生化学反应，起燃点（闪点）高，绝缘强度高，灭弧能力强，黏度小，油样化验应是中性，色谱分析应正常。

（二）巡回检查

1. 正常的巡视检查项目

（1）检查变压器油枕内和充油套管内油的颜色、油面的高度是否正常，其外壳有无渗油现象，并检查瓦斯继电器内有无气体。

（2）检查变压器套管是否清洁，有无破损、放电痕迹及其他现象。

（3）检查变压器的声音有无异常及变化。

（4）检查变压器上层油温（一般不高于85℃），做好记录。

（5）检查防爆管和防爆膜是否完好。

（6）检查散热器、风扇是否有不正常响声或停止运转的现象，各散热器的阀门应全部打开。

（7）检查呼吸器内吸湿剂是否已吸潮到饱和状态。

（8）检查外壳接地是否良好，接地线有无断裂和锈蚀现象。

（9）对强迫油循环风冷的变压器应检查潜油泵和风扇运转是否正常；对强迫油循环水冷的变压器应检查油冷却器内油压是否大于水压，冷却水池中不应有油。

（10）变压器室门锁完好，不漏雨渗水，照明和温度适当。

2. 特殊检查项目

（1）大风时，检查变压器高压引线接头有无松动，变压器顶盖及周围有无杂物可能吹上设备。

（2）雾天、阴雨天，应检查套管、瓷瓶（绝缘子）有无电晕、闪络，放电现象。

（3）雷雨、暴雨后应检查套管、瓷瓶（绝缘子）有无闪络放电痕迹。

（4）下雪天，应检查变压器积雪是否溶化，并检查其溶化的程度。

（5）夜间，应检查套管引线接头有无烧红、发热现象。

(6) 大修及新安装的变压器投运后几小时，应立即检查散热器排管的散热情况。

(7) 天气突然变化趋冷，应检查油面有无下降以及下降情况。

（三）停电清扫

对变压器除加强巡视检查外，还应有计划地进行停电清扫和检查。清扫套管及有关附属设备，检查引线及接线端子等连接点的接触情况，测量绕组的绝缘电阻以及接地电阻等。

（四）停运维修

电力变压器在运行中，如果发生下列情况之一，应立即停下修理。

(1) 变压器音响很大，很不均匀，有爆裂声。

(2) 在正常负荷及冷却条件下，变压器温度不正常并不断上升。

(3) 变压器油枕喷油或防爆管喷油。

(4) 变压器严重漏油，致使油面降落到允许限度。

(5) 变压器油的颜色严重变坏，油内出现碳质等。

(6) 套管有严重破损和放电现象。

三、变压器的检修与试验

（一）变压器大修

变压器大修周期一般 10 年左右。大修项目如下，供参考。

(1) 检查和清扫外壳，包括本体、顶盖、衬垫、油枕、散热器、阀门、防爆管等及消除渗油。

(2) 根据油质情况，净化过滤变压器油。

(3) 检查接地装置，保障接地良好。

(4) 检查铁芯、穿芯等螺栓的绝缘及铁芯接地情况，保障良好。

(5) 检查及清扫变压器绕组及绕组压紧装置、垫块、引线、各部分螺丝、油路及接线板。

(6) 检查并修理分接头切换装置，包括附加电抗、静触头、动触头及其传动机构。

(7) 检查并修理有载调压分接头的控制装置，包括电动机、传动机构及其操作回路。

(8) 检查并清扫全部套管。

(9) 检查充油式套管的油质情况。

(10) 校验及调整温度计、指标仪表、继电保护、控制、信号装置及其二次回路。

(11) 检查空气干燥剂（吸湿剂）。

(12) 检查及清扫油标。

(13) 按规定进行各项预防性试验。

对变压器大修有以下基本要求：

(1) 吊芯一般应在良好的天气（相对湿度不大于 75%），并且在无灰烟、尘土、水汽的清洁场所进行。变压器铁芯在空气中暴露时间应尽量短，在干燥空气中（相对湿度不大于 65%）不超过 16h；在潮湿空气中（相对湿度不大于 75%）不超过 12h。

(2) 对于运行时间较长的变压器，需重点检查绕组的绝缘是否老化。

(3) 变压器绕组间隔衬垫牢固、线圈无松动或变形和位移，高低压线圈应对称并无油粘物。

(4) 分接开关接点应牢固，无过热、烧伤痕迹，绝缘板和胶带应完整无损，接点实际位置与顶盖上的标记一致。

(5) 铁芯紧固整齐，漆膜完好，表面清洁，油道通畅。

(6) 穿芯螺栓紧固绝缘良好。用1000V兆欧表测量10kV变压器的绝缘电阻不应低于2MΩ；35kV变压器不低于5MΩ。

(7) 铁芯接地良好。

(8) 瓦斯继电器应正确完好，二次回路的绝缘电阻合格。

(二) 变压器小修

变压器小修每年至少一次。安装在特别污秽地区的变压器，还应缩短检修周期。

变压器小修的项目如下，供参考。

(1) 消除已发现并能就地消除的缺陷。

(2) 清扫外壳及出线套管，发现套管破裂或胶垫老化者应更换，漏油者应检查胶垫规格是否符合，不符合或已老化损坏者应立即更换。有的漏油原因是螺丝松动，应将螺丝拧紧。

(3) 检查外部，拧紧引出线接头，如发现烧伤应修整并接好。

(4) 检查油表，清除油枕中的污物，缺油时补油。

(5) 检查呼吸器和出气孔是否堵塞，并清除污垢。

(6) 检查瓦斯继电器及引线是否完好。

(7) 检查放油阀开闭是否完好。

(8) 跌落式熔断器保护的变压器应检查熔管和熔丝是否完好。

(9) 检查变压器接地线是否完好。

(10) 按预防性试验规程进行有关试验，试验结果应符合规程要求。

(三) 变压器的试验

变压器在安装投运前要进行交接试验，大修后应进行大修试验，并应按规定定期进行绝缘预防性试验。

变压器的试验项目如下，供参考。

(1) 测量变压器各级绕组的直流电阻，并与出厂试验数值比较。

(2) 测量绕组的绝缘电阻和吸收比，绝缘电阻不能低于出厂值的70%，吸收比应大于1.3。

(3) 测量绕组连同套管的泄漏电流，测出结果与出厂数值比较，应无明显变化。

(4) 测量绕组连同套管的介质损失角正切 $\tan\delta$ 值。测得的数值与出厂数据比较应不大于原始数据的130%。

(5) 进行交流耐压试验，并合格。

(6) 测量穿芯螺栓绝缘电阻，一般要求达10MΩ以上。

(7) 油箱和散热器做油压试验。

对于波状油箱和有散热器油箱，其压力应比正常压力增加0.3m油柱，并作油压试验15min无渗油现象。

(8) 进行绝缘油耐压试验，并合格。

(9) 空载和短路试验，测得的数据应符合设计和制造厂规定。

(10) 进行油的气相色谱分析，各项数据应符合要求。

根据变压器检修周期，准时、认真做好计划检修以及定期对变压器进行试验检测，平时加强变压器运行监视，保证变压器安全可靠运行。

四、电力变压器安装要求

安装质量好坏对电气设备投运后的安全有很大的影响。电力变压器是主设备，安装就有更高的要求。下面就变压器安装过程中的一些安全要求作简要介绍。

(一) 变压器的搬运

电力变压器体积大，结构复杂，而且多为油浸式，所以在搬运过程中必须十分小心，不能损伤变压器。尤其8000kVA以上的大容量变压器的运输和装卸，必须先对运输路径及两端装卸条件作充分调查，做好措施，确保运输装卸安全。

对小型电力变压器的搬运，在施工现场一般均采取起重运输机械。在搬运过程中必须注意下列安全事项。

(1) 采用吊车装卸时，应使用油箱壁上的吊耳，不准使用油箱顶盖上的吊环。吊钩应对准变压器中心，吊索与铅垂线的夹角不得大于30°。

(2) 当变压器吊起离地后，应停车检查各部分是否有问题，变压器是否平衡，若不平衡，则应重新调整。确认各处无异常时，方可继续起吊。

(3) 变压器装在车上时，其底部应垫方木，且用绳索将变压器固定，防止运输过程中发生滑动或倾倒。

(4) 在运输中车速不可太快，要防止剧烈冲击和严重振动损坏变压器绝缘部件。变压器运输倾斜不应该超过15°。

(5) 变压器短距离搬运可利用底座滚轮在搬运轨道上牵引，前进速度需控制好，牵引的着力点应在变压器重心下。

(6) 干式变压器在运输途中，应有防雨措施。

(二) 变压器安装前的检查

变压器运送到现场后，在安装前必须对有关项目进行检查、试验，按规定进行吊芯和变压器整体检查，指标符合规程要求后方可安装。

变压器安装前的检查、试验内容如下：

(1) 变压器应有出厂产品合格证，技术文件应齐全，型号规格应与设计相符，附件、备件应齐全完好。

(2) 变压器本体及附件外表应无损伤，无漏油、渗油现象，密封应完好，表面无缺陷。

(3) 对变压器油进行耐压试验并合格。

(4) 测量变压器的绝缘电阻。在变压器的安装过程中要测量几次绝缘电阻，第一次在进行变压器其他试验项目之前，工频耐压试验之后还应复测所测绝缘电阻值不应低于被测变压器出厂试验数值的70%（同一温度下）。

(5) 进行交流耐压试验并符合要求。

(6) 转动变压器调压装置（包括分接开关），检查操作是否灵活，接触点是否可靠，接触是否良好。

(7) 检查滚轮距是否与基础铁轨距相吻合。

(8) 按规定作吊芯器身检查，并符合要求。

(三) 变压器的干燥处理

新装油浸式电力变压器如不能满足下列条件时，则在施工安装前应进行干燥处理，干燥处理方法请参见有关资料。

1. 带油运输的变压器

(1) 绝缘油电气强度合格，油中无水分。

(2) 绝缘电阻或吸收比符合规定要求。

(3) 介质损失角正切 $\tan\delta$（%）符合规定要求。

2. 充氮运输的变压器

(1) 器身内保持正压。

(2) 残油中不含水分，电气强度不低于 30kV。

(3) 注入合格油后，绝缘油电气强度合格，油中无水分，绝缘电阻或吸收比符合规定要求，介质损失角正切 $\tan\delta$（%）符合规定要求。

(四) 变压器油的处理

变压器油是油浸式变压器的主要绝缘和冷却介质，它的质量和技术性能好坏直接影响到变压器的安全运行，因此对注入变压器的绝缘油有严格的要求。

新装变压器在运输和安装过程中或在保管过程中，可能会使变压器油中混入水分和杂物。这些水分和杂物脏污，使变压器油的绝缘强度降低，起燃点降低，所以必须采用有效的方法把水分和脏污杂物去除，即进行油的干燥和净化。变压器油是否需要处理，可正确取出少许油样进行电气强度试验和化学分析，然后决定。

变压器油净化方法可参见有关资料。

(五) 变压器安装

1. 本体就位

变压器经过全面检查无误后即可就位安装。本体就位应符合下列要求：

(1) 变压器基础的轨道应水平，轨距与轮距应配合，装有气体继电器的变压器，应使其顶盖沿气体继电器气流方向有 1%～1.5%的升高坡度（制造厂规定不需安装坡度者除外）。当与封闭母线连接时，其套管中心线应与封闭母线中心线相符。

(2) 装有滚轮的变压器，其滚轮应能灵活转动，在设备就位后，应将滚轮用能拆卸的制动装置加以固定。

2. 密封处理

密封处理应符合下列要求：

(1) 所有法兰连接处应采用耐油密封垫密封；密封垫必须无扭曲、变形、裂纹和毛刺，密封垫应与法兰面的尺寸相配合。

(2) 法兰连接面应平整、清洁；密封垫应擦干净，安装位置应准确；其搭接处厚度应与其原厚度相同，橡胶密封垫的压缩量不宜超过其厚度的 1/3。

3. 有载调压切换装置安装

有载调压切换装置安装应符合下列要求：

(1) 传动机构中的操作机构、电动机、传动齿轮和杠杆应固定牢靠，连接位置正确，且操作灵活，无卡组现象；传动机构的摩擦部分应涂以适合当地气候条件的润滑脂。

(2) 切换开关的触头及其连接线应完整无损，接触良好，其限流电阻应完好，无断裂现象。

(3) 切换装置的工作顺序应符合产品出厂要求。切换装置在极限位置时，其机械连锁与极限开关的电气连锁动作应正确。

(4) 位置指示器应动作正常，指示正确。

(5) 切换开关油箱内应清洁，油箱密封良好。注入油箱的绝缘油，其绝缘强度应符合产品技术要求。

4. 冷却装置安装

冷却装置安装应符合下列要求：

(1) 冷却装置安装前应按制造厂规定的压力值用气压或油压进行密封试验，并符合以下要求：散热器、强迫油循环风冷却器，持续 30min 应无渗漏；强迫油循环水冷却器，持续 1h 应无渗漏。

(2) 冷却装置安装前应用合格的绝缘油经净油机循环冲洗干净，并将残油排尽。

(3) 冷却装置安装完毕应立即注满油。

(4) 风扇电动机及叶片应安装牢固，转动灵活，无卡阻；试转时无震动、过热现象；叶片无扭曲变形或发生摩擦；电动机电源线应采用耐油绝缘线。

(5) 管路中的阀门应操作灵活，开闭位置应正确；阀门及法兰连接处密封良好。

(6) 外接油管路在安装前，应进行彻底除锈及清洗；管道安装后，油管应涂黄漆，并应有流向标志。

(7) 油泵转向正确，转动时无异常噪声、震动或过热现象，密封良好，无渗漏或进气现象。

(8) 差压继电器、流速继电器应经试验合格，且密封良好，动作可靠。

(9) 水冷却装置停用时，应将水放尽。

5. 套管安装

套管安装应符合下列要求：

(1) 瓷套表面应无裂缝、伤痕；套管、法兰颈部及均压球内壁应擦干净；套管应经试验合格；充油套管无渗油现象，油位指示正常。

(2) 充油套管内部绝缘确认受潮时，应进行干燥处理；110kV 及以上的套管应真空注油。

(3) 高压套管穿缆的应力锥应进入套管的均压罩内，其引出端子与套管顶部接线柱连接处应擦干净，接触紧密。

(4) 套管顶部结构的密封垫应安装正确，密封应良好，连接引线时，不应使顶部结构松动。

(5) 充油套管的油标应面向外侧，套管应接地良好。

6. 气体继电器安装

气体继电器安装应符合下列要求：

（1）气体继电器安装前应经检验、鉴定合格。

（2）气体继电器应水平安装，其顶盖上标志的箭头应指向储油柜，与连通管的连接应密封良好。

（六）变压器安装工程竣工验收及试运行

变压器安装工程全部结束后，在投入试运行之前应进行全面的检查和试验。

1. 补充注油

当变压器需要补充注油时，应防止空气进入油中，在现场注油经常是从油枕注油。先将油枕与油箱的联管控制阀关闭，然后把规格和质量符合要求的变压器油从油枕注油孔中注入。待油面达到油枕高度的3/4左右时，停止注油，让油枕内的油静止15～30min，使混入油中的空气逐渐逸出。然后打开联管上的控制阀，使油枕内的变压器油缓慢流入油箱，直到油充满油箱和变压器的有关附件，且达到油枕内油标规定的油面高度为止。

补充注油工作完成后，应使变压器油在变压器内静止6～10h，再拧开瓦斯继电器（气体继电器）的放气阀，检查有无气体积聚，并加以排放，同时对变压器油作电气强度试验，检查油的绝缘强度是否合格。

2. 整体密封检查

变压器安装完毕后，应用高于附件最高点的油柱压力进行整体密封检查。对一般油浸变压器，油柱压力应为0.3m，试验持续时间为3h，变压器各部分应无渗漏。

3. 电力变压器投入试运行前检查

变压器投入试运行前，应再一次全面检查，确认其符合运行条件时，方可投入试运行。试运行前检查项目如下：

（1）变压器本体、冷却装置及所有附件均无缺陷，且不渗油。

（2）轮子的制动装置应牢固，抗震措施牢靠（无滚轮的变压器底部固定牢靠）。

（3）油漆完整，相色标志正确，接地可靠。

（4）事故排油设施完好，消防设施齐全。

（5）油枕、冷却装置、油系统上的油门均打开，油面指示正确。

（6）变压器顶盖上无遗留杂物。

（7）高压套管的接地小套管应予接地，电压抽取装置不用时其抽出端子也应接地，套管顶部结构的密封应良好。

（8）油枕和充油套管的油位应正常。

（9）电压切换装置的位置应符合运行要求，有载调压切换装置远方操作应动作可靠，指示位置正确；中性点经消弧线圈接地的变压器，消弧线圈的分接头位置应符合整定要求。

（10）变压器的相位及线圈的接线组别应符合运行要求。

（11）温度计指示正确，整定值符合要求。

（12）冷却装置运行正常，联动正确；水冷装置的油压应大于水压；强迫油循环的变压器应起动全部冷却装置，进行较长时间循环后放完残留空气。

(13) 保护装置整定值符合规定要求，操作及联动试验正确。

4. 电力变压器试运行

电力变压器试运行时应按下列规定检查：

(1) 接于大接地电流系统的变压器，在进行冲击合闸时，变压器中性点必须接地。

(2) 变压器第一次投入时，可全电压冲击合闸，如有条件时应从零起升压。冲击合闸时，变压器一般可由高压侧投入。

(3) 第一次受电后，持续时间应不少于10min，变压器应无异常情况。

(4) 变压器应进行5次全电压冲击合闸，均应无异常情况，励磁涌流不应引起保护装置误动。

(5) 变压器并列运行时，应先核对相位，相位应一致。

(6) 带电后，检查变压器及冷却装置所有焊缝和连接面，不应有渗油现象。

第四节 高压开关安全要求

高压开关包括高压断路器、隔离开关、负荷开关。它们是电力系统中的重要电气设备，使用面广、量大，它们的安全可靠对电力系统安全运行有着极其重要的影响。

一、高压断路器安全

高压断路器是性能最完善的一种高压开关。它有一套完善的灭弧装置，能在各种情况下迅速而可靠地熄灭电弧。它不但能切合正常的负荷电流，而且能切断短路电流。

(一) 高压断路器类型

根据断路器灭弧介质不同，高压断路器有油断路器、空气断路器、真空断路器、六氟化硫（SF_6）断路器等类型。

1. 油断路器

油断路器用油作灭弧介质和绝缘介质。根据绝缘结构不同，油断路器分多油断路器和少油断路器两种。

多油断路器中灭弧和导电部分之间及导电部分与接地部分之间的绝缘都用油作为介质，因此用油量很大，体积也庞大。随着科学技术进步，现在我国决定多油断路器除指定厂家继续生产35kV多油断路器配件外，不再生产，也就是说多油断路器在电力系统中将被其他类型断路器替代。

少油断路器灭弧用油，而导电部分与接地部分绝缘用瓷件等其他绝缘材料，不用油，因而用油量较少。在少油断路器中，以前用得很多的SN10型断路器，在运行中外壳带电(一般漆成红色)，因此使用维护中应注意安全。

2. 空气断路器

空气断路器是利用高压气流吹去热量和游离气体，代之以新鲜空气，使弧隙的介质强度迅速恢复来熄灭电弧。它需要一套专门的压缩空气装置，包括压缩空气机、储气筒、管道等，还需要有人值班管理这套压缩空气装置，因此，较麻烦。

3. 真空断路器

真空断路器是一种新型断路器，它是以真空作为灭弧和绝缘介质，其所有零部件都密封在真空的绝缘外壳内，开合时电弧极小而且很快就熄灭，因此它一诞生就受到人们的欢迎。现在电力系统中已用得越来越多，尤其是10kV系统，需频繁操作的场合。归纳下来真空断路器有以下特点：

(1) 结构轻巧，触头开距小，动作快，操作轻便，体积小，重量轻。

(2) 燃弧时间短，一般只有半周波时间。

(3) 触头间隙介质恢复速度快。

(4) 寿命长。由于开合时电弧小，灭弧快，对触头的损伤小，因此其电气寿命和机械寿命均长。

(5) 维修工作量少，又能防火防爆。

真空断路器因有上述特点，因而在10kV系统中几乎都将用真空断路器来替代少油断路器。少油断路器虽用油少，但切断故障电流4～6次就需内部检修换油，很不方便。但真空断路器必须保证密封管内真空，若大量空气漏入，则会发生爆炸等可怕事故。所以选购时一定要重视开关质量。

4. 六氟化硫 (SF_6) 断路器

六氟化硫 (SF_6) 是一种化学性能非常稳定的惰性气体，在常态下无色、无臭、无毒、不燃，无老化现象。具有良好的绝缘性能和灭弧性能。据资料介绍，它的灭弧性能相当于同等条件下空气的100倍；在3个大气压时，其绝缘性能与变压器油相同；一个大气压时，绝缘能力超过空气2倍。

用六氟化硫 (SF_6) 气体作为断路器的灭弧介质和绝缘介质，这种断路器称为六氟化硫 (SF_6) 断路器。SF_6 断路器开断能力强、灭弧速度快、体积小、重量轻，适于频繁操作。并且没有油断路器那种可能燃烧、爆炸的危险。

SF_6 断路器在电力系统中已被广泛应用，尤其是 SF_6 全封闭组合电器是高压开关电器的发展方向。

六氟化硫 (SF_6) 断路器在使用维护中应注意：

(1) 六氟化硫 (SF_6) 气体的密度很大，约是空气的5倍，SF_6 气体如有泄漏，必将沉积于低洼处，如电缆沟中，很难清除。浓度过大时，会出现使人窒息的危险。

(2) 在电弧作用下，SF_6 气体的分解物如：SF_4、S_2F_2 (氟化硫)、SCF_2 (氟化亚硫酰)、SF_2、SC_2F_2 (二氟化硫酰)、SOF_4 (四氟亚硫酰) 和 HF (氢氟酸) 等，都有强烈的腐蚀性和毒性。因此，在检修工作时必须做好防护。

(二) 对断路器的基本要求

(1) 在合闸状态时应为良好的导体，不但能通过正常的负荷电流，而且即使在电路发生短路故障时，短路电流通过断路器也不会被产生的高温和强大的电动力作用而损坏。

(2) 在分闸状态时应具有良好的绝缘性能，在规定的环境条件下，能承受“相”对“地”的电压和一相内断口间的电压。

(3) 在开断允许的短路电流时应有足够的开断能力和尽可能短的开断时间。

(4) 在制造厂规定的技术条件下，断路器要能长期可靠地工作，有一定的机械寿命和电气寿命。

(5) 断路器还应具有结构简单、安装维护方便、体积小、重量轻等特点。

（三）高压断路器正确选择

1. 按正常工作条件选择

（1）高压断路器的额定电压应与装设地点电网电压相符。

（2）高压断路器的额定电流应大于或等于电路中长期最大工作电流。

（3）高压断路器的型式应根据装设环境条件选择。如装在户外应选择户外型断路器；装在户内应选择户内型断路器等。

2. 按短路情况校验

按正常工作条件选择的断路器还必须按短路情况进行校验，即正常工作条件下能满足安全可靠运行，在电路发生短路故障时断路器仍能安全可靠地工作和切断短路电流。按短路情况校验主要是校验断路器的热稳定性和动稳定性。

所谓热稳定性是指最大可能的短路电流通过断路器时，断路器的发热温度不超过它的短时允许温度。即最大可能的短路电流通过断路器时，断路器不会因电流热效应而烧坏。

所谓动稳定性是指最大可能的短路电流通过断路器时，断路器不会因强大的电动力而损坏或变形。

具体热稳定、动稳定校验方法请参见有关资料和书籍。

在选择断路器时，还有一个重要参数必须满足，即额定开断电流。额定开断电流是指断路器在额定电压下能正常切断的最大短路电流。对于一个断路器来说，开断电流必有一个极限值，此值称为极限开断电流，断路器灭弧装置灭弧能力就是按此电流产生的电弧能可靠熄灭考虑的。所以通过断路器的最大短路电流不能超过此值，以保证断路器能可靠灭弧。断路器的额定开断电流就是极限开断电流。在选择断路器时必须保证断路器的额定开断电流不小于回路中最大可能通过断路器的短路电流，只有这样才能保证断路器安全可靠地切断短路电流。

（四）高压断路器安装、维护及检修要求

1. 安装调整要求

（1）断路器安装应垂直。

（2）断路器触头接触应良好。

（3）三相分合闸要保证同期（不同期性程度不能超过 2mm）。

（4）操作机构应灵活，无卡阻现象。

（5）导电部分之间，导电部分与外壳之间绝缘电阻应符合规定要求。

（6）远方操作接线正确，位置对应。

（7）外壳接地可靠。

（8）油断路器油面正常，无渗油、漏油现象。

（9）断路器外壳、套管应清洁，无脏污，无损伤。

（10）断路器与电路连接应牢固可靠、接触电阻小。

2. 断路器的运行维护要求

（1）运行值班人员应经常对断路器运行情况进行监视，要加强巡视检查，如发现断路器温度过高、油面降低、发生闪络等不正常情况，应及时报告、及时检修和处理。

（2）发现远方操作时断路器拒动，可能是分、合闸回路故障、熔丝熔断、操作电源无电压或电压太低、机械传动机构故障或卡涩、合闸接触器接点卡住等原因引起，这时应及时报告并仔细检查找出原因予以处理修复。

（3）对断路器经常动作的元件应加强监视和维护，保证工作状态正常。

（4）每次操作必须按操作票填写的顺序操作，防止误操作。操作完毕需检查断路器触头（包括辅助接头）确已断开或合上。

3. 断路器检修要求

（1）绝缘部分：外观检查绝缘部件应无裂纹、破损、闪烁、碳化和变形，尤其是瓷件如发现上述缺陷应予更换。绝缘试验项目中包括油断路器的油应试验合格，不合格者应更换。

（2）导电部分：外观检查应无脏污、氧化膜和电烧伤痕迹。如发现有污垢，应擦洗干净；接触面的氧化膜应去除；如果烧伤深度超过1mm以上且处理困难时应予更换。同时触头接触压力应调整适当。

（3）灭弧部分：检查横吹或纵吹的吹弧口是否堵塞，各灭弧栅之间排列距离及吹弧孔有无异常以及灭弧室有没有脏污、受潮等，必须都满足规定要求，以保证断路器动作时可靠灭弧。

（4）操作机构部分：应检查操作机构动作是否灵活、到位，有没有卡阻现象，操作机构有没有变形现象。都必须满足要求，否则就不能保证正确操作和动作速度。

（5）清扫断路器和加润滑油保证安全可靠地工作。

4. 断路器检修后的检查

断路器检修后应按检修标准认真做好以下检查：

（1）用2500V兆欧表测量断路器在合闸、分闸状态下绝缘电阻值并符合规定要求。

（2）测量三相触头的分合闸同期性。

（3）测量三相触头及引线接头接触电阻值和分、合闸线圈的直流电阻值并符合规定要求。

（4）进行分、合闸状态下的绝缘试验、耐压试验、介质损失角正切 $\tan\delta$ 测量。其试验和测量数值应符合规定要求。

（5）进行分、合闸线圈的低电压动作范围试验并满足规定要求。

（6）测量断路器的各项行程（包括动触头的行程和接触面积、动触头备用行程）及允许间隙并符合规定要求。

（五）断路器火灾、爆炸事故预防

（1）保证断路器选择正确，开断电流必须满足要求，在最大可能的短路电流通过断路器时断路器能保证热稳定和动稳定。另外，制造厂必须保证断路器制造质量。

（2）加强维护管理，保证断路器绝缘符合要求，触头接触良好，三相触头分、合闸同期性好，断路器外壳和套管清洁无脏污，断路器外壳接地可靠。

（3）油断路器的油质应满足要求，油面不能过低，也不能过高，要符合规定要求。

（4）加强检修工作，做好按检修周期的定期检查和事故抢修。要按“修必修好”的原则，保证检修质量。

(5) 按《预防性试验规程》定期做规定试验，及早发现事故隐患和缺陷，及早予以解决，避免事故发生。

(6) 断路器安装环境应通风良好，避开热源。

(7) 按规定做好防雷保护及运行中防止过电压。

二、隔离开关安全

隔离开关的主要作用是与断路器配合，在断路器检修时起隔离电源的作用，以保证断路器检修安全。另外还用作母线倒排操作。隔离开关没有专门灭弧装置，不能切合负荷电流，更不能切断短路电流。所以在进行隔离开关操作时，不能带负荷拉合。根据《电业安全工作规程》规定，在线路停电时应先拉开断路器，然后拉开负荷侧隔离开关，最后拉开母线侧（电源侧）隔离开关。在线路恢复供电时，操作顺序与上述相反，即先合母线侧隔离开关，后合负荷侧隔离开关，最后合上断路器。

根据其极数，隔离开关有单极和三极两种。根据装设地点，隔离开关分户内式和户外式两类，选择时应按装设环境和电路要求正确选择。选择方法与断路器相同，即按正常工作条件选择（电压、电流、型式），按短路情况校验（热稳定、动稳定校验）。但因为它不能切断短路电流，所以它不存在开断电流问题。它的额定电流应与断路器额定电流相配合（不能小）。

（一）隔离开关安装要求

隔离开关可以安装在墙上或金属架上。为了保障隔离开关投用后安全运行，要严格抓好安装质量。在安装前必须认真进行外观检查，外观检查的主要内容如下：

(1) 检查隔离开关的型号、规格是否与设计相符。

(2) 检查零部件有无损坏，闸刀及触头有无变形。如有变形应进行校正。

(3) 检查可动闸刀与触头接触情况，触头或刀片如有氧化物，应予以清除。

(4) 用1000V或2500V兆欧表测量绝缘电阻。绝缘电阻值应符合规定要求（如10kV的隔离开关绝缘电阻要求在800～1000MΩ以上）。

隔离开关在本体、操作机构、操作拉杆全部装好后要认真调整，保证操作把手到位，隔离开关动刀片与触头也接触到位；三极隔离开关的三极必须保持同期性，即合闸的时候三极要求同时合到位，分闸的时候要求三极同时断开；隔离开关分闸时，其刀片的张开角度应符合制造厂要求，以便保证断开间隙绝缘强度；隔离开关如有辅助接头，其辅助接头动作也要保证正确可靠。

（二）隔离开关常见故障及处理

1. 隔离开关接触部分发热

隔离开关触头发热是常见的事故，主要是接触不良，刀片在触座中一面紧一面松引起。紧的一面接触电阻小，松的一面接触电阻大，运行中发热严重，时间一长造成触座变形，刀片接触就更不良。这样恶性循环，造成隔离开关损坏，或产生电弧引起相间短路、接地短路等故障，造成停电。因此在安装过程中必须一丝不苟进行调整，确保接触良好。

2. 隔离开关拉不开

遇到这种情况应检查出原因，是操作机构故障还是变形，然后对症处理。

3. 支持绝缘子发现裂纹破损

遇到这种情况应加强监视，检修时予以更换。

三、高压负荷开关安全

高压负荷开关只有简单的灭弧装置，只能切合正常负荷电流，不能切断短路电流，它往往与高压熔断器配合运行。

安装和调整负荷开关与隔离开关相同，但调整负荷开关时应注意以下几点：

(1) 负荷开关的主闸刀和辅助闸刀的动作顺序应该是：合闸时辅助闸刀先闭合，主闸刀后闭合；分闸时主闸刀先断开，辅助闸刀后断开。

(2) 开关分闸后，闸刀张开的距离应符合制造厂的要求。

(3) 在开关的主闸刀片上有一小塞子，合闸时，此小塞子应正好插入灭弧装置的喷嘴内，不应剧烈地碰撞喷嘴，以免将喷嘴碰坏。

(4) 如安装带有 RN_1 型高压熔断器的负荷开关，安装前应检查熔断器的额定电流是否符合设计要求。

从上面介绍的三种高压开关中可以知道，断路器具有完善的灭弧装置，可以切断正常负荷电流和短路电流；负荷开关有简单的灭弧装置，只能切合正常负荷电流；隔离开关没有灭弧装置，所以不能带负荷拉合，它不能切合正常负荷电流，更不能切断短路电流，为了避免错误拉合隔离开关，造成严重事故，断路器和隔离开关的操作应当严格配合；拉闸时，先拉断路器，后拉隔离开关；合闸时，先合隔离开关，后合断路器。为了防止误操作，在断路器和隔离开关的操作机构上，一般还装有联锁装置，对这些联锁（防误）装置必须加强维护管理，以保证安全正确操作。

第五节　互感器安全要求

互感器是一种特种变压器。它能将电路中大电流变为小电流，将高电压变为低电压，供测量仪表、继电保护和自动装置等设备用。

电路中采用互感器后，可使仪表、继电保护和自动装置等二次设备在电气上与高压隔离，解除高电压给二次设备和工作人员带来的危险。同时降低仪表、继电器和自动装置的绝缘要求，因为互感器二次输出电压一般为 100V 或二次输出电流为 5A。由于输出电压或电流标准化，所以可使二次设备的额定电压、额定电流也标准化、系列化，这样便于统一制造，规模生产。

互感器分为电压互感器和电流互感器两大类型。下面对它们使用中的安全注意事项作简要介绍。

一、电流互感器使用安全事项

(1) 电流互感器二次不准开路。否则将发生铁芯高热和二次线圈感应出危险的高电压，严重威胁人身和设备安全，造成严重事故。

(2) 电流互感器的二次侧必须有一点接地。防止电流互感器的一、二次绕组绝缘击穿时，一次侧的高电压窜入二次侧，危及人身和设备安全。

另外，电流互感器使用中还必须注意二次负载不能超过其额定负载，尤其是二次连接电缆不能太长，线芯截面不能太细（最小截面积不能小于 2.5mm^2），以保证电流互感器的准确度。因为电流互感器的准确度是在额定负载下定的，二次负载值超过额定负载时准确度就不能保证了。

还有，电流互感器接线时极性不能接错。电流互感器的一次绕组端子标有 L1、L2；二次绕组端子标有 K1、K2。L1 与 K1 互为“同名端”或“同极性端”，L2 与 K2 也互为“同名端”或“同极性端”。如果某一瞬间，L1 为高电位（电流 I_1 由 L1 流向 L2），则二次侧由电磁感应产生的电动势使得 K1 亦为高电位（电流 I_2 由 K2 流向 K1），这就是“同名端”或“同极性端”的含义。在安装接线时和使用中，必须注意端子的极性，否则其二次侧所接仪表、继电器中流过的电流就不正确，甚至可能引起事故。

二、电压互感器使用安全事项

（1）电压互感器的一、二次侧必须加装熔断器作保护，防止发生短路烧坏电压互感器或影响一次电路正常运行。电压互感器一次侧并联在高压电路上，用的高压熔断器尽管选的最小规格但断流电流还是较大，电压互感器二次侧短路时，一次侧熔断器难以熔断，所以为保护互感器安全，其二次侧还必须装熔断器。

（2）电压互感器二次侧有一端必须接地。这是为了防止电压互感器的一、二次绕组绝缘击穿时，一次侧的高电压窜入二次侧，危及人身和设备安全。

（3）电压互感器二次侧不准短路。以防烧坏互感器，因为电压互感器二次绕组匝数很少，阻抗很小，短路时短路电流较大。

另外，为了保证电压互感器的准确度，二次侧接的负载不能超过电压互感器的额定容量，超过额定容量，电压互感器误差就会增加，准确度就会降低。

第六节　低压电器安装、使用要求

一、刀开关安装、使用注意事项

刀开关安装、使用注意事项如下：

（1）刀开关应垂直安装在开关板上，并要使静触头在上方，如果倒装，则在刀开关断开时容易发生因自重作用使刀开关自行掉落而发生误合闸。接线时静触头接电源，动触头接负载。

（2）刀开关的合闸时，应保证三相同时合闸，而且接触良好；分闸时应三相同时断开，而且保证断开一定绝缘距离。

（3）无灭弧罩的刀开关一般不允许分断和合上功率大的负载，以免烧坏刀开关。

二、开启式负荷开关安装、使用注意事项

开启式负荷开关安装、使用注意事项如下：

（1）开启式负荷开关应垂直安装，手柄向上合闸，不能倒装或平装。因为闸刀有切断电流时刀片和夹座间会产生电弧，将手柄向下分闸时，电弧在电磁力和上升热空气的作用下，向上拉弧，电弧易于熄灭。若倒装了，电弧上升会烧坏夹座，甚至伤人。另外，倒装

时刀闸拉开后容易因自重而掉落造成误合闸。

(2) 接线时应把电源接在开关上方的进线接线座上，以免伤人。另外，倒装时刀闸拉开后容易因自重而掉落造成误合闸。

(3) 安装时应使刀片和夹座紧密接触，夹座有足够压力，刀片和夹座不能歪扭。

(4) 更换熔丝必须在闸刀拉开的情况下进行，换上的熔丝应与原熔丝规格相同。

三、铁壳开关安装、使用注意事项

铁壳开关安装、使用注意事项如下：

(1) 铁壳开关应垂直安装。安装高度以操作方便和安全为原则，一般安装高度为离地1.3～1.5m左右。

(2) 铁壳开关外壳应可靠接地或接零。

(3) 铁壳开关进出线孔均要有绝缘垫圈。

(4) 采用穿管敷线时，管子应穿入进出线孔，并用管扣螺母拧紧，露出螺母的丝扣为2～4扣。如果管子不进入进出线孔，也可接一段金属软管与铁壳开关连接，金属软管两端均采用软管接头固定。

(5) 铁壳开关的接线有两种方式，一种是电源线与铁壳开关的静触头相接，负载接开关熔丝下的下桩头，这种接线方式在开关拉断后，闸刀与熔丝不带电，便于维修和更换熔丝。另一种接线方式是电源接闸刀熔丝下桩头，负载接开关的静触头，这种接线方式在开关的闸刀发生故障时也能使熔丝熔断，切断电源。

(6) 更换熔丝必须在开关闸刀断开情况下进行，换上的熔丝规格应与原熔丝一样。

四、低压断路器（自动空气开关）及其安装、使用注意事项

低压断路器俗称自动空气开关。它是最完善的一种低压控制开关。它既能在正常工作时带负荷通断电路，又能在电路发生短路、严重过负荷以及电源电压太低或失压时自动切断电源，还可在远方控制其跳闸。

一般的自动空气开关合闸只能手动，而分闸可手动或自动。当电路中发生短路故障时，其过电流脱扣器动作使开关自动跳闸，切断电路；如电路中出现较严重的过负荷，而且过负荷已到一定时间，其过负荷脱扣器（热脱扣器）动作，使开关自动跳闸，切断电源；当电源电压严重下降或电压消失时，其失压脱扣器动作，使开关跳闸，切断电源。另外，可在远方装上控制按钮，只要按下此按钮就可使开关的失压脱扣器失压或使分励脱扣器通电，实施开关远距离控制跳闸。

自动空气开关有装置式和框架式两种型式。

自动空气开关安装调整注意事项如下：

(1) 不宜安装在易受震动的地方，以免震动造成开关内部零件松动。

(2) 一般应垂直安装，灭弧室应位于上部。

(3) 自动空气开关操作机构安装调整应符合下列要求：①操作手柄或传动杠杆的开、合位置应正确，操作力不应大于产品允许值；②触头在闭合、断开过程中，可动部分与灭弧室的零件不应有卡阻现象；③触头接触应紧密可靠，接触电阻小。

自动空气开关运行中要勤检查、勤清扫，防止开关触点发热，外壳积尘引起闪络爆炸。对于框架式空气开关的灭弧罩应保持完整无损，固定牢靠，要防止不能灭弧引起相间短路爆炸。

第七节　架空配电线路结构及施工、竣工验收要求

电力线路可分为架空线路与电缆线路两大类。架空线路将线路架设在杆塔上，敷设在室外并暴露于大气中；电缆线路则预埋地下。

一般来说，架空线路的建设费用要比电缆线路低，特别是电压等级越高时，二者在投资上的差距就越明显。另外，架空线路易于架设，维护检修也较方便。因此，电网中绝大多数线路都采用架空线路。电缆线路在配电系统中，近年来随着城市建设的发展，应用也越来越多，还有在过江、跨海、严重污染地区也采用电缆线路。

本节主要介绍架空线路的结构及施工和竣工验收等要求，着重介绍 10kV 以下的配电线路。架空配电线路按电压等级分，1kV 以下称为低压架空配电线路，1kV 以上称为高压架空配电线路。

一、架空配电线路结构

架空配电线路主要由基础、电杆、导线、金具、绝缘子和拉线等组成。

电杆装置的结构示意图如图 5－1 所示。

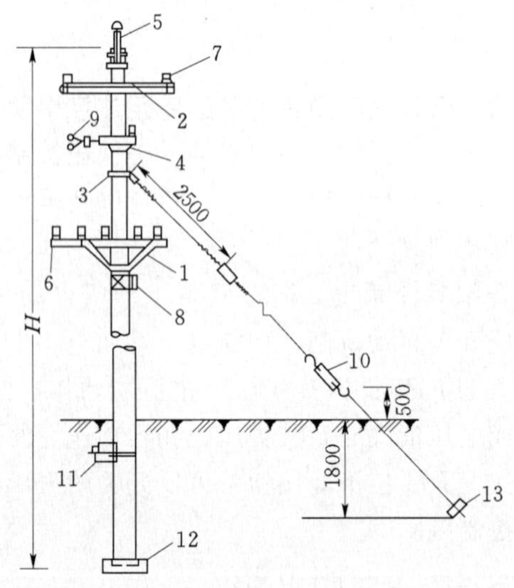

图 5－1　钢筋混凝土电杆装置示意图

1—低压五线横担；2—高压二线横担；3—拉线抱箍；4—双横担；5—高压杆顶支座；6—低压针式绝缘子；7—高压针式绝缘子；8—蝶式绝缘子；9—悬式绝缘子或高压蝶式绝缘子；10—花篮螺丝；11—卡盘；12—底盘；13—拉线盘

（一）电杆基础

电杆基础是指电杆的地下部分，包括底盘、卡盘和拉线盘。电杆基础的作用是防

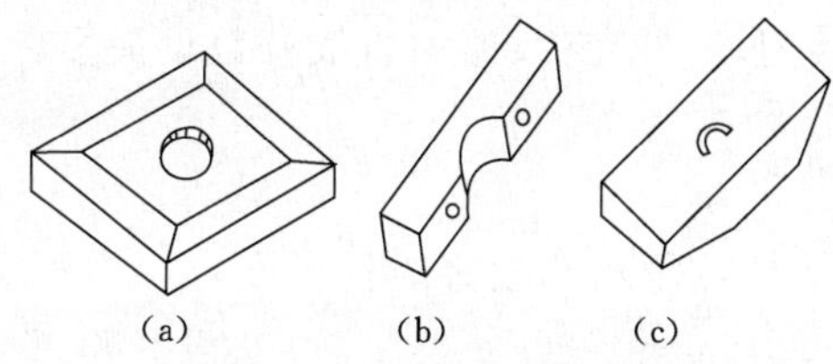

图 5-2　底盘、卡盘和拉线盘
(a) 底盘；(b) 卡盘；(c) 拉线盘

止电杆因承受垂直荷重和水平荷重及事故荷重而发生上拔、下弦或者倾倒。底盘、卡盘和拉线盘一般是钢筋混凝土预制件，起形状如图 5-2所示。

（二）电杆及杆型

电杆用来架设导线，必须要有足够的机械强度和使用寿命，而且要求造价低。

电杆按其材质分有木电杆、钢筋混凝土电杆和金属电杆三种。木电杆重量较轻，施工方便而且耐压水平较高，但容易腐烂，而且木材供应紧张，因此目前很少使用。金属电杆俗称铁塔，其机械强度很高，但由于耗用金属多，造价较高。因此一般用在线路的特殊位置。钢筋混凝土电杆坚固耐久，使用寿命长，维护工作量少，而且能节省木材和钢材，所以目前在低压架空配电线路上用得最广；但钢筋混凝土电杆较笨重，运输和施工不方便。钢筋混凝土电杆在施工前必须认真检查，不能有露筋、裂纹的水泥脱落，质量不合格的电杆不能安装到线路上去。

电杆在线路中所处的位置不同，它的作用和受力情况就不同，电杆的结构情况也就不同。根据电杆在线路中的作用不同，电杆分为下列六种，如图 5-3 所示。

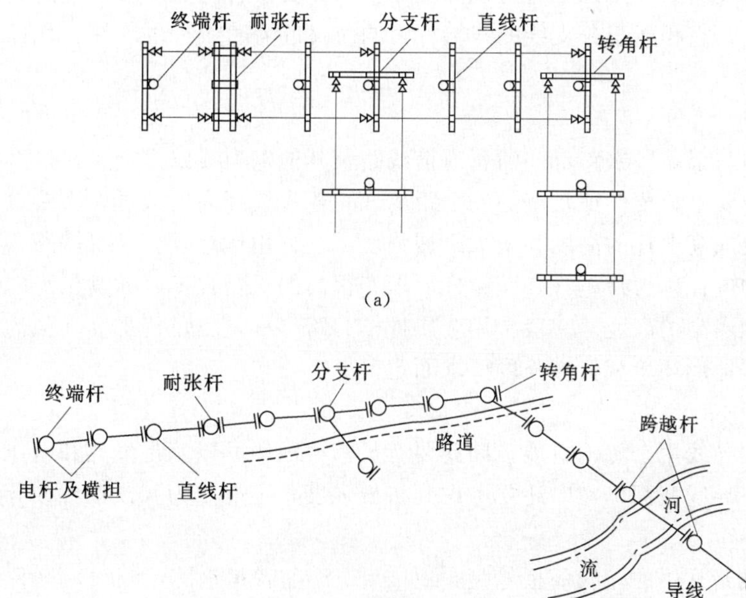

图 5-3　各种杆型在线路中的特征及应用
(a) 各种电杆的特征；(b) 各种杆型在线路中的应用

1. 直线杆（中间杆）

直线杆位于线路的直线段上，仅作为支持导线、绝缘子和金具用。它只能在正常情况承受导线的垂直荷重、风吹导线的水平荷重及冬天覆冰荷重，不能承受顺线路方向的导线拉力。当发生一侧导线断线时，它就可能向另一侧倾倒。在架空线路中直线杆数量最多，约占全线电杆总数的80%以上。

2. 耐张杆

为防止架空线路发生断线事故时引起成批电杆倒杆，每隔几根直线杆要设置一根耐张杆。

耐张杆是加强型电杆（如电杆两侧装设拉线等），具有较强的机械强度，它能承受电杆两侧不平衡拉力而不致倾倒。

3. 转角杆

转角杆位于线路改变方向，即转角的地方。

转角杆承受线路转角时很大的两侧导线合力，必须有很高的机械强度。因此转角杆也是加强型电杆（有拉线等措施），有时也用金属杆。它能承受线路两侧导线的合力而不致倾倒。

4. 终端杆

终端杆是指线路首端与终端的两根电杆。终端杆一侧受力，所以要求机械强度很高。是加强型电杆（有拉线等措施）或用金属杆作为终端杆。

5. 分支杆

分支杆位于线路的分路处。有直线分支和转角分支两种情况，应尽量避免在转角杆上分支。对分支杆，它相当于分支线的终端杆，同时又起着直线杆的作用，所以分支杆也是加强型电杆。

6. 跨越杆

当架空线路与公路、铁路、江河、通信线路及其他电力线路等交叉时，必须满足规范规定的交叉跨越要求，要保证足够的安全距离。一般直线杆高度太低，大多数情况不能满足要求，这就要加高电杆的高度和增大机械强度。这种用作跨越公路、铁路、江河和其他线路或建筑物的电杆称为跨越杆。跨越杆要求有很高的机械强度（尤其是跨越大江及河道的跨越杆）和相当高的高度。一般常用金属杆作为跨越杆，也可用加高加强的钢筋混凝土电杆，主要根据地形环境和机械强度要求而定。

（三）导线

架空线路的导线用来传输电能，因此要有足够截面积，以满足发热和电压损失不超过允许值的规定。导线截面确定时还要考虑到机械强度，不能因为气候条件或导线自重拉力而断线。

架空配电线路常用的导线的型号是：LGJ、LJ。前者是钢芯铝绞线，这种导线的中心是钢线，具有较高的机械强度，在高压输电线路上广泛使用。后者是铝绞线，适用在气候条件好，线路挡距较小的线路上，其机械强度与钢芯铝绞线相比差得很多。在工矿企业有时就有用铝绞线作为线路的导线。LGJ 和 LJ 两种导线的规格和技术特性见表 5-1 和表5-2。

表 5-1 和表 5-2 中导线允许载流量是按环境温度+25℃，导线最高发热温度为 70℃时定的数值。若环境温度不是+25℃时，则导线允许载流量应作修正，应乘以温度校正系数。温度校正系数见表 5-3。

表 5-1 硬铝绞线技术规格

型号	标称截面 (mm^2)	芯线根数及单线直径 (mm)	电线外径 (mm)	直流电阻 (温度+20℃时) (Ω/km) 不大于	允许电流 (温度+25℃时) (A)	电线质量 (kg/km)
LJ型硬铝绞线	16	7×1.70	5.1	1.98	105	44
	25	7×2.12	6.4	1.28	135	68
	35	7×2.50	7.5	0.92	170	95
	50	7×3.00	9.0	0.64	215	136
	70	7×3.55	10.7	0.46	265	191
	95	19×2.50	12.5	0.34	325	257
	120	19×2.80	14.0	0.270	375	322
	150	19×3.15	15.8	0.210	440	407
	185	19×3.50	17.5	0.170	500	503
	240	19×4.00	20.0	0.132	610	656

表 5-2 钢芯铝绞线技术规格

型号	标称截面 (mm^2)	结构尺寸 (mm)		计算外径 (mm)		电流电阻 (温度+20℃时) (Ω/km) 不大于	允许电流 (温度+25℃时) (A)	电线质量 (kg/km)
		铝股	钢芯	电线	钢芯			
LGJ型钢芯铝绞线	16	6×1.80	1×1.80	5.40	1.80	2.04	105	62
	25	6×2.20	1×2.20	6.60	2.20	1.38	135	92
	35	6×2.80	1×2.80	8.40	2.80	0.85	170	150
	50	6×3.20	1×3.20	9.60	3.20	0.65	220	196
	70	6×3.80	1×3.80	11.40	3.80	0.46	275	275
	95	28×2.08	7×1.80	13.70	5.40	0.33	335	404
	120	28×2.29	7×2.00	15.20	6.00	0.27	380	492
	150	28×2.59	7×2.20	17.00	6.65	0.21	445	617
	185	28×2.87	7×2.50	19.00	7.50	0.17	515	771
	240	28×3.29	7×2.80	21.60	8.40	0.132	610	997

表 5-3 铝导线载流量温度校正系数

周围空气温度（℃）	+15	+20	+25	+30	+35	+40
校正系数	1.11	1.05	1.00	0.94	0.88	0.81

（四）横担

横担装在电杆的上部，用来安装绝缘子或固定开关设备及避雷器等，具有一定的长度和机械强度。横担按使用材质分有木横担、铁横担和瓷横担。木横担因易腐烂，使用寿命短，一般很少使用。铁横担是用镀锌角钢制成，规格有 50mm×50mm×5mm、40mm ×40mm×4mm等，它坚固耐用，目前应用最广。瓷横担它同时起横担和绝缘子两种作用，具有较高的绝缘水平，而且能在一侧线路导线发生断线事故时，自动转动，使电杆不会倾倒，并且节约木

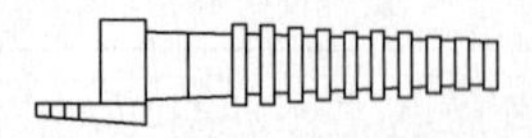

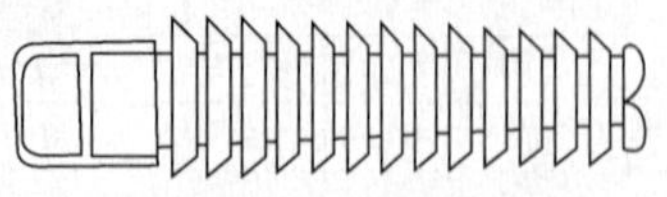

图 5-4　陶瓷横担

材、钢材、使线路造价可降低。瓷横担的外形如图 5-4 所示。

瓷横担在施工安装过程中需特别注意防止冲击碰撞，以免破碎损坏。

（五）绝缘子

绝缘子俗称瓷瓶，是用来固定导线，并使导线与导线之间，导线与横担之间，导线与电杆之间保持绝缘；同时也承受导线的垂直荷重和水平荷重。因此要求绝缘子必须具有良好的绝缘性能和足够的机械强度。

绝缘子按工作电压分有低压绝缘子和高压绝缘子两种；按外形分有针式绝缘子、蝶式绝缘子、悬式绝缘子和拉线绝缘子等。

绝缘子在安装前必须按有关电气试验规程要求，进行耐压试验并合格，使用的每个绝缘子不能有裂痕及脏污，釉面要完好光洁，以防在运行中发生闪络放电。

架空配电线路常用的绝缘子外形如图 5-5 所示。

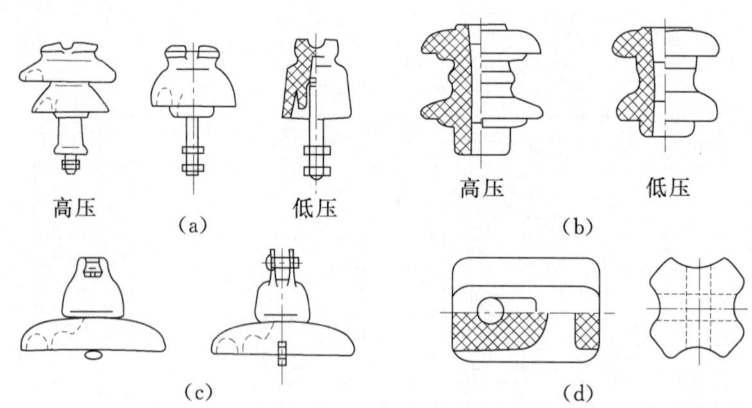

图 5-5　绝缘子外形

(a) 针式瓷绝缘子；(b) 蝴蝶形瓷绝缘子；(c) 悬式瓷绝缘子；(d) 拉紧绝缘子

（六）金具

在架空线路中，用来固定横担、绝缘子、拉线和导线的各种金属联结件称为线路金具，如抱箍、线夹、花篮螺丝、球头挂环、穿心螺丝等。镏金具应镀锌防腐，质量必须符合要求，安装时应牢固可靠。

（七）拉线

如前所述，在架空线路中终端电杆、转角电杆、分支电杆和耐张电杆等电杆，在架线后会发生受力不平衡现象，为了使电杆能稳固，常用拉线来帮助实现。另外，拉线还可起补强电杆强度等作用。

二、架空配电线路施工安全要求

架空线路施工必须严格按照规范要求和设计图纸进行。在施工过程中必须注意下列安全事项：

(1) 挖坑工作劳动强度大，挖坑时应注意安全：①所用的挖坑工具必须坚实牢固；②当坑深超过1.5m时，坑内工作人员必须戴安全帽，抛土时要注意，防止土石回落坑内；③在松软土地挖坑，应有防止塌方措施，如加挡板、撑木等；④严禁在坑内休息；⑤挖坑时，坑边不应堆放重物，不能将工器具放在坑边；⑥在居民区及交通要道附近挖坑，应设围栏，夜间应装设红色信号灯，以防行人跌入坑内；⑦石坑，冻土坑打眼时，应检查锤把、锤头及钢钎是否完好，打锤人应站在扶钎人侧面，严禁站在对面，并不得戴手套，扶钎人应戴安全帽。

(2) 立杆和撤杆要有专人统一指挥。开工前要讲明施工方法、指挥信号、手势和安全注意事项。工作人员要明确分工，密切配合，服从指挥。在居民区和交通要道上立、撤电杆时，应设明显标志，并有专人看守。

立、撤电杆要用合格的起重工具，施工前，应在现场检查机具良好，禁止过载使用。立杆过程中，杆坑内严禁有人，除指挥人员及指定人员外，其他人员必须离杆1.2倍杆高距离。

撤杆时，在拆除杆上导线前应先检查杆根是否牢固，做好防止倒杆的措施。

已经立起的电杆，只有在杆基回土夯实牢固后方可撤叉杆及拉绳。杆上工作人员应戴安全帽、系安全带。

如果在高压线路附近立杆，应将高压线停电，并接地。以免电杆或立杆用的绳索碰触或接近带电的高压线，引起事故。

(3) 登杆、塔工作前应先检查杆根是否牢固。新立电杆在杆基夯实前严禁攀登。攀登前应先检查攀登工具是否完整牢靠。在杆、塔上工作必须正确使用安全带。

在高空装设横担时应先检查横担是否完好，固定组装应牢靠。现场工作人员应戴安全帽，以防高空掉落零部件，有条件时应在地面安装好横担，然后立杆校正。

电杆及零部件质量必须合格，否则需更换。

(4) 放线、撤线和紧线均应由专人统一指挥。

放线时禁止导线在地面上拖滑，以免导线受损。

交叉跨越铁路、公路、河流及其他线路时，应先取得有关部门同意，并做好安全措施，以防发生事故。

紧线、撤线前应检查拉线、拉桩、杆根及横担是否合格牢固，如发现有损伤时应更换，严禁采取用剪断导线的办法来松线，以免发生伤人事故。

在架设线路的上方或附近有带电线路或设备时，放、紧线过程中应采取措施，防止导线跳弹碰到带电线路或设备。

三、架空配电线路工程竣工验收

架空配电线路架设完毕后，在投入运行前必须按规定严格进行验收。在验收时应进行下列检查：

(1) 导线的型号、规格应符合设计要求。

(2) 电杆组立的各项误差应符合规定。

(3) 拉线的制作和安装应符合规定。

(4) 导线的弧垂、相间距离、对地距离及交叉跨越距离应符合规定。

(5) 电气设备外观完整无缺损。

(6) 相位正确，接地良好。

(7) 沿线的障碍物、应砍伐的树及树枝等杂物应清除完毕。

(8) 导线固定、绝缘子固定等所有的设备安装应牢靠，符合规范和设计要求。

另外，在验收时，施工单位应提交下列资料和文件：

(1) 工程竣工图（实际的施工安装图）。

(2) 变更设计的证明文件（包括施工内容明细表）。

(3) 安装技术记录（包括隐蔽工程记录）。

(4) 交叉跨越距离记录及有关协议文件。

(5) 调整试验记录、接地电阻记录。

竣工验收检查完毕，完全符合要求后，即可办理交接手续，安装施工工作便告结束。

复 习 思 考 题

1. 发电机定子单相接地故障如何防止？
2. 引起发电机相间短路有哪些原因？如何预防？
3. 什么是发电机非同期并列事故？如何防止？
4. 发电机转子绕组接地故障有什么危害？如何防止？
5. 电力变压器有哪些常见故障？如何防止？
6. 电力变压器上层油温一般不超过多少？最高不准超过多少？
7. 真空断路器有什么特点？
8. SF_6 断路器有什么特点？使用中有什么注意事项？
9. 隔离开关与断路器配合操作时执行什么原则？为什么？
10. 电流互感器使用有哪些注意事项？
11. 自动空气开关有什么特点？安装使用有哪些注意事项？
12. 架空配电线路竣工验收时，应检查哪些项目？

第六章　电气安全用具及其正确使用

电气安全用具是电气工作人员在工作中用来防止发生触电、电弧灼伤、高空摔跌等事故的重要工具。电气安全用具分绝缘安全用具和一般防护安全用具两大类。绝缘安全用具有绝缘棒、绝缘夹钳、验电器、绝缘手套、绝缘靴、绝缘鞋、绝缘垫、绝缘站台等。其中绝缘棒、绝缘夹钳、验电器的绝缘强度能长期承受工作电压，并能在该电压等级内产生过电压时保证工作人员的人身安全。而绝缘手套、绝缘靴、绝缘鞋、绝缘垫、绝缘站台等安全用具的绝缘强度就不能承受电气设备或线路的工作电压，只能加强前面基本安全用具的保护作用，它用来防止接触电压、跨步电压对工作人员的危害，它不能直接接触高压电气设备的带电部分。

在通常情况下，只要验证或操作的电气设备所带电压超过人体所能承受的安全电压时，都要使用安全用具。安全电压是为防止触电而采用的特定电源电压，它分为36V、24V、12V等；安全电压的上限值，在任何情况下，在两导体间或任一导体与地之间均不得超过交流（50～500Hz）有效值50V。

一般防护安全用具有携带型接地线、临时遮栏、标示牌、警告牌、安全带、防护目镜等。这些安全用具是用来防止工作人员触电、电弧灼伤或高空坠落，它与上述绝缘安全用具不同之处在于它们本身是不绝缘物。

第一节　绝　缘　棒

绝缘棒又称绝缘杆、操作杆，其结构如图6-1所示。

绝缘棒主要用来断开或闭合高压隔离开关（高压刀闸）、跌落式熔断器，安装和拆除携带型接地线，以及进行带电测量和试验等工作。

绝缘棒由工作、绝缘和握手三部分构成，如图6-1所示。工作部分一般用金属制成，其长度在满足工作需要的情况下，应尽量缩短，一般在5～8cm左右，以避免由于过长而在操作时引起相间或接地短路。绝缘和握手部分由护环隔开，它们是用浸过绝缘漆的木材、硬塑料、胶木或玻璃钢制成，其长度的最小尺寸可根据电压等级和使用场所的不同而确定，一般如表6-1所示。

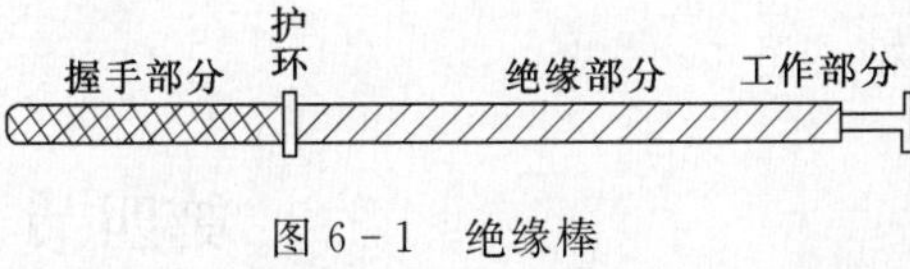

图6-1　绝缘棒

绝缘棒使用时操作人员的手应放在握手部分，不能超过护环，同时要戴绝缘手套、穿绝缘靴（鞋）。使用绝缘棒时绝缘棒禁止装接地线。绝缘棒使用完后，应垂直悬挂在专用的架上，以防棒弯曲。绝缘棒每年要进行一次绝缘试验，保证绝缘棒完好。

表 6-1　　绝缘棒的最小长度　　单位：m

额定电压 (kV)	户内使用		户外使用	
	绝缘部分长度	握手部分长度	绝缘部分长度	握手部分长度
10 及以下	0.70	0.30	1.10	0.40
35 及以下	1.10	0.40	1.40	0.60

第二节　绝缘夹钳

绝缘夹钳主要用于 35kV 及以下的电气设备上装拆熔断器等工作。其结构如图 6-2 所示。

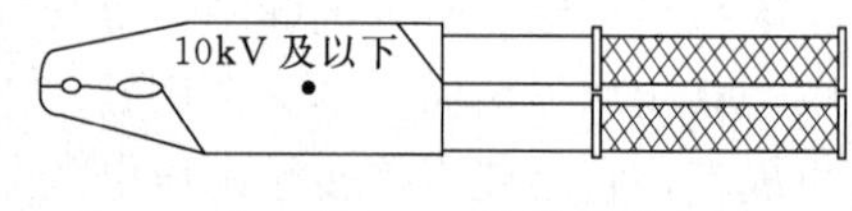

图 6-2　绝缘夹钳

绝缘夹钳由工作钳口、绝缘和握手三部分组成。各部分所用材料与绝缘棒相同。绝缘夹钳的钳口必须要保证能夹紧熔断器。

使用绝缘夹钳的安全注意事项如下：

（1）夹熔断器时，操作人员的头部不可超过握手部分，并应戴防护目镜，绝缘手套，穿绝缘靴（鞋）或站在绝缘台（垫）上。

（2）操作人员手握绝缘夹钳时要保持平衡和精神集中。

（3）绝缘夹钳的定期试验周期为每年一次。

第三节　绝缘手套

绝缘手套是用特种橡胶制成的。它是辅助安全用具，不能直接接触高压电。

使用绝缘手套的安全注意事项如下：

（1）使用前应检查有无漏气或裂口等。

（2）戴绝缘手套时应将外衣袖口放入手套的伸长部分。

（3）绝缘手套不得挪作他用。普通的医疗、化验用的手套不能代替绝缘手套。

（4）绝缘手套用后应擦净晾干，撒上一些滑石粉，以免粘连，然后放在通风、阴凉的柜子里。

第四节　绝缘靴（鞋）

绝缘靴（鞋）是在任何电压等级的电气设备上工作时用来与地保持绝缘的辅助安全用具，也是防护跨步电压的基本安全工具。它是用特种橡胶制成的。特别是在雷雨天巡视室外高压设备时，一定要穿绝缘鞋，并不得靠近避雷器和避雷针。

使用绝缘靴（鞋）的安全注意事项如下：

（1）绝缘靴（鞋）要放在柜子里，并应与其他工具分开放置。

（2）绝缘靴（鞋）每半年定期试验一次。

第五节　绝缘站台、绝缘垫和绝缘毯

绝缘站台用干燥的木板或木条制成，站台四角用绝缘瓷瓶做台脚。绝缘站台定期试验周期为三年一次。试验标准不分使用电压等级，一律加交流电压 40kV，持续时间为 2min。在试验过程中若发现有跳火情况或试验结束除去电压后，用手摸试瓷瓶有发热情况，则为不合格。

绝缘垫和绝缘毯都是用特种橡胶制成，表面有防滑槽纹，其厚度不应小于 5mm。

绝缘垫（毯）一般铺设在高、低压开关柜前，作为固定的辅助安全用具。

第六节　验　电　器

验电器分为高压和低压两种。低压验电器主要是验电笔，其用途是检查低压电气设备或线路是否带有电压。高压验电器用于测量高压电气设备或线路上是否带有电压（包括感应电压）。

（一）低压验电器

对于 250 伏以下的电源，可使用低压验电器来检验。主要的低压验电器为验电笔，辅助验电器包括万用表、钳型电流表、示波器等。低压验电笔外形有钢笔式、螺丝刀式、数字式等多种。

钢笔式低压验电器主要有工作触头、氖灯、炭精电阻、金属夹、弹簧、中心螺钉等部件组成，如图 6-3 所示。

使用低压验电器的方法如下：用合格验电笔验电，将验电笔尖金属体（工作触头）触及被测电气设备上，手握笔尾（手要触及笔尾金属夹或中心螺钉等金属体），如果被测电气设备或线路有电，则在验电笔的小窗孔中可以看到氖灯发光。各种型式的验电笔要严格按产品说明书的规定使用。

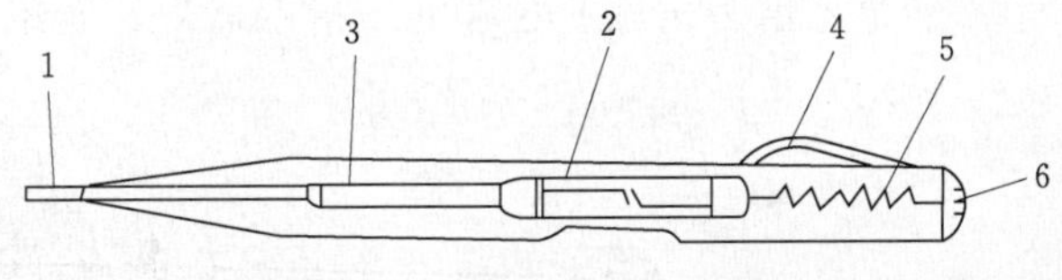

图 6-3　钢笔式低压验电器

1—工作触头；2—氖灯；3—炭精电阻；4—金属夹；5—弹簧；6—中心螺灯

低压验电器除主要用于检验低压电气设备或线路是否确无电压外，还有以下用途：

(1) 区别火线（相线）和地线（零线）。用低压验电器分别测试两根线，一般情况，氖灯发亮的为火线（相线）；氖灯不亮的为地线（零线）。但在三相四线制低压系统中，如果三根火线（相线）中有断线、接地、短路等故障或三相负载严重不平衡，这时零线上就会出现电压，这时用验电器触及零线时，氖灯也会发亮。

(2) 区别交流电和直流电。交流电流通过氖灯时，氖灯的两极附近都发亮；直流电流通过氖灯时，氖灯仅一个电极发亮。这是因为交流电大小方向是不断变化的，它使氖灯两个电极交替地发射电子，所以两个电极都亮。而直流电的正、负极是固定不变的，它只能使氖灯的一个电极发射电子，所以只有一个电极发亮。

(3) 判断电压的高低。测试时如果氖灯发光暗淡，只是轻微发光，则表示电压低；如果氖灯发光黄红色，很亮，则表示所测电压高。

低压验电笔使用注意事项如下：

（1）验电时，手一定要触及验电器的金属夹或中心螺钉。否则有电氖灯也不会发光。如果不注意这一点，发生错误验电，那会造成严重后果。

（2）验电前，应先在有电的设备或线路上试验，确证验电器良好。以防造成误判断而引起人身触电事故。

（3）观察氖灯是否发亮时应避光仔细观察，要观察正确。

在使用万用表来判别有无电压时应注意档位的选择，一般先用高档位，在需要精确读数时再向低档位调整；使用钳型表来判断有无电压时也要注意量程；对于多回路电气设备的检验有无电压往往采用双综示波器，这时要注意最好不共零，否则有可能引起串电或短路事故。

（二）高压验电器

高压验电器现在型式较多，使用时应按产品使用说明书要求，正确使用。以前用的氖光灯式验电器的氖光灯是通过电容电流而发光，这种验电器使用时要逐渐靠近带电部分，直到灯泡发亮，禁止直接触及带电部分，现在这种验电器已很少用。

使用高压验电器的安全注意事项如下：

验电时应戴绝缘手套，并使用与被测设备相应电压等级的验电器。验电前后，应在有电的设备上或线路上进行试验，确证验电器良好。

下面介绍一种用得较多的 GSY 系列声光型高压验电器的结构、性能、使用方法。

1. GSY 系列声光高压验电器结构

验电器由声光显示器（电压指示器）和全绝缘自由伸缩式操作杆两部分组成，见图 6-4所示。

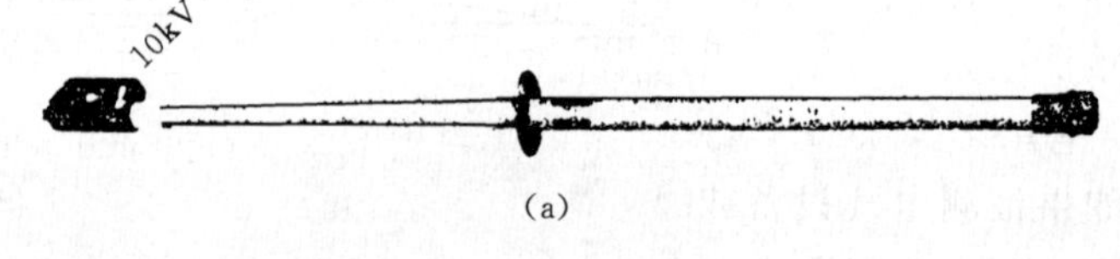

(a)

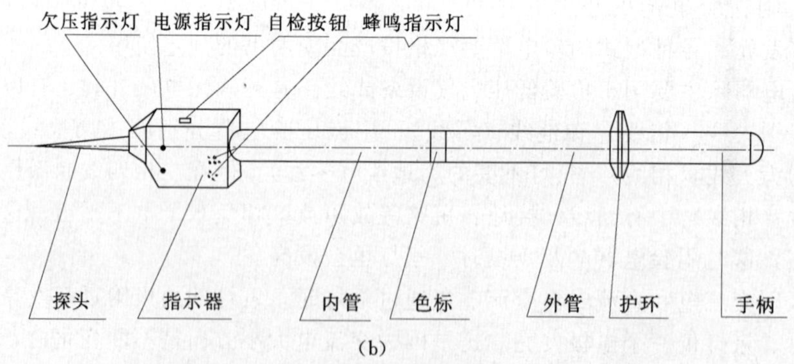

(b)

图 6-4　GSY 系列声光型高压验电器示意图

(a) 外形；(b) 结构

声光显示器（电压指示器）的电路采用先进的集成电路屏蔽工艺，可保证集成元件在高电压强电场下安全可靠地工作。

操作杆采用内管和外管组成的拉杆式结构，能方便地自由伸缩，采用耐潮、耐酸碱、防霉、耐日光照射、耐弧能力强和绝缘性能优良的环氧树脂，无碱玻璃纤维制作。

2. 使用电压范围

使用电压范围见表 6－2。

表 6－2　　GSY 系列声光型高压验电器使用范围

规格型号	额定使用电压 (kV)	启动电压 (kV)	有效绝缘长度 (mm)	工频泄漏电流 (μA)	5min 工频耐压 (kV)
GSY—10kV	6～10	≤2.5	≥700	≤350	44
GSY—35kV	35	≤8.5	≥900	≤400	95
GSY—110kV	63～110	≤25.2	≥1300	≤450	260
GSY—220kV	220	≤55	≥2100	≤500	440

3. GSY 系列声光型高压验电器主要技术性能

(1) 使用环境为－25～＋55℃；相对湿度为 20％～96％，使用场合为户内和户外良好天气。

(2) 指示器工作电源为 4 节 SR44（AG13）纽扣电池，静态电流不大于 10mA，测电寿命不小于 5000 次。

(3) 声光信号指示强度：报警发声指示强度为 1m 处 70dB，25m 处可闻，超高亮度红色闪光指示强度为红色闪光，15m 外直接光照可见。

(4) 验电器始终处于备用状态，当电池电压降低不足时，指示器的声光讯号变得微弱，这时就需要更换电池。

(5) 验电器接触电极从接触电压起至指示器清晰显示的延时时间（即响应时间）不大于 1s，返回系数不小于 0.95。

(6) 验电器具有很高的抗干扰性能、防短接能力、防电火花性能和辨别直流高压性能（对直流电无反应，只是接触时短促响一声。因为 GSY 系列声光型高压验电器是电容型交流高压探测装置）。

(7) 验电器具有声音、光源、电源、欠压等自检测功能，监视验电器的工作状况。只要一按自检测按钮，如果声光讯号正常，验电器就具备全电路自检测功能，这时验电指示器处于正常监控状态，就可以进行验电操作。

4. GSY 系列声光型高压验电器使用方法

使用前应根据被测电气设备或线路的额定电压选用合适型号的验电器操作杆和指示器。对指示器应先进行自检试验并确认合格，然后将指示器固定在操作杆上，并将操作杆拉伸至规定长度，再对指示器进行一次自检试验并确认合格，才能进行验电工作。具体使用方法如下：

(1) 从包装匣（袋）内取出电压等级合适而且合格的验电器操作杆和指示器。

(2) 拉出操作杆的内管，使内管上的色标显露，把经自检试验合格的指示器装在操作杆上拧紧。

(3) 用清洁干燥软布擦干净操作杆和指示器，确保指示器和操作杆表面整洁。

(4) 检查指示器电路和电池是否正常。按下"自检"按钮，观察电源灯、欠压灯、声光报警功能状态。正常状态为声光报警、电源灯亮、欠压灯熄。若无声光讯号，则请制造厂维修；若欠压灯亮，则需更换电池；若电源灯熄，则应检查是不是没有安装电池或电池已没电。

(5) 验电时手握在验电器的手柄处，将验电器的接触电极渐渐接近被测设备或线路，直至接触被测设备或线路的测试部分。如果测试部分带电，则验电器发出声光报警信号；反之，则不发出声光报警信号。

(6) 验电完毕，将验电器操作杆和指示器擦拭干净，拆下指示器，缩回操作杆的内管，放回包装匣（袋）。

5. GSY 系列声光型高压验电器使用、保养

(1) 为确保人身安全，在使用中必须严格按电业安全工作规程及有关操作规程规定进行。使用前先要在同等电压带电设备上进行试验，确证验电器良好，才能使用。每六个月要进行一次预防性试验并合格（预防性试验前，需先进行外观检查。如果发现验电指示器的外壳有破损、操作杆有裂纹等明显缺陷时不宜进行预防性试验，应及时送交更换）。

(2) 验电器用于室外作业时，必须在良好的气候条件下进行。雨、雪、雾天及空气湿度较大时禁止使用。

(3) 验电器应保存在阴凉、通风、干燥处。若长期不使用，应将电池取出。

(4) 验电器使用前后均应用清洁干燥软布将操作杆擦拭干净，以防使用中发生闪络、爬电等现象。

(5) 验电器的操作杆、指示器严禁受碰撞、敲击及剧烈震动，严禁擅自拆卸，以免损坏。

(6) 验电器在携带与保管中，要避免跌落、挤压和强烈冲击振动。不要用带腐蚀性的化学溶剂和洗涤剂等溶液擦拭。不能放在露天烈日下暴晒，需经常保持清洁。

上述介绍了目前用得较多的 GSY 系列声光型高压验电器，在生产工作中还有其他一些型号规格、不同类型的高压验电器应用，不管是哪种型号和类型，使用前必须认真阅读产品使用说明书，要严格按产品使用说明书上的使用规定使用。

高压验电必须严格根据电业安全工作规程和有关操作规程的规定进行。高压验电需两人进行，工作中必须思想集中，一丝不苟地认真进行。

第七节　携带型接地线

携带型接地线是用来防止在停电检修设备或线路上工作时突然来电，造成人身触电事故的安全用具。装设接地线后，如果突然来电，就构成接地短路，低压断路器就自动跳闸或熔断器熔丝熔断，切断电路，这样可避免发生人身触电事故。另外，装设接地线后可以消除工作地点邻近的感应电压和释放停电检修设备或线路上的剩余电荷。

携带型接地线主要有夹头、绝缘棒、短路接地线和接地端等部件组成，如图 6－5 所示。

携带型接地线的夹头是携带型接地线与设备或线路导电部分连接的连接部件，一般用铝合金铸造抛光后制成或用铜制成，使用时要保证连接牢固，接触良好。绝缘棒用绝缘材料制成，用作绝缘和操作手柄。绝缘棒的有效长度要符合规定，例如 10kV 及以下的绝缘棒有效绝缘长度不能小于 0.4m。短路接地线由三根或四根短路线和一根接地线组成，用多股软铜线制作，截面积不能小于 25mm^2。接地端是携带型接地线与接地网或大地的连接部件，要求连接牢靠。一般用夹具与接地网或大地相连接。

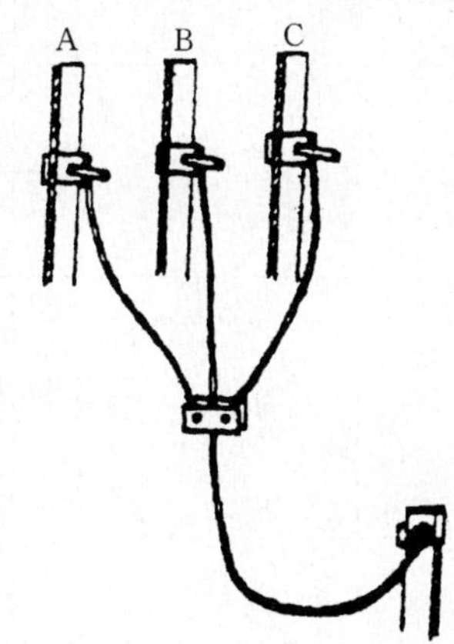

图 6－5　携带型接地线安装示意图

装设接地线时要先接接地端，后接导体端。拆接地线时顺序相反，即先拆导体端，后拆接地端。以确保安全。

装设接地线时，可能来电的线路都要装设。接地线要用专门线夹（夹头）固定在导体上，严禁用缠绕的方法连接。

携带型接地线要统一编号，存放在固定的地方。存放处也要编号，对号存放，使用时要做好记录。交接班时要交接清楚。接地线有损伤时，应及时修补或更换。携带型接地线在使用前，应紧固各连接部件，确保连接紧密可靠。

第八节　安全标示牌

标示牌是用醒目的颜色和图像，配合一定的文字说明，提醒工作人员对危险因素引起注意，防止事故发生的防护安全用具。按标示牌的用途，安全标示牌分为警告、提示、允许和禁止等类型。警告类如“止步，高压危险!”；提示类如“由此上下!”；允许类如“在此工作!”；禁止类如“禁止合闸，有人工作!”等。标示牌用干燥木材或其他绝缘材料制作。标示牌尺寸及书写文字和格式都有严格规定，不可随意书写和制作。悬挂场所应严格按电业安全工作规程规定执行。

《电业安全工作规程（发电厂和变电所电气部分）》（DL408—91）规定的标示牌式样及悬挂场所，见表 6－3。

表 6－3　　标示牌式样

序号	名称	悬挂处所	式样		
			尺寸（mm）	颜色	字样
1	禁止合闸，有人工作!	一经合闸即可送电到施工设备的开关和刀闸操作把手上	200×100 和 80×50	白底	红字
2	禁止合闸，线路有人工作!	线路开关和刀闸把手上	200×100 和 80×50	红底	白字

续表

序号	名　称	悬 挂 处 所	式　样		
			尺寸（mm）	颜　色	字　样
3	在此工作！	室外和室内工作地点或施工设备上	250×250	绿底，中有直径 210mm 的白圆圈	黑字，写于白圆圈中
4	止步，高压危险！	施工地点临近带电设备的遮栏上；室外工作地点的围栏上；禁止通行的过道上；高压试验地点；室外构架上；工作地点临近带电设备的横梁上	250×200	白底红边	黑字，有红色箭头
5	从此上下！	工作人员上下的铁架、梯子上	250×250	绿底，中有直径 210mm 的白圆圈	黑字，写于白圆圈中
6	禁止攀登，高压危险！	工作人员上下的铁架临近可能上下的另外铁架上，运行中变压器的梯子上	250×200	白底红边	黑　字

第九节　高处作业安全用具

《电业安全工作规程（热力和机械部分）》（DL227—94）规定：凡在离地面（坠落高度基准面）2m 及以上的地点进行的工作，都应视做高处作业。

下面介绍几种常用的高空作业安全用具。

图 6-6　升降板示意图

1. 登高用具

(1) 升降板。升降板由脚踏板和吊绳组成。脚踏板用硬质木材制作，一般长 630mm、宽 75mm、厚 25mm，脚踏板表面刻有防滑斜纹。吊绳一般用直径为 16mm 的优质棕绳制作，呈三角形形状，上端固定有金属挂钩，下端两头固定在脚板上，如图 6-6 所示。

(2) 脚扣。脚扣用钢质材料或铝合金材料制作，呈圆环型。有登木杆用的脚扣和登钢筋混凝土杆用的脚扣两种，如图 6-7 所示。

升降板和脚扣都必须有足够的机械强度，必须符合规定要求，各部件连接必须牢固、可靠。使用前，必须进行检查，如有损坏，严禁使用。将升降板和脚扣系在电杆上离地 0.5m 左右处，人站在升降板的踏板上和脚扣上，双手抱杆，借人体重量猛力向下踩蹬，要求绳索不断股，踏脚板不折裂，脚扣不变形、不损坏。否则不准使用。

升降板和脚扣应定期进行机械性能试验，并合格。试验周期及标准见表6-5。

2. 安全带和安全腰绳

安全带和安全腰绳是高空作业时，防止发生高空摔跌的重要安全用具。例如：在杆塔上工作必须使用安全带；在悬崖陡壁上工作应使用安全带；在没有脚手架或者没有栏杆的脚架上工作，高度超过1.5m时，必须使用安全带；在塔顶、陡坡、屋顶、吊桥，以及其他危险的边缘进行工作，临空一面没有装设安全网或防护栏杆时，必须使用安全带；带电作业人员用绝缘棒操作，应使用安全带等。

安全带一般用牛皮或尼龙制成，安全腰绳一般用棕绳或尼龙绳制成。安全带和安全腰绳都必须具有足够的、符合安全规程规定的机械强度。

常用的电工安全带主要由腰带、围腰带、围杆带和金属附件组成，如图6-8所示。

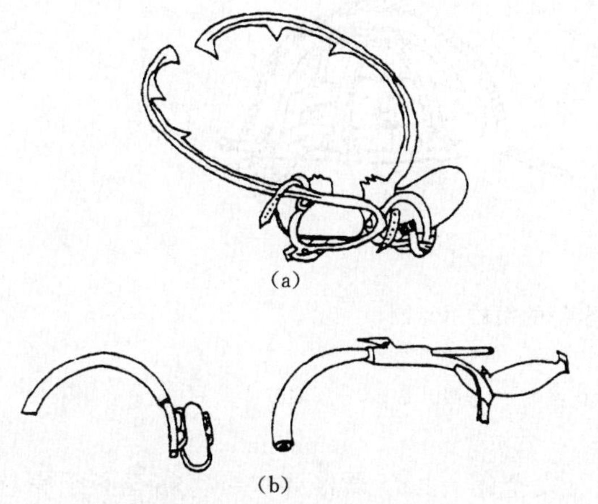

图6-7 脚扣外形示意图

(a) 木杆脚扣；(b) 钢筋混凝土杆脚扣

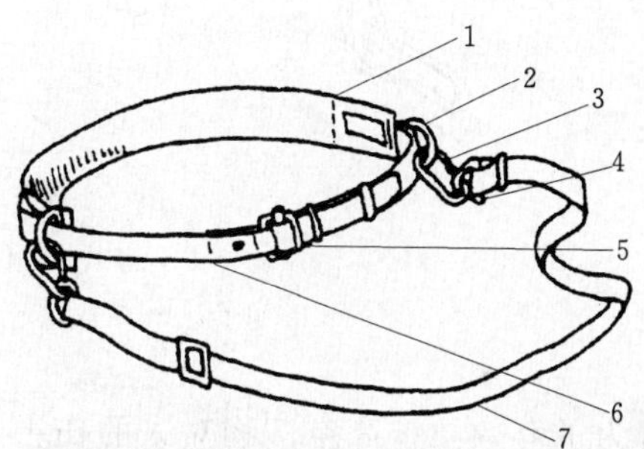

图6-8 电工安全带外形示意图

1—围腰带；2—半圆环；3—挂钩；4—调节环；5—活梁卡子；6—腰带；7—围杆带

安全带和安全腰绳在使用前，必须仔细检查，如有破损、变质情况，则禁止使用。

安全带和安全腰绳在使用时，必须注意系挂位置。电业安全工作规程规定：高空作业时，安全带（绳）应系挂在电杆及牢固的构件上或专为系挂安全带用的钢架或钢丝绳上。但不得低挂高用，应防止安全带从杆顶脱出或被锋利物伤害。禁止系挂在移动或不牢固的物件上[如避雷器、断路器（开关）、隔离开关（刀闸）、互感器等支持不牢固的物件]。系安全带后必须检查扣环是否扣牢。

安全带和安全绳在使用和日常保管、保养中应注意：不宜接触120℃以上的高温、明火、酸类物质及有锐角的坚硬物体。脏污后，可浸入低温水中用肥皂轻擦漂洗干净，然后晾干。不能用温度高的热水清洗或放在日光下曝晒、火烤。使用后应存放在干燥、清洁的工具架上或吊挂，不得接触潮湿的墙或放在潮湿的地面上。

安全带和安全腰绳应按规定定期进行机械性能试验，确保性能良好、安全可靠。试验周期及标准详见本章第十一节表6-4、表6-5。

3. 安全帽

安全帽是用来防护高空落物，减轻头部受落物冲击伤害的安全防护用具。它由帽壳和帽衬两部分组成。帽壳采用椭圆半球形薄壳结构，表面很光滑，这样可使物体坠落到帽壳时容易滑走。帽壳顶部设有增强顶筋，可以提高帽壳承受冲击的强度。帽衬是帽壳内所有部件的总称，如帽箍、顶带、后枕箍带、吸汗带、垫料、下颏系带等。帽衬有吸收冲击力的作用，它是安全帽防护高空落物极其重要的部件。

安全帽有多种外形，其帽衬示意图如图6-9所示。

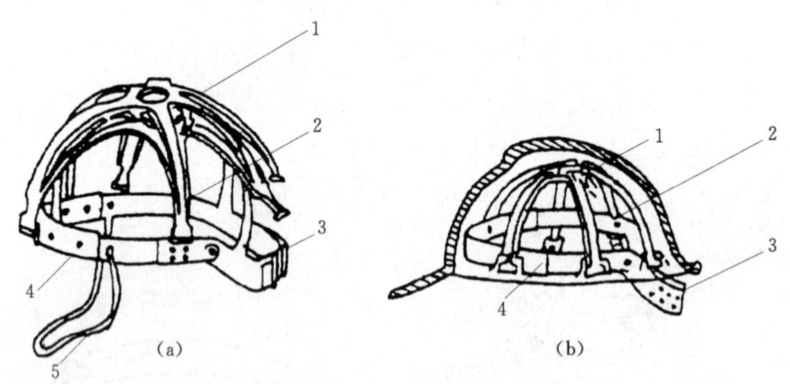

图6-9 安全帽的帽衬示意图

(a) 双层顶带式；(b) 单层顶带式

1—顶带；2—帽箍；3—后枕箍带；4—吸汗带；5—下颏带

为了有效防护高空落物对人的伤害，对安全帽有以下严格要求：①帽壳必须完整无裂纹或损伤，否则不准使用。②帽衬组件（包括帽箍、顶衬、后箍、下颏带等）齐全、牢固，否则不准使用。③永久性标志清楚（包括制造厂名称及商标、型号，制造年、月，许可证编号等）。④安全帽质量必须符合《安全帽标准》(GB2811—1989)，并由定点厂家生产。

在变电站构架、架空线路等检修现场，以及可能有上部落物的工作场所，必须戴安全帽。举例如下：①立杆工作，工作人员应戴安全帽。②在杆塔上工作，现场人员应戴安全帽。③进入高空作业现场，应戴安全帽。④登杆进行倒闸操作，操作人员应戴安全帽。⑤爆破现场，工作人员应戴安全帽。⑥带电测量工作，应戴安全帽等。

安全帽使用前，应仔细检查帽壳、帽衬、顶衬、下颏带等附件完好无损。使用时，应将下颏带系好，防止工作中前倾后仰或其他原因造成滑落。

安全帽应按规定期限进行冲击性能试验和耐穿刺性能试验，并合格。试验标准见表6-5。要保证安全帽符合质量要求，在使用中能保证安全。

第十节 其他安全用具

1. 遮栏（围栏）

遮栏（围栏）是保证工作人员与带电体、带电设备安全距离的重要防护用具。《电业安全工作规程》严格规定：遮栏（围栏）设置后，严禁工作人员擅自移动或拆除遮栏（围栏）。严禁越过遮栏工作。以确保人身安全和电网安全。《电业安全工作规程》又规定：部分停电的工作，安全距离小于表 2-1 规定距离以内的未停电设备，应装设临时遮栏，临时遮栏与带电部分的距离，不得小于表 4-6 的规定数值，临时遮栏可用干燥木材、橡胶或其他坚韧绝缘材料制作，装设应牢固，并悬挂“止步，高压危险!”标示牌。35kV 及以下设备的临时遮栏，如因工作特殊需要，可用绝缘档板与带电部分直接接触。但此种档板应具有高度的绝缘性能应符合本章第十一节表 6-4 的要求。

2. 防护眼镜

防护眼镜是在操作、维护和检修电气设备或线路时，用来保护工作人员眼睛免受电弧灼伤和防止脏物落入眼内的安全用具。

防护眼镜应是封闭型的，镜片玻璃要能耐热，并能在一般机械力的作用下不破碎。防护眼镜式样如图 6-10 所示。

图 6-10 防护眼镜式样

第十一节 电气安全用具的工作要求及试验标准

一、电气安全用具的工作要求

(1) 所有安全用具都要按规定进行定期试验和检查，对不符合要求的安全用具应及时更换，以保证使用时的安全和可靠。

(2) 安全用具的技术性能必须符合规定，选用安全用具必须符合工作电压，必须符合电气安全工作制度的有关规定。

(3) 安全用具要妥善保管放置，做到整齐清楚。电气安全用具不准作其他用具使用。

二、几种常用绝缘安全用具的试验项目及试验标准

(1) 电气安全用具使用前应进行外观检查，表面应无裂纹、划痕、毛刺、孔洞、断裂等外伤，且应清洁无脏污。

(2) 作为带电作业的绝缘工具应定期进行电气试验和机械试验。

机械试验：绝缘工具应每年进行一次，金属工具应每两年进行一次。

电气试验：预防性试验、检测性试验每年应进行一次，两次试验间隔为半年。

(3) 电气安全绝缘用具的试验间隔不应过长。表 6-4 列出了几种常用绝缘安全用具的试验周期及标准。表 6-5 列出了登高工器具的试验周期及标准。

表 6-4　　常用绝缘安全用具试验周期、标准表

序号	名称	电压等级（kV）	周期	交流耐压（kV）	时间（min）	泄漏电流（mA）	附注
1	绝缘棒	6～10	每年一次	44	5		
		35～154		四倍相电压			
		220		三倍相电压			
2	绝缘档板	6～10	每年一次	30	5		
		35（20～44）		80			
3	绝缘罩	35（20～44）	每年一次	80	5		
4	绝缘夹钳	35及以下	每年一次	三倍线电压	5		
		110		260			
		220		400			
5	验电器	6～10	每六个月一次	40	5		发光电压不高于额定电压的25%
		20～35		105			
6	绝缘手套	高压	每六个月一次	8	1	≤9	
		低压		2.5		≤2.5	
7	橡胶绝缘靴	高压	每六个月一次	15	1	≤7.5	
8	核相器电阻管	6	每六个月一次	6	1	1.7～2.4	
		10		10		1.4～1.7	
9	绝缘绳	高压	每六个月一次	105/0.5m	5		

表 6-5　　登高工器具试验标准表

序号	名　称	项　目	周　期	要　求			说　明
				种类	试验静拉力（N）	载荷时间（min）	
1	安全带	静负荷试验	1年	围杆带	2205	5	牛皮带试验周期为半年
				围杆绳	2205	5	
				护腰带	1470	5	
				安全绳	2205	5	
2	安全帽	冲击性能试验	按规定期限	受冲击力小于4900N			使用寿命：从制造之日起，塑料帽不大于2.5年，玻璃钢帽不大于3.5年
		耐穿刺性能试验	按规定期限	钢锥不接触头模表面			
3	脚扣	静负荷试验	1年	施加1176N静压力，持续时间5min			
4	升降板	静负荷试验	半年	施加2205N静压力，持续时间5min			
5	竹（木）梯	静负荷试验	半年	施加1765N静压力，持续时间5min			

复 习 思 考 题

1. 安全用具如何分类?
2. 辅助安全用具与基本安全用具有何区别? 使用中有何注意事项?
3. 绝缘棒、绝缘手套、绝缘靴、验电器的试验周期如何规定?
4. 绝缘棒使用有哪些安全注意事项?
5. 使用绝缘夹钳有哪些安全注意事项?
6. 使用绝缘手套和绝缘靴(鞋)有哪些安全注意事项?
7. 装设接地线有什么规定?
8. 使用升降板和脚扣时有什么安全注意事项?
9. 使用安全带时有什么安全注意事项?
10. 对安全帽有哪些安全要求?

第七章 防止电气火灾和爆炸事故

电气火灾和爆炸事故是指由于电气原因引发的火灾和爆炸事故。它在火灾和爆炸事故中占有很大比例。火灾和爆炸事故会给国家造成重大损失，对人民生命财产构成严重威胁。电气火灾和爆炸事故除可能造成本企业人身伤亡和设备损坏、停止生产外，还可能造成电力系统大面积停电或长时间停电，使其他工矿企业不能生产，对国民经济造成严重的后果。因此，电气防火和防爆是安全管理工作的重要内容。

第一节 电气火灾和爆炸原因

电气火灾和爆炸的原因，除了因为设备缺陷或设计、安装不当等设计、制造和施工方面原因外，在运行中，运行维护不良、检修质量不符要求、人员误操作等也是造成电气设备过热、电火花或电弧引起电气火灾和爆炸的直接原因。因此，抓好设备全过程管理，加强技术培训，对职工加强安全知识教育，健全规章制度，尤其是完善现场运行、操作规程，抓好检修质量至关重要。

下面分析电气设备过热、电火花和电弧问题。

一、电气设备过热

电气设备过热主要是电流的热效应造成。电流通过导体时，由于导体存在电阻，电流通过时就要消耗一定的电能，消耗的电能为

$$\Delta W = I^2 Rt$$

式中 ΔW——在导体上消耗的电能；

I——应造通过导体的电流，A；

R——应造导体的电阻，Ω；

t——应造通电时间，s。

这部分电能以发热的形式消耗掉。用电能乘以电热当量即可把电能 ΔW 换算成热量 ΔQ，即 $\Delta Q=0.24I^2Rt$。

这部分热量使导体温度升高，并加热周围的其他材料。当温度超过电气设备及周围材料的允许温度，达到起燃点时就可能引发火灾。

电气设备的允许最高温度见表 7-1，供参考。

引起电气设备过热的原因主要有短路、过负荷、接触不良、铁芯过热、散热不良、安装或使用不当等。

1. 短路

线路发生短路时，线路中的电流将增加到正常工作时的电流的几倍至几十倍，使设备温度急剧上升，尤其是接触部分电阻较大时，如果温度达到可燃物的起燃点，即会引起燃烧。

表 7-1　　　　　　　　　　**电气设备的允许最高温度**

<table>
<tr><th>类　别</th><th>正常运行允许的最高温度（℃）</th><th>类　别</th><th colspan="2">正常运行允许的最高温度（℃）</th></tr>
<tr><td>1. 导线与塑料绝缘线</td><td>70</td><td rowspan="4">5. 电机定子绕组对应于采用的绝缘及定子铁芯温度</td><td>A 级</td><td>100</td></tr>
<tr><td>2. 橡胶绝缘线</td><td>65</td><td>B 级</td><td>110</td></tr>
<tr><td>3. 变压器上层油温</td><td>85</td><td rowspan="2">E 级</td><td rowspan="2">115</td></tr>
<tr><td>4. 电力电容器外壳温度</td><td>65</td></tr>
</table>

引起线路短路的原因很多，例如电气设备载流部分的绝缘损坏。这种损坏可能是因长期运行导致绝缘老化；或者是设备本身不合格，绝缘强度不符合要求；或者是绝缘受外力损伤等引起短路事故。还有运行中误操作造成的弧光短路。还有小动物误入带电间隔造成短路，鸟禽跨越裸露的相线之间所引起的短路等。所以必须采取有效措施防止短路，有条件的可采用绝缘导线或加装防护罩。发生短路后应快速切除故障部分，以防事故扩大。目前，许多无线电设备所发出的高频信号也有可能引起某些电路的短路而使事故扩大。

2. 过负荷

（1）由于导线截面和设备选择不合理，或运行中电流超过导线和设备的额定值，引起发热超过设备的长期允许温度而过热。

选择线缆的电流密度偏大，根据 IEC354-3-523 标准：2.5mm^2 的铜芯塑料线的载流量规定为 26A，按我国标准，PVC 铜芯绝缘导线的安全电流密度：1～5mm^2 导线为 9～18A/mm^2；6～95mm^2 导线为 3.26～8.33A/mm^2。若超出此值则电流密度偏大引起过载，再加上保护不当，就易引起短路。

电流强度是单位时间内通过导体任一截面的电量，常用 I 表示。

电流强度表示了电路中电流的强弱。人们习惯上规定正电荷流动的方向为电流强度的方向。

电流强度的单位是安培（A），1 安培＝1 库仑/秒。

我们要根据电流强度、不同材质的电流密度和使用环境条件来计算并正确选择导体的截面积。

（2）电气元件的功率选择不当也会出现过负荷发热。特别是回路中的电阻、电感、电容、刀闸等选择，在功率上要留有余量，除了按工频考虑外，还要考虑谐波的影响；而保护用断路器、熔断器的选择，在容量上又不能过大，否则起不到保护作用，更不能用短接的方法去取代断路器和熔断器。

考虑使用条件，正确地选择电气元件的功率和导线的截面积、使用正规厂家的合格产品是防止过负荷的重要前提。

（3）三相负载不平衡。在三相负载回路中，如果三相负载不平衡，会引起某相电压升高，甚至会烧毁单相用电设备，导致起火。通常有以下三种情况：①负载阻抗大小相等而功率因数不相等，若某相电压过高，最大值有可能达到额定电压的 1.27 倍；②负载阻抗大小不等而功率因数相等，则负载阻抗大的一相电压最高，严重时可能达到额定电压的

1.73 倍；③负载阻抗和功率因数都不相等，则最高相的过电压有可能达到额定电压的 2.36 倍。

对于三相负载不平衡的回路，应装设必要的监测和保护装置。

3. 接触不良

导线、接线端子的连接螺钉扭矩未达到国家标准规定值，连接松弛不牢靠（特别是有振动的场所），使接触电阻增大，活动触头（开关、接触器、插座等）接触不良，导致接触电阻很大，电流通过活动触头使接头过热，便爆出火花。还要注意不同材质的材料接触电阻不一样，最好使用同种材质的材料进行连接；使用线接触方式要注意接触压力的大小，使用面接触方式要注意接触面的大小、接触面的平整程度和接触压力。

4. 铁芯过热

变压器、发电机、电动机等设备的铁芯或者压得不紧，或者铁芯绝缘损坏，或长时间过电压，铁芯损耗很大，或运行中铁芯过饱和，或非线性负载引起高次谐波造成铁芯过热。

5. 散热不良

设备的散热通风设施遭到损坏或容量不够，设备运行中产生的热量不能有效的散热，造成设备过热。

6. 安装或使用不当

发热量大的一些设备安装或使用不当，也可能引起火灾。例如电阻炉的温度一般可达 600℃以上，照明灯泡表面的温度过高也引起发热，见表 7－2 所列数值。

表 7－2　　灯泡表面温度

灯泡功率（W）	60	75	100	150	200	1000 碘钨灯
灯泡表面温度（℃）	137～180	130～143	148～163	146～180	155～206	800

二、电火花和电弧

电火花和电弧在生产和生活中是经常见到的一种现象。例如电气设备正常工作时或正常操作时会发生电火花和电弧。直流电机电刷和整流子滑动接触处、交流电机电刷与滑环滑动接触处在正常运行中就会有电火花，开关断开电路时会产生很强的电弧，拔掉插头或接触器断开电路时都会有电火花发生。电路发生短路或接地事故时产生的电弧更大。还有绝缘不良电气网络等都会有电火花、电弧产生。电火花、电弧的温度很高，特别是电弧，温度可高达 6000℃。这么高的温度不仅能引起可燃物燃烧，还能使金属熔化、飞溅，构成危险的火源。在有爆炸危险的场所，电火花和电弧更是十分危险的因素。

电气设备本身会发生爆炸，例如变压器、油断路器、电力电容器、电压互感器、非线性电阻等设备。电气设备周围空间在下列情况下也会引起爆炸。

（1）周围空间有爆炸性混合物，当遇到电火花或电弧时就可能引起空间爆炸。

（2）充油设备的绝缘油在电弧作用下分解和汽化，喷出油雾和可燃性气体，当遇到电火花、电弧时或环境温度达到危险温度时也可能发生火灾和爆炸事故。

（3）氢冷发电机等设备假如发生氢气泄漏，形成爆炸性混合物，当遇到电火花、电弧或环境温度达到危险温度时也会引起爆炸和火灾事故。

(4) 泄漏电流。因绝缘受损或线路对地电容大，所产生的泄漏电流加大。当泄漏电流达到一定的程度将使绝缘进一步遭损，而造成相对地短路。若没有安装剩余电流动作保护器 RCD，而使用小型断路器或熔断器保护，则时间过长就容易引起火花放电，造成火灾。

第二节　电气火灾预防及扑救

一、电气火灾预防

从以上分析可看到，发生电气火灾和爆炸的原因可以概括为两条，即：现场有可燃易爆物质；现场有引燃引爆的条件。所以应从这两方面采取防范措施，防止电气火灾和爆炸事故发生。

在各类生产和生活场所中，广泛存在着可燃易爆炸的物质。例如可燃气体、可燃粉尘和纤维等。当这些可燃易爆物质在空气中的含量超过其危险浓度，或遇到电气设备运行中产生的火花、电弧等高温引燃引爆源，就会发生电气火灾和爆炸事故。爆炸事故也是引起火灾的原因。

根据电气火灾和爆炸形成的原因，防火防爆措施应从改善现场环境条件着手，设法从空气中排除各种可燃易爆物质，或使可燃易爆物质浓度减小，同时加强对电气设备维护、监督和管理，防止电气火源引起火灾和爆炸事故。

(一) 排除可燃易爆物质

(1) 保持良好通风，使现场可燃易爆的气体、粉尘和纤维浓度降低到不致引起火灾和爆炸的限度内。

(2) 加强密封，减少和防止可燃易爆物质泄漏。有可燃易爆物质的生产设备、贮存容器、管道接头和阀门应严加密封，并经常巡视检测。

(二) 排除电气火源

在设计、安装电气装置时，应严格按照防火规程的要求来选择、布置和安装电气装置。对运行中能产生电火花、电弧和高温危险的电气设备和装置，不应放置在易燃易爆的危险场所。在易燃易爆场所安装有电气设备应采用密封的防爆电器。另外，在易燃易爆场所应尽量避免使用携带式电气设备。

在容易发生爆炸和火灾危险的场所，电力线路的绝缘导线和电缆的额定电压不得低于电网的额定电压，低压供电线路不应低于 500V。要使用铜芯绝缘线，导线连接应保证良好可靠，应尽量避免接头。

在易燃易爆场所内，工作零线的截面和绝缘应与相线相同，并应在同一护套或管子内敷设。导线应采用阻燃型导线（或阻燃型电缆）穿管敷设。

在突然停电有可能引起电气火灾和爆炸的场所，应有两路及以上电源供电，几路电源能自动切换。

在容易发生爆炸危险场所的电气设备的金属外壳应可靠接地。

在运行管理中要加强对电气设备维护、监督防止发生设备事故。

二、电气火灾的扑救

从灭火角度考虑，电气火灾与其他火灾相比有以下两个特点：一是着火后电气装置或设备可能仍然带电，而且因电气绝缘损坏或带电导线断落接地，在一定范围内会存在跨步电压和接触电压，如不注意可能引起触电事故；二是有些电气设备内部充有大量油（如电力变压器、油断路器等），着火后受热，油箱内部压力增大，可能会发生喷油，甚至爆炸，造成火灾蔓延及重大事故。

电气火灾的危害很大，因此要坚决贯彻“预防为主”的方针。万一发生电气火灾时，必须迅速采取正确有效的措施，及时扑灭电气火灾。

（一）断电灭火

遇到电气设备着火时，应立即将有关设备的电源切断，然后进行救火。

断电灭火时应注意如下几点：

(1) 断电时，应按规程规定的程序操作，即先断开断路器（开关），再拉开隔离开关（刀闸），两把刀闸应先拉负载侧（线路侧）刀闸，然后拉母线侧（电源侧）刀闸。严防带负荷拉刀闸（隔离开关）。在火场内的开关和刀闸，由于烟熏火烤，其绝缘可能降低或破坏，因此，操作时应戴绝缘手套、穿绝缘靴并使用相应电压等级的绝缘工具。

(2) 紧急切断电源时，切断地点要选择适当。防止切断电源后影响扑救工作的进行。切断带电线路导线时，切断点应选择在电源侧的支持物附近，以防导线断落后触及人身或短路或引起跨步电压触电。切断低压导线时应分相并在不同部位剪断，剪的时候应使用有绝缘手柄的电工钳。

(3) 夜间发生电气火灾，切断电源时，应考虑临时照明，以利扑救。

（二）带电灭火

发生电气火灾时应首先考虑断电灭火，因为断电后灭火比较安全。但有时在危急情况下，如等待切断电源后再进行扑救，会延误时机，使火势蔓延，扩大燃烧面积，或者由于断电会严重影响生产，或造成其他事故，这时就必须在确保灭火人员安全的情况下，进行带电灭火。带电灭火一般在10kV及以下电气设备上进行。

带电灭火很重要的一条就是正确选用灭火器材。例如绝对不准使用泡沫灭火剂对有电的设备进行灭火。一定要用不导电的灭火剂灭火，如二氧化碳、四氧化碳、二氟一氯一溴甲烷（简称1211）和化学干粉等灭火剂。

带电灭火时，为防止发生人身触电事故，必须注意以下几点：

(1) 扑救人员及所使用的灭火器材与带电部分必须保持足够的安全距离。并应戴绝缘手套。设备不停电时的安全距离见表2-1。

(2) 不准使用导电灭火剂（如泡沫灭火剂、喷射水流等）对有电设备进行灭火。

(3) 使用水枪带电灭火时，扑救人员应穿绝缘靴、戴绝缘手套并应将水枪金属喷嘴接地。

(4) 在灭火中电气设备发生故障，如电线断落在地上，在局部地区会形成跨步电压，在这种情况下，扑救人员进行灭火时，必须穿绝缘靴（鞋）。

(5) 扑救架空线路的火灾时，人体与带电导线之间的仰角不应大于45°，并应站在线路外侧，以防导线断落触及人体发生触电事故。

第三节　常用电气设备灭火器的使用和保养

常用电气设备灭火器有1211灭火器（二氟一氯一溴甲烷灭火器）、二氧化碳灭火器、干粉灭火器、四氯化碳灭火器等。

一、1211灭火器（二氟一氯一溴甲烷灭火器）

（1）使用：使用手提式1211灭火器需先拔掉红色保险圈，然后压下把手，灭火剂就能立即喷出。使用推车式灭灭火器时，需取出喷管，伸展胶管，然后逆时针转动钢瓶手轮，即可喷射。

（2）保养：手提式灭火器应定期检查，减轻的重量不可超过额定总重量的10%。推车式灭火器需定期检查氮气压力，低于15kg/cm^{2}时应充氮。

二、二氧化碳灭火器

（1）使用：一手拿喷筒对准着火处，一手拧开梅花轮（手枪式）或一手握紧鸭舌（鸭嘴式），气体即可喷出。注意风向，逆风效能低。一般用在600V以下电气装置或设备灭火。电压高于600V的电气装置或设备灭火时需停电灭火。二氧化碳灭火器可用于珍贵仪器设备灭火，而且可扑灭油类火灾，但不适用于钾钠等化学产品的火灾扑救。使用时要注意，不可手摸金属枪，不可喷筒对人。

（2）保养：二氧化碳灭火器怕高温，存放地点温度不可超过42℃，也不可存放在潮湿地点。每三个月要检查一次二氧化碳重量，减轻的重量不可超过额定总重量的10%。

三、干粉灭火器

（1）使用：将手提式灭火器拿到距火区3～4m处，拔去保险梢，将喷嘴对准火焰根部，一手握导杆提环，压下顶针，即可喷出干粉，可由近至远反复横扫。

（2）保养：保持干燥、密封、避免暴晒，半年检查一次干粉是否有结块。每三个月检查一次二氧化碳重量，总有效期一般为4～5年。

四、四氯化碳灭火器

（1）使用：将喷嘴对准着火物，拧开梅花手轮即可喷射。使用时人要站在上风位置。如空气不流通，需用手巾捂住口鼻或用防毒面具。

（2）保养：定期检查灭火筒、阀门、喷嘴有无损坏、漏气、腐蚀、堵塞等现象。气压需保持5.5～7kg/cm^2。器内药液减少时需及时补充。灭火器不可放在高温处。

复习思考题

1. 电气火灾从灭火角度考虑有什么特点？
2. 断电灭火有哪些注意事项？
3. 带电灭火有哪些注意事项？
4. 常用的电气火灾灭火器材有哪些？如何正确使用？

第八章 电力事故案例警示

本章摘录了一些电力生产事故案例，给予读者警示。这些事故，触目惊心！望读者学习后能有所启迪，认真深思。

事故案例一：某水电站带负荷拉隔离开关

（一）事故发生时间

××年12月5日13时10分。

（二）事故前运行方式

2号厂用电变压器和2号近区变压器经3045隔离开关供电。3045隔离开关上接有一根临时电缆供生活用电变压器和3号近区变压器（空载运行）。

（三）事故过程

13时10分，当班值长接到检修车间要求对3045隔离开关和2号厂用电变压器、2号近区变压器停电，并按工作票要求做好安全措施的通知后，即命令电气班长作好操作准备。在填写操作票过程中忽视了3045隔离开关上接有一根临时电源电缆。当班班长审查操作票后交当班值长复审均没有发现问题。因而造成带负荷拉3045隔离开关。

（四）损毁情况

此次事故造成一台生活变压器和一台1.8kVA的近区变压器误停电。

（五）原因分析

一张不合格的操作票连闯三关，造成带负荷拉刀闸。

（六）事故教训

运行值班人员要严格遵守倒闸操作制度。要认真填写、审核操作票，要认真执行操作监护制度。

事故案例二：某水电站误碰重瓦斯保护回路，造成跳闸停电

（一）事故发生时间

××年12月5日7时00分。

（二）事故前运行方式

1号发电机、变压器运行，带有功负荷70MW、无功负荷26Mvar。

（三）事故象征

中控室电铃响，事故喇叭叫。1号发电机变压器组差动、重瓦斯光字牌亮，1号发电机变压器组510主断路器、灭磁开关、励磁开关跳闸；1号发电机变压器组有功、无功表计指示为0。查为1号变压器重瓦斯保护动作。

（四）处理过程

当班值班人员立即对1号发电机、变压器进行全面检查，未发现异常情况，于7时40分开始用1号机带1号变压器做零起升压，一切均正常，于8时整手动准同期并上510断路器，恢复了1号发电机变压器组正常发电。

（五）损毁情况

1号发电机变压器组与系统解列1h，少发有功电量7万kW·h。

（六）原因分析

(1) 主要原因是当班值班人员对继电保护室地面进行卫生工作时，由于拖把带动了1号变压器保护屏后的临时照明负荷碘钨灯的电源线，拖倒碘钨灯架（灯架高1.9m），灯罩短接了1号变压器重瓦斯保护的信号继电器10KS接线端子（3）与（1），启动了出口中间断电器3KM，使1号发电机变压器组出口断路器510、1号机灭磁开关、励磁开关相继跳闸。

(2) 事故发生后，当事人没有及时将情况如实报告，致使事故处理拖延了近1h之久。

(3) 由于检修人员在3号变压器保护屏后工作，而在1号变压器保护屏后装一碘钨灯作临时照明，没有任何防止倾倒的安全措施，下班前没有认真清扫整理工作现场，没有将临时照明灯架移开管理好，客观上给此次事故创造了条件。

(4) 暴露出生产管理和技术管理中的薄弱环节。人员"安全第一"思想不牢，没有严格按规程制度办事；重要保护屏、自动屏和配电屏在运行中没有防止误碰的安全措施；继电保护室与保护屏没有安全管理制度。

(5) 投产运行已两年之多，而现场照明仍未安装好。

（七）事故教训

(1) 加强人员安全思想教育，加强工作责任感，严格按规程制度办事。

(2) 加强安全技术管理、现场管理和班组管理工作。

(3) 制定出继电保护室与保护屏安全管理规定，并严格贯彻执行。

(4) 生产现场照明和事故照明尽快安装完善投入使用。

事故案例三：某水电站误关机组进水口闸门

（一）事故发生时间

××年10月17日8时40分。

（二）事故前运行方式

1号发电机大修；2号发电机备用；3号发电机运行，带有功负荷20MW、无功负荷36Mvar。

（三）事故过程

8时40分，检修要求运行配合检修处理1号发电机进水口闸门，当检修工作人员要求电气运行人员短时顶一下1号发电机进水口闸门关闭接触器，将1号机进水口闸门关一点时，电气运行人员却错误地走到了3号发电机进水口闸门控制屏后顶了一下3号发电机进水口闸门关闭接触器，使得3号发电机进水口闸门向下关闭。当发现关错了进水口闸门后，由于害怕引起更大的事故，不敢到3号发电机进水口闸门控制屏前面去切开其动力电源控制开关，因而使得3号发电机进水口闸门全关，有功负荷自动降到了－8MW。

（四）原因分析

（1）主要原因是运行值班人员粗心大意，在操作中走错间隔，并且在未核对设备的名称和编号的情况下就进行操作。

（2）次要原因是运行值班人员在操作中失去监护。

（五）事故教训

（1）运行值班人员在操作中一定要做到“三核对”。

（2）运行值班人员在操作中一定要认真细心，不慌不忙。

（3）运行值班人员一定要不折不扣地执行操作监护制度。

事故案例四：某水电站金属梯误碰带电导体，造成电工触电死亡

（一）事故发生时间

××年10月26日16时19分。

（二）事故前运行方式

2号发电机、3号发电机备用；1号发电机运行，带有功负荷11MW、无功负荷3Mvar。

35kV开关室424、426断路器停电，出线避雷器、电压互感器检修，420断路器运行，428断路器穿墙套管带电（未接出线）。

（三）事故象征

金属伸缩梯误碰35kV的428断路器出线穿墙套管，二相短路并发展到三相短路。

2号主变压器35kV的420断路器过流保护动作跳闸。

电工马××触电，电流从身体左侧经心脏入地，左脚烧伤，皮鞋击穿。

（四）处理过程

经过人工呼吸等抢救无效死亡。

（五）损毁情况

电工马××触电死亡。

（六）原因分析

35kV开关室检修，当天下午，电修班班长、副班长（不是工作班成员）违章任意增加工作任务，并亲自上424、426断路器穿墙套管压脚螺母。该项工作完毕后，班长看到428断路器出线穿墙套管上也缺螺母，并且看到还剩有一个螺母，就草率地说：“上到这个套管上算了”。副班长也不加考虑就动搬楼梯，当时的工作负责人就主动来帮忙，两人抬楼梯（铝合金伸缩梯，收缩为3.8m，全长6.4m，穿墙套管净高6.25m）至428断路器出线穿墙套管处。因428断路器出线带电，在上升楼梯时发生电弧，二人同时触电。副班长因是右手扶楼梯，脚穿绝缘鞋，触电后滚开，右脚烧伤，右鞋击穿，当时只有不舒服感。马××因左手扶住楼梯，脚穿皮鞋，楼梯底脚有绝缘垫，电流经左侧心脏入地，左脚烧伤，左鞋击穿，倒在楼梯旁边，经抢救无效死亡。

（七）事故教训

该事故发生后，厂部决定：

（1）今后一定要认真抓好全厂职工的安全思想教育和安规学习。

（2）每年10月26日组织职工在出事地点进行安全教育。

（3）要经常进行全厂安全大检查，查思想、查设备、查场地、查工具、查规程制度。

（4）要严格工作票、操作票制度，并定期组织考试、考核。

事故案例五：某水电站做变压器检修安全措施时，人身触电

（一）事故发生时间

××年8月30日10时30分。

（二）事故前运行方式

2、6号发电机运行，1、3、4、5号发电机热备用。2～5号变压器运行，1号变压器热备用。220kV系统为正常运行方式，522断路器检修，536、500、524、534断路器运行。

（三）事故过程

8时30分，3号变压器由运行转检修，由操作人汪××（男，27岁）和监护人赵××（女）开始进行3号变压器停电操作，布置安全措施。

10时30分左右，汪在3421隔离开关固定端接地线后，在装3321隔离开关固定端地线时，翻过围栏站在332断路器（带电）构架上A、B相之间（靠上游侧）装A相地线站不稳，向后退了一步，随即汪××一声喊叫，监护人看到他背后有弧光，人仰面坠落（下游侧A、B相之间），高度1.9m，安全帽碰到下游侧围栏上而碰脱，倒地休克约3min，即检查汪××的心跳、脉搏均有，将汪扶出开关室，送县人民医院。经检查，汪背部、手部均有轻微灼伤、擦伤痕迹，头部有擦伤痕迹，在胯部、手臂有两处明显的电击伤痕，左足小指有电击痕，绝缘皮鞋被电击穿三个小洞。幸免触电伤亡。

（四）事故原因

（1）运行操作人员违反安全规程规定，电气设备停电后，即使是事故停电，在未拉开有关隔离开关和做好安全措施以前，不得触及设备或进入遮栏，以防突然来电。操作人员翻越遮栏，进入带电间隔，是造成触电事故的直接原因。

（2）监护人对操作人的违章行为不制止，实际上放弃了监护的职责，是触电事故的主要原因。

（3）运行人员不熟悉现场设备，对操作票审查不严和未审查，违反安全规程规定的特别重要和复杂的操作还应由值长审核签名，以及该水电站《“无人值班（少人值守）”制度》4.1.7条“负责电气一种工作票的开工审查，110kV及以上设备操作票的审查”之规定，未发现操作票中在3321、3421隔离开关固定端装地线的危险性。一是3321、3421隔离开关固定端不便装地线；二是如在3321、3421隔离开关固定端装地线，必须将3、4号发电机做安全措施。这是造成此次触电事故的重要原因。

（4）操作中途变更监护人，变更的监护人不符合监护的要求，也是造成此次触电事故的原因之一。

（五）事故教训

（1）举办“双票”培训班和安全培训班，提高人员素质。

（2）进一步完善“无人值班（少人值守）”制度，加强对新制度的学习，职责落实到岗、到人。加强对“无人值班（少人值守）”制度执行的检查和考核。

(3) 解决发电机出口隔离开关固定端装地线难的问题，提供安全可靠的地点装设接地线。

事故案例六：某水电厂民工误登带电设备清扫，发生触电

（一）事故发生时间

××年3月20日9时0分16秒。

（二）事故前运行方式

(1) 1～4号发电机、变压器，带有功负荷4×108MW。

(2) 110kV三条线路运行，母联500断路器代××线504断路器运行，504断路器检修。

(3) 220kV双线路正常运行。

（三）事故象征

3月20日9时0分16秒，中控室电铃响，事故喇叭叫，500号断路器跳闸，重合闸动作成功。查系零序Ⅰ段保护、距离Ⅰ段保护、重合闸保护动作。

9时2分左右，电厂经济保卫部人员跑到中控室报告：143m高程平台冒烟起火，有人受伤。

（四）处理过程

当班值班人员立即到现场检查，一民工被电击受伤，躺在143m高程通风机室顶平台上（5043隔离开关处）。9时7分，立即联系电厂职工医院及车辆。9时09分，运行值班人员手动断开了500断路器，并联系地调××线线路停电。9时10分，机电公司检修工作负责人，及运行值班人员和现场其他民工将受伤人蒋某（男，30岁）送至厂房大门口救护车上，并进行了临时抢救。又在电厂职工医院进行了应急处理后，即送往县人民医院抢救。后又转至地区人民医院救治。

（五）损毁情况

受伤者蒋某（男，30岁），终身残废。直接经济损失近25万元。

（六）原因分析

机电公司检修工作负责人对5043隔离开关靠线路侧带电情况不清楚，安排民工超出工作范围，误登带电设备进行清扫工作，现场检修工作负责人监护失职所致。

经认真分析原因后认为：

(1) 电厂机电公司检修工作负责人对现场设备不熟悉；擅自扩大工作范围，要求民工对带电的5043隔离开关进行清扫工作，安全意识淡薄、监护失职等一系列违章行为，是此次事故发生的主要原因。

(2) 现场民工安全意识不强，自我保护能力差是导致此次事故发生的次要原因。

(3) 电厂机电公司安排人员不当，没有严格按照《电业安全工作规程》的要求执行，是导致此次事故发生的次要原因。

（七）事故教训

事故发生后，厂部决定：

(1) 立即停止前方生产区场地整治工作，进行安全整顿。

（2）电厂基建公司要认真加强对民工的安全意识教育，提高民工的自我保护能力。

（3）电厂机电公司要立即组织人员对各工程的监护人员进行安全教育，切实加强监护人员的责任心。

（4）电厂各公司在前方生产区工作中应严格认真执行“双票”制度，工作负责人要明确工作范围，严禁超越工作票许可工作的范围。

事故案例七：某水电厂触电伤害（未遂）

（一）事故发生时间

××年12月19日13时左右。

（二）事故前运行方式

某水电站300断路器停电，45号变压器停电，3001隔离开关、3003号隔离开关在断开位置。3001隔离开关两侧均已接地，3003隔离开关靠45号变压器侧已接地，3003隔离开关外侧带电压（10kV）。

（三）事故经过及象征

12月19日，线路Ⅱ线开关设备改造施工安全措施中，需要在45号变压器搭设脚手架进行防护。13时左右，基建公司木工班班长电话告生技部，45号变压器搭架工作，要求机电公司派监护人到现场，并要求最好是300断路器的施工人员监护。机电公司通知监护组组长前往监护。监护组组长要求监护组成员李某监护。监护人李某到达现场后发现45号变压器遮拦门没有开启，找到防汛电站当班班长，要求开启45号变压器遮拦门。当班班长开启了45号变压器遮拦门，随后回到了防汛电站值班室，几分钟后，觉得不妥，将此情况报公司生产部。生产部答复说：“3003隔离开关外侧带电，不能进行搭架工作。”当班班长当即赶到工作现场，此时木工班成员有二人已进入了45号变压器遮拦，站在3003隔离开关下方准备工作；立即制止了木工班的工作，避免了一起触电伤害事故的发生。

（四）原因分析

经过分析查明了此次未遂事故的主要原因如下：

（1）无票作业，在45号变压器上搭设脚手架，监护人没有办理工作票。

（2）工作任务交代不明，机电公司在给监护人下达监护任务的时候，没有告诉监护人要如何做好安全措施后才能开工。

（3）监护人员不了解设备运行状态，监护人员不知道3003隔离开关外侧是带电压的。

（4）违反了高压场所钥匙管理的规定，防汛电站值班人员在没有见到工作票，对工作性质也不了解的情况下开启了45号变压器遮拦门。

（5）没有履行工作许可手续。

（五）事故教训

（1）加强职工素质教育和现场培训，提高全厂职工的综合素质。

（2）严格认真执行“两票三制”。

（3）提高监护人员的素质，加强工作责任心。监护人员必须了解设备的运行方式和状态，方可到现场进行监护工作。

(4) 对每项工作开工前必须明确工作任务，开工前必须做好开工的准备工作，坚持安全生产“五同时”。

(5) 加大安全考核力度，切实贯彻落实各级负责人员的安全生产责任制。

(6) 深入发动群众，切实做好危险点的预防、预测工作，逐条落实电厂反事故措施的要求，把保命作为安全生产的重中之重。

事故案例八：某水电站脚手架钢管坠入进水口工作门槽，全厂停电

（一）事故发生时间

××年4月20日上午。

（二）事故前运行方式

某水电厂水库在正常工作水位，4号发电机备用，防汛保安电源运行。

（三）事故象征

某施工公司负责在4号发电机进水口工作门启闭机处搭设脚手架，民工把一根6m长的钢架管坠入工作门槽水中。

（四）处理过程

5月26号经放空水库，才将钢架从门槽中取出。

（五）损毁情况

放空水库，少发电33万kW·h。

（六）原因分析

(1) 施工安全措施未执行《电业安全工作规程》关于“特殊形式脚手架，应有专门设计”的规定。

(2) 落实安全措施不到位。在铺设防物件落下的脚手架时，闸门起吊钢索的位置留有空隙，未完全封闭，使钢架管从此处坠落。

(3) 施工单位拆脚手架工作没有较健全的管理方法和措施，现场监督、指挥不力。

(4) 违反电力建设安全工作规程的规定。

（七）事故处理

1. 事故性质

该事故为一起责任事故。

2. 事故责任人

主要责任人：施工单位民工，安全意识不强，施工安全措施不到位，违反安规操作。

次要责任人：施工单位工作监护人，工作前未认真检查安全措施。

领导责任人：施工单位领导，未对脚手架作业人员进行业务培训。

（八）事故教训

(1) 在孔洞上方搭设脚手架，必须把孔洞遮盖严密。

(2) 材料上架，不能直接接住的必须用绳索吊运。

(3) 高空作业人员必须系好安全带。

(4) 对脚手架作业人员进行业务培训，工作监护人工作前必须认真检查安全措施。

(5) 加强制度建设。

事故案例九：某35kV变电所运行工没注意安全距离，触电死亡

（一）事故发生时间

××年3月17日。

（二）事故发生经过

35kV某变电所值班运行工苏某带领实习人员小王对变电所电气设备进行巡视检查。当巡视到10kV高压室03柜时，苏某打开开关柜门，左手扶着开关柜，右手伸进开关柜内向小王指点油断路器的油位指示线时，不慎右手触及电流互感器接线母排，造成弧光放电，立即将苏击倒在地，当场昏迷不醒。站在一旁观看的小王见此情景，急忙奔出高压室呼救，但苏某终因伤势过重，抢救无效死亡。

（三）事故原因分析

经检查，发现触电者右手掌心、左手心均有放电痕迹。分析认为，这是电流从右手经心脏至左手在通过高压柜金属构架接地时留下的伤痕。发生这起触电事故的直接原因有两个：

（1）未经许可，私自打开高压开关柜。

（2）人与带电体接触过近。

（四）事故教训

根据《电业安全工作规程（发电厂和变电所电气部分）》（DL408—91）第12条的规定，不论高压设备带电与否，值班人员不得单独移开或越过遮栏进行工作；若有必要移开遮栏时，必须由监护人在场，并符合设备不停电时，电压等级在10kV级以下为0.7m的安全距离。第13条规定，经企业领导允许单独巡视高压设备的值班和非值班人员巡视高压设备时，不得进行其他工作，不得移开或越过遮栏。

为此，必须加强对变电所值班运行人员安全教育；严格执行《电业安全工作规程》和“二票三制”等规章制度；各种开关、刀闸要有明确编号，并安装防误装置；安全工器具要定期做好预防性试验，以保证变电所安全运行。

事故案例十：砍伐高压防护区超高树木的违章作业事故

（一）事故发生时间

××年7月28日上午。

（二）事故发生经过

土壤湿润、雨量充沛的季节，树木生长很快，数月之间树梢就可高出导线几米。遇上刮风下雨，树梢碰击电力线，常发生瞬间接地故障，造成断路器频繁发出信号，严重时发生两相同时接地，断路器跳闸。这不仅影响供电可靠性，而且将威胁线路的运行安全。这天，巡线工小赵看到10kV防护区内，离导线很近的一棵大树已经超越导线的高度。小赵在砍伐树木时，树梢碰着带电导线，触电身亡。

（三）事故原因

（1）未在被砍的树上系绑绳以把它拉向导线相反的方向。

（2）对这项有危险的工作，未设专人监护。

（四）事故教训

为了排除上述事故发生的不安全因素，必须严格执行《电业安全工作规程（电力线路部分）》(DL409—1991)。该规程的第 27 条规定：为防止树木倒落在导线上，应设法用绳索将其拉向与导线相反的方向。第 46 条规定：工作票签发人和工作负责人对有触电危险，施工复杂容易发生事故的工作，应设专人监护。专职监护人不得兼任其他工作。上述事故，倘若按照安全工作规程要求采取相应安全措施，事故就不会发生。

教训与思考：

本章中选取的事故案例仅是每年电力生产事故中的几个，可以看出，生产事故的危害触目惊心！案例中绝大部分都是当事人一个小的疏忽，为了图省事，或者思想上麻痹大意，违章操作，而酿成大祸。通过事故原因的深入分析，每一桩事故都反映出事故单位在安全管理、安全教育、安全技术培训、职工队伍建设等方面存在着严重的不足，安全责任制没有层层落实，职工安全意识仍然缺乏。

这些事故的发生，不但给国家的财产造成了不可弥补的损失，也给当事人的家庭和亲人带来了巨大的痛苦。我们要从血的教训中认真总结经验，各级领导应高度重视安全工作，加强对职工的安全教育和专业技术培训。要健全各项规章制度并严格执行。每个职工都应有高度的工作责任心，进行任何一项工作，均应检查安全措施，克服麻痹大意思想，特别在从事简单工作时，不能对安全工作有松懈情绪，而应像对待复杂工作一样，认真周密布置相应的安全措施，以防不测，要增强安全意识和自我保护能力，遏制事故的发生。管理人员应加强设备技术监督和管理，协助领导做好安全检查及整改，经常了解影响工作人员的行为因素，诸如家庭因素、社会因素、工作因素、环境因素，并采取针对性的措施予解决，以减少人为失误。

各级领导和全体职工要牢固树立“安全第一、预防为主、综合治理”的思想，平时要抓好每个细节，做到防患于未然，保证不发生事故，抓好安全生产。

附录

中华人民共和国水法

（主席令第 74 号，自 2002 年 10 月 1 日起施行）

目　　录

第一章　总　　则

第一条　为了合理开发、利用、节约和保护水资源，防治水害，实现水资源的可持续利用，适应国民经济和社会发展的需要，制定本法。

第二条　在中华人民共和国领域内开发、利用、节约、保护、管理水资源，防治水害，适用本法。

本法所称水资源，包括地表水和地下水。

第三条　水资源属于国家所有。水资源的所有权由国务院代表国家行使。农村集体经济组织的水塘和由农村集体经济组织修建管理的水库中的水，归各该农村集体经济组织使用。

第四条　开发、利用、节约、保护水资源和防治水害，应当全面规划、统筹兼顾、标本兼治、综合利用、讲求效益，发挥水资源的多种功能，协调好生活、生产经营和生态环境用水。

第五条　县级以上人民政府应当加强水利基础设施建设，并将其纳入本级国民经济和社会发展计划。

第六条　国家鼓励单位和个人依法开发、利用水资源，并保护其合法权益。开发、利用水资源的单位和个人有依法保护水资源的义务。

第七条　国家对水资源依法实行取水许可制度和有偿使用制度。但是，农村集体经济组织及其成员使用本集体经济组织的水塘、水库中的水的除外。国务院水行政主管部门负责全国取水许可制度和水资源有偿使用制度的组织实施。

第八条　国家厉行节约用水，大力推行节约用水措施，推广节约用水新技术、新工艺，发展节水型工业、农业和服务业，建立节水型社会。

各级人民政府应当采取措施，加强对节约用水的管理，建立节约用水技术开发推广体系，培育和发展节约用水产业。

单位和个人有节约用水的义务。

第九条 国家保护水资源，采取有效措施，保护植被，植树种草，涵养水源，防治水土流失和水体污染，改善生态环境。

第十条 国家鼓励和支持开发、利用、节约、保护、管理水资源和防治水害的先进科学技术的研究、推广和应用。

第十一条 在开发、利用、节约、保护、管理水资源和防治水害等方面成绩显著的单位和个人，由人民政府给予奖励。

第十二条 国家对水资源实行流域管理与行政区域管理相结合的管理体制。

国务院水行政主管部门负责全国水资源的统一管理和监督工作。

国务院水行政主管部门在国家确定的重要江河、湖泊设立的流域管理机构（以下简称流域管理机构），在所管辖的范围内行使法律、行政法规规定的和国务院水行政主管部门授予的水资源管理和监督职责。

县级以上地方人民政府水行政主管部门按照规定的权限，负责本行政区域内水资源的统一管理和监督工作。

第十三条 国务院有关部门按照职责分工，负责水资源开发、利用、节约和保护的有关工作。

县级以上地方人民政府有关部门按照职责分工，负责本行政区域内水资源开发、利用、节约和保护的有关工作。

第二章 水资源规划

第十四条 国家制定全国水资源战略规划。

开发、利用、节约、保护水资源和防治水害，应当按照流域、区域统一制定规划。规划分为流域规划和区域规划。流域规划包括流域综合规划和流域专业规划；区域规划包括区域综合规划和区域专业规划。

前款所称综合规划，是指根据经济社会发展需要和水资源开发利用现状编制的开发、利用、节约、保护水资源和防治水害的总体部署。前款所称专业规划，是指防洪、治涝、灌溉、航运、供水、水力发电、竹木流放、渔业、水资源保护、水土保持、防沙治沙、节约用水等规划。

第十五条 流域范围内的区域规划应当服从流域规划，专业规划应当服从综合规划。

流域综合规划和区域综合规划以及与土地利用关系密切的专业规划，应当与国民经济和社会发展规划以及土地利用总体规划、城市总体规划和环境保护规划相协调，兼顾各地区、各行业的需要。

第十六条 制定规划，必须进行水资源综合科学考察和调查评价。水资源综合科学考察和调查评价，由县级以上人民政府水行政主管部门会同同级有关部门组织进行。

县级以上人民政府应当加强水文、水资源信息系统建设。县级以上人民政府水行政主管部门和流域管理机构应当加强对水资源的动态监测。

基本水文资料应当按照国家有关规定予以公开。

第十七条 国家确定的重要江河、湖泊的流域综合规划，由国务院水行政主管部门会同国务院有关部门和有关省、自治区、直辖市人民政府编制，报国务院批准。跨省、自治区、直辖市的其他江河、湖泊的流域综合规划和区域综合规划，由有关流域管理机构会同江河、湖泊所在地的省、自治区、直辖市人民政府水行政主管部门和有关部门编制，分别经有关省、自治区、直辖市人民政府审查提出意见后，报国务院水行政主管部门审核；国务院水行政主管部门征求国务院有关部门意见后，报国务院或者其授权的部门批准。

前款规定以外的其他江河、湖泊的流域综合规划和区域综合规划，由县级以上地方人民政府水行政主管部门会同同级有关部门和有关地方人民政府编制，报本级人民政府或者其授权的部门批准，并报上一级水行政主管部门备案。

专业规划由县级以上人民政府有关部门编制，征求同级其他有关部门意见后，报本级人民政府批准。其中，防洪规划、水土保持规划的编制、批准，依照防洪法、水土保持法的有关规定执行。

第十八条 规划一经批准，必须严格执行。

经批准的规划需要修改时，必须按照规划编制程序经原批准机关批准。

第十九条 建设水工程，必须符合流域综合规划。在国家确定的重要江河、湖泊和跨省、自治区、直辖市的江河、湖泊上建设水工程，其工程可行性研究报告报请批准前，有关流域管理机构应当对水工程的建设是否符合流域综合规划进行审查并签署意见；在其他江河、湖泊上建设水工程，其工程可行性研究报告报请批准前，县级以上地方人民政府水行政主管部门应当按照管理权限对水工程的建设是否符合流域综合规划进行审查并签署意见。水工程建设涉及防洪的，依照防洪法的有关规定执行；涉及其他地区和行业的，建设单位应当事先征求有关地区和部门的意见。

第三章 水资源开发利用

第二十条 开发、利用水资源，应当坚持兴利与除害相结合，兼顾上下游、左右岸和有关地区之间的利益，充分发挥水资源的综合效益，并服从防洪的总体安排。

第二十一条 开发、利用水资源，应当首先满足城乡居民生活用水，并兼顾农业、工业、生态环境用水以及航运等需要。

在干旱和半干旱地区开发、利用水资源，应当充分考虑生态环境用水需要。

第二十二条 跨流域调水，应当进行全面规划和科学论证，统筹兼顾调出和调入流域的用水需要，防止对生态环境造成破坏。

第二十三条 地方各级人民政府应当结合本地区水资源的实际情况，按照地表水与地下水统一调度开发、开源与节流相结合、节流优先和污水处理再利用的原则，合理组织开发、综合利用水资源。

国民经济和社会发展规划以及城市总体规划的编制、重大建设项目的布局，应当与当地水资源条件和防洪要求相适应，并进行科学论证；在水资源不足的地区，应当对城市规模和建设耗水量大的工业、农业和服务业项目加以限制。

第二十四条 在水资源短缺的地区，国家鼓励对雨水和微咸水的收集、开发、利用和对海水的利用、淡化。

第二十五条 地方各级人民政府应当加强对灌溉、排涝、水土保持工作的领导，促进农业生产发展；在容易发生盐碱化和渍害的地区，应当采取措施，控制和降低地下水的水位。

农村集体经济组织或者其成员依法在本集体经济组织所有的集体土地或者承包土地上投资兴建水工程设施的，按照谁投资建设谁管理和谁受益的原则，对水工程设施及其蓄水进行管理和合理使用。

农村集体经济组织修建水库应当经县级以上地方人民政府水行政主管部门批准。

第二十六条 国家鼓励开发、利用水能资源。在水能丰富的河流，应当有计划地进行多目标梯级开发。

建设水力发电站，应当保护生态环境，兼顾防洪、供水、灌溉、航运、竹木流放和渔业等方面的需要。

第二十七条 国家鼓励开发、利用水运资源。在水生生物洄游通道、通航或者竹木流放的河流上修建永久性拦河闸坝，建设单位应当同时修建过鱼、过船、过木设施，或者经国务院授权的部门批准采取其他补救措施，并妥善安排施工和蓄水期间的水生生物保护、航运和竹木流放，所需费用由建设单位承担。

在不通航的河流或者人工水道上修建闸坝后可以通航的，闸坝建设单位应当同时修建过船设施或者预留过船设施位置。

第二十八条 任何单位和个人引水、截（蓄）水、排水，不得损害公共利益和他人的合法权益。

第二十九条 国家对水工程建设移民实行开发性移民的方针，按照前期补偿、补助与后期扶持相结合的原则，妥善安排移民的生产和生活，保护移民的合法权益。

移民安置应当与工程建设同步进行。建设单位应当根据安置地区的环境容量和可持续发展的原则，因地制宜，编制移民安置规划，经依法批准后，由有关地方人民政府组织实施。所需移民经费列入工程建设投资计划。

第四章　水资源、水域和水工程的保护

第三十条 县级以上人民政府水行政主管部门、流域管理机构以及其他有关部门在制定水资源开发、利用规划和调度水资源时，应当注意维持江河的合理流量和湖泊、水库以及地下水的合理水位，维护水体的自然净化能力。

第三十一条 从事水资源开发、利用、节约、保护和防治水害等水事活动，应当遵守经批准的规划；因违反规划造成江河和湖泊水域使用功能降低、地下水超采、地面沉降、水体污染的，应当承担治理责任。

开采矿藏或者建设地下工程，因疏干排水导致地下水水位下降、水源枯竭或者地面塌陷，采矿单位或者建设单位应当采取补救措施；对他人生活和生产造成损失的，依法给予补偿。

第三十二条 国务院水行政主管部门会同国务院环境保护行政主管部门、有关部门和有关省、自治区、直辖市人民政府，按照流域综合规划、水资源保护规划和经济社会发展

要求，拟定国家确定的重要江河、湖泊的水功能区划，报国务院批准。跨省、自治区、直辖市的其他江河、湖泊的水功能区划，由有关流域管理机构会同江河、湖泊所在地的省、自治区、直辖市人民政府水行政主管部门、环境保护行政主管部门和其他有关部门拟定，分别经有关省、自治区、直辖市人民政府审查提出意见后，由国务院水行政主管部门会同国务院环境保护行政主管部门审核，报国务院或者其授权的部门批准。

前款规定以外的其他江河、湖泊的水功能区划，由县级以上地方人民政府水行政主管部门会同同级人民政府环境保护行政主管部门和有关部门拟定，报同级人民政府或者其授权的部门批准，并报上一级水行政主管部门和环境保护行政主管部门备案。

县级以上人民政府水行政主管部门或者流域管理机构应当按照水功能区对水质的要求和水体的自然净化能力，核定该水域的纳污能力，向环境保护行政主管部门提出该水域的限制排污总量意见。

县级以上地方人民政府水行政主管部门和流域管理机构应当对水功能区的水质状况进行监测，发现重点污染物排放总量超过控制指标的，或者水功能区的水质未达到水域使用功能对水质的要求的，应当及时报告有关人民政府采取治理措施，并向环境保护行政主管部门通报。

第三十三条 国家建立饮用水水源保护区制度。省、自治区、直辖市人民政府应当划定饮用水水源保护区，并采取措施，防止水源枯竭和水体污染，保证城乡居民饮用水安全。

第三十四条 禁止在饮用水水源保护区内设置排污口。

在江河、湖泊新建、改建或者扩大排污口，应当经过有管辖权的水行政主管部门或者流域管理机构同意，由环境保护行政主管部门负责对该建设项目的环境影响报告书进行审批。

第三十五条 从事工程建设，占用农业灌溉水源、灌排工程设施，或者对原有灌溉用水、供水水源有不利影响的，建设单位应当采取相应的补救措施；造成损失的，依法给予补偿。

第三十六条 在地下水超采地区，县级以上地方人民政府应当采取措施，严格控制开采地下水。在地下水严重超采地区，经省、自治区、直辖市人民政府批准，可以划定地下水禁止开采或者限制开采区。在沿海地区开采地下水，应当经过科学论证，并采取措施，防止地面沉降和海水入侵。

第三十七条 禁止在江河、湖泊、水库、运河、渠道内弃置、堆放阻碍行洪的物体和种植阻碍行洪的林木及高秆作物。

禁止在河道管理范围内建设妨碍行洪的建筑物、构筑物以及从事影响河势稳定、危害河岸堤防安全和其他妨碍河道行洪的活动。

第三十八条 在河道管理范围内建设桥梁、码头和其他拦河、跨河、临河建筑物、构筑物，铺设跨河管道、电缆，应当符合国家规定的防洪标准和其他有关的技术要求，工程建设方案应当依照防洪法的有关规定报经有关水行政主管部门审查同意。

因建设前款工程设施，需要扩建、改建、拆除或者损坏原有水工程设施的，建设单位应当负担扩建、改建的费用和损失补偿。但是，原有工程设施属于违法工程的除外。

第三十九条 国家实行河道采砂许可制度。河道采砂许可制度实施办法，由国务院规定。

在河道管理范围内采砂，影响河势稳定或者危及堤防安全的，有关县级以上人民政府水行政主管部门应当划定禁采区和规定禁采期，并予以公告。

第四十条 禁止围湖造地。已经围垦的，应当按照国家规定的防洪标准有计划地退地还湖。

禁止围垦河道。确需围垦的，应当经过科学论证，经省、自治区、直辖市人民政府水行政主管部门或者国务院水行政主管部门同意后，报本级人民政府批准。

第四十一条 单位和个人有保护水工程的义务，不得侵占、毁坏堤防、护岸、防汛、水文监测、水文地质监测等工程设施。

第四十二条 县级以上地方人民政府应当采取措施，保障本行政区域内水工程，特别是水坝和堤防的安全，限期消除险情。水行政主管部门应当加强对水工程安全的监督管理。

第四十三条 国家对水工程实施保护。国家所有的水工程应当按照国务院的规定划定工程管理和保护范围。

国务院水行政主管部门或者流域管理机构管理的水工程，由主管部门或者流域管理机构商有关省、自治区、直辖市人民政府划定工程管理和保护范围。

前款规定以外的其他水工程，应当按照省、自治区、直辖市人民政府的规定，划定工程保护范围和保护职责。

在水工程保护范围内，禁止从事影响水工程运行和危害水工程安全的爆破、打井、采石、取土等活动。

第五章　水资源配置和节约使用

第四十四条 国务院发展计划主管部门和国务院水行政主管部门负责全国水资源的宏观调配。全国的和跨省、自治区、直辖市的水中长期供求规划，由国务院水行政主管部门会同有关部门制订，经国务院发展计划主管部门审查批准后执行。地方的水中长期供求规划，由县级以上地方人民政府水行政主管部门会同同级有关部门依据上一级水中长期供求规划和本地区的实际情况制订，经本级人民政府发展计划主管部门审查批准后执行。

水中长期供求规划应当依据水的供求现状、国民经济和社会发展规划、流域规划、区域规划，按照水资源供需协调、综合平衡、保护生态、厉行节约、合理开源的原则制定。

第四十五条 调蓄径流和分配水量，应当依据流域规划和水中长期供求规划，以流域为单元制定水量分配方案。

跨省、自治区、直辖市的水量分配方案和旱情紧急情况下的水量调度预案，由流域管理机构商有关省、自治区、直辖市人民政府制订，报国务院或者其授权的部门批准后执行。其他跨行政区域的水量分配方案和旱情紧急情况下的水量调度预案，由共同的上一级人民政府水行政主管部门商有关地方人民政府制订，报本级人民政府批准后执行。

水量分配方案和旱情紧急情况下的水量调度预案经批准后，有关地方人民政府必须执行。

在不同行政区域之间的边界河流上建设水资源开发、利用项目，应当符合该流域经批准的水量分配方案，由有关县级以上地方人民政府报共同的上一级人民政府水行政主管部门或者有关流域管理机构批准。

第四十六条 县级以上地方人民政府水行政主管部门或者流域管理机构应当根据批准的水量分配方案和年度预测来水量，制定年度水量分配方案和调度计划，实施水量统一调度；有关地方人民政府必须服从。

国家确定的重要江河、湖泊的年度水量分配方案，应当纳入国家的国民经济和社会发展年度计划。

第四十七条 国家对用水实行总量控制和定额管理相结合的制度。

省、自治区、直辖市人民政府有关行业主管部门应当制订本行政区域内行业用水定额，报同级水行政主管部门和质量监督检验行政主管部门审核同意后，由省、自治区、直辖市人民政府公布，并报国务院水行政主管部门和国务院质量监督检验行政主管部门备案。

县级以上地方人民政府发展计划主管部门会同同级水行政主管部门，根据用水定额、经济技术条件以及水量分配方案确定的可供本行政区域使用的水量，制定年度用水计划，对本行政区域内的年度用水实行总量控制。

第四十八条 直接从江河、湖泊或者地下取用水资源的单位和个人，应当按照国家取水许可制度和水资源有偿使用制度的规定，向水行政主管部门或者流域管理机构申请领取取水许可证，并缴纳水资源费，取得取水权。但是，家庭生活和零星散养、圈养畜禽饮用等少量取水的除外。

实施取水许可制度和征收管理水资源费的具体办法，由国务院规定。

第四十九条 用水应当计量，并按照批准的用水计划用水。

用水实行计量收费和超定额累进加价制度。

第五十条 各级人民政府应当推行节水灌溉方式和节水技术，对农业蓄水、输水工程采取必要的防渗漏措施，提高农业用水效率。

第五十一条 工业用水应当采用先进技术、工艺和设备，增加循环用水次数，提高水的重复利用率。

国家逐步淘汰落后的、耗水量高的工艺、设备和产品，具体名录由国务院经济综合主管部门会同国务院水行政主管部门和有关部门制定并公布。生产者、销售者或者生产经营中的使用者应当在规定的时间内停止生产、销售或者使用列入名录的工艺、设备和产品。

第五十二条 城市人民政府应当因地制宜采取有效措施，推广节水型生活用水器具，降低城市供水管网漏失率，提高生活用水效率；加强城市污水集中处理，鼓励使用再生水，提高污水再生利用率。

第五十三条 新建、扩建、改建建设项目，应当制订节水措施方案，配套建设节水设施。节水设施应当与主体工程同时设计、同时施工、同时投产。

供水企业和自建供水设施的单位应当加强供水设施的维护管理，减少水的漏失。

第五十四条 各级人民政府应当积极采取措施，改善城乡居民的饮用水条件。

第五十五条 使用水工程供应的水，应当按照国家规定向供水单位缴纳水费。供水价格应当按照补偿成本、合理收益、优质优价、公平负担的原则确定。具体办法由省级以上人民政府价格主管部门会同同级水行政主管部门或者其他供水行政主管部门依据职权制定。

第六章　水事纠纷处理与执法监督检查

第五十六条　不同行政区域之间发生水事纠纷的，应当协商处理；协商不成的，由上一级人民政府裁决，有关各方必须遵照执行。在水事纠纷解决前，未经各方达成协议或者共同的上一级人民政府批准，在行政区域交界线两侧一定范围内，任何一方不得修建排水、阻水、取水和截（蓄）水工程，不得单方面改变水的现状。

第五十七条　单位之间、个人之间、单位与个人之间发生的水事纠纷，应当协商解决；当事人不愿协商或者协商不成的，可以申请县级以上地方人民政府或者其授权的部门调解，也可以直接向人民法院提起民事诉讼。县级以上地方人民政府或者其授权的部门调解不成的，当事人可以向人民法院提起民事诉讼。

在水事纠纷解决前，当事人不得单方面改变现状。

第五十八条　县级以上人民政府或者其授权的部门在处理水事纠纷时，有权采取临时处置措施，有关各方或者当事人必须服从。

第五十九条　县级以上人民政府水行政主管部门和流域管理机构应当对违反本法的行为加强监督检查并依法进行查处。

水政监督检查人员应当忠于职守，秉公执法。

第六十条　县级以上人民政府水行政主管部门、流域管理机构及其水政监督检查人员履行本法规定的监督检查职责时，有权采取下列措施：

（一）要求被检查单位提供有关文件、证照、资料；

（二）要求被检查单位就执行本法的有关问题作出说明；

（三）进入被检查单位的生产场所进行调查；

（四）责令被检查单位停止违反本法的行为，履行法定义务。

第六十一条　有关单位或者个人对水政监督检查人员的监督检查工作应当给予配合，不得拒绝或者阻碍水政监督检查人员依法执行职务。

第六十二条　水政监督检查人员在履行监督检查职责时，应当向被检查单位或者个人出示执法证件。

第六十三条　县级以上人民政府或者上级水行政主管部门发现本级或者下级水行政主管部门在监督检查工作中有违法或者失职行为的，应当责令其限期改正。

第七章　法　律　责　任

第六十四条　水行政主管部门或者其他有关部门以及水工程管理单位及其工作人员，利用职务上的便利收取他人财物、其他好处或者玩忽职守，对不符合法定条件的单位或者个人核发许可证、签署审查同意意见，不按照水量分配方案分配水量，不按照国家有关规定收取水资源费，不履行监督职责，或者发现违法行为不予查处，造成严重后果，构成犯罪的，对负有责任的主管人员和其他直接责任人员依照刑法的有关规定追究刑事责任；尚不够刑事处罚的，依法给予行政处分。

第六十五条　在河道管理范围内建设妨碍行洪的建筑物、构筑物，或者从事影响河势稳定、危害河岸堤防安全和其他妨碍河道行洪的活动的，由县级以上人民政府水行政主管部门或者流域管理机构依据职权，责令停止违法行为，限期拆除违法建筑物、构筑物，恢复原状；逾期不拆除、不恢复原状的，强行拆除，所需费用由违法单位或者个人负担，并处一万元以上十万元以下的罚款。

未经水行政主管部门或者流域管理机构同意，擅自修建水工程，或者建设桥梁、码头和其他拦河、跨河、临河建筑物、构筑物，铺设跨河管道、电缆，且防洪法未作规定的，由县级以上人民政府水行政主管部门或者流域管理机构依据职权，责令停止违法行为，限期补办有关手续；逾期不补办或者补办未被批准的，责令限期拆除违法建筑物、构筑物；逾期不拆除的，强行拆除，所需费用由违法单位或者个人负担，并处一万元以上十万元以下的罚款。

虽经水行政主管部门或者流域管理机构同意，但未按照要求修建前款所列工程设施的，由县级以上人民政府水行政主管部门或者流域管理机构依据职权，责令限期改正，按照情节轻重，处一万元以上十万元以下的罚款。

第六十六条　有下列行为之一，且防洪法未作规定的，由县级以上人民政府水行政主管部门或者流域管理机构依据职权，责令停止违法行为，限期清除障碍或者采取其他补救措施，处一万元以上五万元以下的罚款：

（一）在江河、湖泊、水库、运河、渠道内弃置、堆放阻碍行洪的物体和种植阻碍行洪的林木及高秆作物的；

（二）围湖造地或者未经批准围垦河道的。

第六十七条　在饮用水水源保护区内设置排污口的，由县级以上地方人民政府责令限期拆除、恢复原状；逾期不拆除、不恢复原状的，强行拆除、恢复原状，并处五万元以上十万元以下的罚款。

未经水行政主管部门或者流域管理机构审查同意，擅自在江河、湖泊新建、改建或者扩大排污口的，由县级以上人民政府水行政主管部门或者流域管理机构依据职权，责令停止违法行为，限期恢复原状，处五万元以上十万元以下的罚款。

第六十八条　生产、销售或者在生产经营中使用国家明令淘汰的落后的、耗水量高的工艺、设备和产品的，由县级以上地方人民政府经济综合主管部门责令停止生产、销售或者使用，处二万元以上十万元以下的罚款。

第六十九条　有下列行为之一的，由县级以上人民政府水行政主管部门或者流域管理机构依据职权，责令停止违法行为，限期采取补救措施，处二万元以上十万元以下的罚款；情节严重的，吊销其取水许可证：

（一）未经批准擅自取水的；

（二）未依照批准的取水许可规定条件取水的。

第七十条　拒不缴纳、拖延缴纳或者拖欠水资源费的，由县级以上人民政府水行政主管部门或者流域管理机构依据职权，责令限期缴纳；逾期不缴纳的，从滞纳之日起按日加收滞纳部分千分之二的滞纳金，并处应缴或者补缴水资源费一倍以上五倍以下的罚款。

第七十一条　建设项目的节水设施没有建成或者没有达到国家规定的要求，擅自投入使用的，由县级以上人民政府有关部门或者流域管理机构依据职权，责令停止使用，限期改正，处五万元以上十万元以下的罚款。

第七十二条 有下列行为之一，构成犯罪的，依照刑法的有关规定追究刑事责任；尚不够刑事处罚，且防洪法未作规定的，由县级以上地方人民政府水行政主管部门或者流域管理机构依据职权，责令停止违法行为，采取补救措施，处一万元以上五万元以下的罚款；违反治安管理处罚条例的，由公安机关依法给予治安管理处罚；给他人造成损失的，依法承担赔偿责任：

（一）侵占、毁坏水工程及堤防、护岸等有关设施，毁坏防汛、水文监测、水文地质监测设施的；

（二）在水工程保护范围内，从事影响水工程运行和危害水工程安全的爆破、打井、采石、取土等活动的。

第七十三条 侵占、盗窃或者抢夺防汛物资，防洪排涝、农田水利、水文监测和测量以及其他水工程设备和器材，贪污或者挪用国家救灾、抢险、防汛、移民安置和补偿及其他水利建设款物，构成犯罪的，依照刑法的有关规定追究刑事责任。

第七十四条 在水事纠纷发生及其处理过程中煽动闹事、结伙斗殴、抢夺或者损坏公私财物、非法限制他人人身自由，构成犯罪的，依照刑法的有关规定追究刑事责任；尚不够刑事处罚的，由公安机关依法给予治安管理处罚。

第七十五条 不同行政区域之间发生水事纠纷，有下列行为之一的，对负有责任的主管人员和其他直接责任人员依法给予行政处分：

（一）拒不执行水量分配方案和水量调度预案的；

（二）拒不服从水量统一调度的；

（三）拒不执行上一级人民政府的裁决的；

（四）在水事纠纷解决前，未经各方达成协议或者上一级人民政府批准，单方面违反本法规定改变水的现状的。

第七十六条 引水、截（蓄）水、排水，损害公共利益或者他人合法权益的，依法承担民事责任。

第七十七条 对违反本法第三十九条有关河道采砂许可制度规定的行政处罚，由国务院规定。

第八章　附　　则

第七十八条 中华人民共和国缔结或者参加的与国际或者国境边界河流、湖泊有关的国际条约、协定与中华人民共和国法律有不同规定的，适用国际条约、协定的规定。但是，中华人民共和国声明保留的条款除外。

第七十九条 本法所称水工程，是指在江河、湖泊和地下水源上开发、利用、控制、调配和保护水资源的各类工程。

第八十条 海水的开发、利用、保护和管理，依照有关法律的规定执行。

第八十一条 从事防洪活动，依照防洪法的规定执行。

水污染防治，依照水污染防治法的规定执行。

第八十二条 本法自 2002 年 10 月 1 日起施行。

中华人民共和国防洪法

（1997 年 8 月 29 日第八届全国人民代表大会
常务委员会第二十七次会议通过）

目　　录

第一章　总　　则

第一条　为了防治洪水，防御、减轻洪涝灾害，维护人民的生命和财产安全，保障社会主义现代化建设顺利进行，制定本法。

第二条　防洪工作实行全面规划、统筹兼顾、预防为主、综合治理、局部利益服从全局利益的原则。

第三条　防洪工程设施建设，应当纳入国民经济和社会发展计划。

防洪费用按照政府投入同受益者合理承担相结合的原则筹集。

第四条　开发利用和保护水资源，应当服从防洪总体安排，实行兴利与除害相结合的原则。

江河、湖泊治理以及防洪工程设施建设，应当符合流域综合规划，与流域水资源的综合开发相结合。

本法所称综合规划是指开发利用水资源和防治水害的综合规划。

第五条　防洪工作按照流域或者区域实行统一规划、分级实施和流域管理与行政区域管理相结合的制度。

第六条　任何单位和个人都有保护防洪工程设施和依法参加防汛抗洪的义务。

第七条　各级人民政府应当加强对防洪工作的统一领导，组织有关部门、单位，动员社会力量，依靠科技进步，有计划地进行江河，湖泊治理，采取措施加强防洪工程设施建设，巩固、提高防洪能力。

各级人民政府应当组织有关部门、单位，动员社会力量，做好防汛抗洪和洪涝灾害后的恢复与救济工作。

各级人民政府应当对蓄滞洪区予以扶持；蓄滞洪后，应当依照国家规定予以补偿或者救助。

第八条 国务院水行政主管部门在国务院的领导下，负责全国防洪的组织、协调、监督、指导等日常工作。国务院水行政主管部门在国家确定的重要江河、湖泊设立的流域管理机构，在所管辖的范围内行使法律、行政法规规定和国务院水行政主管部门授权的防洪协调和监督管理职责。

国务院建设行政主管部门和其他有关部门在国务院的领导下，按照各自的职责，负责有关的防洪工作。

县级以上地方人民政府水行政主管部门在本级人民政府的领导下，负责本行政区域内防洪的组织、协调、监督、指导等日常工作。县级以上地方人民政府建设行政主管部门和其他有关部门在本级人民政府的领导下，按照各自的职责，负责有关的防洪工作。

第二章 防 洪 规 划

第九条 防洪规划是指为防治某一流域、河段或者区域的洪涝灾害而制定的总体部署，包括国家确定的重要江河、湖泊的流域防洪规划，其他江河、河段、湖泊的防洪规划以及区域防洪规划。

防洪规划应当服从所在流域、区域的综合规划；区域防洪规划应当服从所在流域的流域防洪规划。

防洪规划是江河、湖泊治理和防洪工程设施建设的基本依据。

第十条 国家确定的重要江河、湖泊的防洪规划，由国务院水行政主管部门依据该江河、湖泊的流域综合规划，会同有关部门和有关省、自治区、直辖市人民政府编制，报国务院批准。

其他江河、河段、湖泊的防洪规划或者区域防洪规划，由县级以上地方人民政府水行政主管部门分别依据流域综合规划、区域综合规划，会同有关部门和有关地区编制，报本级人民政府批准，并报上一级人民政府水行政主管部门备案；跨省、自治区、直辖市的江河、河段、湖泊的防洪规划由有关流域管理机构会同江河、河段、湖泊所在地的省、自治区、直辖市人民政府水行政主管部门、有关主管部门拟定，分别经有关省、自治区、直辖市人民政府审查提出意见后，报国务院水行政主管部门批准。

城市防洪规划，由城市人民政府组织水行政主管部门、建设行政主管部门和其他有关部门依据流域防洪规划、上一级人民政府区域防洪规划编制，按照国务院规定的审批程序批准后纳入城市总体规划。

修改防洪规划，应当报经原批准机关批准。

第十一条 编制防洪规划，应当遵循确保重点、兼顾一般，以及防汛和抗旱相结合、工程措施和非工程措施相结合的原则，充分考虑洪涝规律和上下游、左右岸的关系以及国民经济对防洪的要求，并与国土规划和土地利用总体规划相协调。

防洪规划应当确定防护对象、治理目标和任务、防洪措施和实施方案，划定洪泛区、蓄滞洪区和防洪保护区的范围，规定蓄滞洪区的使用原则。

第十二条 受风暴潮威胁的沿海地区的县级以上地方人民政府，应当把防御风暴潮纳入本地区的防洪规划，加强海堤（海塘）、挡潮闸和沿海防护林等防御风暴潮工程体系建设，监督建筑物、构筑物的设计和施工符合防御风暴潮的需要。

第十三条 山洪可能诱发山体滑坡、崩塌和泥石流的地区以及其他山洪多发地区的县级以上地方人民政府，应当组织负责地质矿产管理工作的部门、水行政主管部门和其他有关部门对山体滑坡、崩塌和泥石流隐患进行全面调查，划定重点防治区，采取防治措施。

城市、村镇和其他居民点以及工厂、矿山、铁路和公路干线的布局，应当避开山洪威胁；已经建在受山洪威胁的地方的，应当采取防御措施。

第十四条 平原、洼地、水网圩区、山谷、盆地等易涝地区的有关地方人民政府，应当制定除涝治涝规划，组织有关部门、单位采取相应的治理措施，完善排水系统，发展耐涝农作物种类和品种，开展洪涝、干旱、盐碱综合治理。

城市人民政府应当加强对城区排涝管网、泵站的建设和管理。

第十五条 国务院水行政主管部门应当会同有关部门和省、自治区、直辖市人民政府制定长江、黄河、珠江、辽河、淮河、海河入海河口的整治规划。

在前款入海河口围海造地，应当符合河口整治规划。

第十六条 防洪规划确定的河道整治计划用地和规划建设的堤防用地范围内的土地，经土地管理部门和水行政主管部门会同有关地区核定，报经县级以上人民政府按照国务院规定的权限批准后，可以划定为规划保留区；该规划保留区范围内的土地涉及其他项目用地的，有关土地管理部门和水行政主管部门核定时，应当征求有关部门的意见。

规划保留区依照前款规定划定后，应当公告。

前款规划保留区内不得建设与防洪无关的工矿工程设施；在特殊情况下，国家工矿建设项目确需占用前款规划保留区内的土地的，应当按照国家规定的基本建设程序报请批准，并征求有关水行政主管部门的意见。

防洪规划确定的扩大或者开辟的人工排洪道用地范围内的土地，经省级以上人民政府土地管理部门和水行政主管部门会同有关部门、有关地区核定，报省级以上人民政府按照国务院规定的权限批准后，可以划定为规划保留区，适用前款规定。

第十七条 在江河、湖泊上建设防洪工程和其他水工程、水电站等，应当符合防洪规划的要求；水库应当按照防洪规划的要求留足防洪库容。

前款规定的防洪工程和其他水工程、水电站的可行性研究报告按照国家规定的基本建设程序报请批准时，应当附具有关水行政主管部门签署的符合防洪规划要求的规划同意书。

第三章 治理与防护

第十八条 防治江河洪水，应当蓄泄兼施，充分发挥河道行洪能力和水库、洼淀、湖泊调蓄洪水的功能，加强河道防护，因地制宜地采取定期清淤疏浚等措施，保持行洪畅通。

防治江河洪水，应当保护、扩大流域林草植被，涵养水源，加强流域水土保持综合治理。

第十九条 整治河道和修建控制引导河水流向、保护堤岸等工程，应当兼顾上下游、左右岸的关系，按照规划治导线实施，不得任意改变河水流向。

国家确定的重要江河的规划治导线由流域管理机构拟定，报国务院水行政主管部门批准。

其他江河、河段的规划治导线由县级以上地方人民政府水行政主管部门拟定，报本级人民政府批准；跨省、自治区、直辖市的江河、河段和省、自治区、直辖市之间的省界河道的规划治导线由有关流域管理机构组织江河、河段所在地的省、自治区、直辖市人民政府水行政主管部门拟定，经有关省、自治区、直辖市人民政府审查提出意见后，报国务院水行政主管部门批准。

第二十条 整治河道、湖泊，涉及航道的，应当兼顾航运需要，并事先征求交通主管部门的意见。整治航道，应当符合江河、湖泊防洪安全要求，并事先征求水行政主管部门的意见。

在竹木流放的河流和渔业水域整治河道的，应当兼顾竹木水运和渔业发展的需要，并事先征求林业、渔业行政主管部门的意见。在河道中流放竹木，不得影响行洪和防洪工程设施的安全。

第二十一条 河道、湖泊管理实行按水系统一管理和分级管理相结合的原则，加强防护，确保畅通。

国家确定的重要江河、湖泊的主要河段，跨省、自治区、直辖市的重要河段、湖泊，省、自治区、直辖市之间的省界河道、湖泊以及国（边）界河道、湖泊，由流域管理机构和江河、湖泊所在地的省、自治区、直辖市人民政府水行政主管部门按照国务院水行政主管部门的划定依法实施管理。其他河道、湖泊，由县级以上地方人民政府水行政主管部门按照国务院水行政主管部门或者国务院水行政主管部门授 权的机构的划定依法实施管理。

有堤防的河道、湖泊，其管理范围为两岸堤防之间的水域、沙洲、滩地、行洪区和堤防及护堤地；无堤防的河道、湖泊，其管理范围为历史最高洪水位或者设计洪水位之间的水域、沙洲、滩地和行洪区。

流域管理机构直接管理的河道、湖泊管理范围，由流域管理机构会同有关县级以上地方人民政府依照前款规定界定；其他河道、湖泊管理范围，由有关县级以上地方人民政府依照前款规定界定。

第二十二条 河道、湖泊管理范围内的土地和岸线的利用，应当符合行洪、输水的要求。

禁止在河道、湖泊管理范围内建设妨碍行洪的建筑物、构筑物，倾倒垃圾、渣土，从事影响河势稳定、危害河岸堤防安全和其他妨碍河道行洪的活动。

禁止在行洪河道内种植阻碍行洪的林木和高秆作物。

在船舶航行可能危及堤岸安全的河段，应当限定航速。限定航速的标志，由交通主管部门与水行政主管部门商定后设置。

第二十三条 禁止围湖造地。已经围垦的，应当按照国家规定的防洪标准进行治理，有计划地退地还湖。

禁止围垦河道。确需围垦的，应当进行科学论证，经水行政主管部门确认不妨碍行洪、输水后，报省级以上人民政府批准。

第二十四条 对居住在行洪河道内的居民，当地人民政府应当有计划地组织外迁。

第二十五条 护堤护岸的林木，由河道、湖泊管理机构组织营造和管理。护堤护岸林木，不得任意砍伐。采伐护堤护岸林木的，须经河道、湖泊管理机构同意后，依法办理采伐许可手续，并完成规定的更新补种任务。

第二十六条 对壅水、阻水严重的桥梁、引道、码头和其他跨河工程设施，根据防洪标准，有关水行政主管部门可以报请县级以上人民政府按照国务院规定的权限责令建设单位限期改建或者拆除。

第二十七条 建设跨河、穿河、穿堤、临河的桥梁、码头、道路、渡口、管道、缆线、取水、排水等工程设施，应当符合防洪标准、岸线规划、航运要求和其他技术要求，不得危害堤防安全，影响河势稳定、妨碍行洪畅通；其可行性研究报告按照国家规定的基本建设程序报请批准前，其中的工程建设方案应当经有关水行政主管部门根据前述防洪要求审查同意。

前款工程设施需要占用河道、湖泊管理范围内土地，跨越河道、湖泊空间或者穿越河床的，建设单位应当经有关水行政主管部门对该工程设施建设的位置和界限审查批准后，方可依法办理开工手续；安排施工时，应当按照水行政主管部门审查批准的位置和界限进行。

第二十八条 对于河道、湖泊管理范围内依照本法规定建设的工程设施，水行政主管部门有权依法检查；水行政主管部门检查时，被检查者应当如实提供有关的情况和资料。

前款规定的工程设施竣工验收时，应当有水行政主管部门参加。

第四章　防洪区和防洪工程设施的管理

第二十九条 防洪区是指洪水泛滥可能淹及的地区，分为洪泛区、蓄滞洪区和防洪保护区。

洪泛区是指尚无工程设施保护的洪水泛滥所及的地区。

蓄滞洪区是指包括分洪口在内的河堤背水面以外临时贮存洪水的低洼地区及湖泊等。

防洪保护区是指在防洪标准内受防洪工程设施保护的地区。

洪泛区、蓄滞洪区和防洪保护区的范围，在防洪规划或者防御洪水方案中划定，并报请省级以上人民政府按照国务院规定的权限批准后予以公告。

第三十条 各级人民政府应当按照防洪规划对防洪区内的土地利用实行分区管理。

第三十一条 地方各级人民政府应当加强对防洪区安全建设工作的领导，组织有关部门，单位对防洪区内的单位和居民进行防洪教育，普及防洪知识，提高水患意识，按照防洪规划和防御洪水方案建立并完善防洪体系和水文、气象、通信、预警以及洪涝灾害监测系统，提高防御洪水能力；组织防洪区内的单位和居民积极参加防洪工作，因地制宜地采取防洪避洪措施。

第三十二条 洪泛区、蓄滞洪区所在地的省、自治区、直辖市人民政府应当组织有关地区和部门，按照防洪规划的要求，制定洪泛区、蓄滞洪区安全建设计划，控制蓄滞洪区人口增长，对居住在经常使用的蓄滞洪区的居民，有计划地组织外迁，并采取其他必要的安全保护措施。

因蓄滞洪区而直接受益的地区和单位，应当对蓄滞洪区承担国家规定的补偿、救助义务。国务院和有关的省、自治区、直辖市人民政府应当建立对蓄滞洪区的扶持和补偿、救助制度。

国务院和有关的省、自治区、直辖市人民政府可以制定洪泛区、蓄滞洪区安全建设管理办法以及对蓄滞洪区的扶持和补偿、救助办法。

第三十三条 在洪泛区、蓄滞洪区内建设非防洪建设项目，应当就洪水对建设项目可能产生的影响和建设项目对防洪可能产生的影响作出评价，编制洪水影响评价报告，提出防御措施。建设项目可行性研究报告按照国家规定的基本建设程序报请批准时，应当附具有关水行政主管部门审查批准的洪水影响评价报告。

在蓄滞洪区内建设的油田、铁路、公路、矿山、电厂、电信设施和管道，其洪水影响评价报告应当包括建设单位自行安排的防洪避洪方案。建设项目投入生产或者使用时，其防洪工程设施应当经水行政主管部门验收。

在蓄滞洪区内建造房屋应当采用平顶式结构。

第三十四条 大中城市，重要的铁路、公路干线，大型骨干企业，应当列为防洪重点，确保安全。

受洪水威胁的城市、经济开发区、工矿区和国家重要的农业生产基地等，应当重点保护，建设必要的防洪工程设施。

城市建设不得擅自填堵原有河道沟汊、贮水湖塘洼淀和废除原有防洪围堤；确需填堵或者废除的，应当经水行政主管部门审查同意，并报城市人民政府批准。

第三十五条 属于国家所有的防洪工程设施，应当按照经批准的设计，在竣工验收前由县级以上人民政府按照国家规定，划定管理和保护范围。

属于集体所有的防洪工程设施，应当按照省、自治区、直辖市人民政府的规定，划定保护范围。

在防洪工程设施保护范围内，禁止进行爆破、打井、采石、取土等危害防洪工程设施安全的活动。

第三十六条 各级人民政府应当组织有关部门加强对水库大坝的定期检查和监督管理。对未达到设计洪水标准、抗震设防要求或者有严重质量缺陷的险坝，大坝主管部门应当组织有关单位采取除险加固措施，限期消除危险或者重建，有关人民政府应当优先安排所需资金。对可能出现垮坝的水库，应当事先制定应急抢险和居民临时撤离方案。

各级人民政府和有关主管部门应当加强对尾矿坝的监督管理，采取措施，避免因洪水导致垮坝。

第三十七条 任何单位和个人不得破坏、侵占、毁损水库大坝、堤防、水闸、护岸、抽水站、排水渠系等防洪工程和水文、通信设施以及防汛备用的器材、物料等。

第五章 防 汛 抗 洪

第三十八条 防汛抗洪工作实行各级人民政府行政首长负责制，统一指挥、分级分部门负责。

第三十九条 国务院设立国家防汛指挥机构，负责领导、组织全国的防汛抗洪工作，其办事机构设在国务院水行政主管部门。

在国家确定的重要江河、湖泊可以设立由有关省、自治区、直辖市人民政府和该江河、湖泊的流域管理机构负责人等组成的防汛指挥机构，指挥所管辖范围内的防汛抗洪工作，其办事机构设在流域管理机构。

有防汛抗洪任务的县级以上地方人民政府设立由有关部门、当地驻军、人民武装部负责人等组成的防汛指挥机构，在上级防汛指挥机构和本级人民政府的领导下，指挥本地区的防汛抗洪工作，其办事机构设在同级水行政主管部门；必要时，经城市人民政府决定，防汛指挥机构也可以在建设行政主管部门设城市市区办事机构，在防汛指挥机构的统一领导下，负责城市市区的防汛抗洪日常工作。

第四十条　有防汛抗洪任务的县级以上地方人民政府根据流域综合规划、防洪工程实际状况和国家规定的防洪标准，制定防御洪水方案（包括对特大洪水的处置措施）。

长江、黄河、淮河、海河的防御洪水方案，由国家防汛指挥机构制定，报国务院批准；跨省、自治区、直辖市的其他江河的防御洪水方案，由有关流域管理机构会同有关省、自治区、直辖市人民政府制定，报国务院或者国务院授权的有关部门批准。防御洪水方案经批准后，有关地方人民政府必须执行。

各级防汛指挥机构和承担防汛抗洪任务的部门和单位，必须根据防御洪水方案做好防汛抗洪准备工作。

第四十一条　省、自治区、直辖市人民政府防汛指挥机构根据当地的洪水规律，规定汛期起止日期。

当江河、湖泊的水情接近保证水位或者安全流量，水库水位接近设计洪水位，或者防洪工程设施发生重大险情时，有关县级以上人民政府防汛指挥机构可以宣布进入紧急防汛期。

第四十二条　对河道、湖泊范围内阻碍行洪的障碍物，按照谁设障、谁清除的原则，由防汛指挥机构责令限期清除；逾期不清除的，由防汛指挥机构组织强行清除，所需费用由设障者承担。

在紧急防汛期，国家防汛指挥机构或者其授权的流域、省、自治区、直辖市防汛指挥机构有权对壅水、阻水严重的桥梁、引道、码头和其他跨河工程设施作出紧急处置。

第四十三条　在汛期，气象、水文、海洋等有关部门应当按照各自的职责，及时向有关防汛指挥机构提供天气、水文等实时信息和风暴潮预报；电信部门应当优先提供防汛抗洪通信的服务；运输、电力、物资材料供应等有关部门应当优先为防汛抗洪服务。

中国人民解放军、中国人民武装警察部队和民兵应当执行国家赋予的抗洪抢险任务。

第四十四条　在汛期，水库、闸坝和其他水工程设施的运用，必须服从有关的防汛指挥机构的调度指挥和监督。

在汛期，水库不得擅自在汛期限制水位以上蓄水，其汛期限制水位以上的防洪库容的运用，必须服从防汛指挥机构的调度指挥和监督。

在凌汛期，有防凌汛任务的江河的上游水库的下泄水量必须征得有关的防汛指挥机构的同意，并接受其监督。

第四十五条　在紧急防汛期，防汛指挥机构根据防汛抗洪的需要，有权在其管辖范围内调用物资、设备、交通运输工具和人力，决定采取取土占地、砍伐林木、清除阻水障碍物和其他必要的紧急措施；必要时，公安、交通等有关部门按照防汛指挥机构的决定，依法实施陆地和水面交通管制。

依照前款规定调用的物资、设备、交通运输工具等，在汛期结束后应当及时归还；造成损坏或者无法归还的，按照国务院有关规定给予适当补偿或者作其他处理。取土占地、砍伐林木的，在汛期结束后依法向有关部门补办手续；有关地方人民政府对取土后的土地组织复垦，对砍伐的林木组织补种。

第四十六条 江河、湖泊水位或者流量达到国家规定的分洪标准，需要启用蓄滞洪区时，国务院，国家防汛指挥机构，流域防汛指挥机构，省、自治区、直辖市人民政府，省、自治区、直辖市防汛指挥机构，按照依法经批准的防御洪水方案中规定的启用条件和批准程序，决定启用蓄滞洪区。依法启用蓄滞洪区，任何单位和个人不得阻拦、拖延；遇到阻拦、拖延时，由有关县级以上地方人民政府强制实施。

第四十七条 发生洪涝灾害后，有关人民政府应当组织有关部门、单位做好灾区的生活供给、卫生防疫、救灾物资供应、治安管理、学校复课、恢复生产和重建家园等救灾工作以及所管辖地区的各项水毁工程设施修复工作。水毁防洪工程设施的修复，应当优先列入有关部门的年度建设计划。

国家鼓励、扶持开展洪水保险。

第六章 保障措施

第四十八条 各级人民政府应当采取措施，提高防洪投入的总体水平。

第四十九条 江河、湖泊的治理和防洪工程设施的建设和维护所需投资，按照事权和财权相统一的原则，分级负责，由中央和地方财政承担。城市防洪工程设施的建设和维护所需投资，由城市人民政府承担。

受洪水威胁地区的油田、管道、铁路、公路、矿山、电力、电信等企业、事业单位应当自筹资金，兴建必要的防洪自保工程。

第五十条 中央财政应当安排资金，用于国家确定的重要江河、湖泊的堤坝遭受特大洪涝灾害时的抗洪抢险和水毁防洪工程修复。省、自治区、直辖市人民政府应当在本级财政预算中安排资金，用于本行政区域内遭受特大洪涝灾害地区的抗洪抢险和水毁防洪工程修复。

第五十一条 国家设立水利建设基金，用于防洪工程和水利工程的维护和建设。具体办法由国务院规定。

受洪水威胁的省、自治区、直辖市为加强本行政区域内防洪工程设施建设，提高防御洪水能力，按照国务院的有关规定，可以规定在防洪保护区范围内征收河道工程修建维护管理费。

第五十二条 有防洪任务的地方各级人民政府应当根据国务院的有关规定，安排一定比例的农村义务工和劳动积累工，用于防洪工程设施的建设、维护。

第五十三条 任何单位和个人不得截留、挪用防洪、救灾资金和物资。

各级人民政府审计机关应当加强对防洪、救灾资金使用情况的审计监督。

第七章 法 律 责 任

第五十四条 违反本法第十七条规定，未经水行政主管部门签署规划同意书，擅自在江河、湖泊上建设防洪工程和其他水工程、水电站的，责令停止违法行为，补办规划同意书手续；违反规划同意书的要求，严重影响防洪的，责令限期拆除；违反规划同意书的要求，影响防洪但尚可采取补救措施的，责令限期采取补救措施，可以处一万元以上十万元以下的罚款。

第五十五条 违反本法第十九条规定，未按照规划治导线整治河道和修建控制引导河水流向、保护堤岸等工程，影响防洪的，责令停止违法行为，恢复原状或者采取其他补救措施，可以处一万元以上十万元以下的罚款。

第五十六条 违反本法第二十二条第二款、第三款规定，有下列行为之一的，责令停止违法行为，排除阻碍或者采取其他补救措施，可以处五万元以下的罚款：

（一）在河道、湖泊管理范围内建设妨碍行洪的建筑物、构筑物的；

（二）在河道、湖泊管理范围内倾倒垃圾、渣土，从事影响河势稳定、危害河岸堤防安全和其他妨碍河道行洪的活动的；

（三）在行洪河道内种植阻碍行洪的林木和高秆作物的。

第五十七条 违反本法第十五条第二款、第二十三条规定，围海造地、围湖造地、围垦河道的，责令停止违法行为，恢复原状或者采取其他补救措施，可以处五万元以下的罚款；既不恢复原状也不采取其他补救措施的，代为恢复原状或者采取其他补救措施，所需费用由违法者承担。

第五十八条 违反本法第二十七条规定，未经水行政主管部门对其工程建设方案审查同意或者未按照有关水行政主管部门审查批准的位置、界限，在河道、湖泊管理范围内从事工程设施建设活动的，责令停止违法行为，补办审查同意或者审查批准手续；工程设施建设严重影响防洪的，责令限期拆除，逾期不拆除的，强行拆除，所需费用由建设单位承担；影响行洪但尚可采取补救措施的，责令限期采取补救措施，可以处一万元以上十万元以下的罚款。

第五十九条 违反本法第三十三条第一款规定，在洪泛区、蓄滞洪区内建设非防洪建设项目，未编制洪水影响评价报告的，责令限期改正；逾期不改正的，处五万元以下的罚款。

违反本法第三十三条第二款规定，防洪工程设施未经验收，即将建设项目投入生产或者使用的，责令停止生产或者使用，限期验收防洪工程设施，可以处五万元以下的罚款。

第六十条 违反本法第三十四条规定，因城市建设擅自填堵原有河道沟汊、贮水湖塘洼淀和废除原有防洪围堤的，城市人民政府应当责令停止违法行为，限期恢复原状或者采取其他补救措施。

第六十一条 违反本法规定，破坏、侵占、毁损堤防、水闸、护岸、抽水站、排水渠系等防洪工程和水文、通信设施以及防汛备用的器材、物料的，责令停止违法行为，采取补救措施，可以处五万元以下的罚款；造成损坏的，依法承担民事责任；应当给予治安管理处罚的，依照治安管理处罚条例的规定处罚；构成犯罪的，依法追究刑事责任。

第六十二条 阻碍、威胁防汛指挥机构、水行政主管部门或者流域管理机构的工作人员依法执行职务，构成犯罪的，依法追究刑事责任；尚不构成犯罪，应当给予治安管理处罚的，依照治安管理处罚条例的规定处罚。

第六十三条 截留、挪用防洪、救灾资金和物资，构成犯罪的，依法追究刑事责任；尚不构成犯罪的，给予行政处分。

第六十四条 除本法第六十条的规定外，本章规定的行政处罚和行政措施，由县级以上人民政府水行政主管部门决定，或者由流域管理机构按照国务院水行政主管部门规定的权限决定。但是，本法第六十一条、第六十二条规定的治安管理处罚的决定机关，按照治安管理处罚条例的规定执行。

第六十五条 国家工作人员，有下列行为之一，构成犯罪的，依法追究刑事责任；尚不构成犯罪的，给予行政处分：

（一）违反本法第十七条、第十九条、第二十二条第二款、第二十二条第三款、第二十七条或者第三十四条规定，严重影响防洪的；

（二）滥用职权，玩忽职守，徇私舞弊，致使防汛抗洪工作遭受重大损失的；

（三）拒不执行防御洪水方案、防汛抢险指令或者蓄滞洪方案、措施、汛期调度运用计划等防汛调度方案的；

（四）违反本法规定，导致或者加重毗邻地区或者其他单位洪灾损失的。

第八章 附　　则

第六十六条 本法自 1998 年 1 月 1 日起施行。

中华人民共和国安全生产法

（主席令第70号，自2002年11月1日起施行）

目　录

第一章　总　　则

第一条　为了加强安全生产监督管理，防止和减少生产安全事故，保障人民群众生命和财产安全，促进经济发展，制定本法。

第二条　在中华人民共和国领域内从事生产经营活动的单位（以下统称生产经营单位）的安全生产，适用本法；有关法律、行政法规对消防安全和道路交通安全、铁路交通安全、水上交通安全、民用航空安全另有规定的，适用其规定。

第三条　安全生产管理，坚持安全第一、预防为主的方针。

第四条　生产经营单位必须遵守本法和其他有关安全生产的法律、法规，加强安全生产管理，建立、健全安全生产责任制度，完善安全生产条件，确保安全生产。

第五条　生产经营单位的主要负责人对本单位的安全生产工作全面负责。

第六条　生产经营单位的从业人员有依法获得安全生产保障的权利，并应当依法履行安全生产方面的义务。

第七条　工会依法组织职工参加本单位安全生产工作的民主管理和民主监督，维护职工在安全生产方面的合法权益。

第八条　国务院和地方各级人民政府应当加强对安全生产工作的领导，支持、督促各有关部门依法履行安全生产监督管理职责。

县级以上人民政府对安全生产监督管理中存在的重大问题应当及时予以协调、解决。

第九条　国务院负责安全生产监督管理的部门依照本法，对全国安全生产工作实施综合监督管理；县级以上地方各级人民政府负责安全生产监督管理的部门依照本法，对本行政区域内安全生产工作实施综合监督管理。

国务院有关部门依照本法和其他有关法律、行政法规的规定，在各自的职责范围内对有关的安全生产工作实施监督管理；县级以上地方各级人民政府有关部门依照本法和其他有关法律、法规的规定，在各自的职责范围内对有关的安全生产工作实施监督管理。

第十条 国务院有关部门应当按照保障安全生产的要求，依法及时制定有关的国家标准或者行业标准，并根据科技进步和经济发展适时修订。

生产经营单位必须执行依法制定的保障安全生产的国家标准或者行业标准。

第十一条 各级人民政府及其有关部门应当采取多种形式，加强对有关安全生产的法律、法规和安全生产知识的宣传，提高职工的安全生产意识。

第十二条 依法设立的为安全生产提供技术服务的中介机构，依照法律、行政法规和执业准则，接受生产经营单位的委托为其安全生产工作提供技术服务。

第十三条 国家实行生产安全事故责任追究制度，依照本法和有关法律、法规的规定，追究生产安全事故责任人员的法律责任。

第十四条 国家鼓励和支持安全生产科学技术研究和安全生产先进技术的推广应用，提高安全生产水平。

第十五条 国家对在改善安全生产条件、防止生产安全事故、参加抢险救护等方面取得显著成绩的单位和个人，给予奖励。

第二章　生产经营单位的安全生产保障

第十六条 生产经营单位应当具备本法和有关法律、行政法规和国家标准或者行业标准规定的安全生产条件；不具备安全生产条件的，不得从事生产经营活动。

第十七条 生产经营单位的主要负责人对本单位安全生产工作负有下列职责：

（一）建立、健全本单位安全生产责任制；

（二）组织制定本单位安全生产规章制度和操作规程；

（三）保证本单位安全生产投入的有效实施；

（四）督促、检查本单位的安全生产工作，及时消除生产安全事故隐患；

（五）组织制定并实施本单位的生产安全事故应急救援预案；

（六）及时、如实报告生产安全事故。

第十八条 生产经营单位应当具备的安全生产条件所必需的资金投入，由生产经营单位的决策机构、主要负责人或者个人经营的投资人予以保证，并对由于安全生产所必需的资金投入不足导致的后果承担责任。

第十九条 矿山、建筑施工单位和危险物品的生产、经营、储存单位，应当设置安全生产管理机构或者配备专职安全生产管理人员。

前款规定以外的其他生产经营单位，从业人员超过300人的，应当设置安全生产管理机构或者配备专职安全生产管理人员；从业人员在300人以下的，应当配备专职或者兼职的安全生产管理人员，或者委托具有国家规定的相关专业技术资格的工程技术人员提供安全生产管理服务。

生产经营单位依照前款规定委托工程技术人员提供安全生产管理服务的，保证安全生产的责任仍由本单位负责。

第二十条 生产经营单位的主要负责人和安全生产管理人员必须具备与本单位所从事的生产经营活动相应的安全生产知识和管理能力。

危险物品的生产、经营、储存单位以及矿山、建筑施工单位的主要负责人和安全生产管理人员，应当由有关主管部门对其安全生产知识和管理能力考核合格后方可任职。考核不得收费。

第二十一条　生产经营单位应当对从业人员进行安全生产教育和培训，保证从业人员具备必要的安全生产知识，熟悉有关的安全生产规章制度和安全操作规程，掌握本岗位的安全操作技能。未经安全生产教育和培训合格的从业人员，不得上岗作业。

第二十二条　生产经营单位采用新工艺、新技术、新材料或者使用新设备，必须了解、掌握其安全技术特性，采取有效的安全防护措施，并对从业人员进行专门的安全生产教育和培训。

第二十三条　生产经营单位的特种作业人员必须按照国家有关规定经专门的安全作业培训，取得特种作业操作资格证书，方可上岗作业。

特种作业人员的范围由国务院负责安全生产监督管理的部门会同国务院有关部门确定。

第二十四条　生产经营单位新建、改建、扩建工程项目（以下统称建设项目）的安全设施，必须与主体工程同时设计、同时施工、同时投入生产和使用。安全设施投资应当纳入建设项目概算。

第二十五条　矿山建设项目和用于生产、储存危险物品的建设项目，应当分别按照国家有关规定进行安全条件论证和安全评价。

第二十六条　建设项目安全设施的设计人、设计单位应当对安全设施设计负责。

矿山建设项目和用于生产、储存危险物品的建设项目的安全设施设计应当按照国家有关规定报经有关部门审查，审查部门及其负责审查的人员对审查结果负责。

第二十七条　矿山建设项目和用于生产、储存危险物品的建设项目的施工单位必须按照批准的安全设施设计施工，并对安全设施的工程质量负责。

矿山建设项目和用于生产、储存危险物品的建设项目竣工投入生产或者使用前，必须依照有关法律、行政法规的规定对安全设施进行验收；验收合格后，方可投入生产和使用。验收部门及其验收人员对验收结果负责。

第二十八条　生产经营单位应当在有较大危险因素的生产经营场所和有关设施、设备上，设置明显的安全警示标志。

第二十九条　安全设备的设计、制造、安装、使用、检测、维修、改造和报废，应当符合国家标准或者行业标准。

生产经营单位必须对安全设备进行经常性维护、保养，并定期检测，保证正常运转。维护、保养、检测应当作好记录，并由有关人员签字。

第三十条　生产经营单位使用的涉及生命安全、危险性较大的特种设备，以及危险物品的容器、运输工具，必须按照国家有关规定，由专业生产单位生产，并经取得专业资质的检测、检验机构检测、检验合格，取得安全使用证或者安全标志，方可投入使用。检测、检验机构对检测、检验结果负责。

涉及生命安全、危险性较大的特种设备的目录由国务院负责特种设备安全监督管理的部门制定，报国务院批准后执行。

第三十一条 国家对严重危及生产安全的工艺、设备实行淘汰制度。

生产经营单位不得使用国家明令淘汰、禁止使用的危及生产安全的工艺、设备。

第三十二条 生产、经营、运输、储存、使用危险物品或者处置废弃危险物品的，由有关主管部门依照有关法律、法规的规定和国家标准或者行业标准审批并实施监督管理。

生产经营单位生产、经营、运输、储存、使用危险物品或者处置废弃危险物品，必须执行有关法律、法规和国家标准或者行业标准，建立专门的安全管理制度，采取可靠的安全措施，接受有关主管部门依法实施的监督管理。

第三十三条 生产经营单位对重大危险源应当登记建档，进行定期检测、评估、监控，并制定应急预案，告知从业人员和相关人员在紧急情况下应当采取的应急措施。

生产经营单位应当按照国家有关规定将本单位重大危险源及有关安全措施、应急措施报有关地方人民政府负责安全生产监督管理的部门和有关部门备案。

第三十四条 生产、经营、储存、使用危险物品的车间、商店、仓库不得与员工宿舍在同一座建筑物内，并应当与员工宿舍保持安全距离。

生产经营场所和员工宿舍应当设有符合紧急疏散要求、标志明显、保持畅通的出口。禁止封闭、堵塞生产经营场所或者员工宿舍的出口。

第三十五条 生产经营单位进行爆破、吊装等危险作业，应当安排专门人员进行现场安全管理，确保操作规程的遵守和安全措施的落实。

第三十六条 生产经营单位应当教育和督促从业人员严格执行本单位的安全生产规章制度和安全操作规程；并向从业人员如实告知作业场所和工作岗位存在的危险因素、防范措施以及事故应急措施。

第三十七条 生产经营单位必须为从业人员提供符合国家标准或者行业标准的劳动防护用品，并监督、教育从业人员按照使用规则佩戴、使用。

第三十八条 生产经营单位的安全生产管理人员应当根据本单位的生产经营特点，对安全生产状况进行经常性检查；对检查中发现的安全问题，应当立即处理；不能处理的，应当及时报告本单位有关负责人。检查及处理情况应当记录在案。

第三十九条 生产经营单位应当安排用于配备劳动防护用品、进行安全生产培训的经费。

第四十条 两个以上生产经营单位在同一作业区域内进行生产经营活动，可能危及对方生产安全的，应当签订安全生产管理协议，明确各自的安全生产管理职责和应当采取的安全措施，并指定专职安全生产管理人员进行安全检查与协调。

第四十一条 生产经营单位不得将生产经营项目、场所、设备发包或者出租给不具备安全生产条件或者相应资质的单位或者个人。

生产经营项目、场所有多个承包单位、承租单位的，生产经营单位应当与承包单位、承租单位签订专门的安全生产管理协议，或者在承包合同、租赁合同中约定各自的安全生产管理职责；生产经营单位对承包单位、承租单位的安全生产工作统一协调、管理。

第四十二条 生产经营单位发生重大生产安全事故时，单位的主要负责人应当立即组织抢救，并不得在事故调查处理期间擅离职守。

第四十三条 生产经营单位必须依法参加工伤社会保险，为从业人员缴纳保险费。

第三章 从业人员的权利和义务

第四十四条 生产经营单位与从业人员订立的劳动合同，应当载明有关保障从业人员劳动安全、防止职业危害的事项，以及依法为从业人员办理工伤社会保险的事项。

生产经营单位不得以任何形式与从业人员订立协议，免除或者减轻其对从业人员因生产安全事故伤亡依法应承担的责任。

第四十五条 生产经营单位的从业人员有权了解其作业场所和工作岗位存在的危险因素、防范措施及事故应急措施，有权对本单位的安全生产工作提出建议。

第四十六条 从业人员有权对本单位安全生产工作中存在的问题提出批评、检举、控告；有权拒绝违章指挥和强令冒险作业。

生产经营单位不得因从业人员对本单位安全生产工作提出批评、检举、控告或者拒绝违章指挥、强令冒险作业而降低其工资、福利等待遇或者解除与其订立的劳动合同。

第四十七条 从业人员发现直接危及人身安全的紧急情况时，有权停止作业或者在采取可能的应急措施后撤离作业场所。

生产经营单位不得因从业人员在前款紧急情况下停止作业或者采取紧急撤离措施而降低其工资、福利等待遇或者解除与其订立的劳动合同。

第四十八条 因生产安全事故受到损害的从业人员，除依法享有工伤社会保险外，依照有关民事法律尚有获得赔偿的权利的，有权向本单位提出赔偿要求。

第四十九条 从业人员在作业过程中，应当严格遵守本单位的安全生产规章制度和操作规程，服从管理，正确佩戴和使用劳动防护用品。

第五十条 从业人员应当接受安全生产教育和培训，掌握本职工作所需的安全生产知识，提高安全生产技能，增强事故预防和应急处理能力。

第五十一条 从业人员发现事故隐患或者其他不安全因素，应当立即向现场安全生产管理人员或者本单位负责人报告；接到报告的人员应当及时予以处理。

第五十二条 工会有权对建设项目的安全设施与主体工程同时设计、同时施工、同时投入生产和使用进行监督，提出意见。

工会对生产经营单位违反安全生产法律、法规，侵犯从业人员合法权益的行为，有权要求纠正；发现生产经营单位违章指挥、强令冒险作业或者发现事故隐患时，有权提出解决的建议，生产经营单位应当及时研究答复；发现危及从业人员生命安全的情况时，有权向生产经营单位建议组织从业人员撤离危险场所，生产经营单位必须立即作出处理。

工会有权依法参加事故调查，向有关部门提出处理意见，并要求追究有关人员的责任。

第四章 安全生产的监督管理

第五十三条 县级以上地方各级人民政府应当根据本行政区域内的安全生产状况，组织有关部门按照职责分工，对本行政区域内容易发生重大生产安全事故的生产经营单位进行严格检查；发现事故隐患，应当及时处理。

第五十四条 依照本法第九条规定对安全生产负有监督管理职责的部门（以下统称负

有安全生产监督管理职责的部门）依照有关法律、法规的规定，对涉及安全生产的事项需要审查批准（包括批准、核准、许可、注册、认证、颁发证照等，下同）或者验收的，必须严格依照有关法律、法规和国家标准或者行业标准规定的安全生产条件和程序进行审查；不符合有关法律、法规和国家标准或者行业标准规定的安全生产条件的，不得批准或者验收通过。对未依法取得批准或者验收合格的单位擅自从事有关活动的，负责行政审批的部门发现或者接到举报后应当立即予以取缔，并依法予以处理。对已经依法取得批准的单位，负责行政审批的部门发现其不再具备安全生产条件的，应当撤销原批准。

第五十五条 负有安全生产监督管理职责的部门对涉及安全生产的事项进行审查、验收，不得收取费用；不得要求接受审查、验收的单位购买其指定品牌或者指定生产、销售单位的安全设备、器材或者其他产品。

第五十六条 负有安全生产监督管理职责的部门依法对生产经营单位执行有关安全生产的法律、法规和国家标准或者行业标准的情况进行监督检查，行使以下职权：

（一）进入生产经营单位进行检查，调阅有关资料，向有关单位和人员了解情况。

（二）对检查中发现的安全生产违法行为，当场予以纠正或者要求限期改正；对依法应当给予行政处罚的行为，依照本法和其他有关法律、行政法规的规定作出行政处罚决定。

（三）对检查中发现的事故隐患，应当责令立即排除；重大事故隐患排除前或者排除过程中无法保证安全的，应当责令从危险区域内撤出作业人员，责令暂时停产停业或者停止使用；重大事故隐患排除后，经审查同意，方可恢复生产经营和使用。

（四）对有根据认为不符合保障安全生产的国家标准或者行业标准的设施、设备、器材予以查封或者扣押，并应当在15日内依法作出处理决定。

监督检查不得影响被检查单位的正常生产经营活动。

第五十七条 生产经营单位对负有安全生产监督管理职责的部门的监督检查人员（以下统称安全生产监督检查人员）依法履行监督检查职责，应当予以配合，不得拒绝、阻挠。

第五十八条 安全生产监督检查人员应当忠于职守，坚持原则，秉公执法。

安全生产监督检查人员执行监督检查任务时，必须出示有效的监督执法证件；对涉及被检查单位的技术秘密和业务秘密，应当为其保密。

第五十九条 安全生产监督检查人员应当将检查的时间、地点、内容、发现的问题及其处理情况，作出书面记录，并由检查人员和被检查单位的负责人签字；被检查单位的负责人拒绝签字的，检查人员应当将情况记录在案，并向负有安全生产监督管理职责的部门报告。

第六十条 负有安全生产监督管理职责的部门在监督检查中，应当互相配合，实行联合检查；确需分别进行检查的，应当互通情况，发现存在的安全问题应当由其他有关部门进行处理的，应当及时移送其他有关部门并形成记录备查，接受移送的部门应当及时进行处理。

第六十一条 监察机关依照行政监察法的规定，对负有安全生产监督管理职责的部门及其工作人员履行安全生产监督管理职责实施监察。

第六十二条 承担安全评价、认证、检测、检验的机构应当具备国家规定的资质条件，并对其作出的安全评价、认证、检测、检验的结果负责。

第六十三条 负有安全生产监督管理职责的部门应当建立举报制度，公开举报电话、信箱或者电子邮件地址，受理有关安全生产的举报；受理的举报事项经调查核实后，应当形成书面材料；需要落实整改措施的，报经有关负责人签字并督促落实。

第六十四条 任何单位或者个人对事故隐患或者安全生产违法行为，均有权向负有安全生产监督管理职责的部门报告或者举报。

第六十五条 居民委员会、村民委员会发现其所在区域内的生产经营单位存在事故隐患或者安全生产违法行为时，应当向当地人民政府或者有关部门报告。

第六十六条 县级以上各级人民政府及其有关部门对报告重大事故隐患或者举报安全生产违法行为的有功人员，给予奖励。具体奖励办法由国务院负责安全生产监督管理的部门会同国务院财政部门制定。

第六十七条 新闻、出版、广播、电影、电视等单位有进行安全生产宣传教育的义务，有对违反安全生产法律、法规的行为进行舆论监督的权利。

第五章 生产安全事故的应急救援与调查处理

第六十八条 县级以上地方各级人民政府应当组织有关部门制定本行政区域内特大生产安全事故应急救援预案，建立应急救援体系。

第六十九条 危险物品的生产、经营、储存单位以及矿山、建筑施工单位应当建立应急救援组织；生产经营规模较小，可以不建立应急救援组织的，应当指定兼职的应急救援人员。

危险物品的生产、经营、储存单位以及矿山、建筑施工单位应当配备必要的应急救援器材、设备，并进行经常性维护、保养，保证正常运转。

第七十条 生产经营单位发生生产安全事故后，事故现场有关人员应当立即报告本单位负责人。

单位负责人接到事故报告后，应当迅速采取有效措施，组织抢救，防止事故扩大，减少人员伤亡和财产损失，并按照国家有关规定立即如实报告当地负有安全生产监督管理职责的部门，不得隐瞒不报、谎报或者拖延不报，不得故意破坏事故现场、毁灭有关证据。

第七十一条 负有安全生产监督管理职责的部门接到事故报告后，应当立即按照国家有关规定上报事故情况。负有安全生产监督管理职责的部门和有关地方人民政府对事故情况不得隐瞒不报、谎报或者拖延不报。

第七十二条 有关地方人民政府和负有安全生产监督管理职责的部门的负责人接到重大生产安全事故报告后，应当立即赶到事故现场，组织事故抢救。

任何单位和个人都应当支持、配合事故抢救，并提供一切便利条件。

第七十三条 事故调查处理应当按照实事求是、尊重科学的原则，及时、准确地查清事故原因，查明事故性质和责任，总结事故教训，提出整改措施，并对事故责任者提出处理意见。事故调查和处理的具体办法由国务院制定。

第七十四条 生产经营单位发生生产安全事故，经调查确定为责任事故的，除了应当查明事故单位的责任并依法予以追究外，还应当查明对安全生产的有关事项负有审查批准和监督职责的行政部门的责任，对有失职、渎职行为的，依照本法第七十七条的规定追究法律责任。

第七十五条 任何单位和个人不得阻挠和干涉对事故的依法调查处理。

第七十六条 县级以上地方各级人民政府负责安全生产监督管理的部门应当定期统计分析本行政区域内发生生产安全事故的情况，并定期向社会公布。

第六章 法 律 责 任

第七十七条 负有安全生产监督管理职责的部门的工作人员，有下列行为之一的，给予降级或者撤职的行政处分；构成犯罪的，依照刑法有关规定追究刑事责任：

（一）对不符合法定安全生产条件的涉及安全生产的事项予以批准或者验收通过的；

（二）发现未依法取得批准、验收的单位擅自从事有关活动或者接到举报后不予取缔或者不依法予以处理的；

（三）对已经依法取得批准的单位不履行监督管理职责，发现其不再具备安全生产条件而不撤销原批准或者发现安全生产违法行为不予查处的。

第七十八条 负有安全生产监督管理职责的部门，要求被审查、验收的单位购买其指定的安全设备、器材或者其他产品的，在对安全生产事项的审查、验收中收取费用的，由其上级机关或者监察机关责令改正，责令退还收取的费用；情节严重的，对直接负责的主管人员和其他直接责任人员依法给予行政处分。

第七十九条 承担安全评价、认证、检测、检验工作的机构，出具虚假证明，构成犯罪的，依照刑法有关规定追究刑事责任；尚不够刑事处罚的，没收违法所得，违法所得在5000元以上的，并处违法所得2倍以上5倍以下的罚款，没有违法所得或者违法所得不足5000元的，单处或者并处5000元以上2万元以下的罚款，对其直接负责的主管人员和其他直接责任人员处5000元以上5万元以下的罚款；给他人造成损害的，与生产经营单位承担连带赔偿责任。

对有前款违法行为的机构，撤销其相应资格。

第八十条 生产经营单位的决策机构、主要负责人、个人经营的投资人不依照本法规定保证安全生产所必需的资金投入，致使生产经营单位不具备安全生产条件的，责令限期改正，提供必需的资金；逾期未改正的，责令生产经营单位停产停业整顿。

有前款违法行为，导致发生生产安全事故，构成犯罪的，依照刑法有关规定追究刑事责任；尚不够刑事处罚的，对生产经营单位的主要负责人给予撤职处分，对个人经营的投资人处2万元以上20万元以下的罚款。

第八十一条 生产经营单位的主要负责人未履行本法规定的安全生产管理职责的，责令限期改正；逾期未改正的，责令生产经营单位停产停业整顿。

生产经营单位的主要负责人有前款违法行为，导致发生生产安全事故，构成犯罪的，依照刑法有关规定追究刑事责任；尚不够刑事处罚的，给予撤职处分或者处2万元以上20万元以下的罚款。

生产经营单位的主要负责人依照前款规定受刑事处罚或者撤职处分的，自刑罚执行完毕或者受处分之日起，5年内不得担任任何生产经营单位的主要负责人。

第八十二条 生产经营单位有下列行为之一的，责令限期改正；逾期未改正的，责令停产停业整顿，可以并处2万元以下的罚款：

（一）未按照规定设立安全生产管理机构或者配备安全生产管理人员的；

（二）危险物品的生产、经营、储存单位以及矿山、建筑施工单位的主要负责人和安全生产管理人员未按照规定经考核合格的；

（三）未按照本法第二十一条、第二十二条的规定对从业人员进行安全生产教育和培训，或者未按照本法第三十六条的规定如实告知从业人员有关的安全生产事项的；

（四）特种作业人员未按照规定经专门的安全作业培训并取得特种作业操作资格证书，上岗作业的。

第八十三条 生产经营单位有下列行为之一的，责令限期改正；逾期未改正的，责令停止建设或者停产停业整顿，可以并处5万元以下的罚款；造成严重后果，构成犯罪的，依照刑法有关规定追究刑事责任：

（一）矿山建设项目或者用于生产、储存危险物品的建设项目没有安全设施设计或者安全设施设计未按照规定报经有关部门审查同意的；

（二）矿山建设项目或者用于生产、储存危险物品的建设项目的施工单位未按照批准的安全设施设计施工的；

（三）矿山建设项目或者用于生产、储存危险物品的建设项目竣工投入生产或者使用前，安全设施未经验收合格的；

（四）未在有较大危险因素的生产经营场所和有关设施、设备上设置明显的安全警示标志的；

（五）安全设备的安装、使用、检测、改造和报废不符合国家标准或者行业标准的；

（六）未对安全设备进行经常性维护、保养和定期检测的；

（七）未为从业人员提供符合国家标准或者行业标准的劳动防护用品的；

（八）特种设备以及危险物品的容器、运输工具未经取得专业资质的机构检测、检验合格，取得安全使用证或者安全标志，投入使用的；

（九）使用国家明令淘汰、禁止使用的危及生产安全的工艺、设备的。

第八十四条 未经依法批准，擅自生产、经营、储存危险物品的，责令停止违法行为或者予以关闭，没收违法所得，违法所得10万元以上的，并处违法所得1倍以上5倍以下的罚款，没有违法所得或者违法所得不足10万元的，单处或者并处2万元以上10万元以下的罚款；造成严重后果，构成犯罪的，依照刑法有关规定追究刑事责任。

第八十五条 生产经营单位有下列行为之一的，责令限期改正；逾期未改正的，责令停产停业整顿，可以并处2万元以上10万元以下的罚款；造成严重后果，构成犯罪的，依照刑法有关规定追究刑事责任：

（一）生产、经营、储存、使用危险物品，未建立专门安全管理制度、未采取可靠的安全措施或者不接受有关主管部门依法实施的监督管理的；

（二）对重大危险源未登记建档，或者未进行评估、监控，或者未制定应急预案的；

（三）进行爆破、吊装等危险作业，未安排专门管理人员进行现场安全管理的。

第八十六条 生产经营单位将生产经营项目、场所、设备发包或者出租给不具备安全生产条件或者相应资质的单位或者个人的，责令限期改正，没收违法所得；违法所得5万元以上的，并处违法所得1倍以上5倍以下的罚款；没有违法所得或者违法所得不足5万元的，单处或者并处1万元以上5万元以下的罚款；导致发生生产安全事故给他人造成损害的，与承包方、承租方承担连带赔偿责任。

生产经营单位未与承包单位、承租单位签订专门的安全生产管理协议或者未在承包合同、租赁合同中明确各自的安全生产管理职责，或者未对承包单位、承租单位的安全生产统一协调、管理的，责令限期改正；逾期未改正的，责令停产停业整顿。

第八十七条 两个以上生产经营单位在同一作业区域内进行可能危及对方安全生产的生产经营活动，未签订安全生产管理协议或者未指定专职安全生产管理人员进行安全检查与协调的，责令限期改正；逾期未改正的，责令停产停业。

第八十八条 生产经营单位有下列行为之一的，责令限期改正；逾期未改正的，责令停产停业整顿；造成严重后果，构成犯罪的，依照刑法有关规定追究刑事责任：

（一）生产、经营、储存、使用危险物品的车间、商店、仓库与员工宿舍在同一座建筑内，或者与员工宿舍的距离不符合安全要求的；

（二）生产经营场所和员工宿舍未设有符合紧急疏散需要、标志明显、保持畅通的出口，或者封闭、堵塞生产经营场所或者员工宿舍出口的。

第八十九条 生产经营单位与从业人员订立协议，免除或者减轻其对从业人员因生产安全事故伤亡依法应承担的责任的，该协议无效；对生产经营单位的主要负责人、个人经营的投资人处2万元以上10万元以下的罚款。

第九十条 生产经营单位的从业人员不服从管理，违反安全生产规章制度或者操作规程的，由生产经营单位给予批评教育，依照有关规章制度给予处分；造成重大事故，构成犯罪的，依照刑法有关规定追究刑事责任。

第九十一条 生产经营单位主要负责人在本单位发生重大生产安全事故时，不立即组织抢救或者在事故调查处理期间擅离职守或者逃匿的，给予降职、撤职的处分，对逃匿的处15日以下拘留；构成犯罪的，依照刑法有关规定追究刑事责任。

生产经营单位主要负责人对生产安全事故隐瞒不报、谎报或者拖延不报的，依照前款规定处罚。

第九十二条 有关地方人民政府、负有安全生产监督管理职责的部门，对生产安全事故隐瞒不报、谎报或者拖延不报的，对直接负责的主管人员和其他直接责任人员依法给予行政处分；构成犯罪的，依照刑法有关规定追究刑事责任。

第九十三条 生产经营单位不具备本法和其他有关法律、行政法规和国家标准或者行业标准规定的安全生产条件，经停产停业整顿仍不具备安全生产条件的，予以关闭；有关部门应当依法吊销其有关证照。

第九十四条 本法规定的行政处罚，由负责安全生产监督管理的部门决定；予以关闭的行政处罚由负责安全生产监督管理的部门报请县级以上人民政府按照国务院规定的权限决定；给予拘留的行政处罚由公安机关依照治安管理处罚条例的规定决定。有关法律、行政法规对行政处罚的决定机关另有规定的，依照其规定。

第九十五条 生产经营单位发生生产安全事故造成人员伤亡、他人财产损失的，应当依法承担赔偿责任；拒不承担或者其负责人逃匿的，由人民法院依法强制执行。

生产安全事故的责任人未依法承担赔偿责任，经人民法院依法采取执行措施后，仍不能对受害人给予足额赔偿的，应当继续履行赔偿义务；受害人发现责任人有其他财产的，可以随时请求人民法院执行。

第七章　附　　则

第九十六条 本法下列用语的含义：

危险物品，是指易燃易爆物品、危险化学品、放射性物品等能够危及人身安全和财产安全的物品。

重大危险源，是指长期地或者临时地生产、搬运、使用或者储存危险物品，且危险物品的数量等于或者超过临界量的单元（包括场所和设施）。

第九十七条 本法自2002年11月1日起施行。

中华人民共和国电力法

（主席令第60号，自1996年4月1日起施行）

第一章　总　　则

第一条　为了保障和促进电力事业的发展，维护电力投资者、经营者和使用者的合法权益，保障电力安全运行，制定本法。

第二条　本法适用于中华人民共和国境内的电力建设、生产、供应和使用活动。

第三条　电力事业应当适应国民经济和社会发展的需要，适当超前发展。国家鼓励、引导国内外的经济组织和个人依法投资开发电源，兴办电力生产企业。

电力事业投资，实行谁投资、谁收益的原则。

第四条　电力设施受国家保护。

禁止任何单位和个人危害电力设施安全或者非法侵占、使用电能。

第五条　电力建设、生产、供应和使用应当依法保护环境，采用新技术，减少有害物质排放，防治污染和其他公害。

国家鼓励和支持利用可再生能源和清洁能源发电。

第六条　国务院电力管理部门负责全国电力事业的监督管理。国务院有关部门在各自的职责范围内负责电力事业的监督管理。

县级以上地方人民政府经济综合主管部门是本行政区域内的电力管理部门，负责电力事业的监督管理。县级以上地方人民政府有关部门在各自的职责范围内负责电力事业的监督管理。

第七条　电力建设企业、电力生产企业、电网经营企业依法实行自主经营、自负盈亏，并接受电力管理部门的监督。

第八条　国家帮助和扶持少数民族地区、边远地区和贫困地区发展电力事业。

第九条　国家鼓励在电力建设、生产、供应和使用过程中，采用先进的科学技术和管理方法，对在研究、开发、采用先进的科学技术和管理方法等方面作出显著成绩的单位和个人给予奖励。

第二章　电　力　建　设

第十条　电力发展规划应当根据国民经济和社会发展的需要制定，并纳入国民经济和社会发展计划。

电力发展规划，应当体现合理利用能源、电源与电网配套发展、提高经济效益和有利于环境保护的原则。

第十一条　城市电网的建设与改造规划，应当纳入城市总体规划。城市人民政府应当按照规划，安排变电设施用地、输电线路走廊和电缆通道。

任何单位和个人不得非法占用变电设施用地、输电线路走廊和电缆通道。

第十二条 国家通过制定有关政策，支持、促进电力建设。

地方人民政府应当根据电力发展规划，因地制宜，采取多种措施开发电源，发展电力建设。

第十三条 电力投资者对其投资形成的电力，享有法定权益。并网运行的，电力投资者有优先使用权；未并网的自备电厂，电力投资者自行支配使用。

第十四条 电力建设项目应当符合电力发展规划，符合国家电力产业政策。

电力建设项目不得使用国家明令淘汰的电力设备和技术。

第十五条 输变电工程、调度通信自动化工程等电网配套工程和环境保护工程，应当与发电工程项目同时设计、同时建设、同时验收、同时投入使用。

第十六条 电力建设项目使用土地，应当依照有关法律、行政法规的规定办理；依法征用土地的，应当依法支付土地补偿费和安置补偿费，做好迁移居民的安置工作。

电力建设应当贯彻切实保护耕地、节约利用土地的原则。

地方人民政府对电力事业依法使用土地和迁移居民，应当予以支持和协助。

第十七条 地方人民政府应当支持电力企业为发电工程建设勘探水源和依法取水、用水。电力企业应当节约用水。

第三章 电力生产与电网管理

第十八条 电力生产与电网运行应当遵循安全、优质、经济的原则。

电网运行应当连续、稳定，保证供电可靠性。

第十九条 电力企业应当加强安全生产管理，坚持安全第一、预防为主的方针，建立、健全安全生产责任制度。

电力企业应当对电力设施定期进行检修和维护，保证其正常运行。

第二十条 发电燃料供应企业、运输企业和电力生产企业应当依照国务院有关规定或者合同约定供应、运输和接卸燃料。

第二十一条 电网运行实行统一调度、分级管理。任何单位和个人不得非法干预电网调度。

第二十二条 国家提倡电力生产企业与电网、电网与电网并网运行。具有独立法人资格的电力生产企业要求将生产的电力并网运行的，电网经营企业应当接受。

并网运行必须符合国家标准或者电力行业标准。

并网双方应当按照统一调度、分级管理和平等互利、协商一致的原则，签订并网协议，确定双方的权利和义务；并网双方达不成协议的，由省级以上电力管理部门协调决定。

第二十三条 电网调度管理办法，由国务院依照本法的规定制定。

第四章 电力供应与使用

第二十四条 国家对电力供应和使用，实行安全用电、节约用电、计划用电的管理原则。

电力供应与使用办法由国务院依照本法的规定制定。

第二十五条 供电企业在批准的供电营业区内向用户供电。

供电营业区的划分，应当考虑电网的结构和供电合理性等因素。一个供电营业区内只设立一个供电营业机构。

省、自治区、直辖市范围内的供电营业区的设立、变更，由供电企业提出申请，经省、自治区、直辖市人民政府电力管理部门会同同级有关部门审查批准后，由省、自治区、直辖市人民政府电力管理部门发给《供电营业许可证》。跨省、自治区、直辖市的供电营业区的设立、变更，由国务院电力管理部门审查批准并发给《供电营业许可证》。供电营业机构持《供电营业许可证》向工商行政管理部门申请领取营业执照，方可营业。

第二十六条 供电营业区内的供电营业机构，对本营业区内的用户有按照国家规定供电的义务；不得违反国家规定对其营业区内申请用电的单位和个人拒绝供电。

申请新装用电、临时用电、增加用电容量、变更用电和终止用电，应当依照规定的程序办理手续。

供电企业应当在其营业场所公告用电的程序、制度和收费标准，并提供用户须知资料。

第二十七条 电力供应与使用双方应当根据平等自愿、协商一致的原则，按照国务院制定的电力供应与使用办法签订供用电合同，确定双方的权利和义务。

第二十八条 供电企业应当保证供给用户的供电质量符合国家标准。对公用供电设施引起的供电质量问题，应当及时处理。

用户对供电质量有特殊要求的，供电企业应当根据其必要性和电网的可能，提供相应的电力。

第二十九条 供电企业在发电、供电系统正常的情况下，应当连续向用户供电，不得中断。因供电设施检修、依法限电或者用户违法用电等原因，需要中断供电时，供电企业应当按照国家有关规定事先通知用户。

用户对供电企业中断供电有异议的，可以向电力管理部门投诉；受理投诉的电力管理部门应当依法处理。

第三十条 因抢险救灾需要紧急供电时，供电企业必须尽速安排供电，所需供电工程费用和应付电费依照国家有关规定执行。

第三十一条 用户应当安装用电计量装置。用户使用的电力电量，以计量检定机构依法认可的用电计量装置的记录为准。

用户受电装置的设计、施工安装和运行管理，应当符合国家标准或者电力行业标准。

第三十二条 用户用电不得危害供电、用电安全和扰乱供电、用电秩序。

对危害供电、用电安全和扰乱供电、用电秩序的，供电企业有权制止。

第三十三条 供电企业应当按照国家核准的电价和用电计量装置的记录，向用户计收电费。

供电企业查电人员和抄表收费人员进入用户，进行用电安全检查或者抄表收费时，应当出示有关证件。

用户应当按照国家核准的电价和用电计量装置的记录，按时交纳电费；对供电企业查电人员和抄表收费人员依法履行职责，应当提供方便。

第三十四条 供电企业和用户应当遵守国家有关规定，采取有效措施，做好安全用电、节约用电和计划用电工作。

第五章 电价与电费

第三十五条 本法所称电价，是指电力生产企业的上网电价、电网间的互供电价、电网销售电价。

电价实行统一政策，统一定价原则，分级管理。

第三十六条 制定电价，应当合理补偿成本，合理确定收益，依法计入税金，坚持公平负担，促进电力建设。

第三十七条 上网电价实行同网同质同价。具体办法和实施步骤由国务院规定。

电力生产企业有特殊情况需另行制定上网电价的，具体办法由国务院规定。

第三十八条 跨省、自治区、直辖市电网和省级电网内的上网电价，由电力生产企业和电网经营企业协商提出方案，报国务院物价行政主管部门核准。

独立电网内的上网电价，由电力生产企业和电网经营企业协商提出方案，报有管理权的物价行政主管部门核准。

地方投资的电力生产企业所生产的电力，属于在省内各地区形成独立电网的或者自发自用的，其电价可以由省、自治区、直辖市人民政府管理。

第三十九条 跨省、自治区、直辖市电网和独立电网之间、省级电网和独立电网之间的互供电价，由双方协商提出方案，报国务院物价行政主管部门或者其授权的部门核准。

独立电网与独立电网之间的互供电价，由双方协商提出方案，报有管理权的物价行政主管部门核准。

第四十条 跨省、自治区、直辖市电网和省级电网的销售电价，由电网经营企业提出方案，报国务院物价行政主管部门或者其授权的部门核准。

独立电网的销售电价，由电网经营企业提出方案，报有管理权的物价行政主管部门核准。

第四十一条 国家实行分类电价和分时电价。分类标准和分时办法由国务院确定。

对同一电网内的同一电压等级、同一用电类别的用户，执行相同的电价标准。

第四十二条 用户用电增容收费标准，由国务院物价行政主管部门会同国务院电力管理部门制定。

第四十三条 任何单位不得超越电价管理权限制定电价。供电企业不得擅自变更电价。

第四十四条 禁止任何单位和个人在电费中加收其他费用；但是，法律、行政法规另有规定的，按照规定执行。

地方集资办电在电费中加收费用的，由省、自治区、直辖市人民政府依照国务院有关规定制定办法。

禁止供电企业在收取电费时，代收其他费用。

第四十五条 电价的管理办法，由国务院依照本法的规定制定。

第六章　农村电力建设和农业用电

第四十六条　省、自治区、直辖市人民政府应当制定农村电气化发展规划，并将其纳入当地电力发展规划及国民经济和社会发展计划。

第四十七条　国家对农村电气化实行优惠政策，对少数民族地区、边远地区和贫困地区的农村电力建设给予重点扶持。

第四十八条　国家提倡农村开发水能资源，建设中、小型水电站，促进农村电气化。

国家鼓励和支持农村利用太阳能、风能、地热能、生物质能和其他能源进行农村电源建设，增加农村电力供应。

第四十九条　县级以上地方人民政府及其经济综合主管部门在安排用电指标时，应当保证农业和农村用电的适当比例，优先保证农村排涝、抗旱和农业季节性生产用电。

电力企业应当执行前款的用电安排，不得减少农业和农村用电指标。

第五十条　农业用电价格按照保本、微利的原则确定。

农民生活用电与当地城镇居民生活用电应当逐步实行相同的电价。

第五十一条　农业和农村用电管理办法，由国务院依照本法的规定制定。

第七章　电力设施保护

第五十二条　任何单位和个人不得危害发电设施、变电设施和电力线路设施及其有关辅助设施。

在电力设施周围进行爆破及其他可能危及电力设施安全的作业的，应当按照国务院有关电力设施保护的规定，经批准并采取确保电力设施安全的措施后，方可进行作业。

第五十三条　电力管理部门应当按照国务院有关电力设施保护的规定，对电力设施保护区设立标志。

任何单位和个人不得在依法划定的电力设施保护区内修建可能危及电力设施安全的建筑物、构筑物，不得种植可能危及电力设施安全的植物，不得堆放可能危及电力设施安全的物品。

在依法划定电力设施保护区前已经种植的植物妨碍电力设施安全的，应当修剪或者砍伐。

第五十四条　任何单位和个人需要在依法划定的电力设施保护区内进行可能危及电力设施安全的作业时，应当经电力管理部门批准并采取安全措施后，方可进行作业。

第五十五条　电力设施与公用工程、绿化工程和其他工程在新建、改建或者扩建中相互妨碍时，有关单位应当按照国家有关规定协商，达成协议后方可施工。

第八章　监督检查

第五十六条　电力管理部门依法对电力企业和用户执行电力法律、行政法规的情况进行监督检查。

第五十七条　电力管理部门根据工作需要，可以配备电力监督检查人员。

电力监督检查人员应当公正廉洁，秉公执法，熟悉电力法律、法规，掌握有关电力专业技术。

第五十八条 电力监督检查人员进行监督检查时，有权向电力企业或者用户了解有关执行电力法律、行政法规的情况，查阅有关资料，并有权进入现场进行检查。

电力企业和用户对执行监督检查任务的电力监督检查人员应当提供方便。

电力监督检查人员进行监督检查时，应当出示证件。

第九章 法 律 责 任

第五十九条 电力企业或者用户违反供用电合同，给对方造成损失的，应当依法承担赔偿责任。

电力企业违反本法第二十八条、第二十九条第一款的规定，未保证供电质量或者未事先通知用户中断供电，给用户造成损失的，应当依法承担赔偿责任。

第六十条 因电力运行事故给用户或者第三人造成损害的，电力企业应当依法承担赔偿责任。

电力运行事故由下列原因之一造成的，电力企业不承担赔偿责任：

（一）不可抗力；

（二）用户自身的过错。

因用户或者第三人的过错给电力企业或者其他用户造成损害的，该用户或者第三人应当依法承担赔偿责任。

第六十一条 违反本法第十一条第二款的规定，非法占用变电设施用地、输电线路走廊或者电缆通道的，由县级以上地方人民政府责令限期改正；逾期不改正的，强制清除障碍。

第六十二条 违反本法第十四条规定，电力建设项目不符合电力发展规划、产业政策的，由电力管理部门责令停止建设。

违反本法第十四条规定，电力建设项目使用国家明令淘汰的电力设备和技术的，由电力管理部门责令停止使用，没收国家明令淘汰的电力设备，并处五万元以下的罚款。

第六十三条 违反本法第二十五条规定，未经许可，从事供电或者变更供电营业区的，由电力管理部门责令改正，没收违法所得，可以并处违法所得五倍以下的罚款。

第六十四条 违反本法第二十六条、第二十九条规定，拒绝供电或者中断供电的，由电力管理部门责令改正，给予警告；情节严重的，对有关主管人员和直接责任人员给予行政处分。

第六十五条 违反本法第三十二条规定，危害供电、用电安全或者扰乱供电、用电秩序的，由电力管理部门责令改正，给予警告；情节严重或者拒绝改正的，可以中止供电，可以并处五万元以下的罚款。

第六十六条 违反本法第三十三条、第四十三条、第四十四条规定，未按照国家核准的电价和用电计量装置的记录向用户计收电费、超越权限制定电价或者在电费中加收其他费用的，由物价行政主管部门给予警告，责令返还违法收取的费用，可以并处违法收取费用五倍以下的罚款；情节严重的，对有关主管人员和直接责任人员给予行政处分。

第六十七条 违反本法第四十九条第二款规定，减少农业和农村用电指标的，由电力管理部门责令改正；情节严重的，对有关主管人员和直接责任人员给予行政处分；造成损失的，责令赔偿损失。

第六十八条 违反本法第五十二条第二款和第五十四条规定，未经批准或者未采取安全措施在电力设施周围或者在依法划定的电力设施保护区内进行作业，危及电力设施安全的，由电力管理部门责令停止作业、恢复原状并赔偿损失。

第六十九条 违反本法第五十三条规定，在依法划定的电力设施保护区内修建建筑物、构筑物或者种植植物、堆放物品，危及电力设施安全的，由当地人民政府责令强制拆除、砍伐或者清除。

第七十条 有下列行为之一，应当给予治安管理处罚的，由公安机关依照治安管理处罚条例的有关规定予以处罚；构成犯罪的，依法追究刑事责任：

（一）阻碍电力建设或者电力设施抢修，致使电力建设或者电力设施抢修不能正常进行的；

（二）扰乱电力生产企业、变电所、电力调度机构和供电企业的秩序，致使生产、工作和营业不能正常进行的；

（三）殴打、公然侮辱履行职务的查电人员或者抄表收费人员的；

（四）拒绝、阻碍电力监督检查人员依法执行职务的。

第七十一条 盗窃电能的，由电力管理部门责令停止违法行为，追缴电费并处应交电费五倍以下的罚款；构成犯罪的，依照刑法第一百五十一条或者第一百五十二条的规定追究刑事责任。

第七十二条 盗窃电力设施或者以其他方法破坏电力设施，危害公共安全的，依照刑法第一百零九条或者第一百一十条的规定追究刑事责任。

第七十三条 电力管理部门的工作人员滥用职权、玩忽职守、徇私舞弊，构成犯罪的，依法追究刑事责任；尚不构成犯罪的，依法给予行政处分。

第七十四条 电力企业职工违反规章制度、违章调度或者不服从调度指令，造成重大事故的，比照刑法第一百一十四条的规定追究刑事责任。

电力企业职工故意延误电力设施抢修或者抢险救灾供电，造成严重后果的，比照刑法第一百一十四条的规定追究刑事责任。

电力企业的管理人员和查电人员、抄表收费人员勒索用户、以电谋私，构成犯罪的，依法追究刑事责任；尚不构成犯罪的，依法给予行政处分。

第十章　附　　则

第七十五条 本法自 1996 年 4 月 1 日起施行。

生产安全事故报告和调查处理条例

（国务院令第 493 号，自 2007 年 6 月 1 日起施行）

第一章　总　　则

第一条　为了规范生产安全事故的报告和调查处理，落实生产安全事故责任追究制度，防止和减少生产安全事故，根据《中华人民共和国安全生产法》和有关法律，制定本条例。

第二条　生产经营活动中发生的造成人身伤亡或者直接经济损失的生产安全事故的报告和调查处理，适用本条例；环境污染事故、核设施事故、国防科研生产事故的报告和调查处理不适用本条例。

第三条　根据生产安全事故（以下简称事故）造成的人员伤亡或者直接经济损失，事故一般分为以下等级：

（一）特别重大事故，是指造成 30 人以上死亡，或者 100 人以上重伤（包括急性工业中毒，下同），或者 1 亿元以上直接经济损失的事故；

（二）重大事故，是指造成 10 人以上 30 人以下死亡，或者 50 人以上 100 人以下重伤，或者 5000 万元以上 1 亿元以下直接经济损失的事故；

（三）较大事故，是指造成 3 人以上 10 人以下死亡，或者 10 人以上 50 人以下重伤，或者 1000 万元以上 5000 万元以下直接经济损失的事故；

（四）一般事故，是指造成 3 人以下死亡，或者 10 人以下重伤，或者 1000 万元以下直接经济损失的事故。

国务院安全生产监督管理部门可以会同国务院有关部门，制定事故等级划分的补充性规定。

本条第一款所称的“以上”包括本数，所称的“以下”不包括本数。

第四条　事故报告应当及时、准确、完整，任何单位和个人对事故不得迟报、漏报、谎报或者瞒报。

事故调查处理应当坚持实事求是、尊重科学的原则，及时、准确地查清事故经过、事故原因和事故损失，查明事故性质，认定事故责任，总结事故教训，提出整改措施，并对事故责任者依法追究责任。

第五条　县级以上人民政府应当依照本条例的规定，严格履行职责，及时、准确地完成事故调查处理工作。

事故发生地有关地方人民政府应当支持、配合上级人民政府或者有关部门的事故调查处理工作，并提供必要的便利条件。

参加事故调查处理的部门和单位应当互相配合，提高事故调查处理工作的效率。

第六条　工会依法参加事故调查处理，有权向有关部门提出处理意见。

第七条 任何单位和个人不得阻挠和干涉对事故的报告和依法调查处理。

第八条 对事故报告和调查处理中的违法行为，任何单位和个人有权向安全生产监督管理部门、监察机关或者其他有关部门举报，接到举报的部门应当依法及时处理。

第二章 事 故 报 告

第九条 事故发生后，事故现场有关人员应当立即向本单位负责人报告；单位负责人接到报告后，应当于1小时内向事故发生地县级以上人民政府安全生产监督管理部门和负有安全生产监督管理职责的有关部门报告。

情况紧急时，事故现场有关人员可以直接向事故发生地县级以上人民政府安全生产监督管理部门和负有安全生产监督管理职责的有关部门报告。

第十条 安全生产监督管理部门和负有安全生产监督管理职责的有关部门接到事故报告后，应当依照下列规定上报事故情况，并通知公安机关、劳动保障行政部门、工会和人民检察院：

（一）特别重大事故、重大事故逐级上报至国务院安全生产监督管理部门和负有安全生产监督管理职责的有关部门；

（二）较大事故逐级上报至省、自治区、直辖市人民政府安全生产监督管理部门和负有安全生产监督管理职责的有关部门；

（三）一般事故上报至设区的市级人民政府安全生产监督管理部门和负有安全生产监督管理职责的有关部门。

安全生产监督管理部门和负有安全生产监督管理职责的有关部门依照前款规定上报事故情况，应当同时报告本级人民政府。国务院安全生产监督管理部门和负有安全生产监督管理职责的有关部门以及省级人民政府接到发生特别重大事故、重大事故的报告后，应当立即报告国务院。

必要时，安全生产监督管理部门和负有安全生产监督管理职责的有关部门可以越级上报事故情况。

第十一条 安全生产监督管理部门和负有安全生产监督管理职责的有关部门逐级上报事故情况，每级上报的时间不得超过2小时。

第十二条 报告事故应当包括下列内容：

（一）事故发生单位概况；

（二）事故发生的时间、地点以及事故现场情况；

（三）事故的简要经过；

（四）事故已经造成或者可能造成的伤亡人数（包括下落不明的人数）和初步估计的直接经济损失；

（五）已经采取的措施；

（六）其他应当报告的情况。

第十三条 事故报告后出现新情况的，应当及时补报。

自事故发生之日起30日内，事故造成的伤亡人数发生变化的，应当及时补报。道路交通事故、火灾事故自发生之日起7日内，事故造成的伤亡人数发生变化的，应当及时补报。

第十四条 事故发生单位负责人接到事故报告后，应当立即启动事故相应应急预案，或者采取有效措施，组织抢救，防止事故扩大，减少人员伤亡和财产损失。

第十五条 事故发生地有关地方人民政府、安全生产监督管理部门和负有安全生产监督管理职责的有关部门接到事故报告后，其负责人应当立即赶赴事故现场，组织事故救援。

第十六条 事故发生后，有关单位和人员应当妥善保护事故现场以及相关证据，任何单位和个人不得破坏事故现场、毁灭相关证据。

因抢救人员、防止事故扩大以及疏通交通等原因，需要移动事故现场物件的，应当做出标志，绘制现场简图并做出书面记录，妥善保存现场重要痕迹、物证。

第十七条 事故发生地公安机关根据事故的情况，对涉嫌犯罪的，应当依法立案侦查，采取强制措施和侦查措施。犯罪嫌疑人逃匿的，公安机关应当迅速追捕归案。

第十八条 安全生产监督管理部门和负有安全生产监督管理职责的有关部门应当建立值班制度，并向社会公布值班电话，受理事故报告和举报。

第三章 事 故 调 查

第十九条 特别重大事故由国务院或者国务院授权有关部门组织事故调查组进行调查。

重大事故、较大事故、一般事故分别由事故发生地省级人民政府、设区的市级人民政府、县级人民政府负责调查。省级人民政府、设区的市级人民政府、县级人民政府可以直接组织事故调查组进行调查，也可以授权或者委托有关部门组织事故调查组进行调查。

未造成人员伤亡的一般事故，县级人民政府也可以委托事故发生单位组织事故调查组进行调查。

第二十条 上级人民政府认为必要时，可以调查由下级人民政府负责调查的事故。自事故发生之日起 30 日内（道路交通事故、火灾事故自发生之日起 7 日内），因事故伤亡人数变化导致事故等级发生变化，依照本条例规定应当由上级人民政府负责调查的，上级人民政府可以另行组织事故调查组进行调查。

第二十一条 特别重大事故以下等级事故，事故发生地与事故发生单位不在同一个县级以上行政区域的，由事故发生地人民政府负责调查，事故发生单位所在地人民政府应当派人参加。

第二十二条 事故调查组的组成应当遵循精简、效能的原则。

根据事故的具体情况，事故调查组由有关人民政府、安全生产监督管理部门、负有安全生产监督管理职责的有关部门、监察机关、公安机关以及工会派人组成，并应当邀请人民检察院派人参加。

事故调查组可以聘请有关专家参与调查。

第二十三条 事故调查组成员应当具有事故调查所需要的知识和专长，并与所调查的事故没有直接利害关系。

第二十四条 事故调查组组长由负责事故调查的人民政府指定。事故调查组组长主持事故调查组的工作。

第二十五条 事故调查组履行下列职责：

（一）查明事故发生的经过、原因、人员伤亡情况及直接经济损失；

（二）认定事故的性质和事故责任；

（三）提出对事故责任者的处理建议；

（四）总结事故教训，提出防范和整改措施；

（五）提交事故调查报告。

第二十六条 事故调查组有权向有关单位和个人了解与事故有关的情况，并要求其提供相关文件、资料，有关单位和个人不得拒绝。

事故发生单位的负责人和有关人员在事故调查期间不得擅离职守，并应当随时接受事故调查组的询问，如实提供有关情况。

事故调查中发现涉嫌犯罪的，事故调查组应当及时将有关材料或者其复印件移交司法机关处理。

第二十七条 事故调查中需要进行技术鉴定的，事故调查组应当委托具有国家规定资质的单位进行技术鉴定。必要时，事故调查组可以直接组织专家进行技术鉴定。技术鉴定所需时间不计入事故调查期限。

第二十八条 事故调查组成员在事故调查工作中应当诚信公正、恪尽职守，遵守事故调查组的纪律，保守事故调查的秘密。

未经事故调查组组长允许，事故调查组成员不得擅自发布有关事故的信息。

第二十九条 事故调查组应当自事故发生之日起60日内提交事故调查报告；特殊情况下，经负责事故调查的人民政府批准，提交事故调查报告的期限可以适当延长，但延长的期限最长不超过60日。

第三十条 事故调查报告应当包括下列内容：

（一）事故发生单位概况；

（二）事故发生经过和事故救援情况；

（三）事故造成的人员伤亡和直接经济损失；

（四）事故发生的原因和事故性质；

（五）事故责任的认定以及对事故责任者的处理建议；

（六）事故防范和整改措施。

事故调查报告应当附具有关证据材料。事故调查组成员应当在事故调查报告上签名。

第三十一条 事故调查报告报送负责事故调查的人民政府后，事故调查工作即告结束。事故调查的有关资料应当归档保存。

第四章 事　故　处　理

第三十二条 重大事故、较大事故、一般事故，负责事故调查的人民政府应当自收到事故调查报告之日起15日内做出批复；特别重大事故，30日内做出批复，特殊情况下，批复时间可以适当延长，但延长的时间最长不超过30日。

有关机关应当按照人民政府的批复，依照法律、行政法规规定的权限和程序，对事故发生单位和有关人员进行行政处罚，对负有事故责任的国家工作人员进行处分。

事故发生单位应当按照负责事故调查的人民政府的批复，对本单位负有事故责任的人员进行处理。

负有事故责任的人员涉嫌犯罪的，依法追究刑事责任。

第三十三条 事故发生单位应当认真吸取事故教训，落实防范和整改措施，防止事故再次发生。防范和整改措施的落实情况应当接受工会和职工的监督。

安全生产监督管理部门和负有安全生产监督管理职责的有关部门应当对事故发生单位落实防范和整改措施的情况进行监督检查。

第三十四条 事故处理的情况由负责事故调查的人民政府或者其授权的有关部门、机构向社会公布，依法应当保密的除外。

第五章 法律责任

第三十五条 事故发生单位主要负责人有下列行为之一的，处上一年年收入40%至80%的罚款；属于国家工作人员的，并依法给予处分；构成犯罪的，依法追究刑事责任：

（一）不立即组织事故抢救的；

（二）迟报或者漏报事故的；

（三）在事故调查处理期间擅离职守的。

第三十六条 事故发生单位及其有关人员有下列行为之一的，对事故发生单位处100万元以上500万元以下的罚款；对主要负责人、直接负责的主管人员和其他直接责任人员处上一年年收入60%～100%的罚款；属于国家工作人员的，并依法给予处分；构成违反治安管理行为的，由公安机关依法给予治安管理处罚；构成犯罪的，依法追究刑事责任：

（一）谎报或者瞒报事故的；

（二）伪造或者故意破坏事故现场的；

（三）转移、隐匿资金、财产，或者销毁有关证据、资料的；

（四）拒绝接受调查或者拒绝提供有关情况和资料的；

（五）在事故调查中作伪证或者指使他人作伪证的；

（六）事故发生后逃匿的。

第三十七条 事故发生单位对事故发生负有责任的，依照下列规定处以罚款：

（一）发生一般事故的，处10万元以上20万元以下的罚款；

（二）发生较大事故的，处20万元以上50万元以下的罚款；

（三）发生重大事故的，处50万元以上200万元以下的罚款；

（四）发生特别重大事故的，处200万元以上500万元以下的罚款。

第三十八条 事故发生单位主要负责人未依法履行安全生产管理职责，导致事故发生的，依照下列规定处以罚款；属于国家工作人员的，并依法给予处分；构成犯罪的，依法追究刑事责任：

（一）发生一般事故的，处上一年年收入30%的罚款；

（二）发生较大事故的，处上一年年收入40%的罚款；

（三）发生重大事故的，处上一年年收入60%的罚款；

（四）发生特别重大事故的，处上一年年收入80%的罚款。

第三十九条 有关地方人民政府、安全生产监督管理部门和负有安全生产监督管理职责的有关部门有下列行为之一的，对直接负责的主管人员和其他直接责任人员依法给予处分；构成犯罪的，依法追究刑事责任：

（一）不立即组织事故抢救的；

（二）迟报、漏报、谎报或者瞒报事故的；

（三）阻碍、干涉事故调查工作的；

（四）在事故调查中作伪证或者指使他人作伪证的。

第四十条 事故发生单位对事故发生负有责任的，由有关部门依法暂扣或者吊销其有关证照；对事故发生单位负有事故责任的有关人员，依法暂停或者撤销其与安全生产有关的执业资格、岗位证书；事故发生单位主要负责人受到刑事处罚或者撤职处分的，自刑罚执行完毕或者受处分之日起，5年内不得担任任何生产经营单位的主要负责人。

为发生事故的单位提供虚假证明的中介机构，由有关部门依法暂扣或者吊销其有关证照及其相关人员的执业资格；构成犯罪的，依法追究刑事责任。

第四十一条 参与事故调查的人员在事故调查中有下列行为之一的，依法给予处分；构成犯罪的，依法追究刑事责任：

（一）对事故调查工作不负责任，致使事故调查工作有重大疏漏的；

（二）包庇、袒护负有事故责任的人员或者借机打击报复的。

第四十二条 违反本条例规定，有关地方人民政府或者有关部门故意拖延或者拒绝落实经批复的对事故责任人的处理意见的，由监察机关对有关责任人员依法给予处分。

第四十三条 本条例规定的罚款的行政处罚，由安全生产监督管理部门决定。

法律、行政法规对行政处罚的种类、幅度和决定机关另有规定的，依照其规定。

第六章 附 则

第四十四条 没有造成人员伤亡，但是社会影响恶劣的事故，国务院或者有关地方人民政府认为需要调查处理的，依照本条例的有关规定执行。

国家机关、事业单位、人民团体发生的事故的报告和调查处理，参照本条例的规定执行。

第四十五条 特别重大事故以下等级事故的报告和调查处理，有关法律、行政法规或者国务院另有规定的，依照其规定。

第四十六条 本条例自2007年6月1日起施行。国务院1989年3月29日公布的《特别重大事故调查程序暂行规定》和1991年2月22日公布的《企业职工伤亡事故报告和处理规定》同时废止。

中华人民共和国电力供应与使用条例

（国务院令第196号，自1996年9月1日起施行）

第一章　总　　则

第一条　为了加强电力供应与使用的管理，保障供电、用电双方的合法权益，维护供电、用电秩序，安全、经济、合理地供电和用电，根据《中华人民共和国电力法》制定本条例。

第二条　在中华人民共和国境内，电力供应企业（以下称供电企业）和电力使用者（以下称用户）以及与电力供应、使用有关的单位和个人，必须遵守本条例。

第三条　国务院电力管理部门负责全国电力供应与使用的监督管理工作。

县级以上地方人民政府电力管理部门负责本行政区域内电力供应与使用的监督管理工作。

第四条　电网经营企业依法负责本供区内的电力供应与使用的业务工作，并接受电力管理部门的监督。

第五条　国家对电力供应和使用实行安全用电、节约用电、计划用电的管理原则。

供电企业和用户应当遵守国家有关规定，采取有效措施，做好安全用电、节约用电、计划用电工作。

第六条　供电企业和用户应当根据平等自愿、协商一致的原则签订供用电合同。

第七条　电力管理部门应当加强对供用电的监督管理，协调供用电各方关系，禁止危害供用电安全和非法侵占电能的行为。

第二章　供 电 营 业 区

第八条　供电企业在批准的供电营业区内向用户供电。

供电营业区的划分，应当考虑电网的结构和供电合理性等因素。一个供电营业区内只设立一个供电营业机构。

第九条　省、自治区、直辖市范围内的供电营业区的设立、变更，由供电企业提出申请，经省、自治区、直辖市人民政府电力管理部门会同同级有关部门审查批准后，由省、自治区、直辖市人民政府电力管理部门发给《供电营业许可证》。跨省、自治区、直辖市的供电营业区的设立、变更，由国务院电力管理部门审查批准并发给《供电营业许可证》。供电营业机构持《供电营业许可证》向工商行政管理部门申请领取营业执照，方可营业。

电网经营企业应当根据电网结构和供电合理性的原则协助电力管理部门划分供电营业区。

供电营业区的划分和管理办法，由国务院电力管理部门制定。

第十条　并网运行的电力生产企业按照并网协议运行后，送入电网的电力、电量由供电营业机构统一经销。

第十一条 用户用电容量超过其所在的供电营业区内供电企业供电能力的，由省级以上电力管理部门指定的其他供电企业供电。

第三章 供 电 设 施

第十二条 县级以上各级人民政府应当将城乡电网的建设与改造规划，纳入城市建设和乡村建设的总体规划。各级电力管理部门应当会同有关行政主管部门和电网经营企业做好城乡电网建设和改造的规划。供电企业应当按照规划做好供电设施建设和运行管理工作。

第十三条 地方各级人民政府应当按照城市建设和乡村建设的总体规划统筹安排城乡供电线路走廊、电缆通道、区域变电所、区域配电所和营业网点的用地。

供电企业可以按照国家有关规定在规划的线路走廊、电缆通道、区域变电所、区域配电所和营业网点的用地上，架线、敷设电缆和建设公用供电设施。

第十四条 公用路灯由乡、民族乡、镇人民政府或者县级以上地方人民政府有关部门负责建设，并负责运行维护和交付电费，也可以委托供电企业代为有偿设计、施工和维护管理。

第十五条 供电设施、受电设施的设计、施工、试验和运行，应当符合国家标准或者电力行业标准。

第十六条 供电企业和用户对供电设施、受电设施进行建设和维护时，作业区域内的有关单位和个人应当给予协助，提供方便；因作业对建筑物或者农作物造成损坏的，应当依照有关法律、行政法规的规定负责修复或者给予合理的补偿。

第十七条 公用供电设施建成投产后，由供电单位统一维护管理。经电力管理部门批准，供电企业可以使用、改造、扩建该供电设施。

共用供电设施的维护管理，由产权单位协商确定，产权单位可自行维护管理，也可以委托供电企业维护管理。

用户专用的供电设施建成投产后，由用户维护管理或者委托供电企业维护管理。

第十八条 因建设需要，必须对已建成的供电设施进行迁移、改造或者采取防护措施时，建设单位应当事先与该供电设施管理单位协商，所需工程费用由建设单位负担。

第四章 电 力 供 应

第十九条 用户受电端的供电质量应当符合国家标准或者电力行业标准。

第二十条 供电方式应当按照安全、可靠、经济、合理和便于管理的原则，由电力供应与使用双方根据国家有关规定以及电网规划、用电需求和当地供电条件等因素协商确定。

在公用供电设施未到达的地区，供电企业可以委托有供电能力的单位就近供电。非经供电企业委托，任何单位不得擅自向外供电。

第二十一条 因抢险救灾需要紧急供电时，供电企业必须尽速安排供电。所需工程费用和应付电费由有关地方人民政府有关部门从抢险救灾经费中支出，但是抗旱用电应当由用户交付电费。

第二十二条 用户对供电质量有特殊要求的，供电企业应当根据其必要性和电网的可能，提供相应的电力。

第二十三条 申请新装用电、临时用电、增加用电容量、变更用电和终止用电，均应当到当地供电企业办理手续，并按照国家有关规定交付费用；供电企业没有不予供电的合理理由的，应当供电。供电企业应当在其营业场所公告用电的程序、制定和收费标准。

第二十四条 供电企业应当按照国家标准或者电力行业标准参与用户受送电装置设计图纸的审核，对用户受送电装置隐蔽工程的施工过程实施监督，并在该受送电装置工程竣工后进行检验；检验合格的，方可投入使用。

第二十五条 供电企业应当按照国家有关规定实行分类电价、分时电价。

第二十六条 用户应当安装用电计量装置。用户使用的电力、电量，以计量检定机构依法认可的用电计量装置的记录为准。用电计量装置，应当安装在供电设施与受电设施的产权分界处。

安装在用户处的用电计量装置，由用户负责保护。

第二十七条 供电企业应当按照国家核准的电价和用电计量装置的记录，向用户计收电费。

用户应当按照国家批准的电价，并按照规定的期限、方式或者合同约定的方法，交付电费。

第二十八条 除本条例另有规定外，在发电、供电系统正常运行的情况下，供电企业应当连续向用户供电；因故需要停止供电时，应当按照下列要求事先通知用户或者进行公告：

（一）因供电设施计划检修需要停电时，供电企业应当提前 7 天通知用户或者进行公告；

（二）因供电设施临时检修需要停止供电时，供电企业应当提前 24 小时通知重要用户；

（三）因发电、供电系统发生故障需要停电、限电时，供电企业应当按照事先确定的限电序位进行停电或者限电。引起停电或者限电的原因消除后，供电企业应当尽快恢复供电。

第五章　电　力　使　用

第二十九条 县级以上人民政府电力管理部门应当遵照国家产业政策，按照统筹兼顾、保证重点、择优供应的原则，做好计划用电工作。

供电企业和用户应当制订节约用电计划，推广和采用节约用电的新技术、新材料、新工艺、新设备、降低电能消耗。

供电企业和用户应当采用先进技术、采取科学管理措施，安全供电、用电，避免发生事故，维护公共安全。

第三十条 用户不得有下列危害供电、用电安全，扰乱正常供电、用电秩序的行为：

（一）擅自改变用电类别；

（二）擅自超过合同约定的容量用电；

（三）擅自超过计划分配的用电指标；

（四）擅自使用已经在供电企业办理暂停使用手续的电力设备，或者擅自启用已经被供电企业查封的电力设备；

（五）擅自迁移、更动或者擅自操作供电企业的用电计量装置、电力负荷控制装置、供电设施以及约定由供电企业调度的用户受电设备；

（六）未经供电企业许可，擅自引入、供出电源或者将自备电源擅自并网。

第三十一条 禁止窃电行为。窃电行为包括：

（一）在供电企业的供电设施上，擅自接线用电；

（二）绕越供电企业的用电计量装置用电；

（三）伪造或者开启法定的或者授权的计量检定机构加封的用电计量装置封印用电；

（四）故意损坏供电企业用电计量装置；

（五）故意使供电企业的用电计量装置计量不准或者失效；

（六）采用其他方法窃电。

第六章 供用电合同

第三十二条 供电企业和用户应当在供电前根据用户需要和供电企业的供电能力签订供用电合同。

第三十三条 供用电合同应当具备以下条款：

（一）供电方式、供电质量和供电时间；

（二）用电容量和用电地址、用电性质；

（三）计量方式和电价、电费结算方式；

（四）供用电设施维护责任的划分；

（五）合同的有效期限；

（六）违约责任；

（七）双方共同认为应当约定的其他条款。

第三十四条 供电企业应当按照合同约定的数量、质量、时间、方式，合理调度和安全供电。

用户应当按照合同约定的数量、条件用电，交付电费和国家规定的其他费用。

第三十五条 供用电合同的变更或者解除，应当依照有关法律、行政法规和本条例的规定办理。

第七章 监督与管理

第三十六条 电力管理部门应当加强对供电、用电的监督和管理。供电、用电监督检查工作人员必须具备相应的条件。供电、用电监督检查工作人员执行公务时，应当出示证件。

供电、用电监督检查管理的具体办法，由国务院电力管理部门另行制定。

第三十七条 在用户受送电装置上作业的电工，必须经电力管理部门考核合格，取得电力管理部门颁发的《电工进网作业许可证》，方可上岗作业。

承装、承修、承试供电设施和受电设施的单位，必须经电力管理部门审核合格，取得电力管理部门颁发的《承装（修）电力设施许可证》后，方可向工商行政管理部门申请领取营业执照。

第八章　法　律　责　任

第三十八条　违反本条例规定，有下列行为之一的，由电力管理部门责令改正，没收违法所得，可以并处违法所得5倍以下的罚款：

（一）未按照规定取得《供电营业许可证》，从事电力供应业务的；

（二）擅自伸入或者跨越供电营业区供电的；

（三）擅自向外转供电的。

第三十九条　违反本条例第二十七条规定，逾期未交付电费的，供电企业可以从逾期之日起，每日按照电费总额的千分之一至千分之三加收违约金，具体比例由供用电双方在供用电合同中约定；自逾期之日起计算超过30日，经催交仍未交付电费的，供电企业可以按照国家规定的程序停止供电。

第四十条　违反本条例第三十条规定，违章用电的，供电企业可以根据违章事实和造成的后果追缴电费，并按照国务院电力管理部门的规定加收电费和国家规定的其他费用；情节严重的，可以按照国家规定的程序停止供电。

第四十一条　违反本条例第三十一条规定，盗窃电能的，由电力管理部门责令停止违法行为，追缴电费并处应交电费5倍以下的罚款；构成犯罪的，依法追究刑事责任。

第四十二条　供电企业或者用户违反供用电合同，给对方造成损失的，应当依法承担赔偿责任。

第四十三条　因电力运行事故给用户或者第三人造成损害的，供电企业应当依法承担赔偿责任。

因用户或者第三人的过错给供电企业或者其他用户造成损害的，该用户或者第三人应当依法承担赔偿责任。

第四十四条　供电企业职工违反规章制度造成供电事故的，或者滥用职权、利用职务之便谋取私利的，依法给予行政处分；构成犯罪的，依法追究刑事责任。

第九章　附　　则

第四十五条　本条例自1996年9月1日起施行。

水库大坝安全管理条例

（国务院令第 78 号，自 1991 年 3 月 22 日起施行）

第一章　总　　则

第一条　为加强水库大坝安全管理，保障人民生命财产和社会主义建设的安全，根据《中华人民共和国水法》，制定本条例。

第二条　本条例适用于中华人民共和国境内坝高 15 米以上或者库容 100 万立方米以上的水库大坝（以下简称大坝）。大坝包括永久性挡水建筑物以及与其配合运用的泄洪、输水和过船建筑物等。

坝高 15 米以下、10 米以上或者库容 100 万立方米以下、10 万立方米以上，对重要城镇、交通干线、重要军事设施、工矿区安全有潜在危险的大坝，其安全管理参照本条例执行。

第三条　国务院水行政主管部门会同国务院有关主管部门对全国的大坝安全实施监督。县级以上地方人民政府水行政主管部门会同有关主管部门对本行政区域内的大坝安全实施监督。

各级水利、能源、建设、交通、农业等有关部门，是其所管辖的大坝的主管部门。

第四条　各级人民政府及其大坝主管部门对其所管辖的大坝的安全实行行政领导负责制。

第五条　大坝的建设和应当贯彻安全第一的方针。

第六条　任何单位和个人都有保护大坝安全的义务。

第二章　大　坝　建　设

第七条　兴建大坝必须符合由国务院水行政主管部门会同有关大坝主管部门制定的大坝安全技术标准。

第八条　兴建大坝必须进行工程设计。大坝的工程设计必须由具有相应资格证书的单位承担。大坝的工程设计应当包括工程观测、通信、动力、照明、交通、消防等管理设施的设计。

第九条　大坝施工必须由具有相应资格证书的单位承担。大坝施工单位必须按照施工承包合同规定的设计文件、图纸要求和有关技术标准进行施工。建设单位和设计单位应当派驻代表，对施工质量进行监督检查。质量不符合设计要求的，必须返工或者采取补救措施。

第十条　兴建大坝时，建设单位应当按照批准的设计，提请县级以上人民政府依照国家规定划定管理和保护范围，树立标志。已建大坝尚未划定管理和保护范围的，大坝主管部门应当根据安全管理的需要，提请县级以上人民政府划定。

第十一条 大坝开工后，大坝主管部门应当组建大坝管理单位，由其按照工程基本建设验收规程参与质量检查以及大坝分部、分项验收和蓄水验收工作。大坝竣工后，建设单位应当申请大坝主管部门组织验收。

第三章 大 坝 管 理

第十二条 大坝及其设施受国家保护，任何单位和个人不得侵占、毁坏。大坝管理单位应当加强大坝的安全保卫工作。

第十三条 禁止在大坝管理和保护范围内进行爆破、打井、采石、采矿、挖沙、取土、修坟等危害大坝安全的活动。

第十四条 非大坝管理人员不得操作大坝的泄洪闸门、输水闸门以及其他设施，大坝管理人员操作时应当遵守有关的规章制度。禁止任何单位和个人干扰大坝的正常管理工作。

第十五条 禁止在大坝的集水区域内乱伐林木，陡坡开荒等导致水库淤积的活动。禁止在库区内围垦和进行采石、取土等危及山体的活动。

第十六条 大坝坝顶确需兼做公路的，须经科学论证和大坝主管部门批准，并采取相应的安全维护措施。

第十七条 禁止在坝体修建码头、渠道、堆放杂物、晾晒粮草。在大坝管理和保护范围内修建码头、鱼塘的，须经大坝主管部门批准，并与坝脚和泄水、输水建筑物保持一定距离，不得影响大坝安全、工程管理和抢险工作。

第十八条 大坝主管部门应当配备具有相应业务水平的大坝安全管理人员。大坝管理单位应当建立、健全安全管理规章制度。

第十九条 大坝管理单位必须按照有关技术标准，对大坝进行安全监测和检查；对监测资料应当及时整理分析，随时掌握大坝运行状况。发现异常现象和不安全因素时，大坝管理单位应当立即报告大坝主管部门，及时采取措施。

第二十条 大坝管理单位必须做好大坝的养护修理工作，保证大坝和闸门启闭设备完好。

第二十一条 大坝的运行，必须在保证安全的前提下，发挥综合效益。大坝管理单位应当根据批准的计划和大坝主管部门的指令进行水库的调度运用。在汛期，综合利用的水库，其调度运用必须服从防汛指挥机构的统一指挥；以发电为主的水库，其汛限水位以上的防洪库容及其洪水调度运用，必须服从防汛指挥机构的统一指挥。任何单位和个人不得非法干预水库的调度运用。

第二十二条 大坝主管部门应当建立大坝定期安全检查、鉴定制度。汛前、汛后，以及暴风、暴雨、特大洪水或者强烈地震发生后，大坝主管部门应当组织对其所管辖的大坝的安全进行检查。

第二十三条 大坝主管部门对其所管辖的大坝应当按期注册登记，建立技术档案。大坝注册登记办法由国务院水行政主管部门会同有关主管部门制定。

第二十四条 大坝管理单位和有关部门应当做好防汛抢险物料的准备和气象水情预报，并保证水情传递、报警以及大坝管理单位与大坝主管部门、上级防汛指挥机构之间联系通畅。

第二十五条 大坝出现险情征兆时，大坝管理单位应当立即报告大坝主管部门和上级防汛指挥机构，并采取抢救措施；有垮坝危险时，应当采取一切措施向预计的垮坝淹没地区发出警报，做好转移工作。

第四章 险 坝 处 理

第二十六条 对尚未达到设计洪水标准、抗震设防标准或者有严重质量缺陷的险坝，大坝主管部门应当组织有关单位进行分类，采取除险加固等措施，或者废弃重建。在险坝加固前，大坝管理单位应当制定保坝应急措施；经论证必须改变原设计运行方式的，应当报请大坝主管部门审批。

第二十七条 大坝主管部门应当对其所管辖的需要加固的险坝制定加固计划，限期消除危险；有关人民政府应当优先安排所需资金和物料。险坝加固必须由具有相应设计资格证书的单位作出加固设计，经审批后组织实施。险坝加固竣工后，由大坝主管部门组织验收。

第二十八条 大坝主管部门应当组织有关单位，对险坝可能出现的垮坝方式、淹没范围作出预估，并制定应急方案，报防汛指挥机构批准。

第五章 罚 则

第二十九条 违反本条例规定，有下列行为之一的，由大坝主管部门责令其停止违法行为，赔偿损失，采取补救措施，可以并处罚款；应当给予治安管理处罚的，由公安机关依照《中华人民共和国治安管理处罚条例》的规定处罚；构成犯罪的，依法追究刑事责任：

（一）毁坏大坝或者其观测、通信、动力、照明、交通、消防等管理设施的；

（二）在大坝管理和保护范围内进行爆破、打井、采石、采矿、取土、挖沙、修坟等危害大坝安全活动的；

（三）擅自操作大坝的泄洪闸门、输水闸门以及其他设施，破坏大坝正常运行的；

（四）在库区内围垦的；

（五）在坝体修建码头、渠道或者堆放杂物、晾晒粮草的；

（六）擅自在大坝管理和保护范围内修建码头、鱼塘的。

第三十条 盗窃或者抢夺大坝工程设施、器材的，依照刑法规定追究刑事责任。

第三十一条 由于勘测设计失误、施工质量低劣、调度运用不当以及滥用职权，玩忽职守，导致大坝事故的，由其所在单位或者上级主管机关对责任人员给予行政处分；构成犯罪的，依法追究刑事责任。

第三十二条 当事人对行政处罚决定不服的，可以在接到处罚通知之日起 15 日内，向作出处罚决定机关的上一级机关申请复议；对复议决定不服的，可以在接到复议决定之日起 15 日内，向人民法院起诉。当事人也可以在接到处罚通知之日起 15 日内，直接向人民法院起诉。当事人逾期不申请复议或者不向人民法院起诉又不履行处罚决定的，由作出处罚决定的机关申请人民法院强制执行。

对治安管理处罚不服的，依照《中华人民共和国治安管理处罚条例》的规定办理。

第六章 附 则

第三十三条 国务院有关部门和各省、自治区、直辖市人民政府可以根据本条例制定实施细则。

第三十四条 本条例自发布之日起施行。

中华人民共和国防汛条例

（1991年7月2日中华人民共和国国务院令第86号发布，
根据2005年7月15日《国务院关于修改〈中华人民共和
国防汛条例〉的决定》修订，自2007年7月15日起施行）

第一章　总　　则

第一条　为了做好防汛抗洪工作，保障人民生命财产安全和经济建设的顺利进行，根据《中华人民共和国水法》，制定本条例。

第二条　在中华人民共和国境内进行防汛抗洪活动，适用本条例。

第三条　防汛工作实行“安全第一，常备不懈，以防为主，全力抢险”的方针，遵循团结协作和局部利益服从全局利益的原则。

第四条　防汛工作实行各级人民政府行政首长负责制，实行统一指挥，分级分部门负责。各有关部门实行防汛岗位责任制。

第五条　任何单位和个人都有参加防汛抗洪的义务。

中国人民解放军和武装警察部队是防汛抗洪的重要力量。

第二章　防　汛　组　织

第六条　国务院设立国家防汛总指挥部，负责组织领导全国的防汛抗洪工作，其办事机构设在国务院水行政主管部门。

长江和黄河，可以设立由有关省、自治区、直辖市人民政府和该江河的流域管理机构（以下简称流域机构）负责人等组成的防汛指挥机构，负责指挥所辖范围的防汛抗洪工作，其办事机构设在流域机构。长江和黄河的重大防汛抗洪事项须经国家防汛总指挥部批准后执行。

国务院水行政主管部门所属的淮河、海河、珠江、松花江、辽河、太湖等流域机构，设立防汛办事机构，负责协调本流域的防汛日常工作。

第七条　有防汛任务的县级以上地方人民政府设立防汛指挥部，由有关部门、当地驻军、人民武装部负责人组成，由各级人民政府首长担任指挥。各级人民政府防汛指挥部在上级人民政府防汛指挥部和同级人民政府的领导下，执行上级防汛指令，制定各项防汛抗洪措施，统一指挥本地区的防汛抗洪工作。

各级人民政府防汛指挥部办事机构设在同级水行政主管部门；城市市区的防汛指挥部办事机构也可以设在城建主管部门，负责管理所辖范围的防汛日常工作。

第八条　石油、电力、邮电、铁路、公路、航运、工矿以及商业、物资等有防汛任务的部门和单位，汛期应当设立防汛机构，在有管辖权的人民政府防汛指挥部统一领导下，负责做好本行业和本单位的防汛工作。

第九条 河道管理机构、水利水电工程管理单位和江河沿岸在建工程的建设单位，必须加强对所辖水工程设施的管理维护，保证其安全正常运行，组织和参加防汛抗洪工作。

第十条 有防汛任务的地方人民政府应当组织以民兵为骨干的群众性防汛队伍，并责成有关部门将防汛队伍组成人员登记造册，明确各自的任务和责任。

河道管理机构和其他防洪工程管理单位可以结合平时的管理任务，组织本单位的防汛抢险队伍，作为紧急抢险的骨干力量。

第三章 防 汛 准 备

第十一条 有防汛任务的县级以上人民政府，应当根据流域综合规划、防洪工程实际状况和国家规定的防洪标准，制定防御洪水方案（包括对特大洪水的处置措施）。

长江、黄河、淮河、海河的防御洪水方案，由国家防汛总指挥部制定，报国务院批准后施行；跨省、自治区、直辖市的其他江河的防御洪水方案，有关省、自治区、直辖市人民政府制定后，经有管辖权的流域机构审查同意，由省、自治区、直辖市人民政府报国务院或其授权的机构批准后施行。

有防汛抗洪任务的城市人民政府，应当根据流域综合规划和江河的防御洪水方案，制定本城市的防御洪水方案，报上级人民政府或其授权的机构批准后施行。

防御洪水方案经批准后，有关地方人民政府必须执行。

第十二条 有防汛任务的地方，应当根据经批准的防御洪水方案制定洪水调度方案。长江、黄河、淮河、海河（海河流域的永定河、大清河、漳卫南运河和北三河）、松花江、辽河、珠江和太湖流域的洪水调度方案，由有关流域机构会同有关省、自治区、直辖市人民政府制定，报国家防汛总指挥部批准。跨省、自治区、直辖市的其他江河的洪水调度方案，由有关流域机构会同有关省、自治区、直辖市人民政府制定，报流域防汛指挥机构批准；没有设立流域防汛指挥机构的，报国家防汛总指挥部批准。其他江河的洪水调度方案，由有管辖权的水行政主管部门会同有关地方人民政府制定，报有管辖权的防汛指挥机构批准。

洪水调度方案经批准后，有关地方人民政府必须执行。修改洪水调度方案，应当报经原批准机关批准。

第十三条 有防汛抗洪任务的企业应当根据所在流域或者地区经批准的防御洪水方案和洪水调度方案，规定本企业的防汛抗洪措施，在征得其所在地县级人民政府水行政主管部门同意后，由有管辖权的防汛指挥机构监督实施。

第十四条 水库、水电站、拦河闸坝等工程的管理部门，应当根据工程规划设计、经批准的防御洪水方案和洪水调度方案以及工程实际状况，在兴利服从防洪，保证安全的前提下，制定汛期调度运用计划，经上级主管部门审查批准后，报有管辖权的人民政府防汛指挥部备案，并接受其监督。

经国家防汛总指挥部认定的对防汛抗洪关系重大的水电站，其防洪库容的汛期调度运用计划经上级主管部门审查同意后，须经有管辖权的人民政府防汛指挥部批准。

汛期调度运用计划经批准后，由水库、水电站、拦河闸坝等工程的管理部门负责执行。

有防凌任务的江河，其上游水库在凌汛期间的下泄水量，必须征得有管辖权的人民政府防汛指挥部的同意，并接受其监督。

第十五条 各级防汛指挥部应当在汛前对各类防洪设施组织检查，发现影响防洪安全的问题，责成责任单位在规定的期限内处理，不得贻误防汛抗洪工作。

各有关部门和单位按照防汛指挥部的统一部署，对所管辖的防洪工程设施进行汛前检查后，必须将影响防洪安全的问题和处理措施报有管辖权的防汛指挥部和上级主管部门，并按照该防汛指挥部的要求予以处理。

第十六条 关于河道清障和对壅水、阻水严重的桥梁、引道、码头和其他跨河工程设施的改建或者拆除，按照《中华人民共和国河道管理条例》的规定执行。

第十七条 蓄滞洪区所在地的省级人民政府应当按照国务院的有关规定，组织有关部门和市、县，制定所管辖的蓄滞洪区的安全与建设规划，并予实施。

各级地方人民政府必须对所管辖的蓄滞洪区的通信、预报警报、避洪、撤退道路等安全设施，以及紧急撤离和救生的准备工作进行汛前检查，发现影响安全的问题，及时处理。

第十八条 山洪、泥石流易发地区，当地有关部门应当指定预防监测员及时监测。雨季到来之前，当地人民政府防汛指挥部应当组织有关单位进行安全检查，对险情征兆明显的地区，应当及时把群众撤离险区。

风暴潮易发地区，当地有关部门应当加强对水库、海堤、闸坝、高压电线等设施和房屋的安全检查，发现影响安全的问题，及时处理。

第十九条 地区之间在防汛抗洪方面发生的水事纠纷，由发生纠纷地区共同的上一级人民政府或其授权的主管部门处理。

前款所指人民政府或者部门在处理防汛抗洪方面的水事纠纷时，有权采取临时紧急处置措施，有关当事各方必须服从并贯彻执行。

第二十条 有防汛任务的地方人民政府应当建设和完善江河堤防、水库、蓄滞洪区等防洪设施，以及该地区的防汛通信、预报警报系统。

第二十一条 各级防汛指挥部应当储备一定数量的防汛抢险物资，由商业、供销、物资部门代储的，可以支付适当的保管费。受洪水威胁的单位和群众应当储备一定的防汛抢险物料。

防汛抢险所需的主要物资，由计划主管部门在年度计划中予以安排。

第二十二条 各级人民政府防汛指挥部汛前应当向有关单位和当地驻军介绍防御洪水方案，组织交流防汛抢险经验。有关方面汛期应当及时通报水情。

第四章 防汛与抢险

第二十三条 省级人民政府防汛指挥部，可以根据当地的洪水规律，规定汛期起止日期。当江河、湖泊、水库的水情接近保证水位或者安全流量时，或者防洪工程设施发生重大险情，情况紧急时，县级以上地方人民政府可以宣布进入紧急防汛期，并报告上级人民政府防汛指挥部。

第二十四条 防汛期内，各级防汛指挥部必须有负责人主持工作。有关责任人员必须坚守岗位，及时掌握汛情，并按照防御洪水方案和汛期调度运用计划进行调度。

第二十五条 在汛期，水利、电力、气象、海洋、农林等部门的水文站、雨量站，必须及时准确地向各级防汛指挥部提供实时水文信息；气象部门必须及时向各级防汛指挥部提供有关天气预报和实时气象信息；水文部门必须及时向各级防汛指挥部提供有关水文预报；海洋部门必须及时向沿海地区防汛指挥部提供风暴潮预报。

第二十六条 在汛期，河道、水库、闸坝、水运设施等水工程管理单位及其主管部门在执行汛期调度运用计划时，必须服从有管辖权的人民政府防汛指挥部的统一调度指挥或者监督。

在汛期，以发电为主的水库，其汛限水位以上的防洪库容以及洪水调度运用必须服从有管辖权的人民政府防汛指挥部的统一调度指挥。

第二十七条 在汛期，河道、水库、水电站、闸坝等水工程管理单位必须按照规定对水工程进行巡查，发现险情，必须立即采取抢护措施，并及时向防汛指挥部和上级主管部门报告。其他任何单位和个人发现水工程设施出现险情，应当立即向防汛指挥部和水工程管理单位报告。

第二十八条 在汛期，公路、铁路、航运、民航等部门应当及时运送防汛抢险人员和物资；电力部门应当保证防汛用电。

第二十九条 在汛期，电力调度通信设施必须服从防汛工作需要；邮电部门必须保证汛情和防汛指令的及时、准确传递，电视、广播、公路、铁路、航运、民航、公安、林业、石油等部门应当运用本部门的通信工具优先为防汛抗洪服务。

电视、广播、新闻单位应当根据人民政府防汛指挥部提供的汛情，及时向公众发布防汛信息。

第三十条 在紧急防汛期，地方人民政府防汛指挥部必须由人民政府负责人主持工作，组织动员本地区各有关单位和个人投入抗洪抢险。所有单位和个人必须听从指挥，承担人民政府防汛指挥部分配的抗洪抢险任务。

第三十一条 在紧急防汛期，公安部门应当按照人民政府防汛指挥部的要求，加强治安管理和安全保卫工作。必要时须由有关部门依法实行陆地和水面交通管制。

第三十二条 在紧急防汛期，为了防汛抢险需要，防汛指挥部有权在其管辖范围内，调用物资、设备、交通运输工具和人力，事后应当及时归还或者给予适当补偿。因抢险需要取土占地、砍伐林木、清除阻水障碍物的，任何单位和个人不得阻拦。

前款所指取土占地、砍伐林木的，事后应当依法向有关部门补办手续。

第三十三条 当河道水位或者流量达到规定的分洪、滞洪标准时，有管辖权的人民政府防汛指挥部有权根据经批准的分洪、滞洪方案，采取分洪、滞洪措施。采取上述措施对毗邻地区有危害的，须经有管辖权的上级防汛指挥机构批准，并事先通知有关地区。

在非常情况下，为保护国家确定的重点地区和大局安全，必须作出局部牺牲时，在报经有管辖权的上级人民政府防汛指挥部批准后，当地人民政府防汛指挥部可以采取非常紧急措施。

实施上述措施时，任何单位和个人不得阻拦，如遇到阻拦和拖延时，有管辖权的人民政府有权组织强制实施。

第三十四条 当洪水威胁群众安全时，当地人民政府应当及时组织群众撤离至安全地带，并做好生活安排。

第三十五条 按照水的天然流势或者防洪、排涝工程的设计标准，或者经批准的运行方案下泄的洪水，下游地区不得设障阻水或者缩小河道的过水能力；上游地区不得擅自增大下泄流量。

未经有管辖权的人民政府或其授权的部门批准，任何单位和个人不得改变江河河势的自然控制点。

第五章 善 后 工 作

第三十六条 在发生洪水灾害的地区，物资、商业、供销、农业、公路、铁路、航运、民航等部门应当做好抢险救灾物资的供应和运输；民政、卫生、教育等部门应当做好灾区群众的生活供给、医疗防疫、学校复课以及恢复生产等救灾工作；水利、电力、邮电、公路等部门应当做好所管辖的水毁工程的修复工作。

第三十七条 地方各级人民政府防汛指挥部，应当按照国家统计部门批准的洪涝灾害统计报表的要求，核实和统计所管辖范围的洪涝灾情，报上级主管部门和同级统计部门，有关单位和个人不得虚报、瞒报、伪造、篡改。

第三十八条 洪水灾害发生后，各级人民政府防汛指挥部应当积极组织和帮助灾区群众恢复和发展生产。修复水毁工程所需费用，应当优先列入有关主管部门年度建设计划。

第六章 防 汛 经 费

第三十九条 由财政部门安排的防汛经费，按照分级管理的原则，分别列入中央财政和地方财政预算。

在汛期，有防汛任务的地区的单位和个人应当承担一定的防汛抢险的劳务和费用，具体办法由省、自治区、直辖市人民政府制定。

第四十条 防御特大洪水的经费管理，按照有关规定执行。

第四十一条 对蓄滞洪区，逐步推行洪水保险制度，具体办法另行制定。

第七章 奖励与处罚

第四十二条 有下列事迹之一的单位和个人，可以由县级以上人民政府给予表彰或者奖励：

（一）在执行抗洪抢险任务时，组织严密，指挥得当，防守得力，奋力抢险，出色完成任务者；

（二）坚持巡堤查险，遇到险情及时报告，奋力抗洪抢险，成绩显著者；

（三）在危险关头，组织群众保护国家和人民财产，抢救群众有功者；

（四）为防汛调度、抗洪抢险献计献策，效益显著者；

（五）气象、雨情、水情测报和预报准确及时，情报传递迅速，克服困难，抢测洪水，因而减轻重大洪水灾害者；

（六）及时供应防汛物料和工具，爱护防汛器材，节约经费开支，完成防汛抢险任务成绩显著者；

（七）有其他特殊贡献，成绩显著者。

第四十三条 有下列行为之一者，视情节和危害后果，由其所在单位或者上级主管机关给予行政处分；应当给予治安管理处罚的，依照《中华人民共和国治安管理处罚条例》的规定处罚；构成犯罪的，依法追究刑事责任：

（一）拒不执行经批准的防御洪水方案、洪水调度方案，或者拒不执行有管辖权的防汛指挥机构的防汛调度方案或者防汛抢险指令的；

（二）玩忽职守，或者在防汛抢险的紧要关头临阵逃脱的；

（三）非法扒口决堤或者开闸的；

（四）挪用、盗窃、贪污防汛或者救灾的钱款或者物资的；

（五）阻碍防汛指挥机构工作人员依法执行职务的；

（六）盗窃、毁损或者破坏堤防、护岸、闸坝等水工程建筑物和防汛工程设施以及水文监测、测量设施、气象测报设施、河岸地质监测设施、通信照明设施的；

（七）其他危害防汛抢险工作的。

第四十四条 违反河道和水库大坝的安全管理，依照《中华人民共和国河道管理条例》和《水库大坝安全管理条例》的有关规定处理。

第四十五条 虚报、瞒报洪涝灾情，或者伪造、篡改洪涝灾害统计资料的，依照《中华人民共和国统计法》及其实施细则的有关规定处理。

第四十六条 当事人对行政处罚不服的，可以在接到处罚通知之日起十五日内，向作出处罚决定机关的上一级机关申请复议；对复议决定不服的，可以在接到复议决定之日起十五日内，向人民法院起诉。当事人也可以在接到处罚通知之日起十五日内，直接向人民法院起诉。

当事人逾期不申请复议或者不向人民法院起诉，又不履行处罚决定的，由作出处罚决定的机关申请人民法院强制执行；在汛期，也可以由作出处罚决定的机关强制执行；对治安管理处罚不服的，依照《中华人民共和国治安管理处罚条例》的规定办理。

当事人在申请复议或者诉讼期间，不停止行政处罚决定的执行。

第八章 附 则

第四十七条 省、自治区、直辖市人民政府，可以根据本条例的规定，结合本地区的实际情况，制定实施细则。

第四十八条 本条例由国务院水行政主管部门负责解释。

第四十九条 本条例自发布之日起施行。

电力监管条例

（国务院令第432号，自2005年5月1日起施行）

第一章 总 则

第一条 为了加强电力监管，规范电力监管行为，完善电力监管制度，制定本条例。

第二条 电力监管的任务是维护电力市场秩序，依法保护电力投资者、经营者、使用者的合法权益和社会公共利益，保障电力系统安全稳定运行，促进电力事业健康发展。

第三条 电力监管应当依法进行，并遵循公开、公正和效率的原则。

第四条 国务院电力监管机构依照本条例和国务院有关规定，履行电力监管和行政执法职能；国务院有关部门依照有关法律、行政法规和国务院有关规定，履行相关的监管职能和行政执法职能。

第五条 任何单位和个人对违反本条例和国家有关电力监管规定的行为有权向电力监管机构和政府有关部门举报，电力监管机构和政府有关部门应当及时处理，并依照有关规定对举报有功人员给予奖励。

第二章 监 管 机 构

第六条 国务院电力监管机构根据履行职责的需要，经国务院批准，设立派出机构。国务院电力监管机构对派出机构实行统一领导和管理。

国务院电力监管机构的派出机构在国务院电力监管机构的授权范围内，履行电力监管职责。

第七条 电力监管机构从事监管工作的人员，应当具备与电力监管工作相适应的专业知识和业务工作经验。

第八条 电力监管机构从事监管工作的人员，应当忠于职守，依法办事，公正廉洁，不得利用职务便利谋取不正当利益，不得在电力企业、电力调度交易机构兼任职务。

第九条 电力监管机构应当建立监管责任制度和监管信息公开制度。

第十条 电力监管机构及其从事监管工作的人员依法履行电力监管职责，有关单位和人员应当予以配合和协助。

第十一条 电力监管机构应当接受国务院财政、监察、审计等部门依法实施的监督。

第三章 监 管 职 责

第十二条 国务院电力监管机构依照有关法律、行政法规和本条例的规定，在其职责范围内制定并发布电力监管规章、规则。

第十三条 电力监管机构依照有关法律和国务院有关规定，颁发和管理电力业务许可证。

第十四条 电力监管机构按照国家有关规定，对发电企业在各电力市场中所占份额的比例实施监管。

第十五条 电力监管机构对发电厂并网、电网互联以及发电厂与电网协调运行中执行有关规章、规则的情况实施监管。

第十六条 电力监管机构对电力市场向从事电力交易的主体公平、无歧视开放的情况以及输电企业公平开放电网的情况依法实施监管。

第十七条 电力监管机构对电力企业、电力调度交易机构执行电力市场运行规则的情况，以及电力调度交易机构执行电力调度规则的情况实施监管。

第十八条 电力监管机构对供电企业按照国家规定的电能质量和供电服务质量标准向用户提供供电服务的情况实施监管。

第十九条 电力监管机构具体负责电力安全监督管理工作。

国务院电力监管机构经商国务院发展改革部门、国务院安全生产监督管理部门等有关部门后，制订重大电力生产安全事故处置预案，建立重大电力生产安全事故应急处置制度。

第二十条 国务院价格主管部门、国务院电力监管机构依照法律、行政法规和国务院的规定，对电价实施监管。

第四章 监 管 措 施

第二十一条 电力监管机构根据履行监管职责的需要，有权要求电力企业、电力调度交易机构报送与监管事项相关的文件、资料。

电力企业、电力调度交易机构应当如实提供有关文件、资料。

第二十二条 国务院电力监管机构应当建立电力监管信息系统。

电力企业、电力调度交易机构应当按照国务院电力监管机构的规定将与监管相关的信息系统接入电力监管信息系统。

第二十三条 电力监管机构有权责令电力企业、电力调度交易机构按照国家有关电力监管规章、规则的规定如实披露有关信息。

第二十四条 电力监管机构依法履行职责，可以采取下列措施，进行现场检查：

（一）进入电力企业、电力调度交易机构进行检查；

（二）询问电力企业、电力调度交易机构的工作人员，要求其对有关检查事项作出说明；

（三）查阅、复制与检查事项有关的文件、资料，对可能被转移、隐匿、损毁的文件、资料予以封存；

（四）对检查中发现的违法行为，有权当场予以纠正或者要求限期改正。

第二十五条 依法从事电力监管工作的人员在进行现场检查时，应当出示有效执法证件；未出示有效执法证件的，电力企业、电力调度交易机构有权拒绝检查。

第二十六条 发电厂与电网并网、电网与电网互联，并网双方或者互联双方达不成协议，影响电力交易正常进行的，电力监管机构应当进行协调；经协调仍不能达成协议的，由电力监管机构作出裁决。

第二十七条　电力企业发生电力生产安全事故，应当及时采取措施，防止事故扩大，并向电力监管机构和其他有关部门报告。电力监管机构接到发生重大电力生产安全事故报告后，应当按照重大电力生产安全事故处置预案，及时采取处置措施。

电力监管机构按照国家有关规定组织或者参加电力生产安全事故的调查处理。

第二十八条　电力监管机构对电力企业、电力调度交易机构违反有关电力监管的法律、行政法规或者有关电力监管规章、规则，损害社会公共利益的行为及其处理情况，可以向社会公布。

第五章　法　律　责　任

第二十九条　电力监管机构从事监管工作的人员有下列情形之一的，依法给予行政处分；构成犯罪的，依法追究刑事责任：

（一）违反有关法律和国务院有关规定颁发电力业务许可证的；

（二）发现未经许可擅自经营电力业务的行为，不依法进行处理的；

（三）发现违法行为或者接到对违法行为的举报后，不及时进行处理的；

（四）利用职务便利谋取不正当利益的。

电力监管机构从事监管工作的人员在电力企业、电力调度交易机构兼任职务的，由电力监管机构责令改正，没收兼职所得；拒不改正的，予以辞退或者开除。

第三十条　违反规定未取得电力业务许可证擅自经营电力业务的，由电力监管机构责令改正，没收违法所得，可以并处违法所得5倍以下的罚款；构成犯罪的，依法追究刑事责任。

第三十一条　电力企业违反本条例规定，有下列情形之一的，由电力监管机构责令改正；拒不改正的，处10万元以上100万元以下的罚款；对直接负责的主管人员和其他直接责任人员，依法给予处分；情节严重的，可以吊销电力业务许可证：

（一）不遵守电力市场运行规则的；

（二）发电厂并网、电网互联不遵守有关规章、规则的；

（三）不向从事电力交易的主体公平、无歧视开放电力市场或者不按照规定公平开放电网的。

第三十二条　供电企业未按照国家规定的电能质量和供电服务质量标准向用户提供供电服务的，由电力监管机构责令改正，给予警告；情节严重的，对直接负责的主管人员和其他直接责任人员，依法给予处分。

第三十三条　电力调度交易机构违反本条例规定，不按照电力市场运行规则组织交易的，由电力监管机构责令改正；拒不改正的，处10万元以上100万元以下的罚款；对直接负责的主管人员和其他直接责任人员，依法给予处分。

电力调度交易机构工作人员泄露电力交易内幕信息的，由电力监管机构责令改正，并依法给予处分。

第三十四条　电力企业、电力调度交易机构有下列情形之一的，由电力监管机构责令改正；拒不改正的，处5万元以上50万元以下的罚款，对直接负责的主管人员和其他直接责任人员，依法给予处分；构成犯罪的，依法追究刑事责任：

（一）拒绝或者阻碍电力监管机构及其从事监管工作的人员依法履行监管职责的；

（二）提供虚假或者隐瞒重要事实的文件、资料的；

（三）未按照国家有关电力监管规章、规则的规定披露有关信息的。

第三十五条 本条例规定的罚款和没收的违法所得，按照国家有关规定上缴国库。

第六章 附 则

第三十六条 电力企业应当按照国务院价格主管部门、财政部门的有关规定缴纳电力监管费。

第三十七条 本条例自2005年5月1日起施行。

国家电力监管委员会安全生产令

（国家电力监管委员会令第1号，自2004年2月18日起施行）

一、电力安全生产事关国家安全和社会稳定大局，安全可靠的电力供应对于保持社会稳定和促进经济发展具有十分重要的意义。各电力企业要认真贯彻落实党中央、国务院关于加强安全生产工作的各项方针政策，切实做好电力安全生产工作。

二、电力安全生产要始终坚持“安全第一、预防为主”的方针，坚持以人为本，牢固树立“责任重于泰山”的观念，把安全生产放在各项工作的首位。

三、各电力企业要严格执行《中华人民共和国安全生产法》等有关法律、法规、规章和安全生产标准，完善规章制度，制定并落实确保安全生产的各项措施。

四、各电力企业是电力安全生产的责任主体，要建立并层层落实安全生产责任制。企业主要负责人是本单位安全生产第一责任人，对所辖范围和本企业的安全生产全面负责。

五、电力安全生产的目标是维护电力系统安全稳定运行，保证经济、社会发展和人民群众生活对电力的正常需求，防止和杜绝人身伤害、财产损失和电网大面积停电等重、特大事故的发生。

六、电力系统运行要坚持“统一调度、分级管理”的原则，加强调度管理，严肃调度纪律。各电力企业要协调配合，共同确保电力系统安全稳定运行。

七、各电力企业要加强安全性评价工作，定期开展安全生产大检查，及时发现并消除事故隐患。要制定事故处理预案，提高事故处理能力。

八、各电力企业要加强安全生产知识、安全生产法律法规和生产技术培训，提高职工安全意识，重要工种人员必须经考试合格，持证上岗。

九、大力实施“科技兴安”战略，鼓励电力生产高新技术研究和成果推广，推进电力安全生产的科学管理，努力实现电力安全生产的管理创新和技术创新。

电力安全生产监管办法

（国家电力监管委员会令第2号，自2004年3月9日起施行）

第一章 总 则

第一条 为了有效实施电力安全生产监管，保障电力系统安全，维护社会稳定，依据《中华人民共和国安全生产法》、《中华人民共和国电力法》等有关法律法规，制定本办法。

第二条 电力安全生产必须坚持“安全第一，预防为主”的方针。

第三条 电力安全生产的目标是维护电力系统安全稳定，保证电力正常供应，防止和杜绝人身死亡、大面积停电、主设备严重损坏、电厂垮坝、重大火灾等重大、特大事故以及对社会造成重大影响的事故发生。

第四条 国家提倡和鼓励电力企业使用、研制和不断推广有利于保证电力系统安全可靠、先进适用的技术装备和采用科学的管理方法，实现电力安全生产的技术创新和管理创新。

第五条 本办法适用于在中华人民共和国境内从事电力生产和经营的电网经营企业、供电企业、发电企业。

第二章 电力安全生产监督管理

第六条 按照国务院授权，国家电力监管委员会（以下简称电监会）具体负责全国电力安全生产监督管理工作，国家安全生产监督管理局负责全国电力安全生产综合管理工作。

第七条 电监会设立电力安全生产监管机构，行使以下电力安全监督管理职责：

（一）负责依法组织制定电力安全生产的规章、标准。

（二）组织电力安全生产大检查，督促落实安全生产各项措施。

（三）负责全国电力安全生产信息的统计、分析、发布。

（四）对全国电力行业发生的重大、特大安全生产事故组织调查。

（五）组织对电力企业安全生产状况进行检查、诊断、分析和评估。

（六）对电力安全生产工作中做出贡献者给予表彰奖励，对事故负有责任的单位和人员提出处罚建议。

第三章 电力企业安全生产责任

第八条 电力企业是电力安全生产的责任主体。国家电网公司和中国南方电网有限责任公司分别负责所辖范围内的电网安全，南方电网与其他区域电网联网线路的安全责任由国家电网公司承担，具体在联网协议中明确。发电企业按照“谁主管、谁负责”的原则分别对所辖范围内的企业安全生产负责。

第九条 各电力企业对本单位的安全生产全面负责。其主要行政负责人是安全生产第一责任人。

（一）建立并层层落实安全生产责任制。

（二）建立健全电力安全生产保证体系和电力安全生产监督体系；严格遵守国家有关电力安全的法律、法规及行业规程、标准。

（三）制定电力安全生产事故应急处理预案。

（四）督促、检查安全生产工作，及时消除事故隐患。

（五）实施安全生产教育培训。

第四章 电力系统安全

第十条 电网经营企业、供电企业、发电企业、电力用户有责任共同维护电力系统的安全稳定。

第十一条 电力系统运行坚持统一调度、分级管理的原则，建立统一、科学的调度协调体系。

第十二条 电网运行管理部门和电网调度机构应当严格执行《电力系统安全稳定导则》，防止电网失稳导致崩溃；组织编制适合本网实际的事故应急处理预案。

第十三条 各级电网调度机构是电网事故处理的指挥中心，值班调度员是电网事故处理的指挥员。

调度机构应当加强网、厂协调，建立电力系统安全的长效机制，严格执行调度规程，做到令行禁止。

发生危及电力系统安全的事故或遇有危及电网安全的情况时，调度机构有权采取必要的手段和应急措施。

第十四条 并网运行的发电厂，其涉及电网安全、稳定的励磁系统和调速系统，继电保护系统和安全自动装置，调度通信和自动化设备等应当满足所在电网的要求。

第十五条 电力用户应当满足电网安全性要求，遵守安全用电的规定。

第十六条 电力企业要加强电力设施保护，严防违章施工、偷盗电力设施等严重危害电力安全的情况发生。

第五章 电力安全生产信息报送

第十七条 各电网经营企业、供电企业、发电企业要按照电监会关于电力安全生产信息报送的规定报送电力安全生产信息。

第十八条 发生重大、特大的人身事故、电网事故、设备损坏事故、电厂垮坝事故和火灾事故时，要立即向电监会报告，时间不得超过 24 小时，同时抄报国家安全生产监督管理局和所在地政府有关部门。

第十九条 电力安全生产信息的报送应当及时、准确，不得隐瞒不报、谎报或者拖延不报。

第六章 事故调查处理

第二十条 电力企业发生事故后，事故现场有关人员应当立即报告本单位负责人。单位负责人接到事故报告后，应当迅速采取有效措施，组织抢救，防止事故扩大，减少人员伤亡和财产损失，并按照规定向有关单位报告。

第二十一条 事故调查处理权限：

死亡3人以上或500万元（人民币）以上直接损失的重大、特大事故，以及电网大面积停电事故，由电监会负责调查处理。其中造成死亡30人以上或2000万元（人民币）以上直接损失的特大事故按照国家安全生产监督管理局的要求，由国家安全生产监督管理局负责调查处理。

电监会认为有必要调查的事故，也遵从本规定。

第二十二条 事故调查应当按照实事求是、尊重科学的原则，及时、准确地查明事故原因、事故性质和事故责任，总结事故教训，提出整改措施，并对事故责任者提出处理意见。

第二十三条 在事故调查时，事故调查单位有权采取下列措施：

（一）对事故现场进行调查取证，要求发生事故所在单位和相关人员保护好事故现场，并提供与事故有关的原始记录、资料及其他有关材料。

（二）要求事故单位和相关人员就事故涉及的问题限期做出解释和说明。

（三）认为有必要的其他措施。

第二十四条 事故发生后，经调查确定为责任事故的，电监会将依照有关法律、法规的规定追究责任单位和责任人的责任。

第七章　附　　则

第二十五条 电网经营企业、供电企业、发电企业可以依据本办法制订实施办法。

第二十六条 本办法自公布之日起施行。

电力生产事故调查暂行规定

（国家电力监管委员会令第 4 号，自 2005 年 3 月 1 日起施行）

第一章　总　　则

第一条　为了及时报告、调查、统计、处理电力生产事故，规范电力生产事故管理和调查行为，制定本规定。

第二条　电力生产事故调查的任务是贯彻安全第一、预防为主的方针，总结经验教训，研究电力生产事故规律，采取预防措施，防止和减少电力生产事故的发生。

第三条　电力生产事故调查应当实事求是、尊重科学，做到事故原因未查清不放过，责任人员未处理不放过，整改措施未落实不放过，有关人员未受到教育不放过。

第四条　电力生产事故统计报告应当及时、准确、完整。电力生产事故统计分析应当与可靠性分析相结合，全面评价安全水平。

第五条　任何单位和个人对违反本规定的行为、隐瞒电力生产事故或者阻碍电力生产事故调查的行为，有权向国家电力监管委员会（以下简称电监会）及其派出机构、政府有关部门举报。

第六条　本规定适用于中华人民共和国境内的电力企业。

第二章　事故定义和级别

第七条　电力企业发生有下列情形之一的人身伤亡，为电力生产人身事故：

（一）员工从事与电力生产有关的工作过程中，发生人身伤亡（含生产性急性中毒造成的人身伤亡，下同）的；

（二）员工从事与电力生产有关的工作过程中，发生本企业负有同等以上责任的交通事故，造成人身伤亡的；

（三）在电力生产区域内，外单位人员从事与电力生产有关的工作过程中，发生本企业负有责任的人身伤亡的。

电力生产人身事故的等级划分和标准，执行国家有关规定。

第八条　电网发生有下列情形之一的大面积停电，为特大电网事故：

（一）省、自治区电网或者区域电网减供负荷达到下列数值之一的：

1. 电网负荷为 20000 兆瓦以上的，减供负荷 20％；

2. 电网负荷为 10000 兆瓦以上不满 20000 兆瓦的，减供负荷 30％或者 4000 兆瓦；

3. 电网负荷为 5000 兆瓦以上不满 10000 兆瓦的，减供负荷 40％或者 3000 兆瓦；

4. 电网负荷为 1000 兆瓦以上不满 5000 兆瓦的，减供负荷 50％或者 2000 兆瓦。

（二）直辖市减供负荷 50％以上的；

（三）省和自治区人民政府所在地城市以及其他大城市减供负荷 80％以上的。

第九条 电网发生有下列情形之一的大面积停电，为重大电网事故：

（一）省、自治区电网或者区域电网减供负荷达到下列数值之一的：

1. 电网负荷为20000兆瓦以上的，减供负荷8%；

2. 电网负荷为10000兆瓦以上不满20000兆瓦的，减供负荷10%或者1600兆瓦；

3. 电网负荷为5000兆瓦以上不满10000兆瓦的，减供负荷15%或者1000兆瓦；

4. 电网负荷为1000兆瓦以上不满5000兆瓦的，减供负荷20%或者750兆瓦；

5. 电网负荷为不满1000兆瓦的，减供负荷40%或者200兆瓦。

（二）直辖市减供负荷20%以上的。

（三）省和自治区人民政府所在地城市以及其他大城市减供负荷40%以上的。

（四）中等城市减供负荷60%以上的。

（五）小城市减供负荷80%以上的。

第十条 电力企业发生有下列情形之一的事故，为一般电网事故：

（一）110千伏以上省级电网或者区域电网非正常解列，并造成全网减供负荷达到下列数值之一的：

1. 电网负荷为20000兆瓦以上的，减供负荷4%；

2. 电网负荷为10000兆瓦以上不满20000兆瓦的，减供负荷5%或者800兆瓦；

3. 电网负荷为5000兆瓦以上不满10000兆瓦的，减供负荷8%或者500兆瓦；

4. 电网负荷为1000兆瓦以上不满5000兆瓦的，减供负荷10%或者400兆瓦；

5. 电网负荷为不满1000兆瓦的，减供负荷20%或者100兆瓦。

（二）变电所220千伏以上任一电压等级母线全停的。

（三）电网电能质量降低，造成下列情形之一的：

1. 装机容量3000兆瓦以上的电网，频率偏差超出50±0.2赫兹，且延续时间30分钟以上；或者频率偏差超出50±0.5赫兹，且延续时间15分钟以上。

2. 装机容量不满3000兆瓦的电网，频率偏差超出50±0.5赫兹，且延续时间30分钟以上；或者频率偏差超出50±1赫兹，且延续时间15分钟以上。

3. 电压监视控制点电压偏差超出电力调度规定的电压曲线值±5%，且延续时间超过2小时；或者电压偏差超出电力调度规定的电压曲线值±10%，且延续时间超过1小时。

第十一条 电力企业发生设备、设施、施工机械、运输工具损坏，造成直接经济损失超过规定数额的，为电力生产设备事故。

电力生产设备事故的等级划分和标准，执行本规定第十二条、第十三条和国家有关规定。

第十二条 装机容量400兆瓦以上的发电厂，一次事故造成2台以上机组非计划停运，并造成全厂对外停电的，为重大设备事故。

第十三条 电力企业有下列情形之一，未构成重大设备事故的，为一般设备事故：

（一）发电厂2台以上机组非计划停运，并造成全厂对外停电的；

（二）发电厂升压站110千伏以上任一电压等级母线全停的；

（三）发电厂200兆瓦以上机组被迫停止运行，时间超过24小时的；

（四）电网35千伏以上输变电设备被迫停止运行，并造成对用户中断供电的；

（五）水电厂由于水工设备、水工建筑损坏或者其他原因，造成水库不能正常蓄水、泄洪或者其他损坏的。

第十四条 火灾事故的定义、等级划分和标准，执行国家有关规定。

第三章 事 故 调 查

第十五条 电力企业发生事故后，应当按照国家有关规定，及时向上级主管单位和当地人民政府有关部门如实报告。

第十六条 电力企业发生重大以上的人身事故、电网事故、设备事故或者火灾事故，电厂垮坝事故以及对社会造成严重影响的停电事故，应当立即将事故发生的时间、地点、事故概况、正在采取的紧急措施等情况向电监会报告，最迟不得超过24小时。

第十七条 电力生产事故的组织调查，按照下列规定进行：

（一）人身事故、火灾事故、交通事故和特大设备事故，按照国家有关规定组织调查；

（二）特大电网事故、重大电网事故、重大设备事故由电监会组织调查；

（三）一般电网事故、一般设备事故由发生事故的单位组织调查。

涉及电网企业、发电企业等两个或者两个以上企业的一般事故，进行联合调查时发生争议，一方申请电监会处理的，由电监会组织调查。

第十八条 电力生产事故的调查，按照下列规定进行：

（一）事故发生后，发生事故的单位应当迅速抢救伤员和进行事故应急处理，并派专人严格保护事故现场。未经调查和记录的事故现场，不得任意变动。

（二）事故发生后，发生事故的单位应当立即对事故现场和损坏的设备进行照相、录像、绘制草图。

（三）事故发生后，发生事故的单位应当立即组织有关人员收集事故经过、现场情况、财产损失等原始材料。

（四）发生事故的单位应当及时向事故调查组提供完整的相关资料。

（五）事故调查组有权向发生事故的单位、有关人员了解事故情况并索取有关资料，任何单位和个人不得拒绝。

（六）事故调查组在《事故调查报告书》中应当明确事故原因、性质、责任、防范措施和处理意见。

（七）根据事故调查组对事故的处理意见，有关单位应当按照管理权限对发生事故的单位、责任人员进行处理。

第四章 统 计 报 告

第十九条 电力生产事故的统计和报告，按照电监会《电力安全生产信息报送暂行规定》办理。

涉及电网企业、发电企业等两个以上企业的事故，如果各企业均构成事故，各企业都应当按照有关规定统计、上报。

一起事故既符合电网事故条件，又符合设备事故条件的，按照“不同等级的事故，选取等级高的事故；相同等级的事故，选取电网事故”的原则统计、上报。

伴有人身事故的电网事故或者设备事故，应当按照本规定要求将人身事故、电网事故或者设备事故分别统计、上报。

第二十条 按照国家有关规定，由人民政府有关部门组织调查的事故，发生事故的单位应当自收到《事故调查报告书》之日起一周内，将有关情况报送电监会。

第二十一条 发电企业、供电企业和电力调度机构连续无事故的天数累计达到100天为一个安全周期。

发生重伤以上人身事故，发生本单位应承担责任的一般以上电网事故、设备事故或者火灾事故，均应当中断安全周期。

第五章 附 则

第二十二条 本规定下列用语的含义：

（一）电力企业，是指以发电、输变电、供电、电力调度、电力检修、电力试验、电力建设等为主要业务的企业（单位）。

（二）员工，是指企业（单位）中各种用工形式的人员，包括固定工、合同工，临时聘用、雇用、借用的人员，以及代训工和实习生。

（三）与电力生产有关的工作，是指发电、输变电、供电、电力调度、电力检修、电力试验、电力建设等生产性工作，如电力设备（设施）的运行、检修维护、施工安装、试验、生产性管理工作以及电力设备的更新改造、业扩、用户电力设备的安装、检修和试验等工作。

（四）电力生产区域，是指与电力生产有关的运行、检修维护、施工安装、试验、修配场所，以及生产仓库、汽车库、线路及电力通信设施的走廊等。

（五）第七条第一款第（三）项中的“本企业负有责任”，是指有下列情形之一的，本企业负有责任：

1. 资质审查不严，项目承包方不符合要求；

2. 在开工前未对承包方负责人、工程技术人员和安监人员进行全面的安全技术交底，或者没有完整的记录；

3. 对危险性生产区域内作业未事先进行专门的安全技术交底，未要求承包方制定安全措施，未配合做好相关的安全措施（包括有关设施、设备上设置明确的安全警告标志等）；

4. 未签订安全生产管理协议，或者协议中未明确各自的安全生产职责和应当采取的安全措施。

（六）区域电网，是指华北、东北、西北、华东、华中和南方电网。

（七）电网负荷，是指电力调度机构统一调度的电网在事故发生前的负荷。

（八）大城市、中等城市、小城市，是指《中华人民共和国城市规划法》规定的大城市、中等城市、小城市。

（九）电网非正常解列包括自动解列、继电保护及安全自动装置动作解列。

（十）施工机械，是指大型起吊设备、运输设备、挖掘设备、钻探设备、张力牵引设备等。

（十一）直接经济损失包括更换的备品配件、材料、人工和运输所发生的费用。如设备损坏不能再修复，则按同类型设备重置金额计算损失费用。保险公司赔偿费和设备残值不能冲减直接经济损失费用。

（十二）全厂对外停电，是指发电厂对外有功负荷降到零。虽电网经发电厂母线转送的负荷没有停止，仍视为全厂对外停电。

（十三）电网减供负荷波及多个省级电网时，除引发事故的省级电网计算一次事故外，区域电网另计算一次，其电网负荷按照区域电网事故前全网负荷计算。减供负荷的计算范围与计算电网负荷时的范围相同。

（十四）城市的减供负荷，是指市区范围的减供负荷，不包括市管辖的县或者县级市。

（十五）电力设备事故包括电气设备发生电弧引燃绝缘（包括绝缘油）、油系统（不包括油罐）、制粉系统损坏起火等。

第二十三条 各电力企业应当根据本规定制定与生产事故调查相关的内部规程。

第二十四条 本规定自 2005 年 3 月 1 日起施行。1994 年 12 月 22 日原电力工业部发布的《电业生产事故调查规程》同时废止。

《生产安全事故报告和调查处理条例》罚款处罚暂行规定

（国家安全生产监督管理总局令第13号，自2007年7月12日起施行）

第一条 为防止和减少生产安全事故，严格追究生产安全事故发生单位及其有关责任人员的法律责任，正确适用事故罚款的行政处罚，依照《生产安全事故报告和调查处理条例》（以下简称《条例》）的规定，制定本规定。

第二条 安全生产监督管理部门和煤矿安全监察机构对生产安全事故发生单位（以下简称事故发生单位）及其主要负责人、直接负责的主管人员和其他责任人员等有关责任人员实施罚款的行政处罚，适用本规定。

法律、行政法规对行政处罚的种类、幅度和决定机关另有规定的，依照其规定。

第三条 本规定所称事故发生单位是指对事故发生负有责任的生产经营单位。

本规定所称主要负责人是指有限责任公司、股份有限公司的董事长或者总经理或者个人经营的投资人，其他生产经营单位的厂长、经理、局长、矿长（含实际控制人、投资人）等人员。

第四条 本规定所称事故发生单位主要负责人、直接负责的主管人员和其他直接责任人员的上一年年收入，属于国有生产经营单位的，是指该单位上级主管部门所确定的上一年年收入总额；属于非国有生产经营单位的，是指经财务、税务部门核定的上一年年收入总额。

第五条 《条例》所称的迟报、漏报、谎报和瞒报，依照下列情形认定：

（一）报告事故的时间超过规定时限的，属于迟报；

（二）因过失对应当上报的事故或者事故发生的时间、地点、类别、伤亡人数、直接经济损失等内容遗漏未报的，属于漏报；

（三）故意不如实报告事故发生的时间、地点、类别、伤亡人数、直接经济损失等有关内容的，属于谎报；

（四）故意隐瞒已经发生的事故，并经有关部门查证属实的，属于瞒报。

第六条 对事故发生单位及其有关责任人员处以罚款的行政处罚，依照下列规定决定：

（一）对发生特别重大事故的单位及其有关责任人员罚款的行政处罚，由国家安全生产监督管理总局决定；

（二）对发生重大事故的单位及其有关责任人员罚款的行政处罚，由省级人民政府安全生产监督管理部门决定；

（三）对发生较大事故的单位及其有关责任人员罚款的行政处罚，由设区的市级人民政府安全生产监督管理部门决定；

（四）对发生一般事故的单位及其有关责任人员罚款的行政处罚，由县级人民政府安全生产监督管理部门决定。

上级安全生产监督管理部门可以指定下一级安全生产监督管理部门对事故发生单位及其有关责任人员实施行政处罚。

第七条 对煤矿事故发生单位及其有关责任人员处以罚款的行政处罚，依照下列规定执行：

（一）对发生特别重大事故的煤矿及其有关责任人员罚款的行政处罚，由国家煤矿安全监察局决定；

（二）对发生重大事故和较大事故的煤矿及其有关责任人员罚款的行政处罚，由省级煤矿安全监察机构决定；

（三）对发生一般事故的煤矿及其有关责任人员罚款的行政处罚，由省级煤矿安全监察机构所属分局决定。

上级煤矿安全监察机构可以指定下一级煤矿安全监察机构对事故发生单位及其有关责任人员实施行政处罚。

第八条 特别重大事故以下等级事故，事故发生地与事故发生单位所在地不在同一个县级以上行政区域的，由事故发生地的安全生产监督管理部门或者煤矿安全监察机构依照本规定第六条或者第七条规定的权限实施行政处罚。

第九条 安全生产监督管理部门和煤矿安全监察机构对事故发生单位及其有关责任人员实施罚款的行政处罚，依照《安全生产违法行为行政处罚办法》规定的程序执行。

第十条 事故发生单位及其有关责任人员对安全生产监督管理部门和煤矿安全监察机构给予的行政处罚，享有陈述、申辩的权利；对行政处罚不服的，有权依法申请行政复议或者提起行政诉讼。

第十一条 事故发生单位主要负责人有《条例》第三十五条规定的行为之一的，依照下列规定处以罚款：

（一）事故发生单位主要负责人在事故发生后不立即组织事故抢救的，处上一年年收入80%的罚款；

（二）事故发生单位主要负责人迟报或者漏报事故的，处上一年年收入40%至60%的罚款；

（三）事故发生单位主要负责人在事故调查处理期间擅离职守的，处上一年年收入60%至80%的罚款。

第十二条 事故发生单位有《条例》第三十六条规定的行为之一的，依照下列规定处以罚款：

（一）没有贻误事故抢救的，处100万元以上200万元以下的罚款；

（二）贻误事故抢救或者造成事故扩大或者影响事故调查的，处200万元以上300万元以下的罚款；

（三）贻误事故抢救或者造成事故扩大或者影响事故调查，手段恶劣，情节严重的，处300万元以上500万元以下的罚款。

第十三条 事故发生单位的主要负责人、直接负责的主管人员和其他直接责任人员有《条例》第三十六条规定的行为之一的，依照下列规定处以罚款：

（一）谎报、瞒报事故的，处上一年年收入 60％至 80％的罚款；

（二）伪造、故意破坏事故现场，或者转移、隐匿资金、财产、销毁有关证据、资料，或者拒绝接受调查，或者拒绝提供有关情况和资料，或者在事故调查中作伪证，或者指使他人作伪证的，处上一年年收入 80％至 90％的罚款；

（三）事故发生后逃匿的，处上一年年收入 100％的罚款。

第十四条 事故发生单位对造成 3 人以下死亡，或者 3 人以上 10 人以下重伤（包括急性工业中毒），或者 300 万元以上 1000 万元以下直接经济损失的事故负有责任的，处 10 万元以上 20 万元以下的罚款。

第十五条 事故发生单位对较大事故发生负有责任的，依照下列规定处以罚款：

（一）造成 3 人以上 6 人以下死亡，或者 10 人以上 30 人以下重伤（包括急性工业中毒），或者 1000 万元以上 3000 万元以下直接经济损失的，处 20 万元以上 30 万元以下的罚款；

（二）造成 6 人以上 10 人以下死亡，或者 30 人以上 50 人以下重伤（包括急性工业中毒），或者 3000 万元以上 5000 万元以下直接经济损失的，处 30 万元以上 50 万元以下的罚款。

第十六条 事故发生单位对重大事故发生负有责任的，依照下列规定处以罚款：

（一）造成 10 人以上 15 人以下死亡，或者 50 人以上 70 人以下重伤（包括急性工业中毒），或者 5000 万元以上 7000 万元以下直接经济损失的，处 50 万元以上 100 万元以下的罚款；

（二）造成 15 人以上 30 人以下死亡，或者 70 人以上 100 人以下重伤（包括急性工业中毒），或者 7000 万元以上 1 亿元以下直接经济损失的，处 100 万元以上 200 万元以下的罚款。

第十七条 事故发生单位对特别重大事故发生负有责任的，处 200 万元以上 500 万元以下的罚款。

第十八条 事故发生单位主要负责人未依法履行安全生产管理职责，导致事故发生的，依照下列规定处以罚款：

（一）发生一般事故的，处上一年年收入 30％的罚款；

（二）发生较大事故的，处上一年年收入 40％的罚款；

（三）发生重大事故的，处上一年年收入 60％的罚款；

（四）发生特别重大事故的，处上一年年收入 80％的罚款。

第十九条 法律、行政法规对发生事故的单位及其有关责任人员规定的罚款幅度与本规定不同的，按照较高的幅度处以罚款，但对同一违法行为不得重复罚款。

第二十条 违反《条例》和本规定，事故发生单位及其有关责任人员有两种以上应当处以罚款的行为的，安全生产监督管理部门或者煤矿安全监察机构应当分别裁量，合并作出处罚决定。

第二十一条 对事故发生负有责任的其他单位及其有关责任人员处以罚款的行政处罚，依照相关法律、法规和规章的规定实施。

第二十二条 本规定所称的“以上”包括本数，所称的“以下”不包括本数。

第二十三条 本规定自公布之日起施行。

农村低压电气安全工作规程
(DL 477—2001)

1 范围

本规程规定了农村低压电网安全工作的基本要求和保证安全的措施，适用于县级及以下从事低压电气工作的人员。

2 引用标准

下列标准所包含的条文，通过在本标准中引用而构成为本标准条文。本标准出版时，所示版本均为有效。所有标准都会被修订，使用本标准的各方应探讨使用下列标准最新版本的可能性。

DL408—1991 电业安全工作规程（发电厂和变电所电气部分）

DL499—2001 农村低压电力技术规程

3 名词术语

3.1 低压 Low voltage

本规程所指的低压为设备对地电压在 250V 及以下者。

3.2 紧急事故处理 The manipulating of the emergencies

对于可能造成人身触电、使设备事故扩大、引发系统故障、导致电气火灾等类事故的处理。

3.3 低压间接带电作业 Low voltage indirect electriferousjobs

系指工作人员与带电设备非直接接触，即手持绝缘工具对带电设备进行作业。

4 基本要求

4.1 电气工作人员

4.1.1 电气工作人员必须具备下列条件：

a）经县级以上医疗机构鉴定，身体健康，无妨碍工作的病症（体检两年一次）；

b）具备必要的电气知识，熟悉本规程及有关规程、规定，并经考试合格；

c）掌握紧急救护法（见附录 A）。

4.1.2 电气工作人员中断电气工作连续 3 个月以上者，必须重新学习本规程，经考试合格后方能恢复工作。

4.1.3 电气工作人员应熟悉所管辖的电气设备。

4.2 电气设备

4.2.1 低压电气设备和设施的安装及运行，均应符合 DL499 规程的要求。

4.2.2　配电室应备有必要的安全用具和消防器材。

4.2.3　电气设备主要部位应标明相色。

4.2.4　正常时不带电，故障时可能带电的电气设备的金属外壳及配电盘（箱）应有可靠接地。

4.3　巡视检查

4.3.1　巡视检查时，禁止攀登电杆或配电变压器台架，也不得进行其他工作。夜间巡视检查时，应沿线路的外侧进行；遇有大风时，应沿线路的上风侧进行，以免触及断落的导线。发现倒杆、断线，应立即派人看守，设法阻止行人通过，并与导线接地点保持4m以上的距离，同时应尽快将故障点的电源切断。

事故巡视检查时，应始终认为该线路处在带电状态，即使该线路确已停电，亦应认为该线路随时有送电的可能。

4.3.2　巡视检查配电装置时，进出配电室应随手关门，巡视完毕必须上锁。

4.3.3　在巡视检查中，发现有威胁人身安全的缺陷时，应采取全部停电、部分停电或其他临时性安全措施。

4.3.4　巡视检查设备时，不得越过遮栏或围墙。

4.4　电气操作

4.4.1　电气操作必须根据值班负责人的命令执行，执行时应由两人进行，低压操作票由操作人填写，每张操作票只能执行一个操作任务。

4.4.2　下列电气操作应使用低压操作票（见附录B）：

a）停、送总电源的操作；

b）挂、拆接地线的操作；

c）双电源的解、并列操作。

4.4.3　电气操作前，应核对现场设备的名称、编号和开关、刀开关的分、合位置。操作完毕后，应进行全面检查。

4.4.4　电气操作顺序：停电时应先断开开关，后断开刀开关或熔断器；送电时与上述顺序相反。

4.4.5　合刀开关时，当刀开关动触头接近静触头时，应快速将刀开关合入，但当刀开关触头接近合闸终点时，不得有冲击；拉刀开关时，当动触头快要离开静触头时，应快速断开，然后操作至终点。

4.4.6　开关、刀开关操作后，应进行检查。合闸后，应检查三相接触是否良好，连动操作手柄是否制动良好；拉闸后，应检查三相动、静触头是否断开，动触头与静触头之间的空气距离是否合格，连动操作手柄是否制动良好。

4.4.7　操作时如发现疑问或发生异常故障，均应停止操作；待问题查清、处理后，方可继续操作。

4.4.8　严禁以投切熔件的方法对线路（干线或分支线）进行送（停）电操作。

5　保证安全工作的组织措施

在低压电气设备上工作，保证安全的组织措施：

a）工作票制度；

b）工作许可制度；

c）工作监护制度和现场看守制度；

d）工作间断和转移制度；

e）工作终结、验收和恢复送电制度。

5.1 工作票制度

5.1.1 在低压电气设备或线路上工作，应按下列方式进行：

a）填写低压第一种工作票（停电作业）（见附录C）；

b）填写低压第二种工作票（不停电作业）（见附录D）；

c）口头指令。

5.1.2 填写低压第一种工作票的工作：凡是低压停电工作均应使用低压第一种工作票。

5.1.3 填写低压第二种工作票的工作：凡是低压间接带电作业，均应使用低压第二种工作票。

5.1.4 不需停电进行作业，如：刷写杆号或用电标语、悬挂警告牌、修剪树枝、检查杆根或为杆根培土等工作，可按口头指令执行。

5.1.5 工作票由工作负责人填写，工作票签发人签发。工作许可人发出许可开始工作的命令后，工作负责人负责带领全体工作人员完成工作任务。

工作票签发人由供电所熟悉技术和现场设备的人员，或电力用户有经验的人员担任。工作票签发人应经县供电企业考核批准。

工作负责人由供电营业所人员或电力用户电工担任。

工作许可人必须由本供电所或电力用户电气运行人员担任。

5.1.6 工作负责人和工作许可人不得签发工作票。工作票签发人不得兼任该项工作的工作负责人和工作许可人。

工作负责人和工作许可人，应由两人分别担任。

工作负责人不宜进行检修、试验工作，但在确保安全的情况下，可以参加检修、试验工作。

工作许可人在本班组工作人员不足的情况下，可作为班组成员参加本班组工作，但不能担任工作负责人。

5.1.7 工作票中所列人员的安全责任：

a）工作票签发人：

1）工作项目是否必要；

2）工作是否安全；

3）工作票上所填安全措施是否正确完备；

4）所派工作负责人和全体工作人员是否适当和充足。

b）工作负责人：

1）正确安全地组织作业；

2）结合实际进行安全思想教育；

3）检查工作许可人所做的现场安全措施是否与工作票所列的措施相符；

4）工作前对全体工作人员交代工作任务和安全措施；

5）督促工作人员遵守本规程；

6）班组成员实施全面监护。

c）工作许可人：

1）审查工作票所列安全措施是否正确完备，是否符合现场实际；

2）正确完成工作票所列的安全措施；

3）工作前向工作负责人交代所做的安全措施；

4）正确发出许可开始工作的命令。

d）班组成员：认真执行本规程和现场安全措施，互相关心施工安全，并监督本规程和现场安全措施的实施。

5.1.8 对大型或较复杂的工作，工作负责人填写工作票前应到现场勘察，根据实际情况制订安全、技术及组织措施。

5.1.9 工作票要用钢笔或圆珠笔填写，一式两份。填写应正确清楚，不得任意涂改；如有个别错字、漏字需要修改时，字迹应清楚；必要时可附图说明。

5.1.10 工作票签发人接到工作负责人已填好的工作票，应认真审查后签发；对复杂工作或对安全措施有疑问时，应及时到现场进行核查，并在开工前一天把工作票交给工作负责人。

5.1.11 工作负责人接到工作许可命令后，应向全体工作人员交代现场安全措施、带电部位和其他注意事项，并询问是否有疑问，工作班全体成员确认无疑问后，工作班成员必须在签名栏签名。

5.1.12 一个工作负责人只能发给一张工作票。工作票上所列的地点，以一个电气连接部分为限，如同一地点同时停送电，则允许在几个电气连接部分共用一张工作票。

5.1.13 工作期间，一份工作票应始终保留在工作负责人手中，另一份由工作许可人保存。工作中，不允许增加工作票内没有填写的工作内容。

5.1.14 紧急事故处理可不填写工作票，但应履行许可手续，做好安全措施，执行监护制度。

5.1.15 已执行的工作票，由供电所保存，保存期3个月。

5.1.16 口头指令应记载在值班记录中，主要内容为：工作任务、人员、时间及注意事项等。

5.1.17 工作票制度的其他要求参照DL408标准执行。

5.2 工作许可制度

5.2.1 工作负责人未接到工作许可人许可工作的命令前，严禁工作。

5.2.2 工作许可人完成工作票所列安全措施后，应立即向工作负责人逐项交代已完成的安全措施。工作许可人还应以手指背触试，以证明要检修的设备确已无电。对临近工作地点的带电设备部位，应特别交代清楚。

当所有安全措施和注意事项交代、核对完毕后，工作许可人和工作负责人应分别在工作票上签字，写明工作开始日期、时间，此时，工作许可人即可发出许可工作的命令。

5.2.3 每天开工与收工，均应履行工作票中“开工和收工许可”手续。

5.2.4 严禁约时停、送电。

5.3 工作监护制度和现场看守制度

5.3.1 工作监护人由工作负责人担任，当施工现场用一张工作票分组到不同的地点工作时，各小组监护人可由工作负责人指定。

5.3.2 工作期间，工作监护人必须始终在工作现场，对工作人员的工作认真监护，及时纠正违反安全的行为。

5.3.3 工作负责人在工作期间不宜更换，工作负责人如需临时离开现场，则应指定临时工作负责人，并通知工作许可人和全体成员。工作负责人如需长期离开现场，则应办理工作负责人更换手续，更换工作负责人必须经工作票签发人批准，并设法通知全体工作人员和工作许可人，履行工作票交接手续，同时在工作票备注栏内注明。

5.3.4 为确保施工安全，工作负责人可指派一人或数人为专责监护人、看守人，在指定地点负责监护、看守任务。监护、看守人员要坚守工作岗位，不得擅离职守，只有得到工作负责人下达“已完成监护、看守任务”命令时，方可离开岗位。

5.3.5 安全措施的设置与设备的停送电操作应由两人进行，其中一人为监护人。

5.4 工作间断制度

5.4.1 在工作中如遇雷、雨、大风或其他情况并威胁工作人员的安全时，工作负责人可下令临时停止工作。

5.4.2 工作间断时，工作地点的全部安全措施仍应保留不变。工作人员离开工作地点时，要检查安全措施，必要时应派专人看守。

5.4.3 在工作间断时间内，任何人不得私自进入现场进行工作或碰触任何物件。

5.4.4 恢复工作前，应重新检查各项安全措施是否正确完整，然后由工作负责人再次向全体工作人员说明，方可进行工作。

5.4.5 每天工作开始与结束，均应在低压第一种工作票中履行许可与终结手续。每天工作结束后，工作负责人应将工作票交工作许可人。次日开工时，工作许可人与工作负责人履行完开工手续后，再将工作票交还工作负责人。

5.5 工作终结、验收和恢复送电制度

5.5.1 全部工作完毕后，工作人员应清扫、整理现场。在对所进行的工作实施竣工检查后，工作负责人方可命令所有工作人员撤离工作地点，向工作许可人报告全部工作结束。

5.5.2 工作许可人接到工作结束的报告后，应会同工作负责人到现场检查验收任务完成情况，确无缺陷和遗留的物件后，在工作票上填明工作终结时间，双方签字，工作票即告终结。

5.5.3 工作票终结后，工作许可人即可拆除所有安全措施，然后恢复送电。

6 保证安全工作的技术措施

在全部停电和部分停电的电气设备上工作时，必须完成下列技术措施：

a）停电（断开电源）；

b）验电；

c）挂接地线；

d）装设遮栏和悬挂标示牌。

6.1 停电

6.1.1 工作地点需要停电的设备：

a）施工、检修与试验的设备；

b）工作人员在工作中，正常活动范围边沿与设备带电部位的安全距离小于0.7m；

c）在停电检修线路的工作中，如与另一带电线路交叉或接近，其安全距离小于1.0m（10kV及以下）时，则另一带电回路应停电；

d）工作人员周围临近带电导体且无可靠安全措施的设备；

e）两台配电变压器低压侧共用一个接地体时，其中一台配电变压器低压出线停电检修，另一台配电变压器也必须停电。

6.1.2 工作地点需要停电的设备，必须把所有有关电源断开，每处必须有一个明显断开点。

6.1.3 断开开关的操作电源，刀开关操作把手必须制动。

6.2 验电

6.2.1 在停电设备的各个电源端或停电设备的进出线处，必须用合格的相应电压等级的专用验电笔进行验电。验电前应先在带电设备上进行试验，以验证验电笔是否完好，然后在线路、设备的A、B、C三相和中性线导体上，逐相验明确无电压。

6.2.2 不得以设备分合位置标示牌的指示、母线电压表指示零位、电源指示灯泡熄灭、电动机不转动、电磁线圈无电磁响声及变压器无响声等，作为判断设备已停电的依据。

6.2.3 检修开关、刀开关或熔断器时，应在断口两侧验电。杆上电力线路验电时，应先验下层，后验上层；先验距人体较近的导线，后验距人体较远的导线。

6.3 挂接地线

6.3.1 经验明停电设备两端确无电压后，应立即在检修设备的工作点（段）两端导体上挂接地线。

为防止工作地段失去接地线保护，断开引线时，应在断开的引线两侧挂接地线。

6.3.2 凡有可能送电到停电检修设备上的各个方面的线路（包括零线）都要挂接地线。同杆架设的多层电力线路挂接地线时，应先挂下层导线，后挂上层导线；先挂离人体较近的导线（设备），后挂离人体较远的导线（设备）。

6.3.3 当运行线路对停电检修的线路或设备产生感应电压而又无法停电时，应在检修的线路或设备上加挂接地线。

6.3.4 挂接地线时，必须先将地线的接地端接好，然后再在导线上挂接。拆除接地线的程序与此相反。接地线与接地极的连接要牢固可靠，不准用缠绕方式进行连接，禁止使用短路线或其他导线代替接地线。若设备处无接地网引出线时，可采用临时接地棒接地，接地棒在地面下的深度不得小于0.6m。为了确保操作人员的人身安全，装、拆接地线时，应使用绝缘棒或戴绝缘手套，人体不得接触接地线或未接地的导体。

6.3.5 严禁工作人员或其他人员移动已挂接好的接地线。如需移动时，必须经过工作许可人同意并在工作票上注明。

6.3.6 接地线由一根接地段与三根或四根短路段组成。接地线必须采用多股软裸铜线，每根截面不得小于16mm^2。严禁使用其他导线作接地线。

6.3.7 由单电源供电的照明用户，在户内电气设备停电检修时，如果进户线刀开关或熔断器已断开，并将配电箱门锁住，可不挂接地线。

6.4 装设遮栏和悬挂标示牌

6.4.1 在下列开关、刀开关的操作手柄上应悬挂“禁止合闸，有人工作”的标示牌：

a）一经合闸即可送电到工作地点的开关、刀开关；

b）已停用的设备，一经合闸即可启动并造成人身触电危险、设备损坏，或引起总剩余电流动作保护器动作的开关、刀开关；

c）一经合闸会使两个电源系统并列，或引起反送电的开关、刀开关。

6.4.2 在以下地点应挂“止步，有电危险”的标示牌：

a）运行设备周围的固定遮栏上；

b）施工地段附近带电设备的遮栏上；

c）因电气施工禁止通过的过道遮栏上；

d）低压设备做耐压试验的周围遮栏上。

6.4.3 在以下邻近带电线路设备的场所，应挂“禁止攀登，有电危险”的标示牌：

a）工作人员或其他人员可能误登的电杆或配电变压器的台架；

b）距离线路或变压器较近，有可能误攀登的建筑物。

6.4.4 装设的临时木（竹）遮栏，距低压带电部分的距离应不小于0.2m，户外安装的遮栏高度应不低于1.5m，户内应不低于1.2m。临时装设的遮栏应牢固、可靠。

6.4.5 严禁工作人员和其他人员随意移动遮栏或取下标示牌。

7 架空线路工作

7.1 挖坑工作

7.1.1 挖坑前必须了解有关地下管道、电缆等设施的敷设情况，并与有关主管部门取得联系，明确地下设施的确切位置。施工时，应在地面上做出标志，做好防护措施，加强监护。

7.1.2 在松软土地上挖坑，应有防止塌方措施，如加挡板、撑木等，禁止由下部掏挖土层。

7.1.3 在居民区及交通道路附近挖的坑，应设坑盖或可靠围栏，夜间应挂红灯，防止行人陷入坑内。

7.1.4 石坑、冻土坑打眼时，应检查锤把、锤头及钢钎。打锤人应站在扶钎人侧面，严禁站在对面，并不得戴手套；扶钎人应戴安全帽、手套及其他护具。钎头有开花现象时，应更换修理。

7.1.5 承力杆打帮桩挖坑时，应采取防止倒杆的措施。

7.2 立杆和撤杆工作

7.2.1 立、撤杆要设专人统一指挥。开工前应讲明施工方法及信号。工作人员要明确分工、密切配合、服从指挥。在居民区和交通道路上立杆、撤杆时，应设专人看守，防止行人接近。

7.2.2 立、撤杆要使用合格的起重、支撑设备和拉绳，使用前应仔细检查，必要时要进行试验。使用方法应正确，严禁过载使用。

7.2.3 立杆过程中，杆坑和杆下禁止有人工作或走动，除指挥人及指定人员外，其他人员必须离开1.2倍杆高的距离。

7.2.4 立杆及修整杆坑时，应有防止杆身滚动、倾斜的措施，如：采用叉杆和拉绳控制等。

7.2.5 顶杆及叉杆只能用于竖立重量较轻的单杆，不得用铁锹、桩柱等代用。立杆前应开好“马道”，工作人员要均匀地分配在电杆两侧。

7.2.6 利用旧杆做支撑物立、撤杆时，应首先检查杆根；必要时应加设临时拉绳。

7.2.7 使用吊车立、撤杆时，绳套应吊在杆的重心偏上位置，防止电杆失去平衡而突然倾倒。

7.2.8 在撤杆工作中，拆除杆上导线前，应先检查杆根；在挖坑前应先绑好拉绳，并采取防止倒杆措施。

7.2.9 使用抱杆立杆时，主牵引绳、尾绳、电杆中心及抱杆顶应在一条直线上。抱杆应均匀受力，两侧拉绳应拉好，不得左右倾斜。

7.2.10 电杆起立离地后，应对各受力点处做一次全面检查，特别是拉绳及其连接点和拉桩。经检查确无问题，再继续起立。起立60°后，应减缓速度，注意各侧拉绳。

7.2.11 已经起立的电杆，只有在杆基回土夯实完全牢固后，方可撤去叉杆及拉绳。

7.3 电杆上工作

7.3.1 上杆前应先检查杆根是否牢固。新立电杆在杆基完全牢固以前，严禁攀登。遇有冲刷、起土、上拔的电杆，应先培土加固，支好架杆或打临时拉线后，再上杆。

凡需松动导线、拉线的电杆应先检查杆根，并打好临时拉线或支好架杆后再上杆。

7.3.2 上杆前应先检查登杆工具，如脚扣、踏板、安全带、梯子等，必须完整、牢靠。

7.3.3 在电杆上工作，必须使用安全带和戴安全帽。安全带应系在电杆及牢固构件上，应防止安全带从杆顶冒出或被锋利物伤害。系好安全带后，必须检查扣环是否扣牢。杆上作业转位时，不得失去安全带保护。电杆上有人工作时，不得调速或拆除拉线。

7.3.4 使用梯子时，要有人扶持或绑牢。

7.3.5 攀登横担时，应检查横担及紧固件是否牢固、良好。

7.3.6 现场人员应戴安全帽。杆上人员应防止掉东西，使用的工具、材料均应用绳索传递，不得抛扔，杆下严禁行人逗留。

7.3.7 遇有大雾、雷雨或五级以上大风时，严禁登杆作业。

7.4 放线、撤线和紧线

7.4.1 放线、撤线和紧线工作，均应设专人统一指挥、统一信号，应检查紧线工具及设备，确保良好。

7.4.2 放、撤各种与线路、铁路、公路、河流等交叉跨越的线路时，应先取得有关部门的同意，采取安全措施，如搭设可靠的跨越架、在路口设专人持信号旗看守等。

7.4.3 紧线、撤线前应先检查拉线、拉桩及杆根。如不牢固时，应加设临时拉绳加固。

7.4.4 紧线前，应检查导线有无被障碍物挂住。紧线时，应检查接线管或接线头以及滑轮、横担、树枝、房屋等有无卡住。如发现导线被挂住、卡住，应停止紧线，并妥善处理。工作人员不得跨在导线上或站在转角侧内，防止意外跑线时抽伤。

7.4.5 严禁采用突然剪断导线的作法撤线。

7.5 起重运输的一般规定

7.5.1 起重工作必须由有经验的人领导，并应统一指挥，统一信号，明确分工，做好安全措施。工作前，工作负责人应对起重工具做全面检查。

7.5.2 起重机械，如绞磨、吊车、卷扬机、绞车等必须安置平稳牢固，并应设有制动和逆止装置。

7.5.3 当重物吊离地面后，工作负责人应再次检查各受力部位，在无异常情况后，方可正式起吊。

7.5.4 在起吊、牵引过程中，受力钢丝绳的周围、上下方、转角内侧和起吊物的下面，严禁人员逗留和通过。

7.5.5 起吊物体必须绑牢。物体若有棱角或特别光滑的部位时，在棱角和光滑面与绳子接触处应加以包垫。

7.5.6 使用开门滑轮时，应将开门勾环扣紧，防止绳索自动跑出。

7.5.7 起重时，在起重机械的滚筒上至少应绕有 5 圈钢丝绳。拖尾钢丝绳应随时拉紧，并应由有经验的人负责。

7.5.8 起重机具均应经试验合格后方可使用，并按铭牌标明的允许工作荷重使用，不得超铭牌使用。

7.5.9 使用车辆、船舶运输，不得超载。在运电杆和线盘时，必须绑扎牢固，防止滚动、移动伤人。

7.5.10 装卸电杆应防止散堆伤人。当分散卸车时，每卸完一处，必须将车上其余的电杆分布均匀、绑扎牢固后，方可继续运送。

7.5.11 起放电杆时，应互相呼应。

7.5.12 用绳子牵引电杆上山，必须将电杆绑牢，绳子不得触磨地面。爬山路线两侧 5m 以内，不得有人停留或通过。

7.5.13 起重工具应妥善保管，列册登记，定期检查，按期试验（详见附录 E)。

8 邻近带电导线的工作

8.1 在低压带电线路电杆上的工作

8.1.1 在带电电杆上工作时，只允许在带电线路的下方，处理水泥杆裂纹、加固拉线、拆除鸟窝、紧固螺丝、查看导线金具和绝缘子等工作。作业人员活动范围及其所携带的工具、材料等与低压带电导线的最小距离不得小于 0.7m。

8.1.2 在带电电杆上进行拉线加固工作，只允许调整拉线下把的绑扎或补强工作，不得将连接处松开。

8.2　邻近或交叉其他电力线路的工作

8.2.1　新架或停电检修的线路（指放线、撤线或紧线、松线、落线等工作）如与另一强电、弱电线路邻近或交叉，以致工作时将可能和另一回导线接触或接近至危险距离以内（见表1），则均应对另一线路采取停电或其他安全措施。

表1　　　低压线路邻近或交叉其他电力线路工作的安全距离

电压等级（kV）	安全距离（m）	电压等级（kV）	安全距离（m）
10及以下	1.0	220	4.0
35（20～44）	2.5	330	5.0
66、110	3.0		

8.2.2　为了防止新架或停电检修线路的导线产生跳动，或因过牵引引起导线突然脱落、滑跑而发生意外，应用绳索将导线牵拉牢固或采用其他安全措施。

8.2.3　为防止登杆作业人员错误登杆而造成人身触电事故，与检修线路邻近的带电线路的电杆上必须挂标示牌，或派专人看守。

8.3　同杆架设多回低压线路中的停电检修工作

8.3.1　同杆架设的多回线路中的任一回路检修，其他线路都必须停电，并均必须挂接地线。

8.3.2　停电检修的每一回线路均应具有双重称号，即：线路名称、左（右）线或上（下）线的称号（面向线路杆号增加的方向，在左边的线路称为左线，在右边的线路称为右线）。

工作票中应填写线路的双重称号。

9　低压间接带电作业

9.1　进行间接带电作业时，作业范围内电气回路的剩余电流动作保护器必须投入运行。

9.2　低压间接带电工作时应设专人监护，工作人员必须穿着长袖衣服和绝缘鞋、戴绝缘手套，使用有绝缘手柄的工具。

9.3　间接带电作业，应在天气良好的条件下进行。

9.4　在带电的低压配电装置上工作时，应采取防止相间短路和单相接地短路的隔离措施。

9.5　在紧急情况下，允许用有绝缘柄的钢丝钳断开带电的绝缘照明线。断线时，应分相进行。断开点应在导线固定点的负荷侧。被断开的线头，应用绝缘胶布包扎、固定。

9.6　带电断开配电盘或接线箱中的电压表和电能表的电压回路时，必须采取防止短路或接地的措施。

9.7　更换户外式熔断器的熔丝或拆搭接头时，应在线路停电后进行。如需作业时必须在监护人的监护下进行间接带电作业，但严禁带负荷作业。

9.8　严禁在电流互感器二次回路中带电工作。

10 室内线路和电动机

10.1 在不能负重的顶棚、天花板上工作时，梁与梁之间应用厚长板条搭桥，必要时应系好安全带后方可进行工作。工作地点应有足够照明。

10.2 在墙壁上用钢钎打孔工作，应戴防护眼镜，扶钎手应戴手套。

10.3 新安装的电动机，在试车前不得安装皮带。确认电动机转向正确后，方可停电安装皮带。皮带运行中应不跑偏、不打滑、不磨边，皮带周围应有安全防护设施。

10.4 电动机外壳必须可靠接地。

10.5 严禁对运行中的电动机进行维修工作。严禁使用无风扇护罩、无靠背轮护罩及无轴端盖的电动机。

10.6 田间、场院使用的电动机应装设剩余电流动作保护器。

10.7 严禁带电移动电动机。停电移动时，应防止电源线被拉断。

11 砍伐树木工作

11.1 砍伐靠近带电线路的树木时，工作负责人在工作前，必须向全体工作人员说明电力线路有电，不得攀登电杆；树木、绳索不得接触导线。

11.2 上树砍剪树枝时，不应攀抓脆弱和枯死的树枝，不应攀登已经锯过或砍过而未断开的树枝。人和绳索应与导线保持足够的安全距离，应注意蜂虫蜇咬，并使用安全带。

11.3 发现树枝有接触导线现象，必须在线路停电后进行处理。

11.4 为防止树木倒落在导线上，应设法用绳索把树枝拉向与导线相反的方向。绳索应有足够的长度和强度，以免伤人。树枝接触带电导线时，禁止人员接近。

11.5 砍剪树枝时，应有专人监护，树下方不得有人逗留，防止砸伤。

11.6 大风、下雨及潮湿天气，不应进行砍剪树枝工作；如确需工作时，应采取安全措施。

12 测量工作与仪表使用

12.1 电气测量工作，应在无雷雨和干燥天气下进行。测量时，一般由两人进行，即一人操作，一人监护。夜间进行测量时，应有足够的照明。

测量人员必须了解测量仪表的性能、使用方法和正确接线，熟悉测量工作的安全措施及注意事项。

12.2 测量电压、电流时，应戴线手套或绝缘手套，手与带电设备的安全距离应保持在100mm以上，人体与带电设备应保持足够的安全距离。

12.3 电压测量工作，应在较小容量的开关上、熔丝的负荷侧进行，不允许直接在母线上测量。

12.4 测量配电变压器低压侧线路负荷时，可使用钳形电流表。使用时，应防止短路或接地。

12.5 测试低压设备绝缘电阻时，应使用500V兆欧表，并做到：

a）被测设备应全部停电，并与其他连接的回路断开；

b）设备在测量前后，都必须分别对地放电；

c）被测设备应派人看守，防止外人接近；

d）穿过同一管路中的多根绝缘线，不应有带电运行的线路；

e）在有感应电压的线路上（同杆架设的双回线路或单回线路与另一线路有平行段）测量绝缘时，必须将另一回线路同时停电后方可进行。

12.6 测试低压电网中性点接地电阻时，必须在低压电网和该电网所连接的配电变压器全部停电的情况下进行；测试低压避雷器独立接地体接地电阻时，应在停电状态下进行。

12.7 测量架空线路对地面或对建筑物、树木以及导线与导线之间的距离时，一般应在线路停电后进行。带电测量时，应使用清洁、干燥的绝缘尼龙绳，严禁使用皮尺、线尺。

12.8 使用兆欧表时应注意以下安全事项：

a）测试用的导线为绝缘线，其端部应有绝缘护套；

b）在带电设备附近测量绝缘电阻时，测量人员和兆欧表的位置必须选择适当，保持安全距离，以免兆欧表引线或引线支持物触碰带电部分。移动引线时，必须注意监护，防止工作人员触电；

c）摇测电容器时，兆欧表必须在额定转速状态下，方可用测电笔接触或离开电容器（即开始或停止摇测）。

12.9 使用钳形电流表时，应注意以下安全事项：

a）使用钳形电流表时，应注意钳形电流表的电压等级和电流值档位。测量时，应戴绝缘手套，穿绝缘鞋。观测数值时，要特别注意人体与带电部分保持足够的安全距离；

b）测量回路电流时，应选有绝缘层的导线上进行测量，同时要与其他带电部分保持安全距离，防止相间短路事故发生。测量中禁止更换电流档位；

c）测量低压熔断器或水平排列的低压母线电流时，应将熔断器或母线用绝缘材料加以相间隔离，以免引起短路。同时应注意不得触及其他带电部分。

12.10 使用万用表时，应注意以下安全事项：

a）测量时，应确认转换开关、量程、表笔的位置正确；

b）在测量电流或电压时，如果对被测电压、电流值不清楚，应将量程置于最高档次。不得带电转换量程；

c）测量电阻时，必须将被测回路的电源切断。

13 安全工器具的使用与保管

13.1 安全工器具、仪表、标示牌等应分类存放在干燥、通风良好的室内，并经常保持整洁。

绝缘杆（棒）应垂直存放在支架上或悬挂起来，但不得接触墙壁；绝缘手套应用专用支架存放；仪表和绝缘鞋、绝缘夹等应存放在柜内；验电笔（器）存于盒（箱）内；接地线应编号，放在固定地点。安全工器具上面不准存放其他物件，橡胶制品不可与油脂类接触。

13.2 工器具及仪表等应分类编号登记，定期进行检查，按期进行绝缘和机械试验（登高、起重工具试验表见附录E；常用电气绝缘工具试验表见附录F）。

13.3 接地线、标示牌和临时遮栏的数量，应根据低压电网的规模或设备数量配备（标示牌式样见附录G）。

14 其他

14.1 进入高空作业现场，应戴安全帽，1.5m及以上高处作业人员必须使用安全带或采取其他可靠的安全措施。高处工作传递物件，不得抛掷。

14.2 雷电天气禁止在室内外电气设备上进行操作和维修。

14.3 严禁带电移动或维修、试验各种电器设备（包括家用电器）。

14.4 在带电设备周围严禁使用钢卷尺、皮卷尺和线尺（夹有金属丝者）进行测量。

14.5 在电容器组上工作时，应将电容器逐个多次对地放电后，方可进行。

14.6 用户有自备电源的，必须采取防反送电措施（如加装联锁、闭锁装置等），以防用户自备电源在电网停电时向电网反送电。

14.7 遇有电气设备火灾时，应立即将有关设备的电源切断，然后进行救火。对带电设备应使用干式灭火器、二氧化碳灭火器、1211灭火器、四氯化碳灭火器等；对停电的注油设备应使用干燥的沙子或泡沫灭火器等灭火。在室外使用灭火器时，使用人员应站在上风侧。

附录A（标准的附录）

紧急救护法

A1 现场抢救的原则

现场抢救必须做到迅速、就地、准确、坚持。

A1.1 迅速

迅速就是要争分夺秒、千方百计地使触电者脱离电源，并将受害者放到安全地方。这是现场抢救的关键。

A1.2 就地

就地就是争取时间，在现场（安全地方）就地抢救触电者。

A1.3 准确

准确就是抢救的方法和施行的动作姿势要合适得当。

A1.4 坚持

坚持就是抢救必须坚持到底，直至医务人员判定触电者已经死亡，已再无法抢救时，才能停止抢救。

A2 触电急救

A2.1 触电急救的原则

触电急救必须分秒必争，立即就地迅速用心肺复苏法进行抢救，并坚持不断地进行，同时，应尽早与医疗部门联系，争取医务人员接替救治。在医务人员未接替救治前，不应放弃现场抢救，更不能只根据没有呼吸或脉搏擅自判定伤员死亡，放弃抢救。只有医生才有权做出伤员死亡的诊断。

A2.2 脱离电源

A2.2.1 触电急救，首先要使触电者迅速脱离电源，越快越好。因为电流作用的时间越长，伤害越重。

A2.2.2 脱离电源就是要把触电者所接触的带电设备的开关、刀开关或其他断路设备断开；或设法将触电者与带电设备脱离。在脱离电源的过程中，救护人员既要救他人，也要保护好自己，防止触电。

A2.2.3 触电者未脱离电源前，救护人员不准直接用手触及伤员，以防触电。

A2.2.4 触电者位于高处时，应采取必要的防摔伤措施。

A2.2.5 触电者触及低压带电设备，救护人员应设法迅速切断电源，如拉开电源开关或刀开关、拔除电源插头等，或使用绝缘工具、干燥木棒、木板、绳索等不导电的材料解脱触电者；也可抓住触电者干燥而不贴身的衣服，将其拖开，切记救护人员要避免碰到金属物体和触电者的裸露身躯；也可戴绝缘手套或将手用干燥的衣物等包起绝缘后再解脱触电者；救护人员也可站在绝缘垫上或干木板上，把自己绝缘好后再进行救护。

为使触电者与导电体解脱，最好用一只手进行。

如果电流通过触电者入地，并且触电者紧握电线，可设法用干木板塞到身下，与地隔离；也可用干木把斧子或有绝缘柄的钳子等将电线切断。切断电线要分相进行，并尽可能站在绝缘物体或干木板上。

A2.2.6 触电者触及高压带电设备，救护人员应迅速切断电源，或用适合该电压等级的绝缘工具（如戴绝缘手套、穿绝缘靴并用绝缘棒）解脱触电者。救护人员在抢救过程中，应注意自身与周围带电部分留有足够的安全距离。

A2.2.7 触电发生在架空线杆塔上，如系低压带电线路，若可能立即切断线路电源的，应迅速切断电源，或者由救护人员迅速登杆，系好自己的安全带后，用带绝缘胶柄的钢丝钳、干燥的不导电物体或绝缘物体将触电者拉离电源；如系高压带电线路又不可能迅速切断电源开关的，可采用抛挂足够截面的适当长度的金属短路线方法，使电源开关跳闸。抛挂前，应将短路线一端固定在铁塔或接地引下线上，另一端系重物。抛掷短路线时，应注意防止电弧伤人或断线危及人员安全。不论是何等级的电压线路上触电，救护人员在使触电者脱离电源时，要注意防止发生高处坠落和再次触及其他有电线路的可能。

A2.2.8 触电者触及断落在地上的带电高压导线，如尚未明确线路是否有电，救护人员在未做好安全措施（如穿绝缘靴或临时双脚并紧跳跃地接近触电者）前，不能接近断线点周围 8～10m 的范围内，以防跨步电压伤人。触电者脱离带电导线后，应被迅速带至 8～10m 以外，并立即开始触电急救。只有在确实证明线路已经无电，才可在触电者离开触电导线后，立即就地进行抢救。

A2.2.9 救护触电伤员切除电源时，有时会同时使照明失电，因此应考虑到事故照明、应急灯等临时照明。照明要符合使用场所防火、防爆的要求，但不能因此延误切除电源和进行抢救。

A2.3 伤员脱离电源后的处理

A2.3.1 触电伤员如神志清醒者，应使其就地躺平，严密观察，暂时不要使其站立或走动。

A2.3.2 触电伤员如神志不清者，应就地仰面躺平，且确保气道通畅，并用 5s 时间，呼叫伤员或轻拍其肩部，以判定伤员是否意识丧失。禁止摇动伤员头部呼叫伤员。

A2.3.3 触电后又摔伤的伤员，应就地平躺，保持脊柱在伸直状态，不得弯曲；如需搬运，应使用硬木板保持平躺，使伤员身体处于平直状态，避免脊椎受伤。

A2.3.4 需要抢救的伤员，应立即就地坚持正确抢救，并设法联系医疗部门接替救治。

A2.4 呼吸、心跳情况的判定

A2.4.1 触电伤员如意识丧失，应在 10s 内，用看、听、试的方法（见图 A1），判定伤员呼吸、心跳情况。

A2.4.1.1 看——看伤员的胸部、腹部有无起伏动作。

A2.4.1.2 听——用耳贴近伤员的口鼻处，听有无呼气声音。

A2.4.1.3 试——试测口鼻有无呼气的气流，再用两手指轻试一侧（左或右）喉结旁凹陷处的颈动脉有无搏动。

A2.4.2 若看、听、试结果，既无呼吸又无颈动脉搏动，则可判定为呼吸、心跳停止。

A2.5 心肺复苏法

A2.5.1 触电伤员的呼吸和心跳均已停止时，应立即按心肺复苏法支持生命的三项基本措施，正确进行就地抢救。三项基本措施：

1）通畅气道；

2）口对口（鼻）人工呼吸；

3）胸外按压（人工循环）。

A2.5.2 通畅气道：

A2.5.2.1 触电伤员呼吸停止，重要的是应始终确保气道通畅。如发现伤员口内有异物，可将其身体及头部同时侧转，并迅速用一个手指或用两手指交叉从口角处插入，取出异物。操作中要注意防止将异物推到咽喉深部。

A2.5.2.2 通畅气道可采用仰头抬颏法（见图 A2）。用一只手放在触电者前额，另一只手的手指将其下颌骨向上抬起，两手协同将头部推向后仰，舌根随之抬起，气道即可通畅（气道是否通畅见图 A3），严禁用枕头或其他物品垫在伤员头下。头部抬高前倾，会加重气道的阻塞，且使胸外按压时心脏流向脑部的血流减少，甚至消失。

A2.5.3 口对口（鼻）人工呼吸（见图 A4）。

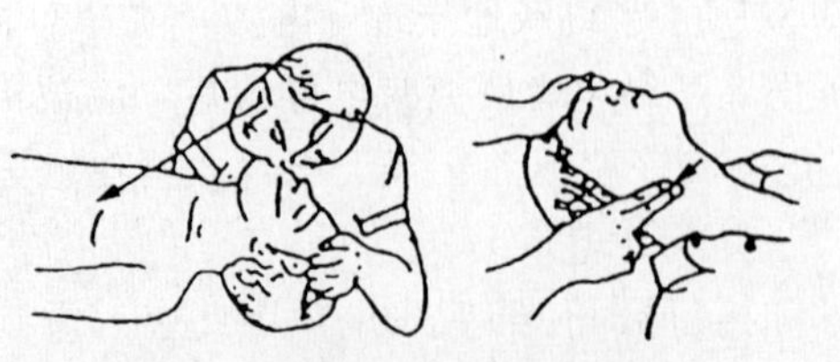

图 A1 看、听、试判定法

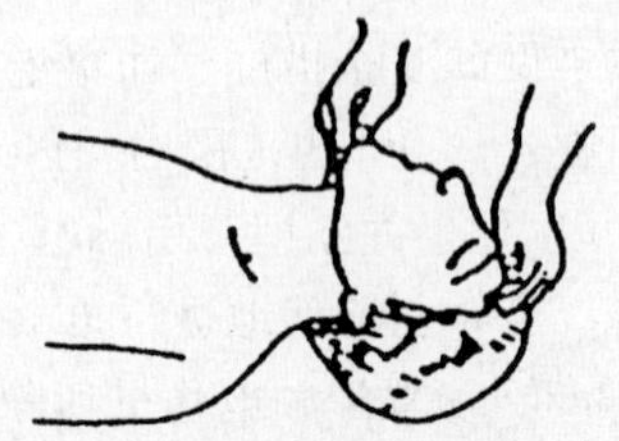

图 A2 仰头抬颏法

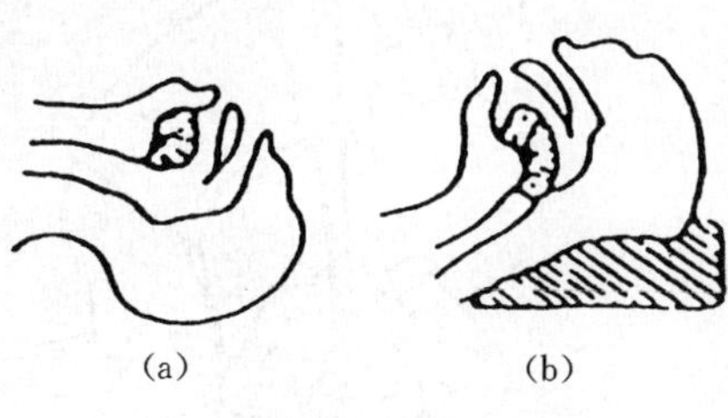

图 A3 气道状况

(a) 气道通畅；(b) 气道阻塞

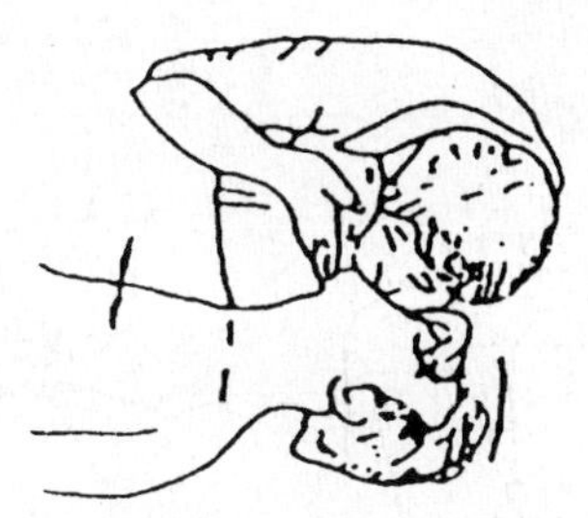

图 A4 口对口人工呼吸

A2.5.3.1 在保持伤员气道通畅的同时，救护人员用放在伤员额头上的手的手指，捏住伤员的鼻翼，在救护人员深吸气后，与伤员口对口紧合，在不漏气的情况下，先连续大口吹气两次，每次 1～5s。如两次吹气后试测颈动脉仍无搏动，可判断心跳已经停止，要立即同时进行胸外按压。

A2.5.3.2 除开始时大口吹气两次外，正常口对口（鼻）呼吸的吹气量不需过大，以免引起胃膨胀。吹气和放松时要注意伤员胸部应有起伏的呼吸动作。吹气时如有较大阻力，可能是头部后仰不够，应及时纠正。

A2.5.3.3 触电伤员如牙关紧闭，可口对鼻进行人工呼吸。口对鼻人工呼吸吹气时，要将伤员嘴唇紧闭，防止漏气。

A2.5.4 胸外按压：

A2.5.4.1 正确的按压位置是保证胸外按压效果的重要前提。确定正确按压位置的步骤如下：

1）右手的食指和中指沿触电伤员的右侧肋弓下缘向上，找到肋骨和胸骨接合处的中点；

2）两手指并齐，中指放在切迹中点（剑突底部），食指平放在胸骨下部；

3）另一只手的掌根紧拾食指上缘置于胸骨上，即为正确的按压位置（见图 A5）。

A2.5.4.2 正确的按压姿势是达到胸外按压效果的基本保证。正确的按压姿势如下：

1）使触电伤员仰面躺在平硬的地方，救护人员站立或跪在伤员一侧肩旁，两肩位于伤员胸骨正上方，两臂伸直，肘关节固定不屈，两手掌根相叠，手指翘起，不接触伤员胸壁；

2）以髋关节为支点，利用上身的重力，垂直将正常成人胸骨压陷 3～5cm（儿童和瘦弱者酌减）；

3）按压至要求程度后，立即全部放松，但放松时救护人员的掌根不得离开胸壁（见图 A6）。

按压必须有效，其标志是按压过程中可以触及到颈动脉搏动。

A2.5.4.3 操作频率如下：

1）胸外按压要以均匀速度进行，每分钟 80 次左右，每次按压和放松的时间相等。

2）胸外按压与口对口（鼻）人工呼吸同时进行，其节奏为：单人抢救时，每按压 15 次后吹气 2 次（15：2），反复进行；双人抢救时，每按压 5 次后由另一人吹气 1 次（5：1），反复进行。

A2.6 抢救过程中的再判定

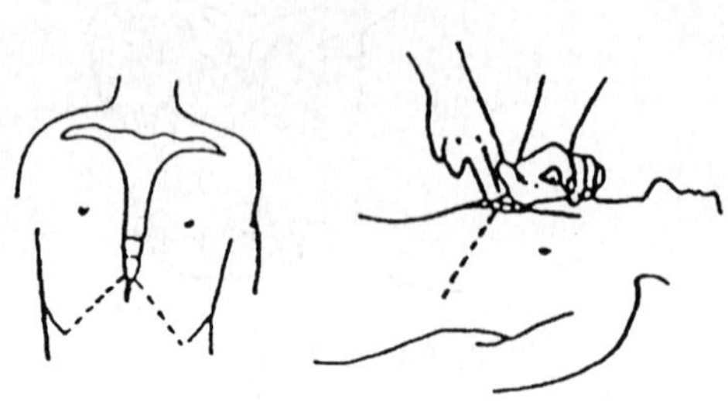

图 A5　正确的按压位置

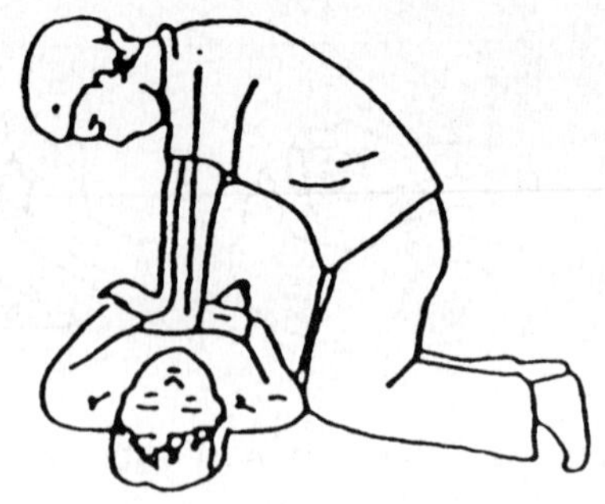

图 A6　按压姿势与用力方法

A2.6.1　按压吹气 1min 后（相当于单人抢救时做了 4 个 15：2 压吹循环），应用看、听、试方法在 5～7s 时间内完成对伤员呼吸和心跳是否恢复的再判定。

A2.6.2　若判定颈动脉已有搏动但无呼吸，则暂停胸外按压，而再进行 2 次口对口人工呼吸，接着每 5s 时间吹气 1 次（即每分钟 12 次）。如脉搏和呼吸均未恢复，则继续坚持心肺复苏法抢救。

A2.6.3　在抢救过程中，要每隔数分钟再判定一次，每次判定时间均不得超过 5～7s。在医务人员未接替抢救前，现场抢救人员不得放弃现场抢救。

A2.7　抢救过程中伤员的移动与转院（见图 A7）

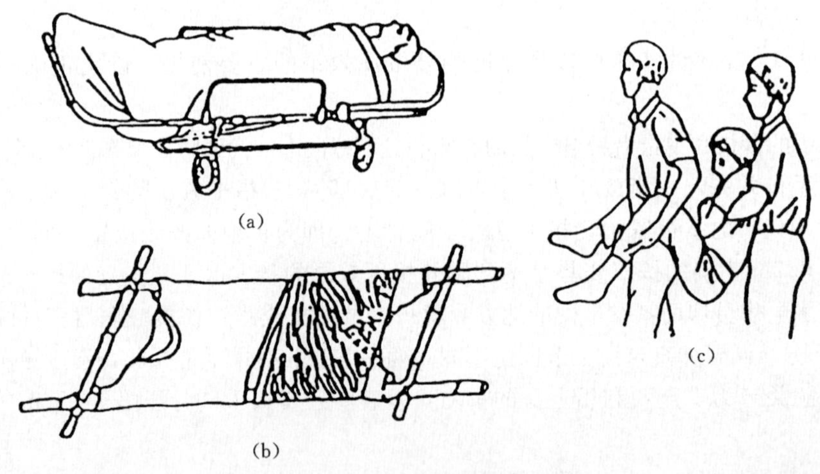

图 A7　搬运伤员

(a) 正常担架；(b) 临时担架；(c) 错误搬运

A2.7.1　心肺复苏应在现场就地坚持进行，不要为方便而随意移动伤员，如确实需要移动时，抢救中断时间不应超过 30s。

A2.7.2　移动伤员或将伤员送往医院时，应使伤员平躺在担架上，并在其背部垫以平硬阔木板。移动或送医院过程中应继续抢救，心跳呼吸停止者要继续心肺复苏法抢救，在医务人员未接替救治前不能中止。

A2.7.3　应创造条件，用塑料袋装入砸碎了的冰屑做成帽状包绕在伤员头部，露出眼睛，使脑部温度降低，争取心肺脑完全复苏。

A2.8 伤员好转后的处理

A2.8.1 如伤员的心跳和呼吸经抢救后均已恢复，可暂停心肺复苏法操作，但心跳呼吸恢复的早期有可能再次骤停，应严密监护，不能麻痹，要随时准备再次抢救。

A2.8.2 初期恢复后，伤员可能神志不清或精神恍惚、躁动，应设法使伤员安静。

A2.9 杆上或高处触电急救

A2.9.1 发现杆上或高处有人触电，应争取时间及早在杆上或高处开始进行抢救。救护人员登高时应随身携带必要的工具和绝缘工具以及牢固的绳索等，并紧急呼救。

A2.9.2 救护人员应在确认触电者已与电源隔离，且救护人员本身所涉及的环境安全距离内无危险电源时，方能接触伤员进行抢救，并应注意防止发生高空坠落的可能性。

A2.9.3 高处抢救

a）触电伤员脱离电源后，应将伤员扶卧在自己的安全带上（或在适当的地方躺平），并注意保持伤员气道通畅；

b）救护人员迅速按 A2.3 和 A2.4 的规定判定反应、呼吸和循环情况；

c）如伤员呼吸停止，应立即进行口对口（鼻）吹气 2 次，再测试颈动脉。颈动脉如有搏动，则每 5s 时间继续吹气 1 次；如无搏动，则可用空心拳头叩击心前区 2 次，促使心脏复跳；

d）高处发生触电，为使抢救更为有效，应及早设法将伤员送至地面。在完成上述措施后，应立即用绳索参照图 A8 所示方法迅速将伤员送至地面，或采取迅速有效的措施送至平台上；

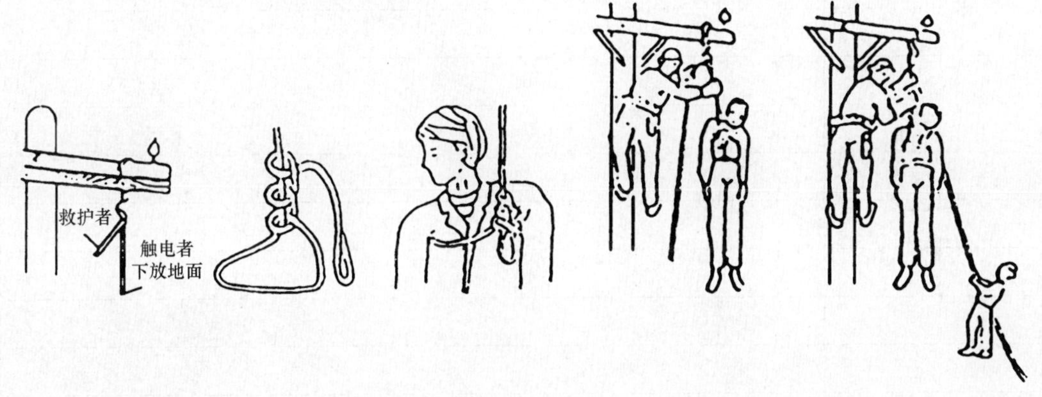

图 A8 杆上或高处触电下放方法

e）在将伤员由高处送至地面前，应再进行口对口（鼻）吹气 4 次；

f）触电伤员送至地面后，应立即继续按心肺复苏法坚持抢救。

A2.10 现场抢救用药

现场触电抢救，对采用肾上腺素等药物治疗应持慎重态度。如没有必要的诊断设备和条件及足够的把握，不得乱用。在医院内抢救触电者时，由医务人员经医疗仪器设备诊断后，根据诊断结果再决定是否采用。

附录 B（标准的附录）

低压操作票

单位：　　　　　　　　　　　　　　　　　　　　　　　　编号：

操作开始时间：　　年　月　日　时　分　　　　　　　　终了时间：　　日　时　分

操作任务：

√	顺　序	操　作　项　目

备注：

操作人：　　　　　　　　　　　　　　　　　　　　　　　监护人：

低压第一种工作票（停电作业）

编号：________

1. 工作单位及班组：________
2. 工作负责人：________
3. 工作班成员：________
4. 停电线路、设备名称（双回线路应注明双重称号）：________

5. 工作地段（注明分、支线路名称，线路起止杆号）：________

6. 工作任务：________

7. 应采取的安全措施（应断开的开关、刀开关、熔断器和应挂的接地线，应设置的围栏、标示牌等）：________

保留的带电线路和带电设备：________

应挂的接地线：

线路设备及杆号				
接地线编号				

8. 补充安全措施：________

工作负责人填：________

工作票签发人填：________

工作许可人填：________

9. 计划工作时间：

自________年______月______日______时______分至________年______月______日______时______分

工作票签发人：________签发时间：________年______月______日______时______分

10. 开工和收工许可：

开工时间（日时分）	工作负责人（签名）	工作许可人（签名）	收工时间（日时分）	工作负责人（签名）	工作许可人（签名）

11. 工作班成员签名：

12. 工作终结：

现场已清理完毕，工作人员已全部离开现场。

全部工作于________年______月______日______时______分结束。

工作负责人签名：________工作许可人签名：________

13. 需记录备案内容（工作负责人填）：

14. 附线路走径示意图：

注：此工作票除注明外均由工作负责人填写。

低压第二种工作票（不停电作业）

编号：________

1. 工作单位：________________________________
2. 工作负责人：________________________________
3. 工作班成员：________________________________
4. 工作任务：________________________________

____

____

____

5. 工作地点与杆号：________________________________

____

____

____

6. 计划工作时间：自________年____月____日____时____分

至________年____月____日____时____分

7. 注意事项（安全措施）：________________________________

____

____

____

____

8. 工作票签发人（签名）：________年____月____日____时____分

工作负责人（签名）：（开工）________年____月____日____时____分

（终结）________年____月____日____时____分

工作许可人（签名）：（开工）________年____月____日____时____分

（终结）________年____月____日____时____分

9. 现场补充安全措施（工作负责人填）：________________________________

____

____

工作许可人填：________________________________

10. 备注：________________________________

____

____

____

11. 工作班成员签名：________________________________

____

注：此工作票除注明外均由工作负责人填写。

登高、起重工具试验表

<table>
<tr><th>分类</th><th colspan="2">名称</th><th>试验静拉力（N）</th><th>试验静重（允许工作倍数）</th><th>试验周期</th><th>外表检查周期</th><th>试验时间（min）</th><th>备注</th></tr>
<tr><td rowspan="5">登高工具</td><td>安全带</td><td>大带
小带</td><td>2205
1470</td><td></td><td>半年1次</td><td>每月1次</td><td>5</td><td></td></tr>
<tr><td colspan="2">安全腰带</td><td>2205</td><td></td><td>半年1次</td><td>每月1次</td><td>5</td><td></td></tr>
<tr><td colspan="2">升降板</td><td>2205</td><td></td><td>半年1次</td><td>每月1次</td><td>5</td><td></td></tr>
<tr><td colspan="2">脚扣</td><td>980</td><td></td><td>半年1次</td><td>每月1次</td><td>5</td><td></td></tr>
<tr><td colspan="2">竹（木）梯</td><td></td><td></td><td>半年1次</td><td>每月1次</td><td>5</td><td>试验荷重1800N</td></tr>
<tr><td rowspan="8">起重工具</td><td colspan="2">白棕绳</td><td></td><td>2</td><td>每年1次</td><td>每月1次</td><td>10</td><td></td></tr>
<tr><td colspan="2">钢丝绳</td><td></td><td>2</td><td>每年1次</td><td>每月1次</td><td>10</td><td></td></tr>
<tr><td colspan="2">铁链</td><td></td><td>2</td><td>每年1次</td><td>每月1次</td><td>10</td><td></td></tr>
<tr><td colspan="2">葫芦及滑车</td><td></td><td>1.25</td><td>每年1次</td><td>每月1次</td><td>10</td><td></td></tr>
<tr><td colspan="2">扒杆</td><td></td><td>2</td><td>每年1次</td><td>每月1次</td><td>10</td><td></td></tr>
<tr><td colspan="2">夹头及卡</td><td></td><td>2</td><td>每年1次</td><td>每月1次</td><td>10</td><td></td></tr>
<tr><td colspan="2">吊钩</td><td></td><td>1.25</td><td>每年1次</td><td>每月1次</td><td>10</td><td></td></tr>
<tr><td colspan="2">绞磨</td><td></td><td>1.25</td><td>每年1次</td><td>每月1次</td><td>10</td><td></td></tr>
</table>

附录 F（标准的附录）

常用电气绝缘工具试验表

<table>
<tr><th>序号</th><th>名　称</th><th>电压等级
（kV）</th><th>测试
周期</th><th>交流耐压
（kV）</th><th>时间
（min）</th><th>泄漏电流
（mA）</th><th>备　注</th></tr>
<tr><td rowspan="2">1</td><td rowspan="2">绝缘棒</td><td>6～10</td><td rowspan="2">6 个月</td><td>40</td><td rowspan="2">5</td><td rowspan="2"></td><td rowspan="2"></td></tr>
<tr><td>0.5</td><td>10</td></tr>
<tr><td rowspan="2">2</td><td rowspan="2">验电笔</td><td>6～10</td><td rowspan="5">6 个月</td><td>40</td><td>5</td><td rowspan="2"></td><td rowspan="2">发光电压不高于额定电压的 25%</td></tr>
<tr><td>0.5</td><td>4</td><td>1</td></tr>
<tr><td>3</td><td>绝缘手套</td><td>低压</td><td>2.5</td><td>1</td><td><2.5</td><td rowspan="3"></td></tr>
<tr><td>4</td><td>橡胶绝缘鞋</td><td>低压</td><td>2.5</td><td>1</td><td><2.5</td></tr>
<tr><td>5</td><td>绝缘绳</td><td>低压</td><td>105/0.5m</td><td>5</td><td></td></tr>
</table>

标示牌式样

序号	名　称	悬挂处所	式　样		
			尺寸(mm)	底色	字色
1	禁止合闸，有人工作！	一经合闸，即可送电到施工设备的开关和刀开关操作把手上	120×80	白底	红字
2	止步，有电危险！	施工地点临近带电设备的遮栏上；室外工作地点的围栏上；禁止通行的过道上；低压试验地点；室外构架上；工作地点临近带电设备的横梁上	250×200	白底红边	黑字，有红色电符号
3	禁止攀登，有电危险！	工作人员或其他人员上下的铁架、铁塔和台上；距离线路较近的建筑物上	250×200	白底红边	黑字
注：标示牌的两面颜色和字都为同一式样。					

农村安全用电规程

(DL 493—2001)

1 范围

本规程规定了农村安全用电的基本要求和责任方的职责，适用于农村电网的管理、经营、使用活动。

2 引用标准

下列标准所包含的条文，通过在本标准中引用而构成为本标准的条文。本标准出版时，所示版本均为有效。所有标准都会被修订，使用本标准的各方应探讨使用下列标准最新版本的可能性。

GB/T 13869—1992　　用电安全导则

DL/T 477—××××　　农村低压电气安全工作规程

DL/T 499—××××　　农村低压电力技术规程

DL/T 633—1997　　农电事故调查统计规程

《电力设施保护条例》(1998 年 1 月 7 日中华人民共和国国务院令第 239 号)

3 名词解释

3.1 用户受、用电设施 the effector and consumer of the user

指按产权属用户的配电变压器、低压配电室（箱)、低压线路、接户线、进户线、室内配线和动力设备、用电器具及其相应的保护、控制等电气装置。

3.2 特低电压限值 the limitation of especially low voltage

指在最不利的情况下（预计到所有应考虑的外部因素，如电网电压的容差等)，允许存在于两个可同时触及的可导电部分间的最高电压。

3.3 特低电压 especially low voltage

指在特低电压限值范围的电压，在相应条件下对人员不会有危险的。

4 安全用电管理中各责任方的职责

4.1 电力管理部门的职责：

4.1.1 负责农村安全用电的监督管理。

4.1.2 制订、宣传、普及有关农村安全用电的法律、法规知识以及安全用电常识。

4.1.3 监督有关农村安全用电的法律、法规和电力技术标准的执行。

4.1.4 协调处理安全用电纠纷，协助司法机关对农村人身触电伤亡事故的调查和处理。

4.1.5 负责对在用户受、送电装置上作业的电工的考核和承装、承修、承试电力设施单位的资格审查，并核发许可证。

4.2 电力企业的职责：

4.2.1 接受电力管理部门对安全用电的监督和管理。

4.2.2 执行国家及电力管理部门颁布的电力法律、法规、政策和电力技术规程、行业管理标准中有关安全用电工作的规定。

4.2.3 协助电力管理部门制订农村安全用电管理规章制度及宣传、普及农村安全用电知识。

4.2.4 协助做好辖区内人身触电伤亡事故的调查和处理工作。

4.2.5 依法开展安全用电检查工作。

4.2.6 承办电力管理部门委托的其他事项。

4.2.7 组织对自备电源用户的安全检查及其电气设施的验收。

4.2.8 依法保护电力设施。

4.2.9 建立健全安全用电工作的基础资料、用户档案和保障安全用电的工作制度。

4.2.10 向电力管理部门报告农村安全用电情况。

4.3 电力使用者的职责：

4.3.1 执行国家及电力管理部门的电力法律、法规、政策和电力规程中有关安全用电的规定。

4.3.2 接受电力管理部门对安全用电的监督管理。

4.3.3 接受电力企业依法开展的用电检查。

4.3.4 做好预防事故工作，制定并落实反事故措施。

4.3.5 必须安装防触、漏电的剩余电流动作保护器，并做好运行维护工作。

4.3.6 学习并掌握安全用电知识。

4.3.7 发生事故后必须保护事故现场，配合做好对人身触电伤亡事故的调查和处理工作。

4.3.8 严格执行《电力设施保护条例》，做好对电力设施的保护工作。

4.3.9 企、事业电力用户，必须配备专职或兼职电气工作人员（以下称用户电工），并接受当地电力管理部门的监督。

4.3.10 企、事业电力用户按规定建立健全产权范围内的安全用电工作的基础资料、用电设施检修和运行的工作台账等以及保障安全用电的工作制度。

4.3.11 企、事业电力用户应按规定及时上报电力事故。

4.3.12 用户电工应具备下列基本条件：

a）必须接受当地电力管理部门和电力企业的业务指导，身体健康，无妨碍工作的病症。事业心、责任心强，具有良好的社会公德和职业道德，不以权谋私；

b）具有初中及以上文化程度；

c）熟悉和遵守有关电力安全、技术等法规和规程，熟练掌握操作技能，熟练掌握“人身触电紧急救护法”；

d）必须经电力企业培训、考核，电力管理部门审查合格；

e）能从事用户产权范围内的用电设备运行维护和安全用电工作。

4.3.13 电力使用者在承装、承修、承试电力设施时：

a）接受电力管理部门的监督和管理；

b）执行国家及电力管理部门的电力法律、法规、政策和电力技术规程、行业管理标准以及有关安全用电工作的规定；

c）接受电力企业的资质考核和电力管理部门的资格审查，并取得相应资质；

d）接受电力企业依法开展的用电检查工作；

e）接受电力企业对承装、承修、承试电力设施的验收。

5 安全用电

5.1 安全用电、人人有责。

5.2 用户受、用电设施的选型、设计、安装和运行维护应符合国家和行业的有关标准的规定。

5.3 用户用电或临时用电应向当地电力企业申请。

5.4 用电设施安装应符合 DL/T499 规定的要求，验收合格后方可接电，不准私拉乱接用电设备。临时用电期间用户应设专人看管临时用电设施，用完及时拆除。

5.5 严禁私自改变低压系统运行方式，禁止采用“一相一地”方式用电。

5.6 严禁私设电网防盗和捕鼠、狩猎、捕鱼。

5.7 严禁使用挂钩线、破股线、地爬线和绝缘不合格的导线接电。

5.8 严禁攀登、跨越电力设施的保护围墙或遮栏。

5.9 严禁往电力线、变压器上扔东西。

5.10 不准在电力线附近放炮采石。

5.11 不准靠近电杆挖坑或取土，不准在电杆上拴牲畜，不准破坏拉线，以防倒杆断线。

5.12 不准在电力线路上挂晒衣物。晒衣线（绳）与低压电力线要保持 1.25m 以上的水平距离。

5.13 不准通信线、广播线与电力线同杆架设。通信线、广播线和电力线进户时要明显分开。

5.14 不得在电力线路的保护区内盖房子、打井、打场、堆柴草、栽树和种植自然生长最终高度与电力线路的导线之间不符合垂直和水平安全距离规定的竹子、树木。

5.15 在电力线附近立井架、修理房屋和砍伐树木时，必须经当地电力企业或产权人同意，采取防范措施。当发生纠纷时，由当地电力管理部门依法协调。

5.16 演戏、放电影、钓鱼和集会等活动要远离架空电力线路和其他带电设备，防止触电伤人。

5.17 船只通过跨河线时，应及早放下桅杆；马车通过电力线时，不要扬鞭；机动车辆行驶或田间作业时，不要碰电杆和拉线。

5.18 教育儿童不玩弄电气设备、不爬电杆、不摇晃拉线、不爬变压器台，不要在电力线附近打鸟、放风筝和有其他损坏电力设施、危及安全的行为。

5.19 发现电力线断落时，不要靠近；如距离导线的落地点 8m 以内时，应及时将双脚并立，按导线落地点反方向跳离，并看守现场或立即找电工处理。

5.20 发现有人触电，不要赤手拉触电人，应尽快断开电源，并按 DL 477 附录 A 紧急救护法进行抢救。

5.21 必须跨房的低压电力线与房顶的垂直距离应保持 2.5m 及以上，对建筑物的水平距离应保持 1.25m 及以上。

5.22 架设电视天线时应远离电力线路，天线杆与高低压电力线路的最小距离应大于杆高 3.0m，天线拉线与上述电力线路的净空距离应大于 3.0m。

5.23 剩余电流动作保护器动作后，应迅速查明跳闸原因，排除故障后方能投运。

5.24 家庭用电禁止拉临时线和使用带插座的灯头。

5.25 用户发现有线广播喇叭发出怪叫时，不准乱动设备，要先断开广播开关，再找电工处理。

5.26 擦拭灯头、开关、电器时，要断开电源后进行。更换灯泡时，要站在干燥木凳等绝缘物上。

5.27 用电器具出现异常，如电灯不亮，电视机无影或无声，电冰箱、洗衣机不启动等情况时，要先断开电源，再作修理，如果用电器具同时出现冒烟、起火或爆炸的情况，不要赤手去切断电源开关，应尽快找电工处理。

5.28 用电器具的外壳、手柄开关、机械防护有破损、失灵等有碍安全情况时，应及时修理，未经修复不得使用。

5.29 Ⅰ类用电器具及其启动装置外露可导电部分，均应按照低压电力系统运行方式的要求装设保护接地。

5.30 新购置和长时间停用的用电设备，使用前应检查绝缘情况。

5.31 为防止电气火灾事故，用户应遵守下列规定：

a）用电负荷不得超过导线的允许载流量，发现导线有过热的情况，必须立即停止用电，并报告电工检查处理。

b）熔断器的熔体等各种过流保护器、剩余电流动作保护装置，必须按国家和行业的有关规程的要求装配，保持其动作可靠；不得随意加大熔体的规格，不得以其他金属导体代替熔体。

c）使用电热器具，应与易燃易爆物体保持安全距离，无自动控制的电热器具，人离去时应断开电源。

d）防火检查应按照有关规定进行。

e）发生电气火灾时，要先断开电源再行灭火，严禁用水熄灭电气火灾。

5.32 有爆炸危险场所、严重腐蚀场所、高温场所的安全检查应按 GB/T 13869 的要求及有关规定执行。

5.33 彩灯的安装应满足下列要求：

a）彩灯应采用绝缘电线。干线和分支线的最小截面除满足安全电流外，不应小于 2.5mm^2，灯头线不应小于 1.0mm^2。每个支路负荷电流不应超过 10A。导线不能直接承力，导线支持物应安装牢固，彩灯应采用防水灯头。

b）供彩灯的电源，除总保护控制外，每个支路应有单独过流保护装置，并加装剩余电流动作保护器。

c）彩灯的导线在人能接触的场所，应有“电气危险”的警告牌。

d）彩灯对地面距离小于2.5m时，应采用特低电压。

5.34 用电设备采用特低安全电压（交流有效值55V以下）供电时，必须满足下列条件：

a）特低电压要由隔离变压器提供。禁止直接使用自耦变压器、分压器、半导体整流装置作为电源；安全隔离变压器不允许放在金属容器内使用，不应与热体接触，也不要放在潮湿的地方。

在潮湿地方使用安全隔离变压器的，其电压不应超过特低电压限值33V。

b）使用特低电压的插座与插头必须配套装设，并具备其他电压系统不能插入的特点。

c）工作在特低电压下的电路，必须与其他电气系统和任何无关的可导电部分实行电气上的隔离。

d）当采用33V以上的特低电压时，必须采取防止直接接触带电体的保护措施。

5.35 用户自备电源和不并网电源的使用和安装应符合国家电力技术标准和有关规程的规定和要求。凡有自备电源或备用电源的用户，在投入运行前要向电力部门提出申请并签订协议，必须装设在电网停电时防止向电网返送电的安全装置（如联锁、闭锁装置等）。

5.36 凡需并网运行的农村电源必须依法与电力企业签订《并网协议》后方可并网运行。

5.37 当发生农村人身触电伤亡事故时，按DL/T 633的规定进行事故调查处理和责任划分。

农电事故调查统计规程
(DL/T 633—1997)

1 范围

本规程是对农电生产事故和农村触电死亡事故进行调查、分析和统计工作的依据。

本规程适用于全国农电系统的企事业单位及其电（热）力用户。

2 引用标准

下列标准所包含的条文，通过在本标准中引用而构成为本标准的条文。本标准出版时，所示版本均为有效。所有标准都会被修订，使用本标准的各方应探讨使用下列标准最新版本的可能性。

DL 499—92 农村低压电力技术规程

DL 558—94 电业生产事故调查规程

3 总则

3.1 发生事故必须按本规程上报并立即进行调查分析。调查分析事故必须实事求是，尊重科学，严肃认真。要坚持做到事故原因不清楚不放过，事故责任者和应受教育者没有受到教育不放过，没有采取防范措施不放过（以下简称“三不放过”原则）。

3.2 农电部门的各级领导应负责贯彻执行本规程，积极支持安全监察（以下简称“安监”）机构和安监人员监督本规程的实施，不得擅自修改和违反。各有关部门应按本规程做好相应的工作。

安监人员应认真做好农电生产和农村用电全过程的安全监察和宣传工作，并有权利、有责任直接地向上级安监部门反映在贯彻执行本规程过程中出现的情况和问题。

3.3 农电生产和农村用电中发生的事故，凡涉及电力规划、设计、制造、施工安装等有关单位和个人时，均应通过事故调查和原因分析，进行事故责任追溯，指出存在的问题和应负的责任；追溯期限以合同保证期为限，合同没有规定的以该设备投产后两年为限。对构成治安处罚或刑事犯罪的，由公安机关或司法机关给予处罚或追究刑事责任。

4 事故

4.1 农电生产事故的确定

发生下列情况之一的，定为农电生产事故。

4.1.1 产权属县电力企业或由其代管的 20kV 以上的设备，造成非计划停运、降低出力或对用户少送电（热）者。

4.1.2 农电职工（包括本企业的固定职工、合同制职工和从本企业成本中支付报酬的各种用工形式的人，以下统称“职工”），发生符合 DL 558 中 2.1.1 所述情况者。

4.1.3 经济损失。

4.1.3.1 造成发供电设备、仪器仪表或施工机械损坏，修复或重置发生的总费用达到 5 万元者；

4.1.3.2 生产原料流失，如油、酸、碱、树脂等泄漏，或生产用车辆、运输工具等损坏，造成直接经济损失达到 2 万元者；

4.1.3.3 生产区域发生火灾，直接经济损失超过 1 万元者。

4.1.4 配电事故。

4.1.4.1 由县电力企业管理（含代管）的 20kV 及以下高压配电设备，由于本企业的责任发生下列情况之一，且仅造成少送电量时，定为配电事故。

a）高压配电线路的倒杆断线；

b）配电变压器损坏，且 24h（山区或边远地区可延长到 36h）不能恢复送电者；

c）高压配电线路的柱上开关损坏，且 24h（山区或边远地区可延长到 36h）不能恢复送电者；

d）电力电缆（含电缆头）发生爆炸者；

e）处理故障过程中因判断错误引发对用户少送电量者；

f）设备异常，被迫停止运行超过 36h 者；

g）一切误操作（含调度端的远动误操作）。

4.1.4.2 由县电力企业管理（含代管）的 66kV 及以下直配线路（或用户专用线，包括电缆）或直配变压器发生故障构成事故时，亦定为配电事故。

4.1.5 经本企业认定并经主管单位核准的其他事故。

4.1.6 同一原因引起多次事故的认定。

4.1.6.1 发电厂由于燃料质量差或雨天煤湿等原因，在一个运行班的值班时间内，发生多次灭火停炉、降低出力时，可定为 1 次事故。

4.1.6.2 一条线路由于同一原因在 4h 内发生多次跳闸事故时，可定为 1 次事故。

4.1.6.3 同一供电企业，由于自然灾害，如覆冰、暴风、水灾、火灾、地震、泥石流等原因，发生多条线路、多个变电所跳闸停电时，可定为 1 次事故，但须得到主管单位的认可。

4.1.7 一次事故涉及几个单位时的事故认定。

4.1.7.1 一个单位发生的事故扩大成系统事故时，除该单位应定为 1 次事故外，管辖该系统的调度部门亦应定为 1 次系统事故。

4.1.7.2 一个单位发生事故时，系统内另一个单位或几个单位由于本单位的过失又造成异常运行并构成事故者，称为派生事故，派生事故亦应定为 1 次事故。

4.1.7.3 输电线路发生瞬时故障时，由于继电保护或断路器失灵，在断路器跳闸后拒绝重合，对管辖该继电保护或断路器的单位应定为电气（变电）事故；如果输电线路发生永久性故障，虽然继电保护或断路器失灵而未能重合，则只对管辖该线路的单位定为输电事故。

4.1.7.4 配电线路发生故障，并扩大为发电厂或变电所的母线停电或主变压器停电时，对于供电企业，定为1次变电事故；对于发电厂，则定为1次电气事故。

4.1.7.5 由两个及以上供电企业负责维修的同一线路发生故障跳闸构成事故时，如果各企业经过检查均未发现故障点，应分别定为1次事故。

4.1.7.6 由于调度机构的过失（如调度命令错误，保护定值错误、误动、误碰等）造成发供电设备异常运行并构成事故时，对调度应定为1次事故。如果发供电单位也有过失，亦应定为1次事故。

4.1.7.7 由用户设备故障引起发供电单位线路跳闸构成的事故，如发供电单位有责任时，发供电单位定为1次事故。

4.1.7.8 由于通信失灵造成延误送电或扩大事故者，除事故单位定为事故外，有责任的通信单位亦应定为1次事故。上报时可合并定为1次事故，但应作说明。

4.1.7.9 电力系统内实行独立核算的集中检修单位，在承包农电生产的检修工作中发生设备事故时，若双方都有责任，则不分主、次，各定为1次事故；如果责任分不清，同样各定为1次事故；如果一方有责任，另一方无责任，则仅对有责任一方定为1次事故。

4.1.7.10 如一次事故中同时发生人身伤亡事故和设备事故，应各定为1次事故。

4.2 农村触电死亡事故的确定

4.2.1 凡因触及农村电网电力设施或用电设施，造成非电力企业职工人身死亡事故，均定为农村触电死亡事故；但对以下事故，经县级公安、检察等部门认定，市级农电主管部门核实，并经省级农电主管部门同意后，不作为农村触电死亡事故认定。

a）利用电力或电力设施谋害他人或进行自杀者；

b）因盗窃或破坏电力设施造成自身或他人死亡者；

c）因盗窃或破坏国家、集体或他人财物造成自身或他人触电死亡者；

d）精神病人或间歇性精神病人发作期触及合格的电力设施造成自身死亡者；

e）乡镇及以上企事业单位在其厂区或工作区内发生的触电死亡事故；

f）非农业人口发生的触电死亡事故；

g）由于不可抗拒的因素（如自然灾害）超过国家或行业规定的设计防范标准，造成电力设施损坏而引起的人身触电死亡事故。

4.2.2 农村触电死亡事故按原因可分为：设备安装不合格；设备失修；违章作业；缺乏安全用电常识；私拉乱接；其他。

4.3 事故性质的确定

根据事故性质的严重程度及经济损失的大小，分为特别重大事故、重大事故和一般事故。

4.3.1 特别重大事故（以下简称“特大事故”）。

4.3.1.1 人身死亡事故一次达 50 人及以上者；

4.3.1.2 造成直接经济损失达 1000 万元及以上者；

4.3.1.3 性质特别严重、经国务院电力管理部门认定为特大事故者。

4.3.2 重大事故。

4.3.2.1 人身死亡事故一次达 3 人及以上，或人身伤亡事故一次死亡与重伤达 10 人及以上者；

4.3.2.2 大面积停电造成减供负荷超过 200MW 者；

4.3.2.3 造成发供电设备或施工机械严重损坏，直接经济损失达 150 万元者；

4.3.2.4 25MW 及以上的发电设备，31.5MV·A 及以上的主变压器或大型、贵重的施工机械严重损坏，30 天内不能修复或修复后不能达到原来铭牌出力和安全水平者；

4.3.2.5 其他性质严重的事故，经省级电力管理部门认定为重大事故者。

4.3.3 一般事故。

除特大事故、重大事故以外的事故，均定为一般事故。

5 障碍

5.1 发生下列情况之一的，定为障碍。

5.1.1 降低出力未构成事故者。

5.1.2 由于发供电企业的责任，造成 35kV 及以上变电所的母线电压超过调度规定的电压曲线数值的±5%，且延续时间超过 1h；或超过规定数值的±10%，且延续时间超过 30min 的电压质量降低。

5.1.3 其他。

5.1.3.1 事先经过省级及以上农电部门批准进行的科学技术实验项目，在实行中由于非本单位人员过失造成的设备异常运行，但未造成严重后果者。

5.1.3.2 经省级及以上电力管理部门事先认定的老旧小发电机组和输变电设备，发生非本单位人员过失造成的设备异常运行，但未造成严重后果者。

5.1.3.3 由用户过失引起的线路跳闸事故，且发供电单位没有事故责任者。

5.1.3.4 线路发生故障，断路器跳闸后自动重合闸成功者。或因断路器遮断容量不足，经发电厂、供电局总工程师批准，并报上级主管单位备案停用自动重合闸的断路器，跳闸后 3min 内强送成功者。

5.1.3.5 为抢险救灾（包括人员和物资）而紧急停止设备运行者。

5.1.4 由同一原因引起的多次障碍，或一次障碍涉及几个单位时，比照 4.1.6 和 4.1.7 的规定执行。

对“障碍”的统计办法，暂由各省农电部门自行制定。

6 事故调查

在事故的调查、处理过程中，应遵守回避制度，以免影响对事故的公正分析和处理，还应特别注意对事故现场的保护和原始资料的收集工作，在坚持“三不放过”原则的基础上，认真分析事故原因、明确事故责任、制定行之有效的防止对策、按时写出事故报告并按人事管理权限提出处理意见。

6.1 农电生产事故及障碍的调查

遵照 DL 558 的有关规定执行。

6.2 农村触电死亡事故的调查

6.2.1 发生农村触电死亡事故时，村电工应立即赶赴出事地点，保护现场，抢救触电人员，并尽快报告乡电管站；乡电管站应立即派人到现场协助工作，同时向县电力企业报告。

6.2.2 县电力企业接到事故报告后，应尽快派人赶赴现场，按 6.2.3 进行事故调查。在未查清事故原因，又未采取有效措施前，不得破坏现场，不能盲目送电。

6.2.3 事故调查工作应由县电力企业负责人会同县劳动、公安、检察等有关部门组成调查组，进行现场调查；同时用电报、电话或传真向上级农电部门报告。

6.2.4 发生特大、重大农村触电死亡事故时，应立即报告当地公安部门，保护现场、收集证据，并按照 DL 588 中 4.1 的有关规定组成调查组，进行调查、处理。

6.2.5 调查组的任务是：找出事故发生的原因，查明事故的责任和责任者，按有关规定提出处理意见，填写事故报告，并按 6.2.3、6.2.4 的规定上报。

6.3 事故责任的划分

6.3.1 农电生产事故，应在调查分析的基础上，明确事故发生及扩大的直接原因和间接原因，确定直接责任者和领导责任者，并根据其在事故发生过程中的作用，确定主要责任者、次要责任者和扩大责任者，同时确定各级领导对事故应负的领导责任。

6.3.2 农村触电死亡事故，应按产权隶属关系及事故性质划分事故责任。

6.3.2.1 因设备质量不良，选型、安装不当，或维修、管理不符合规程要求造成触电死亡事故时，设备产权所属者或有书面协议承担代管义务者应承担主要责任或全部责任；与事故相关的责任者则应承担相应责任。

6.3.2.2 对于产权虽属用户，但有书面协议由他人或单位承担代管义务的设备，因代管者的失误直接造成人身触电死亡事故时，代管者应负主要责任或全部责任。

6.3.2.3 用户的电力设施经电力企业验收合格后的安全保证期，在没有外力破坏或其他环境变化的条件下，一般以合同保证期为限；合同没有规定的，则以投产后两年为限。

6.3.2.4 由下列原因之一造成本人或他人的人身触电伤亡事故，应由肇事者本人负全部责任；未成年人或无自制能力者，应由其家长或监护人负全部责任；造成电力设施损坏或停电事故的，电力企业有权要求其赔偿全部损失；触犯刑律的，电力企业应协同公安、检察部门依法追究肇事者的刑事责任。

a）私自攀登合格的变压器台架、电杆或摇动拉线；

b）家用电器或照明设备超过使用年限失修漏电；

c）私拉乱接或其他违章用电；

d）在电力线路附近盖房、打井或从事其他劳动时，误触合格的电力设施；

e）玩忽职守、违章作业；

f）电工或其他人利用职权违章指挥；

g）利用电力设施自杀或谋害他人；

h）盗窃或破坏电力设施，盗窃或破坏国家、集体或他人财物；

i）私设电网；

j）车辆或机械碰撞电力设施；

k）超高、超宽物品通过带电设施，引起安全距离不够；

l）私自向停电设备送电。

6.3.2.5 由于不可抗拒的因素（如自然灾害）超过国家或行业规定的设计防范标准，造成电力设施损坏而引起人身触电死亡事故时，通过事故调查，并经公安、检察等部门认定，不予追究责任。

6.3.2.6 在由单位组织的活动中，凡因违反安全用电规定引发的触电死亡事故，由组织活动的单位负主要责任。

6.3.2.7 其他由多种因素造成的人身触电死亡事故，均应根据情况分清主次责任。

7 统计报告

在农电生产事故的统计报告工作中，各网、省农电管理部门应与安监部门协同规定本省农电事故的上报渠道，避免漏报或重报。

7.1 统计填报单位和审批汇总单位

7.1.1 县（市、区）发、供电企业为统计及填报事故的基层单位。

7.1.2 地（市）农电安全管理部门将基层的各类报告、报表审批汇总后上报。

7.1.3 网、省局农电安全管理部门将所辖单位的各类报告、报表审批汇总后，上报电力工业部农村电气化司。

7.2 统计报告、报表的种类

7.2.1 事故报告。

7.2.1.1 农电生产事故报告分以下两类。

a）人身伤亡事故报告，其格式见附录A表A1；

b）设备事故报告，其格式见附录A表A2。

注：表A1、表A2分别与DL 558附录B的表B1、表B2相同。

7.2.1.2 农村触电死亡事故报告，其格式见附录A表A3。

7.2.2 事故调查报告书。

对“农电生产事故”和“重大、特大农村人身触电死亡事故”，要求写出事故调查报告书。

7.2.2.1 农电生产事故调查报告书，分以下两类。

a）人身伤亡事故调查报告书，其格式见附录A的A4；

b）设备事故调查报告书，其格式见附录A的A5。

注：表A4、表A5分别与DL 558附录B的相应内容相同。

7.2.2.2 重大、特大农村触电死亡事故调查报告书，其格式见附录 A 的 A6。

7.2.3 农电生产事故报表。

7.2.3.1 年报表。

年报表是各级农电部门进行年度安全统计、分析安全生产情况的依据。它分为以下七类：

a）农电生产事故情况综合年报表，其格式见附录 B 表 B1；

b）农电生产人身事故分析年报表，其格式见附录 B 表 B2；

c）农电生产人身事故隶属关系及分月统计年报表，其格式见附录 B 表 B3；

d）农电生产事故（率）统计月（年）报表，其格式见附录 B 表 B4，需计算事故率；

e）主变压器/配电变压器烧毁情况年报表，其格式见附录 B 表 B5；

f）农电生产场所火灾事故情况年报表，其格式见附录 B 表 B6；

g）农电生产人身事故分类统计月（年）报表，其格式见附录 B 表 B7，不需填写累计人数。

7.2.3.2 月报表。月报表是本单位分析安全生产情况和上级农电部门了解、分析所辖单位安全情况的依据，可分为以下两类：

a）农电生产事故（率）统计月（年）报表，其格式见附录 C 表 C1，内容同附录 B 表 B4，但不需计算事故率；

b）农电生产人身事故分类统计月（年）报表，其格式见附录 C 表 C2，内容同附录 B 表 B7，但需填写累计人数。

7.2.4 农村用电事故报表。

7.2.4.1 年报表。

a）农村用电事故情况综合年报表，其格式见附录 D 表 D1；

b）农村触电死亡事故情况及分月统计年报表，其格式见附录 D 表 D2；

c）农村触电死亡事故分类统计年（月）报表，其格式见附录 D 表 D3；

d）农村用电火灾事故和漏电保护器情况年报表，其格式见附录 D 表 D4。

7.2.4.2 月报表。

农村触电死亡事故分类统计年（月）报表，其格式见附录 E 表 E1，内容同附录 D 表 D3。

7.3 月（年）度统计报表的填报

7.3.1 基层统计填报单位应按月填报 7.2.3.2 所列报表，并于次月 5 日前报地（市）电力局农电安全主管部门。地（市）电力局应于当月 10 日前报（或抄报）省农电局（处）；省农电局（处）汇总后于当月 20 日前报电力工业部农村电气化司。

补报的事故，可与下月报表同时报出。

7.3.2 基层年度统计报表填报的时间，由各省农电局（外）自行规定，但省农电局（处）应于 3 月 20 日前将 7.2.3.1 所列的报表报送电力工业部农村电气化司。

7.4 事故的报告程序

7.4.1 农电生产事故的报告程序。

7.4.1.1 发生农电生产事故（不含配电事故）后，事故单位应于次月 5 日前将事故报告一式三份上报地（市）电力局农电安全主管部门；地（市）电力局审核后，于当月 10 日前上报省电力局农电局（处）一式两份；省农电局（处）审阅后，于当月 20 日前报网局农电局（处）及电力工业部农村电气化司（报告形式包括计算机软盘，下同）。

7.4.1.2 发生特大事故、重大事故和生产人身死亡事故时的事故报告，按 DL 558 的规定报出。

7.4.2 农村触电死亡事故的报告程序。

按照 6.2 农村触电死亡事故的调查相同的程序，与农电生产事故报告同时上报。

7.5 统计报告的其他规定

7.5.1 对事故的统计报告，要及时、准确、完整，并与设备可靠性管理相结合，全面评价安全水平。

7.5.2 发生特大、重大事故（包括农村用电部分）、生产人身死亡、两人及以上生产人身重伤和性质严重的设备损坏事故，事故单位必须在 24h 内用电话、传真或电报快速向地（市）电力局、省农电局（处）和地方有关部门报告，省农电局（处）应立即向网局和电力工业部转报。

在发生特大、重大事故（包括农村用电部分）或生产人身死亡事故后，事故单位应在向地（市）电力局和省农电局（处）报告的同时，直接向网局和电力工业部报告；报告办法和形式，应遵照 DL 558 的规定。

7.5.3 配电事故的报告办法由省农电局（处）自行制定。

8 安全考核

8.1 农电生产安全考核项目按照 DL 558 的规定执行，但对超过设计防范标准的雷害事故和县级电力企业无责任的农村用电事故不进行考核。

8.2 农电生产安全考核项目的计算统计方法，除采用 DL 558 中规定的计算方法和公式外，对配电事故率应按式（1）计算

$$\text{配电事故率}\left[\text{次/（百 km. 年)}\right]=\frac{\text{本规定列入统计的配电事故次数（次）}}{\text{配电线路总长度（百 km·年）}} \tag{1}$$

8.3 农村用电安全考核的项目和计算公式。

8.3.1 农村千公里线路触电死亡率的计算公式为

$$\text{农村千公里线路触电死亡率}\left[\text{人/（千 km·年)}\right]=\frac{\text{全省一年农村触电死亡人数（人）}}{\text{全省农村高、低压线路（含电缆）总长度（千 km）}} \tag{2}$$

8.3.2 农村千万千瓦·时用电量触电死亡率的计算公式为

$$\text{农村千万千瓦·时用电量触电死亡率}\left[\text{人/（千万 kW·h·年)}\right]=\frac{\text{全省一年农村触电死亡人数（人）}}{\text{全省农业用电量（千万 kW·h）}} \tag{3}$$

8.3.3 低压漏电保护器。对于低压漏电保护器，应满足 DL 499 的要求。

事故报告的格式

A1 人身伤亡事故报告的格式见表 A1。

表 A1 人身伤亡事故报告

填报单位：______________（章） 事故简题：______________

事故编号	主管单位名称	事故单位（部门）	隶属关系	经济类型	事故发生时间	事故性质	事故类别	事故归属	安全记录	姓名	性别	年龄	工龄	工种1	工种2	本工种工龄

用工类别	伤害程度	受伤部位	折算损失工日	起因物	危险作业分类	触电类别	触电电压
		1. 6. 2. 7. 3. 8. 4. 9. 5. 10.	工日		1. 2. 3. 4.		
职业禁忌	现场紧急救护措施		直接经济损失	致害物		气象条件及自然灾害	气温
			千元				℃

不安全状态	不安全行为	事故直接原因	责任分类	事故间接原因	责任分类	报告附件
1. 2. 3. 4.	1. 2. 3. 4.	1. 2. 3. 4.	1. 2. 3. 4.	1. 2. 3. 4.	1. 2. 3. 4.	1. 2. 3. 4.

事故经过								
事故暴露的问题								
防止对策								
执行人		完成期限	年 月 日	事故单位领导（签名）		安监审核人（签名）		填报人（签名）
网省局领导批复	（签名）：			网省局安监部门批复	（签名）：			

填报日期： 年 月 日

A2 设备事故报告的格式见表 A2。

表 A2 设 备 事 故 报 告

填报单位：＿＿＿＿＿＿＿＿（章） 事故简题：＿＿＿＿＿＿＿＿

事故编号	主管单位名称	事故单位（部门）	事故起止时间	设备停运时间	设备分类	事故分类	故事性质	事故责任单位	气象条件及自然灾害	气温	安全记录
			年 月 日 时 分至 月 日 时 分	小时 分						℃	

主设备规范										事故损失		
设备编号	设备名称	容量(t/h,MW,MVA)	压力或电压	主汽温度	型 号	制造厂家	制造日期	投产日期	大修日期	少发电量	少送电量	直接经济损失
			MPa 或 kV	℃			年 月 日	年 月 日	年 月 日	万 kWh	万 kWh	千元

事故原因及责任										损坏设备		
设备编号	部件分类	零部件名称	技术分类	型 号	制造厂家	原因 1	责任 1	原因 2	责任 2	设备分类	部件分类	损坏程度
										1. 2. 3. 4. 5.	1. 2. 3. 4. 5.	1. 2. 3. 4. 5.

不正确动作的保护情况														
保护名称	一次电压（kV）	技术分类	错误类型	有无附图	有无派生	派生情况	设备分类	设备编号	容量(t/h,MW,MVA)	压力或电压(MPa，kV)	制造厂家	部件分类	技术分类	原因

事故经过、扩大及处理情况							
事故暴露的问题				事故责任人姓名、职务			
防止对策							
执行人	完成期限	年 月 日	厂（局）长或总工程师	（签名）	安监审核人	（签名）	填报人 （签名）
网省局领导批复		（签名）：		网省局安监部门批复			（签名）：

填报说明：如无派生情况，则不填写派生情况栏目。

填报日期： 年 月 日

A3 农村触电死亡事故报告的格式见表 A3。

表 A3 农村触电死亡事故报告

填报单位：＿＿＿＿＿＿＿（章） 事故简题：＿＿＿＿＿＿

<table>
<tr><td>事故地点</td><td colspan="9">省（市、自治区） 市（地） 县（市） 乡（镇） 村</td></tr>
<tr><td>事故时间</td><td colspan="6">年 月 日 时 分</td><td colspan="2" rowspan="2">事故地点
周围环境</td><td rowspan="2"></td></tr>
<tr><td>天气情况</td><td colspan="3"></td><td>气温</td><td colspan="2">℃</td></tr>
<tr><td>触电电压</td><td colspan="2"></td><td colspan="4">触电起因（选择打√）</td><td colspan="3">电力设施□ 家用电器□ 其他□</td></tr>
<tr><td>姓 名</td><td>性别</td><td>年龄</td><td colspan="2">社会身份</td><td colspan="5">身 体 触 电 部 位</td></tr>
<tr><td>1.</td><td></td><td></td><td colspan="2"></td><td colspan="5"></td></tr>
<tr><td>2.</td><td></td><td></td><td colspan="2"></td><td colspan="5"></td></tr>
<tr><td>3.</td><td></td><td></td><td colspan="2"></td><td colspan="5"></td></tr>
<tr><td>事故经过</td><td colspan="9"></td></tr>
<tr><td>暴露问题</td><td colspan="9"></td></tr>
<tr><td>事故责任</td><td colspan="9"></td></tr>
<tr><td>防止对策</td><td colspan="9"></td></tr>
<tr><td>调查组成员及单位</td><td colspan="9"></td></tr>
<tr><td>单位负责人</td><td colspan="5">（签名）</td><td colspan="2">安监审核人</td><td colspan="2">（签名）</td></tr>
</table>

填报人： 报出日期： 年 月 日

A4 人身伤亡事故调查报告书的格式如下。

人身伤亡事故调查报告书

1. 事故单位
2. 事故简题
3. 事故性质
4. 事故时间
5. 伤亡人姓名
6. 性别
7. 年龄
8. 工种
9. 技术等级
10. 本工种工龄
11. 健康状况
12. 安全教育情况
13. 伤害程度
14. 受伤部位
15. 事故类别
16. 企业性质
17. 用工类别

18. 事故归属
19. 折算损失工日
20. 直接经济损失
21. 触电类别
22. 电压等级
23. 事故经过
24. 事故原因
25. 暴露问题
26. 事故责任及处理情况
27. 防止对策、执行者及完成期限
28. 事故调查组成员的姓名、单位、职务或职称
29. 有关附件（包括图纸、资料、原始记录、事故照片、录像等）
30. 事故调查组成员签名
31. 主持事故调查单位
（代章）
32. 报出日期

A5 设备事故调查报告书的格式如下。

设备事故调查报告书

1. 事故单位
2. 事故简题
3. 事故性质
4. 事故起止时间
5. 气象条件及自然灾害
6. 主设备规范
7. 设备制造厂家和投运时间
8. 设备修复（更新）时间
9. 直接经济损失
10. 少发（送）电（热）
11. 设备损坏情况
12. 事故前工况
13. 事故经过（发生、扩大及处理情况）
14. 事故发生、扩大的原因
15. 事故暴露的问题及有关评议
16. 对重要用户的影响
17. 事故责任及处理情况
18. 防止事故的对策、执行人员及完成期限
19. 事故调查组成员的姓名、单位、职务或职称

20. 有关附件（包括图纸、资料、原始记录、事故照片及录像等）
21. 事故调查组成员签名
22. 主持事故调查单位
（代章）
23. 报出日期

A6 重大、特大农村人身触电死亡事故报告书的格式如下。

重大、特大农村人身触电死亡事故报告书

1. 事故地点
2. 事故简题
3. 事故性质
4. 事故时间
5. 伤亡人简况
1）姓名
2）性别
3）年龄
4）身份
5）受教育情况
6）原健康状况
7）伤害部位
8）伤害程度
6. 触电形式
7. 触电电压
8. 事故经过
9. 事故原因
10. 事故责任
11. 事故分析
1）暴露问题
2）防止对策
3）有关附件（包括图纸、资料、照片、录像及原始记录）
12. 事故调查组成员情况
1）姓名
2）性别
3）工作单位
4）职务（职称）
13. 事故调查组成员签名
14. 主持调查单位（盖章）
15. 报出日期

附录B（标准的附录）

农电生产年报表格式

B1 农电生产事故情况综合年报表的格式见表B1。

表B1 农电生产事故情况综合年报表

项目	单位	本年		上年		本年与上年比较	备注
		死亡	重伤	死亡	重伤	增减量（±相应单位量）	
1. 农电职工总数（录自农电综合年报）	人						
2. 职工死亡、重伤人数	人						
隶属：供电	人						
火电	人						
水电	人						
其中：特大、重大人身事故（次/死亡、重伤）	次/人/人						
3. 职工千人死亡率	‰						
4. 职工千人重伤率	‰						
5. 主变压器总数	台/kVA						
其中：烧毁主变压器	台/kVA						
6. 配电变压器总数	台/kVA						
其中：烧毁配电变压器	台/kVA						
7. 生产场所火灾事故	次/万元						
其中：重大火灾事故	次/万元						
8. 输电事故率	次/（百km·年）						
9. 变电事故率	次/（台·年）						
10. 配电事故率	次/（百km·年）						
11. 公用火电厂发电事故率	次/（台·年）						
12. 公用水电厂发电事故率	次/（台·年）						
13. 供电事故总次数	次						
14. 发电事故总次数	次						
15. 特大、重大事故损失	次/万元						

说明：本表基层单位不填，仅供上级农电部门汇总、上报用。

单位负责人：　　填报人：　　填报日期：　　年　　月　　日

B2 农电生产人身事故分析年报表的格式见表 B2。

表 B2 农电生产人身事故分析年报表

填报单位：＿＿＿＿＿＿＿＿（盖章）

事故类别 事故原因		合计			触电伤害																							
		事故件数	死亡人数	重伤人数	小计		违章带电作业		安全距离不够		返送电		接触或跨步电压		感应电压		未验电接地		误入带电间隔或设备		约时停送电		误送电		低压设备		其他触电	
					死亡	重伤	死亡	重伤	死亡	重伤	死亡	重伤	死亡	重伤	死亡	重伤	死亡	重伤	死亡	重伤	死亡	重伤	死亡	重伤	死亡	重伤	死亡	重伤
		01	02	03	04	05	06	07	08	09	10	11	12	13	14	15	16	17	18	19	20	21	22	23	24	25	26	27
总计																												
直接原因	1. 安全防护装置缺少或有缺陷																											
	2. 设备、设施、工具及附件有故障、隐患或有缺陷																											
	3. 个人防护用品、安全用具缺少或有缺陷																											
	4. 生产或工作场地的环境不良（如照度低、噪声大等）																											
	5. 误操作、违章操作或对设备监视、调整不当																											
	6. 物体存放不当																											
	7. 工作中忽视安全或设备维护不当、使用了不安全设备																											
间接原因	1. 没有安全操作规程或安全操作规程不健全																											
	2. 劳动组织不合理																											
	3. 对现场工作缺乏检查或指挥错误																											
	4. 设计、制造或施工安装过程中有缺陷或存在隐患																											
	5. 教育、培训不够																											
	6. 事故隐患防范措施和整改措施不力																											

续表

事故类别 事故原因		一般伤害																											
		小计		物体打击或起重伤害		机器或设备伤害		车辆伤害		杆塔倒塌或高处坠落		建筑物坍塌		锅炉或压力容器爆炸		爆破作业时伤害		其他爆炸伤害		淹溺		火灾		灼烫伤		中毒或窒息		其他伤害	
		死亡	重伤	死亡	重伤	死亡	重伤	死亡	重伤	死亡	重伤	死亡	重伤	死亡	重伤	死亡	重伤	死亡	重伤	死亡	重伤	死亡	重伤	死亡	重伤	死亡	重伤	死亡	重伤
		28	29	30	31	32	33	34	35	36	37	38	39	40	41	42	43	44	45	46	47	48	49	50	51	52	53	54	55
总计																													
直接原因	1. 安全防护装置缺少或有缺陷																												
直接原因	2. 设备、设施、工具及附件有故障、隐患或有缺陷																												
直接原因	3. 个人防护用品、安全用具缺少或有缺陷																												
直接原因	4. 生产或工作场地的环境不良(如照度低、噪声大等)																												
直接原因	5. 误操作、违章操作或对设备监视、调整不当																												
直接原因	6. 物体存放不当																												
直接原因	7. 工作中忽视安全或设备维护不当、使用了不安全设备																												
间接原因	1. 没有安全操作规程或安全操作规程不健全																												
间接原因	2. 劳动组织不合理																												
间接原因	3. 对现场工作缺乏检查或指挥错误																												
间接原因	4. 设计、制造或施工安装过程中有缺陷或存在隐患																												
间接原因	5. 教育、培训不够																												
间接原因	6. 事故隐患防范措施和整改措施不力																												

说明：各省填写此表时，对“其他触电”、“其他伤害”栏的内容请在表下注明原因。

B3 农电生产人身事故隶属关系及分月统计年报表的格式见表 B3。

表 B3 农电生产人身事故隶属关系及分月统计年报表

填报单位（盖章）	死伤情况与上年比较						农电职工年末总人数（计算方法见表下说明）				千人重伤率（‰）		按隶属关系分类						分月统计																							
	本年		上年		死亡±人	重伤±人							供电		火电		水电		一月		二月		三月		四月		五月		六月		七月		八月		九月		十月		十一月		十二月	
	死亡	重伤	死亡	重伤			合计	供电	火电	水电	本年	上年	死亡	重伤	死亡	重伤	死亡	重伤	死亡	重伤	死亡	重伤	死亡	重伤	死亡	重伤	死亡	重伤	死亡	重伤	死亡	重伤	死亡	重伤	死亡	重伤	死亡	重伤	死亡	重伤	死亡	重伤
地 区	01	02	03	04	05	06	07	08	09	10	11	12	13	14	15	16	17	18	19	20	21	22	23	24	25	26	27	28	29	30	31	32	33	34	35	36	37	38	39	40	41	42
此处表格填写地区，从略																																										

说明：1. 此处“职工”按本规定范围统计；短期用工应进行折算，即将全年用工的人次总数按工作日总数平均。

2. 各省填写此表时，左边“地区”栏填写本省地区名。

单位负责人：　　填报人：　　填报日期：　　年　　月　　日

B4 农电生产事故（率）统计月（年）报表的格式见表 B4。

表 B4 农电生产事故（率）统计月（年）报表（　　年　月）

填报单位（盖章）	供电事故总次数	输电事故				变电事故				配电事故				发电事故总次数	发电事故（火电/水电）										重大及特大事故				
		次数		输电线路长度百 km	次/(百 km·年)	次数		主变压器台数	次/(台·年)	次数		配电线路长度百 km	次/(百 km·年)		次数		其中						发电机组台数	次/(台·年)	小计	其中			
		本月	累计			本月	累计			本月	累计				本月	累计	锅炉	汽机	发电机	水工	水轮机	其他				供电	火电	水电	其他
地 区	01	02	03	04	05	06	07	08	09	10	11	12	13	14	15	16	17	18	19	20	21	22	23	24	25	26	27	28	29
此处表格填写地区，从略																													

说明：1. 各省填写此表时，对“其他”栏的内容请在表下注明原因；左边“地区”栏填写本省地区名。

2. 本表作为月报表时，需填写“累计”栏，不计算事故率；作为年报表时，需计算事故率。

单位负责人：　　填报人：　　填报日期：　　年　月　日

B5 主变压器/配电变压器烧毁情况年报表的格式见表B5。

表 B5 主变压器/配电变压器烧毁情况年报表

填报单位（盖章）	主变压器							配电变压器							
	总台数 台/kVA	烧毁台数 台/kVA	按事故原因分类 台/kVA					总台数 台/kVA	烧毁台数 台/kVA	按事故原因分类 台/kVA					
			雷击	超负荷	失修	质量差	其他			雷击	超负荷	失修	低压短路	质量差	其他
地区	01	02	03	04	05	06	07	08	09	10	11	12	13	14	15
此处表格填写地区，从略															

说明：各省填写此表时，对“其他”栏的内容请在表下注明原因；左边“地区”栏填写本省地区名。

单位负责人：　　填报人：　　填报日期：　　年　月　日

B6 农电生产场所火灾事故情况年报的格式见表B6。

表 B6 农电生产场所火灾事故情况年报表

填报单位（盖章）	合计				供电				火电				水电				其中：重大及特大火灾事故															
	火灾次数	损失折款万元	死亡人数	重伤人数	火灾次数	损失折款万元	死亡人数	重伤人数	火灾次数	损失折款万元	死亡人数	重伤人数	火灾次数	损失折款万元	死亡人数	重伤人数	小计				供电				火电				水电			
																	次数	损失折款万元	死亡	重伤	次数	损失折款万元	死亡	重伤	次数	损失折款万元	死亡	重伤	次数	损失折款万元	死亡	重伤
地区	01	02	03	04	05	06	07	08	09	10	11	12	13	14	15	16	17	18	19	20	21	22	23	24	25	26	27	28	29	30	31	32
此处表格填写地区，从略																																

单位负责人：　　填报人：　　填报日期：　　年　月　日

B7 农电生产人身事故分类统计年（月）报表的格式见表B7。

表B7　农电生产人身事故分类统计年（月）报表（　　年　月）

填报单位（盖章）	两种伤害合计		触电伤害																								一般伤害																											
			小计 本月/累计		违章带电作业		安全距离不够		返送电		接触或跨步电压		感应电压		不验电接地		误入带电间隔或设备		约时停送电		误送电		低压设备		其他触电		小计 本月/累计		物体打击或起重伤害		机器或设备伤害		车辆伤害		杆塔倒塌或高处坠落		建筑物坍塌		锅炉或压力容器爆炸		爆破作业时伤害		其他爆炸伤害		淹溺		火灾		灼烫伤		中毒或窒息		其他伤害	
	死亡	重伤	死亡	重伤	死亡	重伤	死亡	重伤	死亡	重伤	死亡	重伤	死亡	重伤	死亡	重伤	死亡	重伤	死亡	重伤	死亡	重伤	死亡	重伤	死亡	重伤	死亡	重伤	死亡	重伤	死亡	重伤	死亡	重伤	死亡	重伤	死亡	重伤	死亡	重伤	死亡	重伤	死亡	重伤	死亡	重伤	死亡	重伤	死亡	重伤	死亡	重伤	死亡	重伤
地　区	01	02	03	04	05	06	07	08	09	10	11	12	13	14	15	16	17	18	19	20	21	22	23	24	25	26	27	28	29	30	31	32	33	34	35	36	37	38	39	40	41	42	43	44	45	46	47	48	49	50	51	52	53	54
此处表格填写地区，从略																																																						

说明：1. 各省上报此表时，对“其他触电”、“其他伤害”栏的数字请在表下注明事故原因；左边“地区”栏填写本省地区名。

2. 本表作为月报表时，需填写“本月/累计”栏，以“/”区分；作为年报表时，只填全年“累计”数字。

单位负责人：　　填报人：　　填报日期：　　年　月　日

附录 C（标准的附录）

农电生产月报表格式

C1 农电生产事故（率）统计月（年）报表的格式见表 C1。

表 C1 农电生产事故（率）统计月（年）报表（ 年 月）

填报单位（盖章）	供电事故总次数	输电事故				变电事故				配电事故				发电事故（火电/水电）										重大及特大事故				
		次数		输电线路长度百 km	次/(百 km·年)	次数		主变压器台数	次/(台·年)	次数		配电线路长度百 km	次/(百 km·年)	次数		其中					其他	发电机组台数	发电总事故率次/(台·年)	小计	其中			
		本月	累计			本月	累计			本月	累计			本月	累计	锅炉	汽机	发电机	水工	水轮机	火水	火水			供电	火电	水电	其他
地　区	01	02	03	04	05	06	07	08	09	10	11	12	13	14	15	16	17	18	19	20	21	22	23	24	25	26	27	28
此处表格填写地区，从略																												

说明：1. 各省上报此表时，对“其他”栏的数字请在表下注明事故原因；左边“地区”栏填写本省地区名。

2. 本表作为月报表时，需填写“累计”栏，不计算事故率；作为年报表时，需计算事故率。　单位负责人：　填报人：　填报日期：　年　月　日

C2 农电生产人身事故分类统计月（年）报表的格式见表 C2。

表 C2 农电生产人身事故分类统计月（年）报表（ 年 月）

填报单位（盖章）	两种伤害合计		触电伤害																								一般伤害																											
			小计 本月/累计		违章带电作业		安全距离不够		返送电		接触或跨步电压		感应电压		不验电接地		误入带电间隔或设备		约时停送电		误送电		低压设备		其他触电		小计 本月/累计		物体打击或起重伤害		机器或设备伤害		车辆伤害		杆塔倒塌或高处坠落		建筑物坍塌		锅炉或压力容器爆炸		爆破作业时伤害		其他爆炸伤害		淹溺		火灾		灼烫伤		中毒或窒息		其他伤害	
	死亡	重伤	死亡	重伤	死亡	重伤	死亡	重伤	死亡	重伤	死亡	重伤	死亡	重伤	死亡	重伤	死亡	重伤	死亡	重伤	死亡	重伤	死亡	重伤	死亡	重伤	死亡	重伤	死亡	重伤	死亡	重伤	死亡	重伤	死亡	重伤	死亡	重伤	死亡	重伤	死亡	重伤	死亡	重伤	死亡	重伤	死亡	重伤	死亡	重伤	死亡	重伤	死亡	重伤
地　区	01	02	03	04	05	06	07	08	09	10	11	12	13	14	15	16	17	18	19	20	21	22	23	24	25	26	27	28	29	30	31	32	33	34	35	36	37	38	39	40	41	42	43	44	45	46	47	48	49	50	51	52	53	54
此处表格填写地区，从略																																																						

说明：1. 各省上报此表时，对“其他触电”、“其他伤害”栏的数字请在表下注明事故原因；左边“地区”栏填写本省地区名。

2. 本表作为月报表时，需填写“本月/累计”栏，以“/”区分；作为年报表时，只填全年“累计”数字。　单位负责人：　填报人：　填报日期：　年　月　日

附录 D（标准的附录）

农村用电事故年报表格式

D1 农村用电事故情况综合年报表的格式见表 D1。

表 D1 农村用电事故情况综合年报表

项　　目	单　　位	本年	上年	本年与上年比较 增减量（±相应单位量）	备注
1. 农村触电死亡总数	人				
2. 高、低压线路总长	千公里				
千公里触电死亡率	人/(千 km·年)				
3. 农村总用电量	千万 kW·h				
千万千瓦时触电死亡率	人/(千万 kW·h·年)				
4. 共有县数	个				
其中：已通电的县数	个				
发生触电死亡事故的县数	个				
5. 重大、特大触电事故情况	次/死亡数/重伤数				
6. 电气火灾事故及损失情况	次/万元				
其中：重大、特大火灾	次/万元				
7. 安装漏电保护器数量	万台				
其中：总保护器	万台				
分支保护器	万台				
末端（家用）保护器	万台				
8. 总保护器动作次数	万次				

说明：本表基层单位不填，仅供上级农电部门汇总、上报用。

单位负责人：　　填报人：　　填报日期：　　年　月　日

D2 农村触电死亡事故情况及分月统计年报表的格式见表 D2。

表 D2 农村触电死亡事故情况及分月统计年报表

填报单位（盖章）	死亡人数与上年比较				隶属关系			触电死亡率						供电总县数	发生触电死亡事故的县数个		特大、重大伤亡事故起/人/人	按月份统计											
								按“人/（千 km·年）”计			按“人/（万 km·h）”计																		
	本年人数	上年人数	增减人数	增减率%	供电	火电	水电	线路长	本年率	上年率	用电量	本年率	上年率		本年	上年		1月	2月	3月	4月	5月	6月	7月	8月	9月	10月	11月	12月
地　区	01	02	03	04	05	06	07	08	09	10	11	12	13	14	15	16	17	18	19	20	21	22	23	24	25	26	27	28	29
此处表格填写地区，从略																													

说明：1. 各省填写此表时，左边“地区”栏填写本省地区名。

2. 第 08 项“线路长”应为高低压线路总长，填写时请注意。

单位负责人：　　填报人：　　填报日期：　　年　月　日

D3 农村触电死亡事故分类统计年（月）报表的格式见表 D3。

表 D3 农村触电死亡事故分类统计年（月）报表（　　年　月）　　单位：人

填报单位（盖章）	合计	高压触电死亡人数						低压触电死亡人数									按触电原因分类						按社会身份分类						
		小计	占合计百分比%	线路	倒杆断线	高压设备	其他	小计	占合计百分比%	线路	倒杆断线	接户引线	临时用电	动力设备	生活用电	其他	设备安装不合格	设备失修	违章作业	缺乏安全用电常识	私拉乱接	其他	农民	乡村干部	农村电工	农业工人	学生	学前儿童	其他
地　区	01	02	03	04	05	06	07	08	09	10	11	12	13	14	15	16	17	18	19	20	21	22	23	24	25	26	27	28	29
此处表格填写地区，从略																													

说明：各省填写此表时，对“其他”栏的内容请在表下注明原因；左边“地区”栏填写本省地区名。

单位负责人：　　填报人：　　填报日期：　　年　月　日

D4 农村用电火灾事故和漏电保护器情况年报表的格式见表D4。

表D4 农村用电火灾事故和漏电保护器情况年报表 未注明单位：人；折款单位：万元

填报单位（盖章）	火灾事故情况								漏电保护器情况（单位：台）													总保护器动作分析				
					其中重大特大火灾				已投各种保护器（总计）	总保护器情况				分支保护器情况				末端（家用）保护器情况				动作总次数	触电引起动作次数	漏电引起动作次数	拒动次数	正确动作率%
	次数	损失折款	死亡	重伤	次数	损失折款	死亡	重伤		应安装数	已安装数	安装%	投运%	应安装数	已安装数	安装%	投运%	应安装数	已安装数	安装%	投运%					
地区	01	02	03	04	05	06	07	08	09	10	11	12	13	14	15	16	17	18	19	20	21	22	23	24	25	26
总计																										

说明：各地填写此表时，对“其他”栏的内容请在表下注明原因；左边“地区”栏填写本省地区或县（市）名。

单位负责人：　　填报人：　　填报日期：　　年　月　日

附录 E（标准的附录）

农村触电死亡事故月报表格式

E1 农村触电死亡事故分类统计月（年）报表的格式见表 E1。

表 E1 农村触电死亡事故分类统计月（年）报表（ 年 月）

填报单位（盖章）	合计	高压触电死亡人数						低压触电死亡人数									按触电原因分类						按社会身份分类						
		小计	占合计百分比%	线路	倒杆断线	高压设备	其他	小计	占合计百分比%	线路	倒杆断线	接户引线	临时用电	动力设备	生活用电	其他	设备安装不合格	设备失修	违章作业	缺乏安全用电常识	私拉乱接	其他	农民	乡村干部	农村电工	农业工人	学生	学前儿童	其他
地区	01	02	03	04	05	06	07	08	09	10	11	12	13	14	15	16	17	18	19	20	21	22	23	24	25	26	27	28	29
此处表格填写地区，从略																													

说明：各省填写此表时，对“其他”栏的内容请在表下注明原因；左边“地区”栏填写本省地区名。

单位负责人：　　填报人：　　填报日期：　　年　月　日

农网无人值班变电所运行管理规定
（DL/T737—2000）

1 范围

本标准规定了农网无人值班变电所运行管理的职能，管理内容与要求。

本标准适用于农村电网110kV及以下无人值班变电所的运行管理。

2 引用标准

下列标准所包含的条文，通过在标准中引用而构成为本标准的条文。本标准出版时，所示版本均为有效。所有标准都会被修订，使用本标准的各方应探讨使用下列标准最新版本的可能性。

DL408—1991 电业安全工作规程（发电厂和变电所电气部分）

DL/T550—1994 地区电网调度自动化管理规范

DL/T5078—1997 农村小型化变电所设计规程

3 名词术语

3.1 无人值班变电所 unattended substation

相对有人值班变电所而言，无人值班变电所是变电所一种先进的运行管理模式。它是以提高变电所设备可靠性和基础自动化为前提，并借助微机远动技术，由远方值班员取代变电所现场值班员实施对变电所设备运行的有效控制和管理。

3.2 集控站 collective control station

在电网管理范围内，因地理位置、供电区域和交通方面适宜对无人值班变电所更方便和有效的管理而设立的集中监视控制中心。集控站负责所辖范围内无人值班变电所的运行、操作等管理工作。

4 管理职责

4.1 变电运行远方值班员（远方值班员）

4.1.1 变电运行远方值班员的主要职责

a）按变电运行的要求，正确运用遥测、遥信信息，掌握（记录、分析等）变电所电气设备运行情况及其他异常情况（如防盗、外人翻墙入所及消防警报等）。

b）按DL/T550的要求，正确运用遥控和遥调功能对变电所电气设备进行遥控和遥调操作。

c）认真填写变电运行日志和事故异常处理记录。

4.1.2 变电运行远方值班员可以是调度值班员兼任，也可以单独配备。设有集控站的必须配备专职变电运行远方值班员。

4.2 调度值班员的职责

4.2.1 根据电网的潮流和各变电所负荷、无功、电压的实时信息及时向变电运行远方值班员下达操作命令，改变所辖电网运行方式，实现经济运行。

4.2.2 根据检修和事故处理的要求，下达操作命令，实现变电所的安全运行。

4.3 巡视操作班（操作队）

4.3.1 巡视操作班主要职责

a）定期或者不定期对变电所设备、设施、工具等进行巡视、检查、记录和报告。

b）负责完成变电所电气设备和进出线线路检修停电、恢复送电时的操作，安全设施拆装及熔断器熔断体的更换和投切的操作。

c）对危及人身设备安全的情况及时进行处理。

4.3.2 巡视操作班为无人值班变电所运行管理的专职机构，一般根据无人值班变电所的数量及其分布状况，到达无人值班变电所的时间不宜超过1h。配备的专职人员可隶属于生技股（科）或调度室，也可根据当地情况，隶属于周围几个无人值班变电所都较近的其他有人值班变电所、集控站或供电所。

4.4 看守人员的职责

4.4.1 针对目前社会治安状况，无人值班变电所设备、设施等的看守工作可委托当地供电所或乡（镇）农电管理站负责。但应注意：除授权的合格人员外，其他看守人员一律不能进行高压设备的单独巡视和操作。

4.4.2 看守人员要遵守各项规章制度，上班期间必须坚守岗位，不得脱岗，提高警惕，做好变电所防火防盗等各项安全保卫工作，保持所内清洁卫生。

4.4.3 正常情况下，看守人员不得擅自动变电所内设备，发现紧急情况或严重缺陷时应立即报告调度值班员及运行主管部门，并积极配合采取措施，防止事故扩大。

4.4.4 当全所突然失电后，应及时将详细情况报告调度值班员及巡视操作班。

4.4.5 负责防止小动物事故的各项措施的落实，并搞好房屋维护和防汛排水工作。

4.4.6 严格执行交接班制度。

5 变电运行

5.1 设备巡视

5.1.1 无人值班变电所的现场巡视工作由巡视操作班负责。

5.1.2 设备巡视分为定期巡视、特殊巡视和夜间巡视，巡视人员应将巡视时间、所名、巡视内容及发现的问题记入有关记录。

a）定期巡视：每周1～2次到所辖变电所定期巡视，巡视内容按照变电所现场安全运行的有关规定和要求进行。

b）特殊巡视：大风前后、雷雨后、冰雹、大雾、风沙、高温高负荷时、设备变更后、设备异常时、法定假日或者有重要供电任务时，适当增加巡视的次数。

c）夜间巡视：要求每月巡视一次。

5.1.3 巡视检查设备必须遵守有关规定，不允许对运行设备进行维修工作。

5.2 遥控操作

为了保证操作的正确性，操作应按照规定的顺序进行，操作时对操作内容必须做到心中有数。严格按遥控、遥调程序一人操作一人监护，并分别输入各自的密码。操作前要填写遥控、遥调操作票，操作完毕后应检查遥信、遥测及负荷的正确性。

5.2.1 限负荷时应首先填写遥控操作票，然后再进行遥控操作，并填写限电记录。

5.2.2 投切电容器开关时应根据电网运行的力率、电压，按有关规定先填写遥控操作票，再进行操作，并填写电容器开关投切记录。

5.2.3 部分停电、全部停电或改变运行方式，应按有关规定填写遥控操作票，然后再进行操作。

5.2.4 对有载调压变压器的分头调整，应按有关规定填写调度日志，操作前要认真填写遥调操作票，然后再进行遥调操作，并认真核对调后的电压质量。

5.2.5 当设备出现异常情况时，应禁止遥控、遥调操作，并填写调度日志。

5.2.6 寻找接地线路，要严格按照拉路顺序进行拉合。操作时，按照遥控程序一人监护一人操作，找出故障线路，应通知有关单位进行处理，并认真填写好调度日志。

5.2.7 出线开关事故掉闸时，应首先将信号复位，然后试送开关。如试送不成功应及时通知有关部门进行处理，事故处理完毕，恢复送电后将全过程记入调度日志，必要时写出事故简报。

5.2.8 检修、试验等开关的操作，不进行遥控操作，应按 DL/T550 规定的程序进行。

5.2.9 连续二次遥控失败时，禁止再进行遥控操作，应立即通知有关人员进行检查。

5.3 现场操作

5.3.1 无人值班变电所的现场操作工作由巡视操作班成员进行，现场操作的主要工作是：

a）不能完全遥控实现运行方式变更的操作，如涉及不能遥控的隔离开关的解列、并列，旁路设备供电，进出线电源改变等。

b）跌落式熔断器的合闸与拉闸。

c）需要采用第一种工作票的变电所设备检修或进出线路停电检修时的操作及其安全措施的装设与拆除。

d）自动化系统及设备故障等必需的操作。

5.3.2 现场操作人员必须是考试合格经上级批准公布的操作人和监护人，操作由二人进行，一人监护，一人操作；操作结束后，应及时向调度值班员汇报。

5.3.3 在一般情况下，应在操作现场接到调度令后再填写操作票。若工作任务较多、操作复杂，可以提前一天准备好操作票，但是必须在当日接到调度命令后，在操作现场严格审核操作票的内容及顺序无误，方可进行操作。

5.3.4 计划停电检修试验工作的现场操作由巡视操作班负责人负责安排，进行操作。

5.3.5 临时操作由巡视操作班人员或者经批准可以担任操作工作的看守人员进行。

5.3.6 巡视操作班使用的操作票应填写工整，不得随意涂改。并按规定履行审核和批准手续。

5.3.7 现场操作应在现场进行模拟预演，核对操作票的正确性。

5.3.8 设备停电检修及恢复时，应考虑远动信号问题，将信号控制装置切换到相对应的位置。

5.3.9 现场操作的其他规定和管理仍按 DL 408 和上级的有关规定执行。

5.4 运行分析

5.4.1 运行分析工作由班（组）负责人或技术员主持，主要是定期和不定期地对各变电所运行设备、技术管理和资料管理等情况进行重点分析。分析设备严重缺陷、异常事故及两票使用等方面的情况，通过分析不断提高技术水平和管理水平。

5.4.2 变电运行分析活动，巡视操作班和变电远方值班员应全部参加。

5.4.3 必须具备变电所的各项规程、资料和记录本，对全所设备安全运行、技术分析每季进行一次，并且有分析记录。

5.4.4 对设备台帐中各单元设备的运行分析应半年进行一次，分析记录存放在运行资料中。

5.4.5 专题分析，如事故预想、反事故演习、岗位练兵等活动应根据需要随时进行，并且有记录。

5.5 工作票制度

5.5.1 填用工作票的电气设备上的工作，应严格执行有关规程规定。

5.5.2 各变电所的第一种工作票由巡检班管理，第二种工作票可由看守人员管理。

5.5.3 第一种工作票，检修单位提前一天通知巡视操作班，工作当天检修单位可直接到工作地点办理许可手续。

5.5.4 第二种工作票，检修单位在工作前一天通知有关人员，工作当天到现场办理许可手续。

5.5.5 巡视操作班负责人办理工作许可手续后，可以留在现场，继续进行本班其他工作，检修设备在检修过程中的传动试验由工作负责人全面负责。

5.5.6 连续停电的检修工作，当日需要收工以及次日需要复工，检修工作负责人均应电话通知工作许可人，并记入运行记录本。

5.5.7 工作负责人变动工作票延期，检修单位应持工作票向巡视操作班办理相应手续。

5.5.8 工作终结，检修工作当日完毕，工作负责人在工作结束前 2h 通知许可人验收，多日工作提前一天通知验收后履行终结手续。

5.5.9 第一种工作票和第二种工作票以使用日期的先后，各自按年、月和顺序进行编号。

5.5.10 工作票的其他规定和管理应按 DL408 及上级的有关规定执行。

5.6 异常处理

5.6.1 变电远方值班员发现运行异常，应立即通知巡视操作班检查变电所的有关设备，并将检查结果报告调度及运行主管部门。

5.6.2 若巡视检查中发现变电所的设备运行异常时，巡视人员应立即报告调度及运行主管部门。

5.6.3 若调度自动化装置运行异常并且短期内不能恢复时，相应的变电所应恢复有人值班。

5.6.4 遇有天气恶劣以及其他情况时，可根据领导要求恢复有人值班。

6 调度运行

6.1 基本工作要求

6.1.1 调度值班员必须认真地监视电网的运行情况，及时记录各种异常现象，定期与变电所的看守人员或巡操人员核对开关位置，负责操作管理。

6.1.2 调度值班员要负责变电所的潮流、负荷、电压、有功无功电量、故障信号的采集和打印，并按要求提供给有关部门。

6.1.3 调度值班员应严禁脱岗，对变电所发出的异常情况应能及时处理；调度室必须具备对事故情况发出的声、光信号同时报警的装置。

6.1.4 调度值班员必须具有对变电所进行实时遥控的能力，调度室能反应变电所实际运行状况。

6.1.5 调度值班员交接班应尽量避开操作，交接班时发生事故或异常情况，原则上由交班人员处理，接班人员积极配合。

6.1.6 调度人员必须严格按交接班制度进行交接，对变电所遥信信号进行核对和验收，各种声光信号应反应无误。应交接清以下事项：

a）运行方式变更和设备异常情况的处理；

b）调度自动化系统的运行情况；

c）许可和接受的申请票及处理情况，当班未完成的工作及措施；

d）模拟图板是否与设备实际相符；

e）上级指示、各种记录及技术资料收管情况；

f）电网运行情况、负荷、指标情况；

g）双方认为交接清楚明白后，各自签字。

6.1.7 对变电所各保护开关及主变压器分接开关的遥控、遥调应认真监视显示屏的色标或信号的变换位置是否一致，发生问题时必须认真做好记录，有疑问时应及时到现场核实，并做好原始记录。

6.2 电压无功管理

调度值班员应经常监视无人值班变电所的系统电压及功率因数，根据电网运行方式、负荷情况、电压、功率因数及各站变压器的运行分头位置，综合考虑，统筹安排。主变压器运行分头调整与电容器投切相结合，使电压质量、功率因数在合格范围内，调整运行方式应使主变压器在经济状态下运行。

6.2.1 不具备有载调压的无人值班变电所需要投切电容器开关时，用遥控开关进行操作，需要调整主变抽头位置时，调度员通知主管部门，按设备检修规定执行。

6.2.2 具备有载调压变压器的无人值班变电所，调度值班员应根据电压及功率因数，按有关规定向变电远方值班员下令，及时操作电容器开关或以遥调主变压器分接头位置，将其调整在合格范围内。

6.3 设备检修时的调度管理

6.3.1 无人值班变电所的设备及线路检修工作，在工作前按调度规定时间向调度或集控站提出申请，调度按规定时间向变电检修班或线路检修班作出准确答复。变电检修班或线路检修班负责人要在检修现场接受调度命令，并执行工作许可人和变电所运行负责人的职责。

6.3.2 各单位申请检修时，要提出工作内容、地点、停电范围及要求、停电时间、检修时间、工作负责人对运行方式要求、对负荷和继电保护运行的影响等。重要输电线路应提出紧急恢复所需时间，并安排专人听电话。

6.3.3 已安排的停电检修，因故不能进行时，检修单位应在工作前一日 12 时前通知调度，如因天气变化，被迫不能工作时，检修单位应及时通知调度值班员。

6.3.4 开关检修完毕，巡视操作班运行负责人员验收合格后，经调度值班员遥控试验跳合开关，正常后方可报竣工。巡视操作班负责人应按调度值班员所下操作令操作完毕，确认设备运行正常，完成全部职责后方可撤离。

6.4 事故处理

调度值班员应根据远动系统事故的报警、遥信和遥测数据的变化，正确判断，果断处理。在调度日志上详细记录处理过程及处理结果，必要时写出事故简报。需要变电检修人员处理的故障，应及时通知主管部门和有关班组，需要线路检修人员处理的事故及时通知主管部门组织人员巡查线路，尽快处理恢复送电。

6.4.1 当发现某站内信号出现异常时，应迅速通知有关人员到现场进行处理。

6.4.2 当变电所发生 10kV 单相接地时，利用计算机遥控开关判断接地线路，找出接地线路的，通知检修主管部门处理。

6.4.3 当主变压器轻瓦斯动作发出报警后，调度值班员应立即通知运行主管部门组织有关人员查明原因。

6.4.4 当发现主变压器温度升高时，调度值班员应检查负荷或电流值，并考虑环境温度，做到迅速准确处理，确属设备问题应通知运行主管部门进行处理。

6.4.5 主变压器开关掉闸时不应进行试送，应按调度规程规定进行处理。

6.4.6 出线开关事故掉闸后，应试送一次，如不成功，应立即通知线路主管部门，查明事故原因，确认线路无问题后再通知巡视操作班到现场进行检查，并将检查结果及时报告调度及有关单位，调度值班员作出相应处理并在调度日志中进行详细记录。

6.4.7 电容器开关因过流或其他原因掉闸，应通知巡视操作班到现场检查，确认无异状后，按规程要求试送。改变运行方式操作必须先停电容器，电容器投停间隔不得小于 3min。

6.4.8 全所失压时，遥控将进线开关或主变压器主进开关跳开，再依次遥控跳开其他开关，同时尽快查明全所失压原因，并进行处理。

7 远动通信

7.1 停止运行的设备，须经调度主任批准，情况紧急时可先停运设备再报告，停用是指使系统中的硬件或监控程序退出运行的行为。

7.2 系统的运行维护包括：

a）系统发生故障时应及时进行处理，并在《设备故障及检修记录》上认真记录故障的发生地点、时间、现象、设备名称、型号、出厂编号、检修过程、损坏部件和原因；

b）若遥信、遥控和遥调误动或拒动，遥测误差值大于规定值，应查明原因及时处理；

c）电网一次主接线或电压、电流互感器变比发生变化时，应按书面通知在设备投运前完成系统参数的修订，保持与实际一致；

d）每年定期校核一次发、收两端遥测精度和遥信、遥控、遥调正确性，新建变电所或线路投运时，应测试相应的遥测精度和遥信、遥控、遥调正确性，RTU 更换遥测板、遥信板、遥控板及其部件时应测试该 RTU 的遥测精度和遥信、遥控、遥调正确性，测试结果应在《遥测精度测试表》、《遥信动作测试表》、《遥控动作测试表》上进行记录；

e）每季测试一次前置机和 RTU 的收发电平，测试结果应在《远动通道电平测试表》上记录，发现问题应及时解决；

f）每季巡视一次各站设备运行情况，并在《系统值班记录》上记录结果；

g）每日定期巡视一次调度端设备运行情况，并在《系统运行值班记录》上记录；

h）保持设备和周围环境的整齐清洁。

7.3 农网变电所均应装设远动终端，并具有专用远动通道，在条件允许的情况下，积极建设备用远动通道。新建变电所在设计时应同时考虑自动化设备和远动通道（参见 DL/T 5078），并保证新建变电所或线路投运时，远动设备同时投运。

7.4 未经系统维护人员同意，其他专业人员不得在远动装置及其二次回路上工作，并严禁改变接线。

7.5 严禁在整点切换调度室和变电所的电源。

7.6 对已通过实用化验收的县调系统，主管部门将进行不定期或定期复查，复查不合格的县调系统将取消实用化资格。自动化系统升级后，应再次进行实用化验收。

7.7 所有可能影响向地（市）调转发数据准确性的工作，在工作前应按地（市）调有关规定获得许可。工作完毕后应与地（市）调核对转发数据的准确性，并记录核对数据的时间、地点、内容、结果以及参与核对数据的人员，在地（市）调确认转发数据正确后方可结束工作。

7.8 如需对系统进行升级时，应首先制定详细的升级方案，经主管部门同意后方可实施。

7.9 严禁在后台机上运行非本系统的软件。

7.10 新设备投入运行后，应在一个月内将新增设备的台帐上报主管部门。

7.11 按月统计分析系统的运行情况，并在每月定期上报《电网调度自动化系统运行月报》。

7.12 每年对工作进行一次总结，总结的内容包括计划内工作的完成情况，系统运行中发生的问题及处理结果，今后的工作安排和合理化建议，并在每年定期上报主管部门。

7.13 RTU 应配备 UPS 不间断电源，以保证其可靠运行，RTU 应固定良好，外壳要接入变电所防雷接地系统。

7.14 具有各种电路板的备用板和标准表、秒表等常用测试设备，并经常保持完好。

电业安全工作规程

（发电厂和变电所电气部分）

（DL 408—91）

第一章 总 则

第1条 为了切实保证职工在生产中的安全和健康以及电力系统、发供配电设备的安全运行，结合电力生产多年来的实践经验，制定本规程。

各单位的领导干部和电气工作人员，必须严格执行本规程。

第2条 安全生产，人人有责。各级领导必须以身作则，要充分发动群众，依靠群众；要发挥安全监察机构和群众性的安全组织的作用，严格监督本规程的贯彻执行。

第3条 本规程适用于运用中的发、变、送、配、农电和用户电气设备上工作的一切人员（包括基建安装人员）。

各单位可根据现场情况制定补充条文，经厂（局）主管生产的领导（总工程师）批准后执行。

所谓运用中的电气设备，系指全部带有电压或一部分带有电压及一经操作即带有电压的电气设备。

第4条 电气设备分为高压和低压两种：

高压：设备对地电压在250V以上者；

低压：设备对地电压在250V及以下者。

第5条 电气工作人员必须具备下列条件：

一、经医师鉴定，无妨碍工作的病症（体格检查约两年一次）。

二、具备必要的电气知识，且按其职务和工作性质，熟悉《电业安全工作规程》（发电厂和变电所电气部分、电力线路部分、热力和机械部分）的有关部分，并经考试合格。

三、学会紧急救护法（见附录七），特别要学会触电急救。

第6条 电气工作人员对本规程应每年考试一次。因故间断电气工作连续三个月以上者，必须重新温习本规程，并经考试合格后，方能恢复工作。

参加带电作业人员，应经专门培训，并经考试合格、领导批准后，方能参加工作。

新参加电气工作的人员、实习人员和临时参加劳动的人员（干部、临时工等），必须经过安全知识教育后，方可下现场随同参加指定的工作，但不得单独工作。

对外单位派来支援的电气工作人员，工作前应介绍现场电气设备结线情况和有关安全措施。

第7条 任何工作人员发现有违反本规程，并足以危及人身和设备安全者，应立即制止。

第8条 对认真遵守本规程者，应给予表扬和奖励。对违反本规程者，应认真分析，加强教育，分别情况，严肃处理。对造成严重事故者，应按情节轻重，予以行政或刑事处分。

第9条 本规程所指的安全用具必须符合附录五、附录六的要求。

第二章 高压设备工作的基本要求

第一节 发电厂和变电所的值班工作

第10条 值班人员必须熟悉电气设备。单独值班人员或值班负责人还应有实际工作经验。

第11条 高压设备符合下列条件者。可由单人值班：

一、室内高压设备的隔离室设有遮栏。遮栏的高度在1.7m以上，安装牢固并加锁者；

二、室内高压开关的操作机构用墙或金属板与该开关隔离，或装有远方操作机构者。

单人值班不得单独从事修理工作。

第12条 不论高压设备带电与否，值班人员不得单独移开或越过遮栏进行工作；若有必要移开遮栏时，必须有监护人在场，并符合表1的安全距离。

表1 设备不停电时的安全距离

电压等级（kV）	安全距离（m）	电压等级（kV）	安全距离（m）
10及以下（13.8）	0.70	154	2.00
20～35	1.00	220	3.00
44	1.20	330	4.00
60～110	1.50	500	5.00

第二节 高压设备的巡视

第13条 经企业领导批准允许单独巡视高压设备的值班员和非值班员，巡视高压设备时，不得进行其他工作，不得移开或越过遮栏。

第14条 雷雨天气，需要巡视室外高压设备时，应穿绝缘靴，并不得靠近避雷器和避雷针。

第15条 高压设备发生接地时，室内不得接近故障点4m以内，室外不得接近故障点8m以内。进入上述范围人员必须穿绝缘靴，接触设备的外壳和架构时，应戴绝缘手套。

第16条 巡视配电装置，进出高压室，必须随手将门锁好。

第17条 高压室的钥匙至少应有三把，由配电值班人员负责保管，按值移交。一把专供紧急时使用，一把专供值班员使用，其他可以借给许可单独巡视高压设备的人员和工作负责人使用，但必须登记签名，当日交回。

第三节 倒 闸 操 作

第18条 倒闸操作必须根据值班调度员或值班负责人命令，受令人复诵无误后执行。发布命令应准确、清晰、使用正规操作术语和设备双重名称，即设备名称和编号。发令人使用电话发布命令前，应先和受令人互报姓名。值班调度员发布命令的全过程（包括对方复诵命令）和听取命令的报告时，都要录音并作好记录。倒闸操作由操作人填写操作票（见附录一）。单人值班，操作票由发令人用电话向值班员传达，值班员应根据传达，填写操作票，复诵无误，并在“监护人”签名处填入发令人的姓名。

每张操作票只能填写一个操作任务。

第 19 条　停电拉闸操作必须按照断路器（开关）——负荷侧隔离开关（刀闸）——母线侧隔离开关（刀闸）的顺序依次操作，送电合闸操作应按与上述相反的顺序进行。严防带负荷拉合刀闸。

为防止误操作，高压电气设备都应加装防误操作的闭锁装置（少数特殊情况下经上级主管部门批准，可加机械锁）。闭锁装置的解锁用具（包括钥匙）应妥善保管，按规定使用，不许乱用。机械锁要一把钥匙开一把锁，钥匙要编号并妥善保管，方便使用。所有投运的闭锁装置（包括机械锁）不经值班调度员或值长同意不得退出或解锁。

第 20 条　下列项目应填入操作票内：

应拉合的断路器（开关）和隔离开关（刀闸），检查断路器（开关）和隔离开关（刀闸）的位置，检查接地线是否拆除，检查负荷分配，装拆接地线，安装或拆除控制回路或电压互感器回路的熔断器（保险），切换保护回路和检验是否确无电压等。

操作票应填写设备的双重名称，即设备名称和编号。

第 21 条　操作票应用钢笔或圆珠笔填写，票面应清楚整洁，不得任意涂改。操作人和监护人应根据模拟图板或接线图核对所填写的操作项目，并分别签名，然后经值班负责人审核签名。特别重要和复杂的操作还应由值长审核签名。

第 22 条　开始操作前，应先在模拟图板上进行核对性模拟预演，无误后，再进行设备操作。操作前应核对设备名称、编号和位置，操作中应认真执行监护复诵制。发布操作命令和复诵操作命令都应严肃认真，声音洪亮清晰。必须按操作票填写的顺序逐项操作。每操作完一项。应检查无误后做一个“\”记号，全部操作完毕后进行复查。

第 23 条　倒闸操作必须由两人执行，其中一人对设备较为熟悉者作监护。单人值班的变电所倒闸操作可由一人执行。

特别重要和复杂的倒闸操作，由熟练的值班员操作，值班负责人或值长监护。

第 24 条　操作中发生疑问时，应立即停止操作并向值班调度员或值班负责人报告，弄清问题后，再进行操作。不准擅自更改操作票。不准随意解除闭锁装置。

第 25 条　用绝缘棒拉合隔离开关（刀闸）或经传动机构拉合隔离开关（刀闸）和断路器（开关），均应戴绝缘手套。雨天操作室外高压设备时，绝缘棒应有防雨罩，还应穿绝缘靴。接地网电阻不符合要求的，晴天也应穿绝缘靴。雷电时，禁止进行倒闸操作。

第 26 条　装卸高压熔断器（保险），应戴护目眼镜和绝缘手套，必要时使用绝缘夹钳，并站在绝缘垫或绝缘台上。

第 27 条　断路器（开关）遮断容量应满足电网要求。如遮断容量不够，必须将操作机构用墙或金属板与该断路器（开关）隔开，并设远方控制，重合闸装置必须停用。

第 28 条　电气设备停电后，即使是事故停电，在未拉开有关隔离开关（刀闸）和做好安全措施以前，不得触及设备或进入遮栏，以防突然来电。

第 29 条　在发生人身触电事故时，为了解救触电人，可以不经许可，即行断开有关设备的电源，但事后必须立即报告上级。

第 30 条 下列各项工作可以不用操作票：

一、事故处理；

二、拉合断路器（开关）的单一操作；

三、拉开接地刀闸或拆除全厂（所）仅有的一组接地线。

上述操作应记入操作记录簿内。

第 31 条 操作票应先编号，按照编号顺序使用。作废的操作票，应注明“作废”字样，已操作的注明“已执行”的字样。上述操作票保存三个月。

第四节 高压设备上工作的安全措施分类

第 32 条 在运用中的高压设备上工作，分为三类：

一、全部停电的工作，系指室内高压设备全部停电（包括架空线路与电缆引入线在内），通至邻接高压室的门全部闭锁，以及室外高压设备全部停电（包括架空线路与电缆引入线在内）。

二、部分停电的工作，系指高压设备部分停电，或室内虽全部停电，而通至邻接高压室的门并未全部闭锁。

三、不停电工作系指：

1. 工作本身不需要停电和没有偶然触及导电部分的危险者；

2. 许可在带电设备外壳上或导电部分上进行的工作。

第 33 条 在高压设备上工作，必须遵守下列各项：

一、填用工作票或口头、电话命令；

二、至少应有两人在一起工作；

三、完成保证工作人员安全的组织措施和技术措施。

第三章 保证安全的组织措施

第 34 条 在电气设备上工作，保证安全的组织措施为：

一、工作票制度；

二、工作许可制度；

三、工作监护制度；

四、工作间断、转移和终结制度。

第一节 工作票制度

第 35 条 在电气设备上工作，应填用工作票或按命令执行，其方式有下列三种：

一、填用第一种工作票（见附录二）；

二、填用第二种工作票（见附录三）；

三、口头或电话命令。

第 36 条 填用第一种工作票的工作为：

一、高压设备上工作需要全部停电或部分停电者；

二、高压室内的二次接线和照明等回路上的工作，需要将高压设备停电或做安全措施者。

第 37 条 填用第二种工作票的工作为：

一、带电作业和在带电设备外壳上的工作；

二、控制盘和低压配电盘、配电箱、电源干线上的工作；

三、二次结线回路上的工作，无需将高压设备停电者；

四、转动中的发电机、同期调相机的励磁回路或高压电动机转子电阻回路上的工作；

五、非当值值班人员用绝缘棒和电压互感器定相或用钳形电流表测量高压回路的电流。

第 38 条 其他工作用口头或电话命令。

口头或电话命令，必须清楚正确，值班员应将发令人、负责人及工作任务详细记入操作记录簿中，并向发令人复诵核对一遍。

第 39 条 工作票要用钢笔或圆珠笔填写一式两份，应正确清楚，不得任意涂改，如有个别错、漏字需要修改时，应字迹清楚。

两份工作票中的一份必须经常保存在工作地点，由工作负责人收执，另一份由值班员收执，按值移交。值班员应将工作票号码、工作任务、许可工作时间及完工时间记入操作记录簿中。

在无人值班的设备上工作时，第二份工作票由工作许可人收执。

第 40 条 一个工作负责人只能发给一张工作票，工作票上所列的工作地点，以一个电气连接部分为限。

如施工设备属于同一电压、位于同一楼层、同时停送电，且不会触及带电导体时，则允许在几个电气连接部分共用一张工作票。

开工前工作票内的全部安全措施应一次做完。

建筑工、油漆工等非电气人员进行工作时，工作票发给监护人。

第 41 条 在几个电气连接部分上依次进行不停电的同一类型的工作，可以发给一张第二种工作票。

第 42 条 若一个电气连接部分或一个配电装置全部停电，则所有不同地点的工作，可以发给一张工作票，但要详细填明主要工作内容。几个班同时进行工作时，工作票可发给一个总的负责人，在工作班成员栏内只填明各班的负责人，不必填写全部工作人员名单。

若至预定时间，一部分工作尚未完成，仍须继续工作而不妨碍送电者，在送电前，应按照送电后现场设备带电情况，办理新的工作票，布置好安全措施后，方可继续工作。

第 43 条 事故抢修工作可不用工作票，但应记人操作记录簿内，在开始工作前必须按本规程第四章的规定做好安全措施，并应指定专人负责监护。

第 44 条 线路、用户检修班或基建施工单位在发电厂或变电所进行工作时，必须由所在单位（发电厂、变电所或工区）签发工作票并履行工作许可手续。

第 45 条 第一种工作票应在工作前一日交给值班员。临时工作可在工作开始以前直接交给值班员。

第二种工作票应在进行工作的当天预先交给值班员。

第 46 条 若变电所距离工区较远或因故更换新工作票不能在工作前一日将工作票

送到，工作票签发人可根据自己填好的工作票用电话全文传达给变电所值班员，传达必须清楚，值班员应根据传达做好记录，并复诵核对。若电话联系有困难，也可在进行工作的当天预先将工作票交给值班员。

第47条 第一、二种工作票的有效时间，以批准的检修期为限。第一种工作票至预定时间，工作尚未完成，应由工作负责人办理延期手续。延期手续应由工作负责人向值班负责人申请办理，主要设备检修延期要通过值长办量。工作票有破损不能继续使用时，应补填新的工作票。

第48条 需要变更工作班中的成员时，须经工作负责人同意。需要变更工作负责人时，应由工作票签发人将变动情况记录在工作票上。若扩大工作任务，必须由工作负责人通过工作许可人，并在工作票上增填工作项目。若须变更或增设安全措施者，必须填用新的工作票，并重新履行工作许可手续。

第49条 工作票签发人不得兼任该项工作的工作负责人。工作负责人可以填写工作票。

工作许可人不得签发工作票。

第50条 工作票签发人应由分场、工区（所）熟悉人员技术水平、熟悉设备情况、熟悉本规程的生产领导人、技术人员或经厂、局主管生产领导批准的人员担任。工作票签发人员名单应书面公布。

工作负责人和允许办理工作票的值班员（工作许可人）应由分场或工区主管生产的领导书面批准。

第51条 工作票中所列人员的安全责任：

一、工作票签发人：

1. 工作必要性；

2. 工作是否安全；

3. 工作票上所填安全措施是否正确完备；

4. 所派工作负责人和工作班人员是否适当和足够，精神状态是否良好。

二、工作负责人（监护人）：

1. 正确安全地组织工作；

2. 结合实际进行安全思想教育；

3. 督促、监护工作人员遵守本规程；

4. 负责检查工作票所载安全措施是否正确完备和值班员所做的安全措施是否符合现场实际条件；

5. 工作前对工作人员交代安全事项；

6. 工作班人员变动是否合适。

三、工作许可人：

1. 负责审查工作票所列安全措施是否正确完备，是否符合现场条件；

2. 工作现场布置的安全措施是否完善；

3. 负责检查停电设备有无突然来电的危险；

4. 对工作票中所列内容即使发生很小疑问，也必须向工作票签发人询问清楚，必要时应要求作详细补充。

四、值长：

负责审查工作的必要性和检修工期是否与批准期限相符以及工作票所列安全措施是否正确完备。

五、工作班成员：

认真执行本规程和现场安全措施，互相关心施工安全，并监督本规程和现场安全措施的实施。

第二节　工 作 许 可 制 度

第 52 条　工作许可人（值班员）在完成施工现场的安全措施后，还应：

一、会同工作负责人到现场再次检查所做的安全措施，以手触试，证明检修设备确无电压；

二、对工作负责人指明带电设备的位置和注意事项；

三、和工作负责人在工作票上分别签名。

完成上述许可手续后，工作班方可开始工作。

第 53 条　工作负责人、工作许可人任何一方不得擅自变更安全措施，值班人员不得变更有关检修设备的运行结线方式。工作中如有特殊情况需要变更时，应事先取得对方的同意。

第三节　工 作 监 护 制 度

第 54 条　完成工作许可手续后，工作负责人（监护人）应向工作班人员交代现场安全措施、带电部位和其他注意事项。工作负责人（监护人）必须始终在工作现场，对工作班人员的安全认真监护，及时纠正违反安全的动作。

第 55 条　所有工作人员（包括工作负责人），不许单独留在高压室内和室外变电所高压设备区内。

若工作需要（如测量极性、回路导通试验等），且现场设备具体情况允许时，可以准许工作班中有实际经验的一人或几人同时在他室进行工作，但工作负责人应在事前将有关安全注意事项予以详尽的指示。

第 56 条　工作负责人（监护人）在全部停电时，可以参加工作班工作。在部分停电时，只有在安全措施可靠，人员集中在一个工作地点，不致误碰导电部分的情况下，方能参加工作。

工作票签发人或工作负责人，应根据现场的安全条件、施工范围、工作需要等具体情况，增设专人监护和批准被监护的人数。

专责监护人不得兼做其他工作。

第 57 条　工作期间，工作负责人若因故必须离开工作地点时，应指定能胜任的人员临时代替，离开前应将工作现场交代清楚，并告知工作班人员。原工作负责人返回工作地点时，也应履行同样的交接手续。

若工作负责人需要长时间离开现场，应由原工作票签发人变更新工作负责人，两工作负责人应做好必要的交接。

第 58 条　值班员如发现工作人员违反安全规程或任何危及工作人员安全的情况，应向工作负责人提出改正意见，必要时可暂时停止工作，并立即报告上级。

第四节　工作间断、转移和终结制度

第59条　工作间断时，工作班人员应从工作现场撤出，所有安全措施保持不动，工作票仍由工作负责人执存。间断后继续工作，无需通过工作许可人。每日收工，应清扫工作地点，开放已封闭的通路，并将工作票交回值班员。次日复工时，应得值班员许可，取回工作票，工作负责人必须事前重新认真检查安全措施是否符合工作票的要求后，方可工作。若无工作负责人或监护人带领，工作人员不得进入工作地点。

第60条　在未办理工作票终结手续以前，值班员不准将施工设备合闸送电。

在工作间断期间，若有紧急需要，值班员可在工作票未交回的情况下合闸送电，但应先将工作班全班人员已经离开工作地点的确切根据通知工作负责人或电气分场负责人，在得到他们可以送电的答复后方可执行，并应采取下列措施：

一、拆除临时遮栏、接地线和标示牌，恢复常设遮栏，换挂“止步，高压危险!”的标示牌；

二、必须在所有通路派专人守候，以便告诉工作班人员“设备已经合闸送电，不得继续工作”，守候人员在工作票未交回以前，不得离开守候地点。

第61条　检修工作结束以前，若需将设备试加工作电压，可按下列条件进行：

一、全体工作人员撤离工作地点；

二、将该系统的所有工作票收回，拆除临时遮栏、接地线和标示牌，恢复常设遮栏；

三、应在工作负责人和值班员进行全面检查无误后，由值班员进行加压试验。

工作班若需继续工作时，应重新履行工作许可手续。

第62条　在同一电气连接部分用同一工作票依次在几个工作地点转移工作时，全部安全措施由值班员在开工前一次做完，不需再办理转移手续，但工作负责人在转移工作地点时，应向工作人员交代带电范围、安全措施和注意事项。

第63条　全部工作完毕后，工作班应清扫、整理现场。工作负责人应先周密的检查，待全体工作人员撤离工作地点后，再向值班人员讲清所修项目、发现的问题、试验结果和存在问题等，并与值班人员共同检查设备状况，有无遗留物件，是否清洁等，然后在工作票上填明工作终结时间，经双方签名后，工作票方告终结。

第64条　只有在同一停电系统的所有工作票结束，拆除所有接地线、临时遮栏和标示牌，恢复常设遮栏，并得到值班调度员或值班负责人的许可命令后，方可合闸送电。

第65条　已结束的工作票，保存三个月。

第四章　保证安全的技术措施

第66条　在全部停电或部分停电的电气设备上工作，必须完成下列措施：

一、停电；

二、验电；

三、装设接地线；

四、悬挂标示牌和装设遮栏。

上述措施由值班员执行。对于无经常值班人员的电气设备，由断开电源人执行，并应

有监护人在场［两线一地制系统验电、装设接地线措施，由局（厂）自行规定］。

第一节　停　　电

第67条　工作地点，必须停电的设备如下：

一、检修的设备；

二、与工作人员在进行工作中正常活动范围的距离小于表2规定的设备；

三、在44kV以下的设备上进行工作，上述安全距离虽大于表2规定，但小于表1规定，同时又无安全遮栏措施的设备；

四、带电部分在工作人员后面或两侧无可靠安全措施的设备。

第68条　将检修设备停电，必须把各方面的电源完全断开（任何运用中的星形接线设备的中性点，必须视为带电设备）。禁止在只经断路器（开关）断开电源的设备上工作。必须拉开隔离开关（刀闸），使各方面至少有一个明显的断开点。与停电设备有关的变压器和电压互感器，必须从高、低压两侧断开，防止向停电检修设备反送电。

表2　　工作人员工作中正常活动范围与带电设备的安全距离

电压等级（kV）	安全距离（m）	电压等级（kV）	安全距离（m）
10及以下（13.8）	0.35	154	2.00
20～35	0.60	220	3.00
44	0.90	330	4.00
60～110	1.50	500	5.00

第69条　断开断路器（开关）和隔离开关（刀闸）的操作能源。隔离开关（刀闸）操作把手必须锁住。

第二节　验　　电

第70条　验电时，必须用电压等级合适而且合格的验电器，在检修设备进出线两侧各相分别验电。验电前，应先在有电设备上进行试验，确证验电器良好。如果在木杆、木梯或木架构上验电，不接地线不能指示者，可在验电器上接地线，但必须经值班负责人许可。

第71条　高压验电必须戴绝缘手套。验电时应使用相应电压等级的专用验电器。

330kV及以上的电气设备，在没有相应电压等级的专用验电器的情况下，可使用绝缘棒代替验电器，根据绝缘棒端有无火花和放电噼啪声来判断有无电压。

第72条　表示设备断开和允许进入间隔的信号、经常接入的电压表等，不得作为设备无电压的根据。但如果指示有电，则禁止在该设备上工作。

第三节　装设接地线

第73条　当验明设备确已无电压后，应立即将检修设备接地并三相短路。这是保护工作人员在工作地点防止突然来电的可靠安全措施，同时设备断开部分的剩余电荷，亦可因接地而放尽。

第74条　对于可能送电至停电设备的各方面或停电设备可能产生感应电压的都要装设接地线，所装接地线与带电部分应符合安全距离的规定。

第75条　检修母线时，应根据母线的长短和有无感应电压等实际情况确定地线数量。

检修 10m 及以下的母线，可以只装设一组接地线。在门型架构的线路侧进行停电检修，如工作地点与所装接地线的距离小于 10m，工作地点虽在接地线外侧，也可不另装接地线。

第 76 条 检修部分若分为几个在电气上不相连接的部分［如分段母线以隔离开关（刀闸）或断路器（开关）隔开分成几段］，则各段应分别验电接地短路。接地线与检修部分之间不得连有断路器（开关）或熔断器（保险）。降压变电所全部停电时，应将各个可能来电侧的部分接地短路，其余部分不必每段都装设接地线。

第 77 条 在室内配电装置上，接地线应装在该装置导电部分的规定地点，这些地点的油漆应刮去，并划下黑色记号。

所有配电装置的适当地点，均应设有接地网的接头。接地电阻必须合格。

第 78 条 装设接地线必须由两人进行。若为单人值班，只允许使用接地刀闸接地，或使用绝缘棒合接地刀闸。

第 79 条 装设接地线必须先接接地端，后接导体端，且必须接触良好。拆接地线的顺序与此相反。装、拆接地线均应使用绝缘棒和戴绝缘手套。

第 80 条 接地线应用多股软铜线，其截面应符合短路电流的要求，但不得小于 $25mm^2$。接地线在每次装设以前应经过详细检查。损坏的接地线应及时修理或更换。禁止使用不符合规定的导线作接地或短路之用。

接地线必须使用专用的线夹固定在导体上，严禁用缠绕的方法进行接地或短路。

第 81 条 高压回路上的工作，需要拆除全部或一部分接地线后始能进行工作者（如测量母线和电缆的绝缘电阻，检查断路器（开关）触头是否同时接触），如：

一、拆除一相接地线；

二、拆除接地线，保留短路线；

三、将接地线全部拆除或拉开接地刀闸。

必须征得值班员的许可（根据调度员命令装设的接地线，必须征得调度员的许可），方可进行。工作完毕后立即恢复。

第 82 条 每组接地线均应编号，并存放在固定地点。存放位置亦应编号，接地线号码与存放位置号码必须一致。

第 83 条 装、拆接地线，应做好记录，交接班时应交代清楚。

第四节　悬挂标示牌和装设遮栏

第 84 条 在一经合闸即可送电到工作地点的断路器（开关）和隔离开关（刀闸）的操作把手上，均应悬挂“禁止合闸，有人工作！”的标示牌（见附录四）。

如果线路上有人工作，应在线路断路器（开关）和隔离开关（刀闸）操作把手上悬挂“禁止合闸，线路有人工作！”的标示牌，标示牌的悬挂和拆除，应按调度员的命令执行。

第 85 条 部分停电的工作，安全距离小于表 1 规定距离以内的未停电设备，应装设临时遮栏。临时遮栏与带电部分的距离，不得小于表 2 的规定数值。临时遮栏可用干燥木材、橡胶或其他坚韧绝缘材料制成，装设应牢固，并悬挂“止步，高压危险！”的标示牌。

35kV 及以下设备的临时遮栏，如因工作特殊需要，可用绝缘挡板与带电部分直接接触。但此种挡板必须具有高度的绝缘性能，并符合附录五的要求。

第 86 条　在室内高压设备上工作，应在工作地点两旁间隔和对面间隔的遮栏上和禁止通行的过道上悬挂“止步，高压危险!”的标示牌。

第 87 条　在室外地面高压设备上工作，应在工作地点四周用绳子做好围栏，围栏上悬挂适当数量的“止步，高压危险!”标示牌，标示牌必须朝向围栏里面。

第 88 条　在工作地点悬挂“在此工作!”的标示牌。

第 89 条　在室外架构上工作，则应在工作地点邻近带电部分的横梁上，悬挂“止步，高压危险!”的标示牌。此项标示牌在值班人员的监护下，由工作人员悬挂。在工作人员上下用的铁架和梯子上应悬挂“从此上下!”的标示牌。在邻近其他可能误登的带电架构上，应悬挂“禁止攀登，高压危险!”的标示牌。

第 90 条　严禁工作人员在工作中移动或拆除遮栏、接地线和标示牌。

第五章　线路作业时发电厂和变电所的安全措施

第 91 条　线路的停送电均应按照值班调度员或有关单位书面指定的人员的命令执行。严禁约时停、送电。停电时，必须先将该线路可能来电的所有断路器（开关）、线路隔离开关（刀闸）、母线隔离开关（刀闸）全部拉开，用验电器验明确无电压后，在所有线路上可能来电的各端装接地线，线路隔离开关（刀闸）操作把手上挂“禁止合闸，线路有人工作!”的标示牌。

第 92 条　值班调度员必须将线路停电检修的工作班组数目、工作负责人姓名、工作地点和工作任务记入记录簿。

工作结束时，应得到工作负责人（包括用户）的竣工报告，确认所有工作班组均已竣工，接地线已拆除，工作人员已全部撤离线路，并与记录簿核对无误后，方可下令拆除发电厂或变电所内的安全措施，向线路送电。

第 93 条　当用户管辖的线路要求停电时，必须得到用户工作负责人的书面申请方可停电，并做好安全措施。恢复送电，必须接到原申请人的通知后方可进行。

第六章　带　电　作　业

第一节　一　般　规　定

第 94 条　本章的规定适用于在海拔 1000m 及以下交流 10～500kV 的高压架空电力线路、变电所（发电厂）电气设备上采用等电位、中间电位和地电位方式进行的带电作业，以及低压带电作业。

两线一地的线路及其电气设备上不宜进行带电作业。

第 95 条　带电作业应在良好天气下进行。如遇雷、雨、雪、雾不得进行带电作业，风力大于 5 级时，一般不宜进行带电作业。

在特殊情况下，必须在恶劣天气进行带电抢修时，应组织有关人员充分讨论并采取必要的安全措施，经厂（局）主管生产领导（总工程师）批准后方可进行。

第 96 条　对于比较复杂，难度较大的带电作业新项目和研制的新工具必须进行科学试验，确认安全可靠，编出操作工艺方案和安全措施，并经厂（局）主管生产领导（总工程师）批准后方可进行和使用。

第 97 条 带电作业工作票签发人和工作负责人应具有带电作业实践经验。工作票签发人必须经厂（局）领导批准，工作负责人也可经工区领导批准。

第 98 条 带电作业必须设专人监护。监护人应由有带电作业实践经验的人员担任。监护人不得直接操作。监护的范围不得超过一个作业点。复杂的或高杆塔上的作业应增设（塔上）监护人。

第 99 条 带电作业工作票签发人和工作负责人对带电作业现场情况不熟悉时，应组织有经验的人员到现场查勘。根据查勘结果作出能否进行带电作业的判断，并确定作业方法和所需工具以及应采取的措施。

第 100 条 带电作业工作负责人在带电作业工作开始前应与调度联系，工作结束后应向调度汇报。

第 101 条 带电作业有下列情况之一者应停用重合闸，并不得强送电：

一、中性点有效接地的系统中有可能引起单相接地的作业。

二、中性点非有效接地的系统中有可能引起相间短路的作业。

三、工作票签发人或工作负责人认为需要停用重合闸的作业。

严禁约时停用或恢复重合闸。

第 102 条 在带电作业过程中如设备突然停电，作业人员应视设备仍然带电。工作负责人应尽快与调度联系，调度未与工作负责人取得联系前不得强送电。

第二节 一般技术措施

第 103 条 进行地电位带电作业时，人身与带电体间的安全距离不得小于表 3 的规定。

第 104 条 35KV 及以下的带电设备，不能满足表 3 规定的最小安全距离时，必须采取可靠的绝缘隔离措施。

第 105 条 绝缘操作杆，绝缘承力工具和绝缘绳索的有效长度不得小于表 4 的规定。

表 3 人身与带电体的安全距离

电压等级（kV）	10	35	63（66）	110	220	330	500
距离（m）	0.4	0.6	0.7	1.0	1.8（1.6）[1]	2.6	3.6[2]

注 1）因受设备限制达不到 1.8m 时，经厂（局）主管生产领导（总工程师）批准，并采取必要的措施后，可采用括号内（1.6m）的数值。

2）由于 500kV 带电作业经验不多，此数据为暂定数据。

表 4 绝缘工具最小有效绝缘长度

电压等级（kV）	有效绝缘长度（m）		电压等级（kV）	有效绝缘长度（m）	
	绝缘操作杆	绝缘承力工具、绝缘绳索		绝缘操作杆	绝缘承力工具、绝缘绳索
10	0.7	0.4	220	2.1	1.8
35	0.9	0.6	330	3.1	2.8
63（66）	1.0	0.7	500	4.0	3.7
110	1.3	1.0			

第 106 条 更换绝缘子或在绝缘子串上作业时，良好绝缘子片数不得少于表 5 的

规定。

表5　良好绝缘子最少片数

电压等级（kV）	35	63（66）	110	220	330	500
片　数	2	3	5	9	16	23

第107条　更换直线绝缘子串或移动导线的作业，当采用单吊线装置时，应采取防止导线脱落时的后备保护措施。

第108条　在绝缘子串未脱离导线前，拆、装靠近横担的第一片绝缘子时，必须采用专用短接线或穿屏蔽服方可直接进行操作。

第109条　在市区或人口稠密的地区进行带电作业时，工作现场应设置围栏，严禁非工作人员入内。

第三节　等电位作业

第110条　等电位作业一般在63（66）kV及以上电压等级的电力线路和电气设备上进行。若须在35kV及以下电压等级采用等电位作业时，应采取可靠的绝缘隔离措施。

第111条　等电位作业人员必须在衣服外面穿合格的全套屏蔽服（包括帽、衣、裤、手套、袜和鞋），且各部分应连接好，屏蔽服内还应穿阻燃内衣。

严禁通过屏蔽服断、接接地电流、空载线路和耦合电容器的电容电流。

第112条　等电位作业人员对地距离应不小于表3的规定，对邻相导线的距离应不小于表6的规定。

表6　等电位作业人员对邻相导线的最小距离

电压等级（kV）	10	35	63（66）	110	220	330	500
距离（m）	0.6	0.8	0.9	1.4	2.5	3.5	5.0

第113条　等电位作业人员在绝缘梯上作业或沿绝缘梯进入强电场时，其与接地体和带电体两部分间所组成的组合间隙不得小于表7的规定。

表7　组合间隙最小距离

电压等级（kV）	35	63（66）	110	220	330	500
距离（m）	0.7	0.8	1.2	2.1	3.1	4.0

第114条　等电位作业人员沿绝缘子串进入强电场的作业，只能在220kV及以上电压等级的绝缘子串上进行。扣除人体短接的和零值的绝缘子片数后，良好绝缘子片数不得小于表5的规定，其组合间隙不得小于表7的规定。若组合间隙不满足表7的规定，应加装保护间隙。

第115条　等电位作业人员在电位转移前，应得到工作负责人的许可，并系好安全带。转移电位时人体裸露部分与带电体的距离不应小于表8的规定。

第116条　等电位作业人员与地面作业人员传递工具和材料的，必须使用绝缘工具或绝缘绳索进行，其有效长度不得小于表4的规定。

表 8　　转移电位时人体裸露部分与带电体的最小距离

电压等级（kV）	35～63（66）	110～220	330～500
距离（m）	0.2	0.3	0.4

第 117 条　沿导、地线上悬挂的软、硬梯或飞车进入强电场的作业应遵守下列规定：

一、在连续档距的导、地线上挂梯（或飞车）时，其导、地线的截面不得小于：

钢芯铝绞线　　120mm²

铜　绞　线　　70mm²

钢　绞　线　　50mm²

二、有下列情况之一者，应经验算合格，并经厂（局）主管生产领导（总工程师）批准后才能进行：

1. 在孤立档距的导、地线上的作业；
2. 在有断股的导、地线上的作业；
3. 在有锈蚀的地线上的作业；
4. 在其他型号导、地线上的作业；
5. 二人以上在导、地线上的作业。

三、在导、地线上悬挂梯子前，必须检查本档两端杆塔处导、地线的紧固情况。挂梯载荷后地线及人体对导线的最小间距应比表 3 中的数值增大 0.5m，导线及人体对被跨越的电力线路、通信线路和其他建筑物的最小距离应比表 3 的安全距离增大 1m。

四、在瓷横担线路上严禁挂梯作业，在转动横担的线路上挂梯前应将横担固定。

第 118 条　等电位作业人员在作业中严禁用酒精、汽油等易燃品擦拭带电体及绝缘部分，防止起火。

第四节　带电断、接引线

第 119 条　带电断、接空载线路，必须遵守下列规定：

一、带电断、接空载线路时，必须确认线路的终端断路器（开关）[或隔离开关（刀闸）] 确已断开，接入线路侧的变压器、电压互感器确已退出运行后，方可进行。

严禁带负荷断、接引线。

二、带电断、接空载线路时，作业人员应戴护目镜，并应采取消弧措施，消弧工具的断流能力应与被断、接的空载线路电压等级及电容电流相适应。如使用消弧绳，则其断、接的空载线路的长度不应大于表 9 的规定，且作业人员与断开点应保持 4m 以上的距离。

表 9　　使用消弧绳断、接空载线路的最大长度

电压等级（kV）	10	35	63（66）	110	220
长度（km）	50	30	20	10	3

注　线路长度包括分支在内，但不包括电缆线路。

三、在查明线路确无接地，绝缘良好，线路上无人工作且相位确定无误后才可进行带电断、接引线。

四、带电接引时未接通相的导线及带电断引时已断开相的导线将因感应而带电。为防

止电击，应采取措施后才能触及。

五、严禁同时接触未接通的或已断开的导线两个断头，以防人体串入电路。

第120条 严禁用断、接空载线路的方法使两电源解列或并列。

第121条 带电断、接耦合电容器时，应将其信号、接地刀闸合上并应停用高频保护。被断开的电容器应立即对地放电。

第122条 带电断、接空载线路、耦合电容器、避雷器等设备时，应采取防止引流线摆动的措施。

第五节 带电短接设备

第123条 用分流线短接断路器（开关）、隔离开关（刀闸）等载流设备时，必须遵守下列规定：

一、短接前一定要核对相位。

二、组装分流线的导线处必须清除氧化层，且线夹接触应牢固可靠。

三、35kV及以下设备使用的绝缘分流线的绝缘水平应符合表17的规定。

四、断路器（开关）必须处于合闸位置，并取下跳闸回路熔断器（保险），锁死跳闸机构后，方可短接。

五、分流线应支撑好，以防摆动造成接地或短路。

第124条 阻波器被短接前，严防等电位作业人员人体短接阻波器。

第125条 短接开关设备或阻波器的分流线截面和两端线夹的载流容量，应满足最大负荷电流的要求。

第六节 带电水冲洗

第126条 带电水冲洗一般应在良好天气时进行，风力大于四级，气温低于零下3℃，雨天、雪天、雾天及雷电天气不宜进行。

第127条 带电水冲洗作业前应掌握绝缘子的脏污情况，当盐密值大于表10临界盐密值的规定时，一般不宜进行水冲洗，否则，应增大水电阻率来补救。避雷器及密封不良的设备不宜进行带电水冲洗。

第128条 带电水冲洗用水的电阻率一般不低于1500Ω·cm，冲洗220kV变电设备时水电阻率不应低于3000Ω·cm，并应符合表10的要求。每次冲洗前都应用合格的水阻表测量水电阻率，应从水枪出口处取水样进行测量。如用水车等容器盛水，每车水都应测量水电阻率。

表10 **带电水冲洗临界盐密值**[1)]

（仅适用于220kV及以下）

爬电比距[2)]	发电厂及变电所支柱绝缘子								线路悬式绝缘子							
(mm/kV)	14.8～16（普通型）				20～31（防污型）				14.8～16（普通型）				20～31（防污型）			
水电阻率（Ω·cm）	1500	3000	10000	50000及以上	1500	3000	10000	50000及以上	1500	3000	10000	50000及以上	1500	3000	10000	50000及以上
临界盐密（mg/cm^2）	0.02	0.04	0.08	0.12	0.08	0.12	0.16	0.2	0.05	0.07	0.12	0.15	0.12	0.15	0.2	0.22

注 1）330kV及500kV等级的临界盐密值尚不成熟，暂不列入。

2）爬电比距指电力设备外绝缘的爬电距离与设备最高工作电压之比。

第 129 条 以水柱为主绝缘的大、中、小型水冲（喷嘴直径为 3mm 及以下者称小水冲；直径为 4～8mm 者称中水冲；直径为 9mm 及以上者称大水冲），其水枪喷嘴与带电体之间的水柱长度不得小于表 11 的规定。大、中型水冲水枪喷嘴均应可靠接地。

表 11　　　　喷嘴与带电体之间的水柱长度（m）

喷嘴直径（mm）		3 及以下	4～8	9～12	13～18
电压等级（kV）	63（66）及以下	0.8	2	4	6
	110	1.2	3	5	7
	220	1.8	4	6	8

第 130 条 由水柱、绝缘杆、引水管（指有效绝缘部分）组成的小水冲工具，其组合绝缘应满足如下要求：

一、在工作状态下应能耐受表 17 规定的试验电压。

二、在最大工频过电压下流经操作人员人体的电流应不超过 1mA，试验时间不小于 5min。

第 131 条 利用组合绝缘的小水冲工具进行冲洗时，冲洗工具严禁触及带电体。引水管的有效绝缘部分不得触及接地体。

操作杆的使用及保管均按带电作业工具的有关规定执行。

第 132 条 带电冲洗前应注意调整好水泵压强，使水柱射程远且水流密集。当水压不足时，不得将水枪对准被冲洗的带电设备。冲洗用水泵应良好接地。

第 133 条 带电水冲洗应注意选择合适的冲洗方法。直径较大的绝缘子宜采用双枪跟踪法或其他方法，并应防止被冲洗设备表面出现污水线。当被冲绝缘子未冲洗干净时，水枪切勿强行离开，以免造成闪络。

第 134 条 带电水冲洗前要确知设备绝缘是否良好。有零值及低值的绝缘子及瓷质有裂纹时，一般不可冲洗。

第 135 条 冲洗悬垂绝缘子串、瓷横担、耐张绝缘子串时，应从导线侧向横担侧依次冲洗。冲洗支柱绝缘子及绝缘瓷套时，应从下向上冲洗。

第 136 条 冲洗绝缘子时应注意风向，必须先冲下风侧，后冲上风侧，对于上、下层布置的绝缘子应先冲下层，后冲上层，还要注意冲洗角度，严防临近绝缘子在溅射的水雾中发生闪络。

第七节　带电爆炸压接

第 137 条 带电爆炸压接应使用工业 8 号纸壳火雷管。

第 138 条 为防止雷管在电场中自行起爆，引爆系统（包括雷管、导火索、拉火管）必须全部屏蔽。

引爆方式可采用地面引爆和等电位引爆。当采用等电位引爆时，应做到：引爆系统与导线连接牢固；安装引爆系统时，作业人员应始终与导线保持等电位；导火索应有足够的长度，以保证作业人员安全撤离。

第 139 条 炸药爆炸会降低空气绝缘。为保证安全，应遵守下列规定：

一、爆炸时爆炸点对地及相间的安全距离应满足表 12 的规定。

二、如不能满足表12的规定，可在药包外包食盐或聚胺脂泡沫塑料，以减小由于爆炸时造成的空气绝缘降低。

表12　　爆炸点对地及相间的安全距离

电压等级（kV）	63（66）及以下	110	220	330	500
距离（m）	2.0	2.5	3.0	3.5	5

第140条　爆炸压接时所有工作人员均应撤到爆炸点30m以外雷管开口端反向的安全区。

第141条　爆炸压接时，爆炸点距绝缘子、分流线、金属承力工具、绝缘工具的距离应大于表13的规定，否则，应采取保护措施。

表13　　爆炸点距邻近物的最小距离

邻近物	承力工具及分流线	绝缘子	绝缘工具
距离（m）	0.4	0.6	1.0

第142条　若分裂导线间距小于0.4m，应设法加大距离或采取保护措施。

第143条　出现瞎炮时，应按《电业安全工作规程》（热力和机械部分）的有关规定处理。爆炸压接使用的炸药、雷管、导火索、拉火管均为易燃易爆物品，均应按上述规程有关规定加以管理。

第八节　感应电压防护

第144条　在330～500kV电压等级的线路杆塔上及变电所构架上作业，应采取防静电感应措施，例如，穿着静电感应防护服等。

第145条　带电更换架空地线或架设耦合地线时，应通过放线滑车可靠接地。

第146条　绝缘架空地线应视为带电体。作业人员与绝缘架空地线之间的距离不应小于0.4m。如需在绝缘架空地线上作业应用接地线将其可靠接地或采用等电位方式进行。

第147条　用绝缘绳索传递大件金属物品（包括工具、材料等）时，杆塔或地面上作业人员应将金属物品接地后再接触，以防电击。

第九节　高架绝缘斗臂车

第148条　使用前应认真检查，并在预定位置空斗试操作一次，确认液压传动、回转、升降、伸缩系统工作正常，操作灵活，制动装置可靠，方可使用。

第149条　绝缘臂的有效绝缘长度应大于表14的规定，并应在其下端装设泄漏电流监视装置。

第150条　绝缘臂下节的金属部分，在仰起回转过程中，对带电体的距离应按表3的规定值增加0.5m。

工作中车体应良好接地。

表14　　绝缘臂的最小长度

电压等级（kV）	10	35～63（66）	110	220
长度（m）	1.0	1.5	2.0	3.0

第 151 条 绝缘斗用于 10～35kV 带电作业时，其壁厚及层间绝缘水平应满足表 17 耐受电压的规定。

第 152 条 操作绝缘斗臂车人员应熟悉带电作业的有关规定，并经专门培训，在工作过程中不得离开操作台，且斗臂车的发动机不得熄火。

第十节 带电气吹清扫

第 153 条 用于气吹的操作杆和出气软管，应按表 17 相应电压等级要求耐压试验合格。储气风包、出气软管及辅助罐等压力容器应作水压试验（$108N/cm^2$）。

第 154 条 喷嘴宜用硬质绝缘材料制成。若用金属材料制作时，其长度不宜超过 100mm。喷嘴内径以 3.5～6mm 为宜。

第 155 条 用作辅料的锯末，须经 16～30 目筛网筛选和干燥。装入辅料罐前，应用 2500V 摇表测量，其绝缘电阻应大于 9000MΩ。

第 156 条 现场作业前，应认真检查空气压缩机是否正常，风包安全阀门是否动作可靠，风包内有余水时，应先放完。空气压缩机的排气压力以 $59\sim98N/cm^2$ 为宜。

第 157 条 带电气吹操作人员工作中，必须戴护目镜、口罩和防尘帽。

操作人员宜站在上风侧位置作业，且须保持表 3 规定的安全距离。

第 158 条 在带电气吹作业时，作业人员应注意喷嘴不得垂直电瓷表面及定点气吹，以免损坏电瓷和釉质表面层。

第 159 条 带电气吹清扫时，如遇喷嘴锯末阻塞，应先减压，再行消除障碍。

第十一节 保护间隙

第 160 条 保护间隙的接地线应用多股软铜线。其截面应满足接地短路容量的要求，但最小不得小于 $25mm^2$。

第 161 条 圆弧形保护间隙的距离应按表 15 的规定进行整定。

表 15 圆弧形保护间隙定值

电压等级（kV）	220	330
间隙距离（m）	0.7～0.8	1.0～1.1

第 162 条 使用保护间隙时，应遵守下列规定：

一、悬挂保护间隙前，应与调度联系停用重合闸。

二、悬挂保护间隙应先将其与接地网可靠接地，再将保护间隙挂在导线上，并使其接触良好。拆除程序相反。

三、保护间隙应挂在相邻杆塔的导线上，悬挂后，须派专人看守，在有人畜通过的地区，还应增设围栏。

四、装、拆保护间隙的人员应穿全套屏蔽服。

第十二节 带电检测绝缘子

第 163 条 使用火花间隙检测器检测绝缘子时，应遵守下列规定：

一、检测前应对检测器进行检测，保证操作灵活，测量准确。

二、针式及少于 3 片的悬式绝缘子不得使用火花间隙检测器进行检测。

三、检测 35kV 及以上电压等级的绝缘子串时，当发现同一串中的零值绝缘子片数达到表 16 的规定，应立即停止检测。

如绝缘子串的总片数超过表 16 规定时，零值绝缘子片数可相应增加。

四、应在干燥天气进行。

表 16　　　　　　　　一串中允许零值绝缘子片数

电压等级（kV）	35	63（66）	110	220	330	500
绝缘子串片数	3	5	7	13	19	28
零值片数	1	2	3	5	4	6

第十三节　低 压 带 电 作 业

第 164 条　低压带电作业应设专人监护，使用有绝缘柄的工具，工作时站在干燥的绝缘物上进行，并戴手套和安全帽，必须穿长袖衣工作，严禁使用锉刀、金属尺和带有金属物的毛刷、毛掸等工具。

第 165 条　高低压同杆架设，在低压带电线路上工作时，应先检查与高压线的距离，采取防止误碰带电高压设备的措施。在低压带电导线未采取绝缘措施时，工作人员不得穿越。在带电的低压配电装置上工作时，应采取防止相间短路和单相接地的绝缘隔离措施。

第 166 条　上杆前应先分清火、地线，选好工作位置。断开导线时，应先断开火线，后断开地线。搭接导线时，顺序应相反。

人体不得同时接触两根线头。

第十四节　带电作业工具的保管与试验

第 167 条　带电作业工具应置于通风良好、备有红外线灯泡或去湿设施的清洁干燥的专用房间存放。

第 168 条　高架绝缘斗臂车的绝缘部分应有防潮保护罩，并应存放在通风、干燥的车库内。

第 169 条　在运输过程中，带电绝缘工具应装在专用工具袋、工具箱或专用工具车内，以防受潮和损伤。

第 170 条　不合格的带电作业工具应及时检修或报废，不得继续使用。

第 171 条　发现绝缘工具受潮或表面损伤、脏污时，应及时处理并经试验合格后方可使用。

第 172 条　使用工具前应仔细检查其是否损坏、变形、失灵，并使用 2500V 绝缘摇表或绝缘检测仪进行分段绝缘检测（电极宽 2cm，极间宽 2cm），阻值应不低于 700MΩ。操作绝缘工具时应戴清洁、干燥的手套，并应防止绝缘工具在使用中脏污和受潮。

第 173 条　带电作业工具应设专人保管，登记造册，并建立每件工具的试验记录。

第 174 条　带电作业工具应定期进行电气试验及机械试验。其试验周期为：

电气试验：预防性试验每年一次，检查性试验每年一次，两次试验间隔半年。

机械试验：绝缘工具每年一次，金属工具两年一次。

第 175 条　绝缘工具电气试验项目及标准见表 17。

操作冲击耐压试验宜采用 250/2500μs 的标准波，以无一次击穿、闪络为合格。

工频耐压试验以无击穿、无闪络及过热为合格。

高压电极应使用直径不小于 30mm 的金属管，被试品应垂直悬挂。接地极的对地距离为 1.0～1.2m。接地极及接高压的电极（无金具时）处以 50mm 宽金属铂缠绕。试品间距不小于 500mm，单导线两侧均压球直径不小于 200mm，均压球距试品不小于 1.5m。

试品应整根进行试验，不得分段。

表 17　　绝缘工具的试验项目及标准

额定电压（kV）	试验长度（m）	1min 工频耐压（kV）		5min 工频耐压（kV）		15 次操作冲击耐压（kV）	
		出厂及型式试验	预防性试验	出厂及型式试验	预防性试验	出厂及型式试验	预防性试验
10	0.4	100	45	—	—	—	—
35	0.6	150	95	—	—	—	—
63（66）	0.7	175	175	—	—	—	—
110	1.0	250	220	—	—	—	—
220	1.8	450	440	—	—	—	—
330	2.8	—	—	420	380	900	800
500	3.7	—	—	640	580	1175	1050

第 176 条　绝缘工具的检查性试验条件是：将绝缘工具分成若干段进行工频耐压，每 300mm 耐压 75kV，时间为 1min，以无击穿、闪络及过热为合格。

第 177 条　组合绝缘的水冲洗工具应在工作状态下进行电气试验。除按表 17 的项目和标准试验外（指 220kV 及以下电压等级），还应增加工频泄漏试验，试验电压见表 18。泄漏电流以不超过 1mA 为合格，试验时间 5min。

试验时的水电阻率为 1500Ω·cm（适用于 220kV 及以下电压等级）。

表 18　　组合绝缘水冲洗工具工频泄漏试验电压值

额定电压（kV）	10	35	63（66）	110	220
试验电压（kV）	15	46	80	110	220

第 178 条　带电作业工具的机械试验标准：

静荷重试验：2.5 倍允许工作负荷下持续 5min，工具无变形及损伤者为合格。

动荷重试验：1.5 倍允许工作负荷下实际操作 3 次，工具灵活、轻便，无卡住现象者为合格。

第 179 条　屏蔽服衣裤最远端点之间的电阻值均不得大于 20Ω。

第七章　发电机、同期调相机和高压电动机的维护工作

第 180 条　检修发电机、同期调相机和高压电动机应填用第一种工作票。

第 181 条　发电厂主要机组（锅炉、汽机、发电机）停运检修，只需第一天办理开工手续，以后每天开工时，应由工作负责人检查现场，核对安全措施。检修期间工作票始终由工作负责人保存。工作全部结束，再办理工作票结束手续。

在同一机组的几个电动机上依次工作时，可填用一张工作票。

第 182 条　检修发电机、同期调相机必须做好下列安全措施：

一、断开发电机、同期调相机的断路器（开关）和隔离开关（刀闸）；

二、待发电机和同期调相机完全停止后，在操作把手、按钮、机组的启动装置、并车装置插座和盘车装置的操作把手上悬挂“禁止合闸，有人工作!”的标示牌；

三、若本机尚可从其他电源获得励磁电流，则此项电源亦必须断开，并悬挂“禁止合闸，有人工作!”的标示牌；

四、断开断路器（开关）、隔离开关（刀闸）的操作能源。如调相机有启动用的电动机，还应断开此电动机的断路器（开关）和隔离开关（刀闸），并悬挂“禁止合闸，有人工作!”的标示牌；

五、将电压互感器从高、低压两侧断开；

六、经验明无电压后，在发电机和断路器（开关）间装设接地线；

七、检修机组中性点与其他发电机的中性点连在一起的，则在工作前必须将检修发电机的中性点分开；

八、检修机组装有二氧化碳或蒸汽灭火装置的，则在风道内工作前，应采取防止灭火装置误动的必要措施；

九、检修机组装有可以堵塞机内空气流通的自动闸板风门的，应采取措施保证使风门不能关闭，以防窒息。

第183条 转动着的发电机、同期调相机，即使未加励磁，亦应认为有电压。

禁止在转动着的发电机、同期调相机的回路上工作，或用手触摸高压绕组。必须不停机进行紧急修理时，应先将励磁回路切断，投入自动灭磁装置，然后将定子引出线与中性点短路接地。在拆装短路接地线时，应戴绝缘手套，穿绝缘靴或站在绝缘垫上，并戴护目眼镜。

第184条 测量轴电压和在转动着的发电机上用电压表测量转子绝缘的工作，应使用专用电刷，电刷上应装有300mm以上的绝缘柄。

第185条 在转动着的电机上调整、清扫电刷及滑环时，应由有经验的电工担任，并遵守下列规定：

一、工作人员必须特别小心，不使衣服及擦拭材料被机器挂住，扣紧袖口，发辫应放在帽内；

二、工作时站在绝缘垫上（该绝缘垫为常设固定型绝缘垫），不得同时接触两极或一极与接地部分。也不能两人同时进行工作。

第186条 检修高压电动机和启动装置时，应做好下列安全措施：

一、断开电源断路器（开关）、隔离开关（刀闸），经验明确无电压后装设接地线或在隔离开关（刀闸）间装绝缘隔板，小车开关应从成套配电装置内拉出并关门上锁；

二、在断路器（开关）、隔离开关（刀闸）把手上悬挂“禁止合闸，有人工作!”的标示牌；

三、拆开后的电缆头须三相短路接地；

四、做好防止被其带动的机械（如水泵、空气压缩机、引风机等）引起电动机转动的措施，并在阀门上悬挂“禁止合闸，有人工作!”的标示牌。

第187条 禁止在转动着的高压电动机及其附属装置回路上进行工作。必须在转动着的电动机转子电阻回路上进行工作时，应先提起碳刷或将电阻完全切除。工作时要戴绝缘手套或使用有绝缘把手的工具，穿绝缘靴或站在绝缘垫上。

第 188 条 电动机的引出线和电缆头以及外露的转动部分均应装设牢固的遮栏或护罩。

第 189 条 电动机及起动装置的外壳均应接地。禁止在运转中的电动机的接地线上进行工作。

第 190 条 工作尚未全部终结，而需送电试验电动机或起动装置时，应收回全部工作票并通知有关机械部分检修人员后，方可送电。

第八章 在六氟化硫电气设备上的工作

第 191 条 装有 SF_6 设备的配电装置室和 SF_6 气体实验室，必须装设强力通风装置。风口应设置在室内底部。

第 192 条 在室内，设备充装 SF_6 气体时，周围环境相对湿度应≤80%，同时必须开启通风系统，并避免 SF_6 气体漏泄到工作区。工作区空气中 SF_6 气体含量不得超过 1000ppm。

第 193 条 SF_6 新气应具有厂家名称、装灌日期、批号及质量检验单。SF_6 新气到货后应按有关规定进行复核、检验，合格后方准使用。SF_6 新气标准见附录八。

在气瓶内存放半年以上的 SF_6 气体，使用前应先检验其水分和空气含量，符合标准后方准使用。

第 194 条 SF_6 电气设备投运前，应检验设备气室内 SF_6 气体水分和空气含量。

设备运行后每三个月检查一次 SF_6 气体含水量，直至稳定后，方可每年检测一次含水量。SF_6 气体有明显变化时，应请上级复核。

第 195 条 主控制室与 SF_6 配电装置室间要采取气密性隔离措施。

第 196 条 工作人员进入 SF_6 配电装置室，必须先通风 15min，并用检漏仪测量 SF_6 气体含量。尽量避免一人进入 SF_6 配电装置室进行巡视，不准一人进入从事检修工作。

第 197 条 工作人员不准在 SF_6 设备防爆膜附近停留，若在巡视中发现异常情况，应立即报告，查明原因，采取有效措施进行处理。

第 198 条 进入 SF_6 配电装置低位区或电缆沟进行工作应先检测含氧量（不低于 18%）和 SF_6 气体含量是否合格。

第 199 条 在 SF_6 配电装置室低位区应安装能报警的氧量仪和 SF_6 气体泄漏警报仪。这些仪器应定期试验，保证完好。

第 200 条 设备解体检修前，必须对 SF_6 气体进行检验。根据有毒气体的含量，采取安全防护措施。检修人员需着防护服并根据需要佩戴防毒面具。打开设备封盖后，检修人员应暂离现场 30min。取出吸附剂和清除粉尘时，检修人员应戴防毒面具和防护手套。

第 201 条 设备内的 SF_6 气体不得向大气排放，应采用净化装置回收，经处理合格后方准使用。

设备抽真空后，用高纯氮气冲洗 3 次［压力为 9.8×10^4 Pa（1 个大气压）］。将清出的吸附剂、金属粉末等废物放入20%氢氧化钠水溶液中浸泡12小时后深埋。

第202条 从SF_6气体钢瓶引出气体时，必须使用减压阀降压。当瓶内压力降至9.8×10^4Pa（1个大气压）时，即停止引出气体，并关紧气瓶阀门，戴上瓶帽，防止气体泄漏。

第203条 发生紧急事故应立即开启全部通风系统进行通风。发生设备防爆膜破裂事故时，应停电处理，并用汽油或丙酮擦拭干净。

第204条 进行气体采样和处理一般渗漏时，要戴防毒面具并进行通风。

第205条 检修结束后，检修人员应洗澡，把用过的工器具、防护用具清洗干净。

第206条 SF_6气瓶应放置在阴凉干燥、通风良好、敞开的专门场所，直立保存，并应远离热源和油污的地方，防潮、防阳光暴晒，并不得有水分或油污粘在阀门上。

搬运时，应轻装轻卸。

第207条 未经检验的SF_6新气瓶和已检验合格的气体气瓶应分别存放，不得混淆。

第九章 在停电的低压配电装置和低压导线上的工作

第208条 低压配电盘、配电箱和电源干线上的工作，应填用第二种工作票。

在低压电动机和照明回路上工作，可用口头联系。

上述工作至少由两人进行。

第209条 低压回路停电的安全措施：

一、将检修设备的各方面电源断开取下熔断器（保险），在刀闸操作把手上挂“禁止合闸，有人工作！”的标示牌。

二、工作前必须验电。

三、根据需要采取其他安全措施。

第210条 停电更换熔断器（保险）后，恢复操作时，应戴手套和护目眼镜。

第十章 在继电保护、仪表等二次回路上的工作

第211条 下列情况应填用第一种工作票：

一、在高压室遮栏内或与导电部分小于表1规定的安全距离进行继电器和仪表等的检查试验时，需将高压设备停电的；

二、检查高压电动机和起动装置的继电器和仪表需将高压设备停电的。

第212条 下列情况应填用第二种工作票：

一、一次电流继电器有特殊装置可以在运行中改变定值的。

二、对于连于电流互感器或电压互感器二次绕组并装在通道上或配电盘上的继电器和保护装置，可以不断开所保护的高压设备的。

上述工作至少由两人进行。

第213条 继电保护人员在现场工作过程中，凡遇到异常情况（如直流系统接地等）或断路器（开关）跳闸时，不论与本身工作是否有关，应立即停止工作，保持现状，待查明原因，确定与本工作无关时方可继续工作；若异常情况是本身工作所引起，应保留现场

并立即通知值班人员，以便及时处理。

第214条 工作前应做好准备，了解工作地点一次及二次设备运行情况和上次的检验记录、图纸是否符合实际。

第215条 现场工作开始前，应查对已做的安全措施是否符合要求，运行设备与检修设备是否明确分开，还应看清设备名称，严防走错位置。

第216条 在全部或部分带电的盘上进行工作时，应将检修设备与运行设备前后以明显的标志隔开（如盘后用红布帘，盘前用“在此工作”标志牌等）。

第217条 在保护盘上或附近进行打眼等振动较大的工作时，应采取防止运行中设备掉闸的措施，必要时经值班调度员或值班负责人同意，将保护暂时停用。

第218条 在继电保护屏间的通道上搬运或安放试验设备时，要与运行设备保持一定距离，防止误碰运行设备，造成保护误动作。清扫运行设备和二次回路时，要防止振动，防止误碰，要使用绝缘工具。

第219条 继电保护装置做传动试验或一次通电时，应通知值班员和有关人员，并由工作负责人或由他派人到现场监视，方可进行。

第220条 所有电流互感器和电压互感器的二次绕组应有永久性的、可靠的保护接地。

第221条 在带电的电流互感器二次回路上工作时，应采取下列安全措施：

一、严禁将电流互感器二次侧开路；

二、短路电流互感器二次绕组，必须使用短路片或短路线，短路应妥善可靠，严禁用导线缠绕；

三、严禁在电流互感器与短路端子之间的回路和导线上进行任何工作；

四、工作必须认真、谨慎，不得将回路的永久接地点断开；

五、工作时，必须有专人监护，使用绝缘工具，并站在绝缘垫上。

第222条 在带电的电压互感器二次回路上工作时，应采取下列安全措施：

一、严格防止短路或接地。应使用绝缘工具，戴手套。必要时，工作前停用有关保护装置；

二、接临时负载，必须装有专用的刀闸和熔断器（保险）。

第223条 二次回路通电或耐压试验前，应通知值班员和有关人员，并派人到各现场看守，检查回路上确无人工作后，方可加压。

电压互感器的二次回路通电试验时，为防止由二次侧向一次侧反充电，除应将二次回路断开外，还应取下一次熔断器（保险）或断开刀闸。

第224条 检验继电保护和仪表的工作人员，不准对运行中的设备、信号系统、保护压板进行操作，但在取得值班人员许可并在检修工作盘两侧开关把手上采取防误操作措施后，可拉合检修开关。

第225条 试验用刀闸必须带罩，禁止从运行设备上直接取试验电源，熔丝配合要适当，要防止越级熔断总电源熔丝。试验结线要经第二人复查后，方可通电。

第226条 保护装置二次回路变动时，严防寄生回路存在，没用的线应拆除，临时所垫纸片应取出，接好已拆下的线头。

第十一章 电 气 试 验

第一节 高 压 试 验

第 227 条 高压试验应填写第一种工作票。

在一个电气连接部分同时有检修和试验时，可填写一张工作票，但在试验前应得到检修工作负责人的许可。

在同一电气连接部分，高压试验的工作票发出后，禁止再发出第二张工作票。

如加压部分与检修部分之间的断开点，按试验电压有足够的安全距离，并在另一侧有接地短路线时，可在断开点的一侧进行试验，另一侧可继续工作。但此时在断开点应挂有“止步，高压危险!”的标示牌，并设专人监护。

第 228 条 高压试验工作不得少于两人。试验负责人应由有经验的人员担任，开始试验前，试验负责人应对全体试验人员详细布置试验中的安全注意事项。

第 229 条 因试验需要断开设备接头时，拆前应做好标记，接后应进行检查。

第 230 条 试验装置的金属外壳应可靠接地；高压引线应尽量缩短，必要时用绝缘物支持牢固。

试验装置的电源开关，应使用明显断开的双极刀闸。为了防止误合刀闸，可在刀刃上加绝缘罩。

试验装置的低压回路中应有两个串联电源开关，并加装过载自动掉闸装置。

第 231 条 试验现场应装设遮栏或围栏，向外悬挂“止步，高压危险!”的标示牌，并派人看守。被试设备两端不在同一地点时，另一端还应派人看守。

第 232 条 加压前必须认真检查试验结线，表计倍率、量程，调压器零位及仪表的开始状态，均正确无误，通知有关人员离开被试设备，并取得试验负责人许可，方可加压。加压过程中应有人监护并呼唱。

高压试验工作人员在全部加压过程中，应精力集中，不得与他人闲谈，随时警戒异常现象发生，操作人应站在绝缘垫上。

第 233 条 变更结线或试验结束时，应首先断开试验电源，放电，并将升压设备的高压部分短路接地。

第 234 条 未装地线的大电容被试设备，应先行放电再做试验。高压直流试验时，每告一段落或试验结束时，应将设备对地放电数次并短路接地。

第 235 条 试验结束时，试验人员应拆除自装的接地短路线，并对被试设备进行检查和清理现场。

第 236 条 特殊的重要电气试验，应有详细的试验措施，并经厂（局）主管生产的领导（总工程师）批准。

第二节 使用携带型仪器的测量工作

第 237 条 使用携带型仪器在高压回路上进行工作，需要高压设备停电或做安全措施的，应填用第一种工作票，并至少由两人进行。

第 238 条 除使用特殊仪器外，所有使用携带型仪器的测量工作，均应在电流互感器和电压互感器的低压侧进行。

第 239 条 电流表、电流互感器及其他测量仪表的接线和拆卸，需要断开高压回路者，应将此回路所连接的设备和仪器全部停电后，始能进行。

第 240 条 电压表、携带型电压互感器和其他高压测量仪器的接线和拆卸无需断开高压回路者，可以带电工作。但应使用耐高压的绝缘导线，导线长度应尽可能缩短，不准有接头。并应连接牢固，以防接地和短路。必要时用绝缘物加以固定。

使用电压互感器进行工作时，先应将低压侧所有接线接好，然后用绝缘工具将电压互感器接到高压侧。工作时应戴手套和护目眼镜，站在绝缘垫上，并应有专人监护。

第 241 条 连接电流回路的导线截面，应适合所测电流数值。连接电压回路的导线截面不得小于 $1.5mm^2$。

第 242 条 非金属外壳的仪器，应与地绝缘，金属外壳的仪器和变压器外壳应接地。

第 243 条 所有测量用装置均应设遮栏和围栏，并悬挂“止步，高压危险!”的标示牌。仪器的布置应使工作人员距带电部分不小于表 1 规定的安全距离。

第三节　使用钳形电流表的测量工作

第 244 条 值班人员在高压回路上使用钳形电流表的测量工作，应由两人进行。非值班人员测量时，应填第二种工作票。

第 245 条 在高压回路上测量时，严禁用导线从钳形电流表另接表计测量。

第 246 条 测量时若需拆除遮栏，应在拆除遮栏后立即进行。工作结束，应立即将遮栏恢复原位。

第 247 条 使用钳形电流表时，应注意钳形电流表的电压等级。测量时戴绝缘手套，站在绝缘垫上，不得触及其他设备，以防短路或接地。

观测表计时，要特别注意保持头部与带电部分的安全距离。

第 248 条 测量低压熔断器（保险）和水平排列低压母线电流时，测量前应将各相熔断器（保险）和母线用绝缘材料加以包护隔离，以免引起相间短路，同时应注意不得触及其他带电部分。

第 249 条 在测量高压电缆各相电流时，电缆头线间距离应在 300mm 以上，且绝缘良好，测量方便者，方可进行。

当有一相接地时，严禁测量。

第 250 条 钳形电流表应保存在干燥的室内，使用前要擦拭干净。

第四节　使用摇表测量绝缘的工作

第 251 条 使用摇表测量高压设备绝缘，应由两人担任。

第 252 条 测量用的导线，应使用绝缘导线，其端部应有绝缘套。

第 253 条 测量绝缘时，必须将被测设备从各方面断开，验明无电压，确实证明设备无人工作后，方可进行。在测量中禁止他人接近设备。

在测量绝缘前后，必须将被试设备对地放电。

测量线路绝缘时，应取得对方允许后方可进行。

第 254 条 在有感应电压的线路上（同杆架设的双回线路或单回路与另一线路有平行段）测量绝缘时，必须将另一回线路同时停电，方可进行。

雷电时，严禁测量线路绝缘。

第 255 条 在带电设备附近测量绝缘电阻时，测量人员和摇表安放位置，必须选择适当，保持安全距离，以免摇表引线或引线支持物触碰带电部分。移动引线时，必须注意监护，防止工作人员触电。

第十二章 电力电缆工作

第 256 条 电力电缆停电工作应填用第一种工作票，不需停电的工作应填用第二种工作票。工作前必须详细核对电缆名称，标示牌是否与工作票所写的符合，安全措施正确可靠后，方可开始工作。

第 257 条 挖掘电缆工作，应由有经验人员交代清楚后才能进行。挖到电缆保护板后，应有有经验的人员在场指导，方可继续工作。

挖掘电缆沟前，应做好防止交通事故的安全措施。在挖出的土堆起的斜坡上，不得放置工具、材料等杂物。沟边应留有走道。

第 258 条 挖掘出的电缆或接头盒，如下面需要挖空时，必须将其悬吊保护，悬吊电缆应每隔约 1.0～1.5m 吊一道。悬吊接头盒应平放，不得使接头受到拉力。

第 259 条 敷设电缆时，应有专人统一指挥。电缆走动时，严禁用手搬动滑轮，以防压伤。

移动电缆接头盒一般应停电进行。如带电移动时，应先调查该电缆的历史记录，由敷设电缆有经验的人员，在专人统一指挥下，平正移动，防止绝缘损伤爆炸。

第 260 条 锯电缆以前，必须与电缆图纸核对是否相符，并确切证实电缆无电后，用接地的带木柄的铁钎钉入电缆芯后，方可工作。扶木柄的人应戴绝缘手套并站在绝缘垫上。

第 261 条 熬电缆胶工作应有专人看管。熬胶人员，应戴帆布手套及鞋盖。搅拌或掐取熔化的电缆胶或焊锡时，必须使用预先加热的金属棒或金属勺子，防止落入水分而发生爆溅烫伤。

第 262 条 进电缆井前，应排除井内浊气。电缆井内工作，应戴安全帽，并做好防火、防水及防止高空落物等措施，电缆井口应有专人看守。

第 263 条 水底电缆提起放在船上工作时，应使船体保持平衡。船上应具备足够的救生圈，工作人员应穿救生衣。

第 264 条 制作环氧树脂电缆头和调配环氧树脂工作过程中，应采取有效的防毒和防火措施。

第十三章 其他安全措施

第 265 条 使用携带型火炉或喷灯时，火焰与带电部分的距离：电压在 10kV 及以下者，不得小于 1.5m；电压在 10kV 以上者，不得小于 3m。不得在带电导线、带电设备、变压器、油断路器（油开关）附近将火炉或喷灯点火。

第 266 条 在屋外变电所和高压室内搬动梯子、管子等长物，应两人放倒搬运，并与带电部分保持足够的安全距离。

第 267 条 工作地点应有充足的照明。

第268条 进入高空作业现场，应戴安全帽。高处作业人员必须使用安全带。高处工作传递物件，不得上下抛掷。

第269条 雷电时，禁止在室外变电所或室内的架空引入线上进行检修和试验。

第270条 遇有电气设备着火时，应立即将有关设备的电源切断，然后进行救火。对带电设备应使用干式灭火器、二氧化碳灭火器等灭火，不得使用泡沫灭火器灭火。对注油设备应使用泡沫灭火器或干燥的砂子等灭火。发电厂和变电所控制室内应备有防毒面具，防毒面具要按规定使用并定期进行试验，使其经常处于良好状态。

第271条 在带电设备周围严禁使用钢卷尺、皮卷尺和线尺（夹有金属丝者）进行测量工作。

第272条 在电容器组上或进入其围栏内工作时，应将电容器逐个多次放电并接地后，方可进行。

附 录 一
倒闸操作票格式

发电厂（变电所）倒闸操作票

编号：

操作开始时间： 年 月 日 时 分，终了时间： 日 时 分		
操作任务：		
V	顺序	操 作 项 目
备注：		

操作人： 监护人： 值班负责人： 值长：

附 录 二
第一种工作票格式

发电厂（变电所）第一种工作票

第______号

1. 工作负责人（监护人）：__________班组：__________

2. 工作班人员：____________________共__________人

3. 工作内容和工作地点：____________________________________

4. 计划工作时间： 自 年 月 日 时 分

至 年 月 日 时 分

5. 安全措施：

下列由工作票签发人填写下列由工作许可人（值班员）填写

应拉断路器（开关）和隔离开关（刀闸），包括填写前已拉断路器（开关）和隔离开关（刀闸）（注明编号）	已拉断路器（开关）和隔离开关（刀闸）（注明编号）
应装接地线（注明确实地点）	已装接地线（注明接地线编号和装设地点）
应设遮栏、应挂标示牌	已设遮栏、已挂标示牌（注明地点）
	工作地点保留带电部分和补充安全措施
工作票签发人签名： 收到工作票时间： 年月 日 时 分 值班负责人签名：	工作许可人签名： 值班负责人签名：

（发电厂值长签名： ）

6. 许可开始工作时间：________年______月______日______时______分

工作许可人签名：________工作负责人签名：________

7. 工作负责人变动：

原工作负责人________离去，变更________为工作负责人。

变动时间：________年______月______日______时______分，

工作票签发人签名：____________________

8. 工作票延期．有效期延长到：________年______月______日______时______分

工作负责人签名：________值长或值班负责人签名：________

9. 工作终结：

工作班人员已全部撤离，现场已清理完毕。

全部工作于________年______月______日______时______分结束。

工作负责人签名：__________工作许可人签名：________

接地线共________组已拆除。

值班负责人签名：____________________

10. 备注：____________________________________

____

附　录　三

第二种工作票格式

发电厂（变电所）第二种工作票

编号：

1. 工作负责人（监护人）：＿＿＿＿＿班组：＿＿＿＿＿
   工作班人员：＿＿＿＿＿＿＿＿＿＿
2. 工作任务：＿＿＿＿＿＿＿＿＿＿＿＿＿＿＿＿＿＿＿＿＿＿＿＿＿＿＿＿
3. 计划工作时间：自＿＿年＿＿月＿＿日＿＿时＿＿分至＿＿年＿＿月＿＿日＿＿时＿＿分
4. 工作条件（停电或不停电）：＿＿＿＿＿＿＿＿＿＿＿＿＿＿＿＿＿＿＿＿
5. 注意事项（安全措施）：＿＿＿＿＿＿＿＿＿＿＿＿＿＿＿＿＿＿＿＿＿＿

工作票签发人签名：＿＿＿＿＿＿

6. 许可开始工作时间：＿＿＿＿年＿＿＿月＿＿＿日＿＿＿时＿＿＿分
   工作许可人（值班员）签名：＿＿＿＿＿工作负责人签名：＿＿＿＿＿
7. 工作结束时间：＿＿＿＿年＿＿＿月＿＿＿日＿＿＿时＿＿＿分
   工作负责人签名：＿＿＿＿＿工作许可人（值班员）签名：＿＿＿＿＿
8. 备注：＿＿＿＿＿＿＿＿＿＿＿＿＿＿＿＿＿＿＿＿＿＿＿＿＿＿＿＿＿＿

附　录　四

标示牌式样

序号	名　　称	悬挂处所	式　　样		
			尺寸（mm）	颜　色	字　样
1	禁止合闸，有人工作！	一经合闸即可送电到施工设备的断路器（开关）和隔离开关（刀闸）操作把手上	200×100和80×50	白底	红字
2	禁止合闸，线路有人工作！	线路断路器（开关）和隔离开关（刀闸）把手上	200×100和80×50	红底	白字
3	在此工作！	室外和室内工作地点或施工设备上	250×250	绿底，中有直径210mm白圆圈	黑字，写于白圆圈中
4	止步，高压危险！	施工地点临近带电设备的遮栏上；室外工作地点的围栏上；禁止通行的过道上；高压试验地点；室外构架上；工作地点临近带电设备的横梁上	250×200	白底红边	黑字，有红色箭头
5	从此上下！	工作人员上下用的铁架、梯子上	250×250	绿底，中有直径210mm白圆圈	黑字，写于白圆圈中
6	禁止攀登，高压危险！	工作人员上下的铁架临近可能上下的另外铁架上，运行中变压器的梯子上	250×200	白底红边	黑字

附 录 五

常用电气绝缘工具试验一览表

序号	名称	电压等级（kV）	周期	交流耐压（kV）	时间（min）	泄漏电流（mA）	附注
1	绝缘棒	6～10	每年一次	44	5		
		35～154		四倍相电压			
		220		三倍相电压			
2	绝缘挡板	6～10	每年一次	30	5		
		35（20～44）		80	5		
3	绝缘罩	35（20～44）	每年一次	80	5		
4	绝缘夹钳	35及以下	每年一次	三倍线电压	5		
		110		260			
		220		400			
5	验电笔	6～10	每六个月一次	40	5		发光电压不高于额定电压的25%
		20～35		105			
6	绝缘手套	高压	每六个月一次	8	1	≤9	
		低压		2.5		≤2.5	
7	橡胶绝缘靴	高压	每六个月一次	15	1	≤7.5	
8	核相器电阻管	6	每六个月一次	6	1	1.7～2.4	
		10		10		1.4～1.7	
9	绝缘绳	高压	每六个月一次	105/0.5m	5		

附 录 六

登高安全工具试验标准表

名 称		试验静拉力（N）	试验周期	外表检查周期	试验时间（min）
安全带	大皮带	2205	半年一次	每月一次	5
	小皮带	1470			
安全绳		2205	半年一次	每月一次	5
升降板		2205	半年一次	每月一次	5
脚 扣		980	半年一次	每月一次	5
竹（木）梯		试验荷重 1765N (180kg)	半年一次	每月一次	5

附 录 七
紧急救护法

1 通则

1.1 紧急救护的基本原则是在现场采取积极措施保护伤员生命，减轻伤情，减少痛苦，并根据伤情需要，迅速联系医疗部门救治。急救的成功条件是动作快，操作正确。任何拖延和操作错误都会导致伤员伤情加重或死亡。

1.2 要认真观察伤员全身情况，防止伤情恶化。发现呼吸、心跳停止时，应立即在现场就地抢救，用心肺复苏法支持呼吸和循环，对脑、心重要脏器供氧。应当记住只有在心脏停止跳动后分秒必争地迅速抢救，救活的可能才较大。

1.3 现场工作人员都应定期进行培训，学会紧急救护法。会正确解脱电源、会心肺复苏法、会止血、会包扎、会转移搬运伤员、会处理急救外伤或中毒等。

1.4 生产现场和经常有人工作的场所应配备急救箱，存放急救用品，并应指定专人经常检查、补充或更换。

2 触电急救

2.1 触电急救必须分秒必争，立即就地迅速用心肺复苏法进行抢救，并坚持不断地进行，同时及早与医疗部门联系，争取医务人员接替救治。在医务人员未接替救治前，不应放弃现场抢救，更不能只根据没有呼吸或脉搏擅自判定伤员死亡，放弃抢救。只有医生有权做出伤员死亡的诊断。

2.2 脱离电源：

2.2.1 触电急救，首先要使触电者迅速脱离电源，越快越好。因为电流作用的时间越长，伤害越重。

2.2.2 脱离电源就是要把触电者接触的那一部分带电设备的开关、刀闸或其他断路设备断开；或设法将触电者与带电设备脱离。在脱离电源中，救护人员既要救人，也要注意保护自己。

2.2.3 触电者未脱离电源前，救护人员不准直接用手触及伤员，因为有触电的危险。

2.2.4 如触电者处于高处，解脱电源后会自高处队落，因此，要采取预防措施。

2.2.5 触电者触及低压带电设备，救护人员应设法迅速切断电源，如拉开电源开关或刀闸，拔除电源插头等；或使用绝缘工具、干燥的木棒、木板、绳索等不导电的东西解脱触电者；也可抓住触电者干燥而不贴身的衣服，将其拖开，切记要避免碰到金属物体和触电者的裸露身躯；也可戴绝缘手套或将手用干燥衣物等包起绝缘后解脱触电者；救护人员也可站在绝缘垫上或干木板上，绝缘自己进行救护。

为使触电者与导电体解脱，最好用一只手进行。

如果电流通过触电者入地，并且触电者紧握电线，可设法用干木板塞到身下，与地隔离，也可用干木把斧子或有绝缘柄的钳子等将电线剪断。剪断电线要分相，一根一根地剪断，并尽可能站在绝缘物体或干木板上。

2.2.6　触电者触及高压带电设备，救护人员应迅速切断电源，或用适合该电压等级的绝缘工具（戴绝缘手套、穿绝缘靴并用绝缘棒）解脱触电者。救护人员在抢救过程中应注意保持自身与周围带电部分必要的安全距离。

2.2.7　如果触电发生在架空线杆塔上，如系低压带电线路，若可能立即切断线路电源的，应迅速切断电源，或者由救护人员迅速登杆，束好自己的安全皮带后，用带绝缘胶柄的钢丝钳、干燥的不导电物体或绝缘物体将触电者拉离电源；如系高压带电线路，又不可能迅速切断电源开关的，可采用抛挂足够截面的适当长度的金属短路线方法，使电源开关跳闸。抛挂前，将短路线一端固定在铁塔或接地引下线上，另一端系重物，但抛掷短路线时，应注意防止电弧伤人或断线危及人员安全。不论是何级电压线路上触电，救护人员在使触电者脱离电源时要注意防止发生高处坠落的可能和再次触及其他有电线路的可能。

2.2.8　如果触电者触及断落在地上的带电高压导线，且尚未确证线路无电，救护人员在未做好安全措施（如穿绝缘靴或临时双脚并紧跳跃地接近触电者）前，不能接近断线点至 8～10m 范围内，防止跨步电压伤人。触电者脱离带电导线后亦应迅速带至 8～1 0m 以外后立即开始触电急救。只有在确证线路已经无电，才可在触电者离开触电导线后，立即就地进行急救。

2.2.9　救护触电伤员切除电源时，有时会同时使照明失电，因此应考虑事故照明、应急灯等临时照明。新的照明要符合使用场所防火、防爆的要求。但不能因此延误切除电源和进行急救。

2.3　伤员脱离电源后的处理：

2.3.1　触电伤员如神志清醒者，应使其就地躺平，严密观察，暂时不要站立或走动。

2.3.2　触电伤员如神志不清者，应就地仰面躺平，且确保气道通畅，并用 5s 时间，呼叫伤员或轻拍其肩部，以判定伤员是否意识丧失。禁止摇动伤员头部呼叫伤员。

2.3.3　需要抢救的伤员，应立即就地坚持正确抢救，并设法联系医疗部门接替救治。

2.4　呼吸、心跳情况的判定：

2.4.1　触电伤员如意识丧失，应在 10s 内，用看、听、试的方法（见图 1），判定伤员呼吸心跳情况。

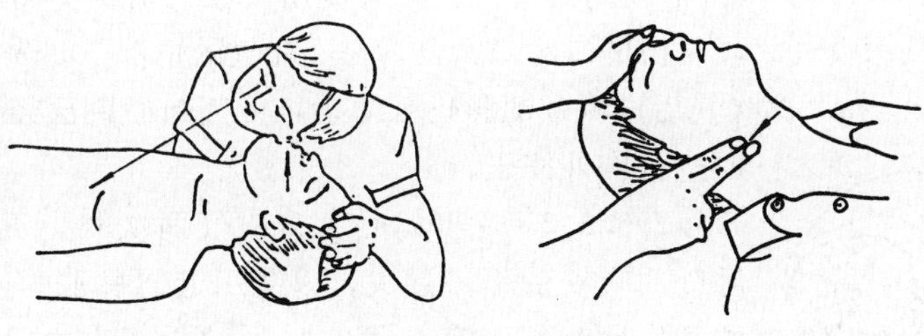

图 1　看、听、试

2.4.1.1　看—看伤员的胸部、腹部有无起伏动作；

2.4.1.2　听—用耳贴近伤员的口鼻处，听有无呼气声音；

2.4.1.3　试—试测口鼻有无呼气的气流。再用两手指轻试一侧（左或右）喉结旁凹陷处的颈动脉有无搏动。

2.4.2 若看、听、试结果，既无呼吸又无颈动脉搏动，可判定呼吸心跳停止。

2.5 心肺复苏法：

2.5.1 触电伤员呼吸和心跳均停止时，应立即按心肺复苏法支持生命的三项基本措施，正确进行就地抢救。

a. 通畅气道；

b. 口对口（鼻）人工呼吸；

c. 胸外按压（人工循环）。

2.5.2 通畅气道：

2.5.2.1 触电伤员呼吸停止，重要的是始终确保气道通畅。如发现伤员口内有异物，可将其身体及头部同时侧转，迅速用一个手指或用两手指交叉从口角处插入，取出异物；操作中要注意防止将异物推到咽喉深部。

2.5.2.2 通畅气道可采用仰头抬颏法（见图2）。用一只手放在触电者前额，另一只手的手指将其下颌骨向上抬起，两手协同将头部推向后仰，舌根随之抬起，气道即可通畅（判断气道是否通畅可参见图3）。严禁用枕头或其他物品垫在伤员头下，头部抬高前倾，会更加重气道阻塞，且使胸外按压时流向脑部的血流减少，甚至消失。

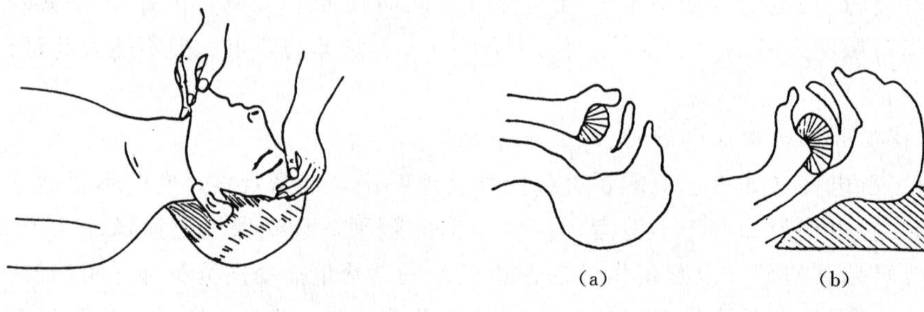

图2 仰头抬颏法

(a) (b)

图3 气道状况

(a) 气道通畅；(b) 气道阻塞

2.5.3 口对口（鼻）人工呼吸（见图4）：

2.5.3.1 在保持伤员气道通畅的同时，救护人员用放在伤员额上的手的手指捏住伤员鼻翼，救护人员深吸气后，与伤员口对口紧合，在不漏气的情况下，先连续大口吹气两次，每次1～1.5s。如两次吹气后试测颈动脉仍无搏动，可判断心跳已经停止，要立即同时进行胸外按压。

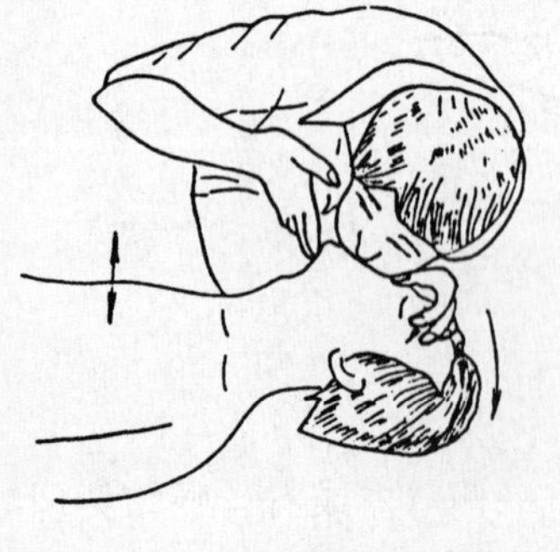

图4 口对口人工呼吸

2.5.3.2 除开始时大口吹气两次外，正常口对口（鼻）呼吸的吹气量不需过大，以免引起胃膨胀。吹气和放松时要注意伤员胸部应有起伏的呼吸动作。吹气时如有较大阻力，可能是头部后仰不够，应及时纠正。

2.5.3.3 触电伤员如牙关紧闭。可口对鼻人工呼吸，口对鼻人工呼吸吹气时，要将伤员嘴唇紧闭，防止漏气。

2.5.4 胸外按压：

2.5.4.1 正确的按压位置是保证胸外按压效果的重要前

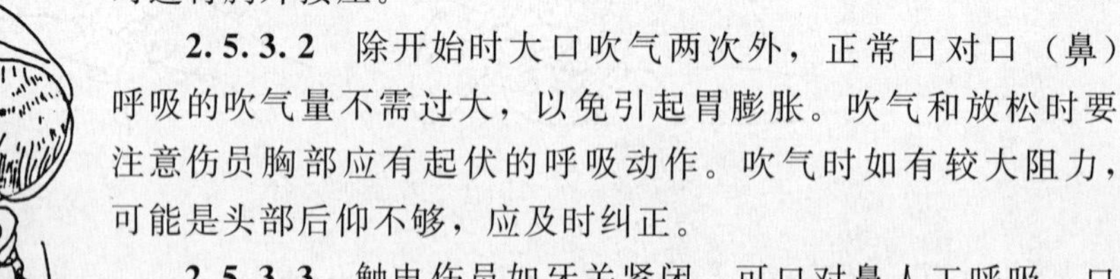

提。确定正确按压位置的步骤：

a. 右手的食指和中指沿触电伤员的右侧肋弓下缘向上，找到肋骨和胸骨接合处的中点；

b. 两手指并齐，中指放在切迹中点（剑突底部），食指平放在胸骨下部；

c. 另一只手的掌根紧挨食指上缘，置于胸骨上，即为正确按压位置（见图5）。

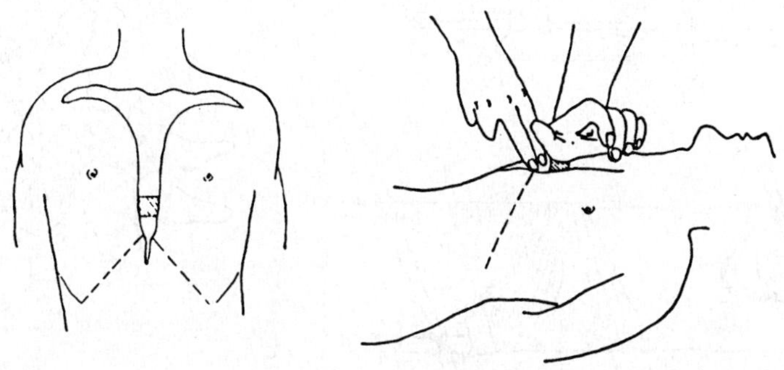

图5　正确的按压位置

2.5.4.2　正确的按压姿势是达到胸外按压效果的基本保证。正确的按压姿势：

a. 使触电伤员仰面躺在平硬的地方，救护人员立或跪在伤员一侧肩旁，救护人员的两肩位于伤员胸骨正上方，两臂伸直，肘关节固定不屈，两手掌根相叠，手指翘起，不接触伤员胸壁；

b. 以髋关节为支点，利用上身的重力，垂直将正常成人胸骨压陷3～5cm（儿童和瘦弱者酌减）；

c. 压至要求程度后，立即全部放松，但放松时救护人员的掌根不得离开胸壁（见图6）。

按压必须有效，有效的标志是按压过程中可以触及颈动脉搏动。

2.5.4.3　操作频率：

a. 胸外按压要以均匀速度进行，每分钟80次左右，每次按压和放松的时间相等；

b. 胸外按压与口对口（鼻）人工呼吸同时进行，其节奏为：单人抢救时，每按压15次后吹气2次（15∶2），反复进行；双人抢救时，每按压5次后由另一人吹气1次（5∶1），反复进行。

2.6　抢救过程中的再判定：

2.6.1　按压吹气1min后（相当于单人抢救时做了4个15∶2压吹循环），应用看、听、试方法在5～7s时间内完成对伤员呼吸和心跳是否恢复的再判定。

2.6.2　若判定颈动脉已有搏动但无呼吸，则暂停胸外按压，而再进行2次口对口人工呼吸，接着每5s吹气一次（即每分钟12次）。如脉搏和呼吸均未恢复，则继续坚持心肺复苏法抢救。

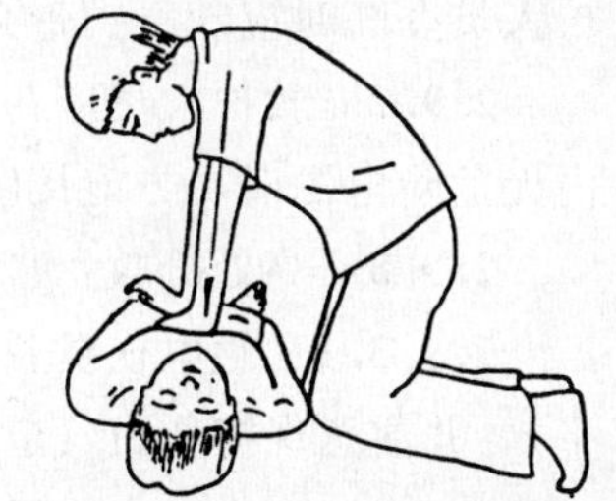

图6　按压姿势与用力方法

2.6.3　在抢救过程中，要每隔数分钟再判定一次，每次判定时间均不得超过5～7s。在医务人员未接替抢救前，现场抢救人员不得放弃现场抢救。

2.7 抢救过程中伤员的移动与转院（见图7）：

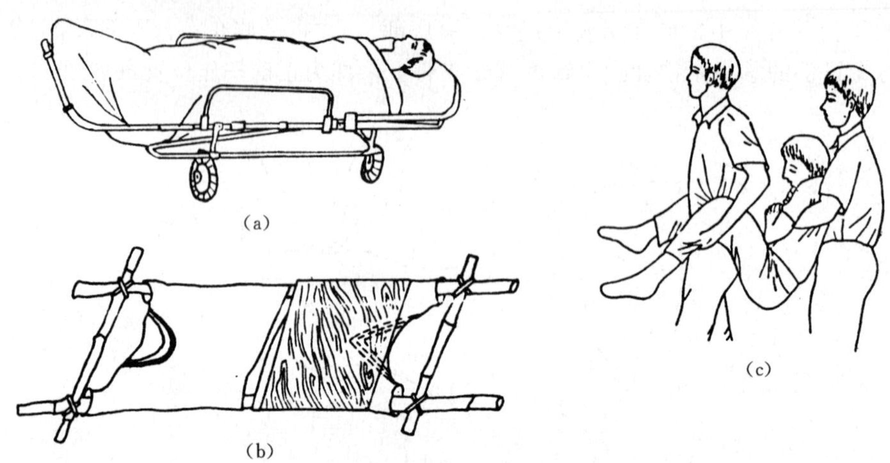

(a)

(b)

(c)

图7 搬运伤员

(a) 正常担架；(b) 临时担架及木板；(c) 错误搬运

2.7.1 心肺复苏应在现场就地坚持进行，不要为方便而随意移动伤员，如确有需要移动时，抢救中断时间不应超过30s。

2.7.2 移动伤员或将伤员送医院时，除应使伤员平躺在担架上并在其背部垫以平硬阔木板，移动或送医院过程中应继续抢救，心跳呼吸停止者要继续心肺复苏法抢救，在医务人员未接替救治前不能中止。

2.7.3 应创造条件，用塑料袋装入砸碎冰屑作成帽状包绕在伤员头部，露出眼睛，使脑部温度降低，争取心肺脑完全复苏。

2.8 伤员好转后的处理：

如伤员的心跳和呼吸经抢救后均已恢复，可暂停心肺复苏法操作。但心跳呼吸恢复的早期有可能再次骤停，应严密监护，不能麻痹，要随时准备再次抢救。

初期恢复后，神志不清或精神恍惚、躁动，应设法使伤员安静。

2.9 杆上或高处触电急救：

2.9.1 发现杆上或高处有人触电，应争取时间及早在杆上或高处开始进行抢救。救护人员登高时应随身携带必要的工具和绝缘工具以及牢固的绳索等，并紧急呼救。

2.9.2 救护人员应在确认触电者已与电源隔离，且救护人员本身所涉环境安全距离内无危险电源时，方能接触伤员进行抢救，并应注意防止发生高空坠落的可能性。

2.9.3 高处抢救：

2.9.3.1 触电伤员脱离电源后，应将伤员扶卧在自己的安全带上（或在适当地方躺平），并注意保持伤员气道通畅。

2.9.3.2 救护人员迅速按2.3和2.4条规定判定反应、呼吸和循环情况。

2.9.3.3 如伤员呼吸停止，立即口对口（鼻）吹气2次，再测试颈动脉，如有搏动，则每 5s 继续吹气一次，如颈动脉无搏动时，可用空心拳头叩击心前区 2 次，促使心脏复跳。

2.9.3.4 高处发生触电，为使抢救更为有效，应及早设法将伤员送至地面。在完成上述措施后，应立即用绳索参照图 8 所示方法迅速将伤员送至地面，或采取可能的迅速有效措施送至平台上。

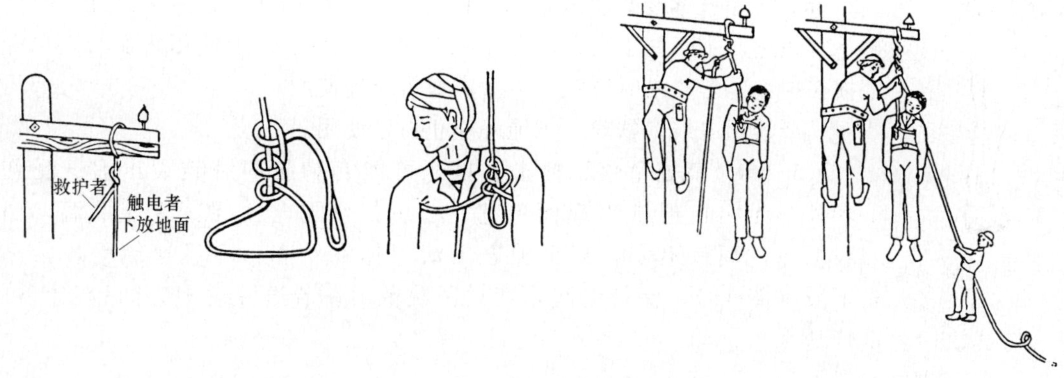

图 8 杆上或高处触电下放方法

2.9.3.5 在将伤员由高处送至地面前，应再口对口（鼻）吹气 4 次。

2.9.3.6 触电伤员送至地面后，应立即继续按心肺复苏法坚持抢救。

2.10 现场触电抢救，对采用肾上腺素等药物应持慎重态度。如没有必要的诊断设备条件和足够的把握，不得乱用。在医院内抢救触电者时，由医务人员经医疗仪器设备诊断，根据诊断结果决定是否采用。

3 创伤急救

3.1 创伤急救的基本要求

3.1.1 创伤急救原则上是先抢救，后固定，再搬运，并注意采取措施，防止伤情加重或污染。需要送医院救治的，应立即做好保护伤员措施后送医院救治。

3.1.2 抢救前先使伤员安静躺平，判断全身情况和受伤程度，如有无出血、骨折和休克等。

3.1.3 外部出血立即采取止血措施，防止失血过多而休克。外观无伤，但呈休克状态，神志不清，或昏迷者，要考虑胸腹部内脏或脑部受伤的可能性。

3.1.4 为防止伤口感染，应用清洁布片覆盖。救护人员不得用手直接接触伤口，更不得在伤口内填塞任何东西或随便用药。

3.1.5 搬运时应使伤员平躺在担架上，腰部束在担架上，防止跌下。平地搬运时伤员头部在后，上楼、下楼、下坡时头部在上，搬运中应严密观察伤员，防止伤情突变。

3.2 止血

3.2.1 伤口渗血：

用较伤口稍大的消毒纱布数层覆盖伤口，然后进行包扎。若包扎后仍有较多渗血，可再加绷带适当加压止血。

3.2.2 伤口出血呈喷射状或鲜红血液涌出时，立即用清洁手指压迫出血点上方（近心端），使血流中断，并将出血肢体抬高或举高，以减少出血量。

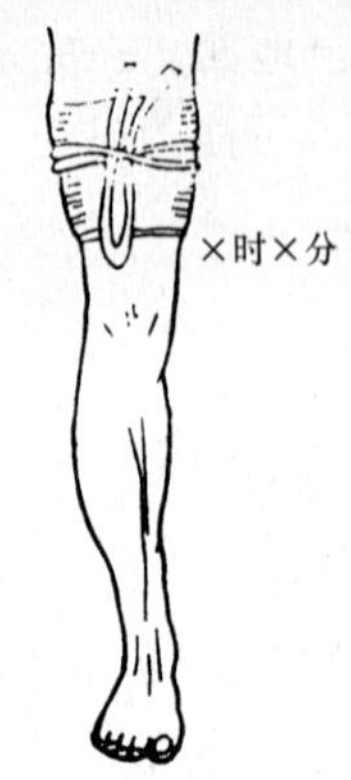

图9　止血带

3.2.3 用止血带或弹性较好的布带等止血时（图9），应先用柔软布片或伤员的衣袖等数层垫在止血带下面，再扎紧止血带以刚使肢端动脉搏动消失为度。上肢每60min，下肢每80min放松一次，每次放松1～2min。开始扎紧与每次放松的时间均应书面标明在止血带旁。扎紧时间不宜超过四小时。不要在上臂中三分之一处和腘窝下使用止血带，以免损伤神经。若放松时观察已无大出血可暂停使用。

严禁用电线、铁丝、细绳等作止血带使用。

3.2.4 高处坠落、撞击、挤压可能有胸腹内脏破裂出血。受伤者外观无出血但常表现面色苍白，脉搏细弱，气促，冷汗淋漓，四肢厥冷，烦躁不安，甚至神志不清等休克状态，应迅速躺平，抬高下肢（图10），保持温暖，速送医院救治。若送院途中时间较长，可给伤员饮用少量糖盐水。

3.3 骨折急救

3.3.1 肢体骨折可用夹板或木棍、竹竿等将断骨上、下方两个关节固定（图11），也可利用伤员身体进行固定，避免骨折部位移动，以减少疼痛，防止伤势恶化。

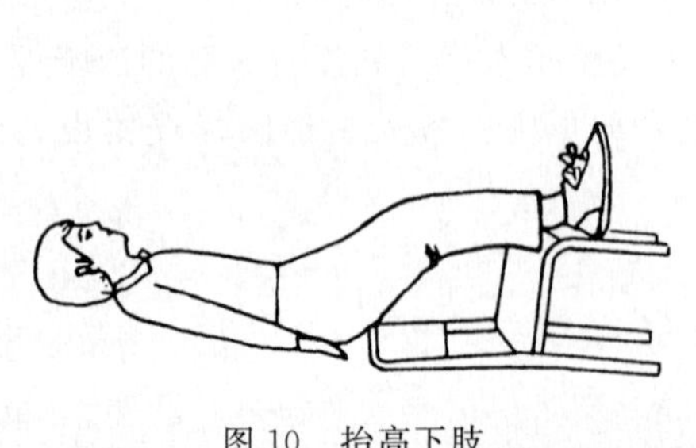
图10　抬高下肢

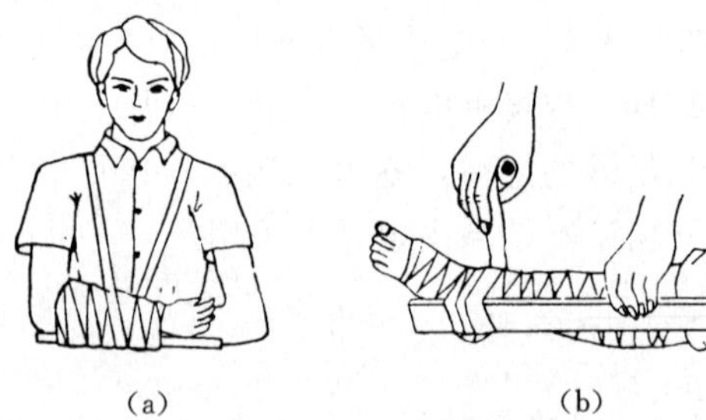
(a)　(b)

图11　骨折固定方法

(a) 上肢骨折固定；(b) 下肢骨折固定

开放性骨折，伴有大出血者，先止血，再固定，并用干净布片覆盖伤口，然后速送医院救治。切勿将外露的断骨推回伤口内。

3.3.2 疑有颈椎损伤，在使伤员平卧后，用沙土袋（或其他代替物）放置头部两侧（图12）使颈部固定不动。必须进行口对口呼吸时，只能采用抬颏使气道通畅，不能再将头部后仰移动或转动头部，以免引起截瘫或死亡。

3.3.3 腰椎骨折应将伤员平卧在平硬木板上，并将腰椎躯干及二侧下肢一同进行固定预防瘫痪（图13）。搬动时应数人合作，保持平稳，不能扭曲。

3.4 颅脑外伤

3.4.1 应使伤员采取平卧位，保持气道通畅，若有呕吐，应扶好头部和身体，使头部和身体同时侧转，防止呕吐物造成窒息。

3.4.2 耳鼻有液体流出时，不要用棉花堵塞，只可轻轻拭去，以利降低颅内压力。也不可用力擤鼻，排除鼻内液体，或将液体再吸入鼻内。

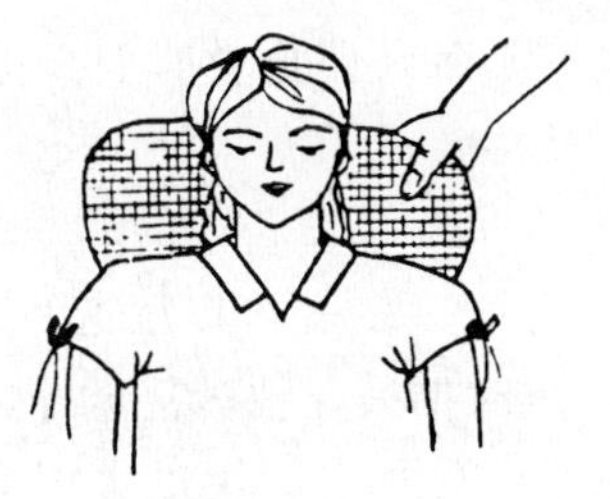
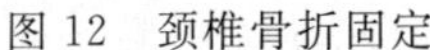

图 12 颈椎骨折固定

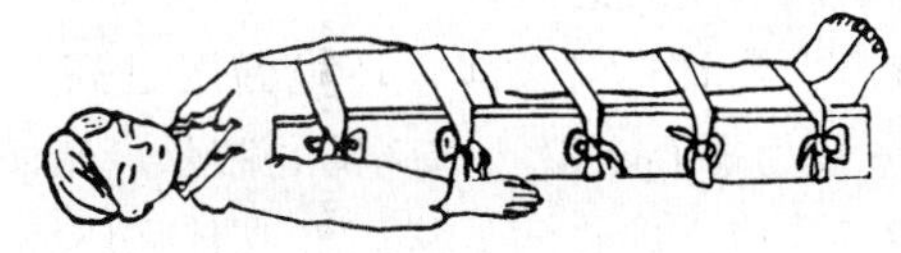

图 13 腰椎骨折固定

3.4.3 颅脑外伤时，病情可能复杂多变，禁止给予饮食，速送医院诊治。

3.5 烧伤急救

3.5.1 电灼伤、火焰烧伤或高温气、水烫伤均应保持伤口清洁。伤员的衣服鞋袜用剪刀剪开后除去。伤口全部用清洁布片覆盖，防止污染。四肢烧伤时，先用清洁冷水冲洗，然后用清洁布片或消毒纱布覆盖送医院。

3.5.2 强酸或碱灼伤应立即用大量清水彻底冲洗，迅速将被侵蚀的衣物剪去。为防止酸、碱残留在伤口内，冲洗时间一般不少于 10min。

3.5.3 未经医务人员同意，灼伤部位不宜敷搽任何东西和药物。

3.5.4 送医院途中，可给伤员多次少量口服糖盐水。

3.6 冻伤急救

3.6.1 冻伤使肌肉僵直，严重者深及骨骼，在救护搬运过程中动作要轻柔，不要强使其肢体弯曲活动，以免加重损伤，应使用担架，将伤员平卧并抬至温暖室内救治。

3.6.2 将伤员身上潮湿的衣服剪去后用干燥柔软的衣服覆盖，不得烤火或搓雪。

3.6.3 全身冻伤者呼吸和心跳有时十分微弱，不应误认为死亡，应努力抢救。

3.7 动物咬伤急救

3.7.1 毒蛇咬伤后，不要惊慌、奔跑、饮酒，以免加速蛇毒在人体内扩散。

3.7.1.1 咬伤大多在四肢，应迅速从伤口上端向下方反复挤出毒液，然后在伤口上方（近心端）用布带扎紧，将伤肢固定，避免活动，以减少毒液的吸收。

3.7.1.2 有蛇药时可先服用，再送往医院救治。

3.7.2 犬咬伤

3.7.2.1 犬咬伤后应立即用浓肥皂水冲洗伤口，同时用挤压法自上而下将残留伤口内唾液挤出，然后再用碘酒涂搽伤口。

3.7.2.2 少量出血时，不要急于止血，也不要包扎或缝合伤口。

3.7.2.3 尽量设法查明该犬是否为“疯狗”，对医院制订治疗计划有较大帮助。

3.8 溺水急救

3.8.1 发现有人溺水应设法迅速将其从水中救出，呼吸心跳停止者用心肺复苏法坚持抢救。曾受水中抢救训练者在水中即可抢救。

3.8.2 口对口人工呼吸因异物阻塞发生困难，而又无法用手指除去时，可用两手相叠，置于脐部稍上正中线上（远离剑突）迅速向上猛压数次，使异物退出，但也不可用力太大。

3.8.3 溺水死亡的主要原因是窒息缺氧。由于淡水在人体内能很快经循环吸收，而气管能容纳的水量很少，因此在抢救溺水者时不应“倒水”而延误抢救时间，更不应仅“倒水”而不用心肺复苏法进行抢救。

3.9 高温中暑急救

3.9.1 烈日直射头部，环境温度过高，饮水过少或出汗过多等可以引起中暑现象，其症状一般为恶心、呕吐、胸闷、眩晕、嗜睡、虚脱，严重时抽搐、惊厥甚至昏迷。

3.9.2 应立即将病员从高温或日晒环境转移到阴凉通风处休息。用冷水擦浴，湿毛巾覆盖身体，电扇吹风，或在头部置冰袋等方法降温，并及时给病人口服盐水。严重者送医院治疗。

3.10 有害气体中毒急救

3.10.1 气体中毒开始时有流泪、眼痛、呛咳、咽部干燥等症状，应引起警惕。稍重时头痛、气促、胸闷、眩晕。严重时会引起惊厥昏迷。

3.10.2 怀疑可能存在有害气体时，应即将人员撤离现场，转移到通风良好处休息。抢救人员进入险区必须戴防毒面具。

3.10.3 已昏迷病员应保持气道通畅，有条件时给予氧气吸入。呼吸心跳停止者，按心肺复苏法抢救，并联系医院救治。

3.10.4 迅速查明有害气体的名称，供医院及早对症治疗。

附 录 八

SF_6 新气质量暂行标准

杂质名称	暂行标准（重量比）	杂质名称	暂行标准（重量比）
空气（氧、氮）	≤0.05%	可水解氟化物（用 HF 表示）	≤1.0 ppm
CF_4	≤0.05%	矿物油	≤10 ppm
水	≤8 ppm	SF_6 纯度	≥99.8%
游离酸（用 HF 表示）	≤0.3 ppm	生物毒性试验	无毒

附加说明：

本标准由能源部安全环保司提出。

本标准由能源部安全环保司归口。

本标准由能源部安全环保司负责起草，全国有关电管局、电力局等参加。

本标准主要起草人徐余文、蔡树人、陈祖嘉、陈其祥、柏克寒。

电业安全工作规程

（电力线路部分）

（DL 409—91）

1 总则

1.1 为了切实保证职工在生产中的安全和健康以及电力系统发、供、配电设备的安全运行，结合电力生产多年来的实践经验，制定本规程。

各单位的领导干部和电气工作人员，必须严格执行本规程。

1.2 安全生产，人人有责。各级领导必须以身作则，要充分发动群众，依靠群众；要发挥安全监察机构和群众性的安全组织的作用，严格监督本规程的贯彻执行。

1.3 本规程适用于在运用中的发、变、送、配、农电和用户电气设备上工作的一切人员（包括基建安装人员）。

各单位可根据现场情况制定补充条文，经厂（局）主管生产的领导（总工程师）批准后执行。

所谓运用中的电气设备，系指全部带有电压或一部分带有电压及一经操作即带有电压的电气设备。

1.4 电气设备分为高压和低压两种：

高压电气设备：对地电压在250V以上者；

低压电气设备：对地电压在250V及以下者。

1.5 电气工作人员必须具备下列条件：

1.5.1 经医师鉴定，无妨碍工作的病症（体格检查约两年一次）；

1.5.2 具备必要的电气知识，且按其职务和工作性质，熟悉《电业安全工作规程》（发电厂和变电所电气部分、电力线路部分、热力和机械部分）的有关部分，并经考试合格；

1.5.3 学会紧急救护法（附录F），特别要学会触电急救。

1.6 电力线路工作人员对本规程应每年考试一次。因故间断电气工作连续三个月以上者，必须重新温习本规程，并经考试合格后，方能恢复工作。

参加带电作业人员，应经专门培训，并经考试合格、领导批准后，方能参加工作。

新参加电气工作的人员、实习人员和临时参加劳动的人员（干部、临时工等），必须经过安全知识教育后，方可下现场随同参加指定的工作，但不得单独工作。

对外单位派来支援的电气工作人员，工作前应介绍现场电气设备接线情况和有关安全措施。

1.7 任何工作人员发现有违反本规程，并足以危及人身和设备安全者，应立即制止。

1.8 对认真遵守本规程者，应给予表扬和奖励；对违反本规程者，应认真分析、加强教育、分别情况、严肃处理。对造成严重事故者，应按情节轻重，给予行政或刑事处分。

1.9 本规程所指的安全用具必须符合附录D、E的要求。

2 线路运行和维护

2.1 线路巡视

2.1.1 巡线工作应由有电力线路工作经验的人担任。新人员不得一人单独巡线。偏僻山区和夜间巡线必须由两人进行。暑天、大雪天，必要时由两人进行。

2.1.2 单人巡线时，禁止攀登电杆和铁塔。

夜间巡线应沿线路外侧进行；大风巡线应沿线路上风侧前进，以免万一触及断落的导线。

事故巡线应始终认为线路带电，即使明知该线路已停电，亦应认为线路随时有恢复送电的可能。

2.1.3 巡线人员发现导线断落地面或悬吊空中，应设法防止行人靠近断线地点8m以内，并迅速报告领导，等候处理。

2.2 倒闸操作

2.2.1 倒闸操作应使用倒闸操作票（见附录C）。倒闸操作人员应根据值班调度员（线路工区值班员）的操作命令（口头或电话）填写倒闸操作票。操作命令应清楚明确，受令人应将命令内容向发令人复诵，核对无误。事故处理可根据值班调度员的命令进行操作，可不填写操作票。

2.2.2 操作票应用钢笔或圆珠笔填写，票面应清楚整洁，不得任意涂改。操作票要填写设备双重名称，即设备名称和编号。操作人和监护人应先后在操作票上分别签名。倒闸操作前，应按操作票顺序与模拟图板核对相符。操作前、后，都应检查核对现场设备名称、编号和断路器（开关）、隔离开关（刀闸）的断、合位置。操作完毕，受令人应立即报告发令人。

2.2.3 倒闸操作应由两人进行，一人操作，一人监护，并认真执行监护复诵制。发布命令和复诵命令都应严肃认真，使用正规操作术语，准确清晰，按操作票顺序进行逐项操作，每操作完一项，做一个"√"记号。操作机械传动的断路器（开关）或隔离开关（刀闸）时，应戴绝缘手套。没有机械传动的断路器（开关）、隔离开关（刀闸）和跌落熔断器（保险），应使用合格的绝缘棒进行操作。雨天操作应使用有防雨罩的绝缘棒。

凡登杆进行倒闸操作时，操作人员应戴安全帽，并使用安全带。

操作柱上油断路器（开关）时，应有防止断路器（开关）爆炸的措施，以免伤人。

2.2.4 操作中发生疑问时，不准擅自更改操作票，必须向值班调度员或工区值班员报告，待弄清楚后再进行操作。

2.2.5 更换配电变压器跌落熔断器（保险）熔丝（保险丝）的工作，应先将低压刀闸和高压隔离开关（刀闸）或跌落式熔断器（保险）拉开。摘挂跌落式熔断器（保险）时，必须使用绝缘棒，并有专人监护，其他人员不得触及设备。

2.2.6 雷电时，严禁进行倒闸操作和更换熔丝（保险丝）工作。

2.2.7 如发生严重危及人身安全情况时，可不等待命令即行断开电源，但事后应立即报告领导。

2.3 测量工作

2.3.1 电气测量工作，至少应由两人进行，一人操作，一人监护。夜间进行测量工作，应有足够的照明。

2.3.2 测量人员必须了解仪表的性能，使用方法，正确接线，熟悉测量的安全措施。

2.3.3 杆塔、配电变压器和避雷器的接地电阻测量工作，可以在线路带电的情况下进行。解开或恢复电杆、配电变压器和避雷器的接地引线时，应戴绝缘手套。严禁接触与地断开的接地线。

2.3.4 测量低压线路和配电变压器低压侧的电流时，可使用钳形电流表，应注意不触及其他带电部分，防止相间短路。

2.3.5 带电线路导线的垂直距离（导线弛度、交叉跨越距离）可用测量仪或在地面用抛挂绝缘绳的方法测最。严禁使用皮尺、线尺（夹有金属丝者）等测量带电线路导线的垂直距离。

2.4 砍伐树木

2.4.1 在线路带电情况下，砍伐靠近线路的树木时，工作负责人必须在工作开始前，向全体人员说明：电力线路有电，不得攀登杆塔；树木、绳索不得接触导线。

2.4.2 上树砍剪树木时，不应攀抓脆弱和枯死的树枝。人和绳索应与导线保持安全距离。应注意马蜂，并使用安全带。

不应攀登已经锯过的或砍过的未断树木。

2.4.3 为防止树木（树枝）倒落在导线上，应设法用绳索将其拉向与导线相反的方向。绳索应有足够的长度，以免拉绳的人员被倒落的树木砸伤。树枝接触高压带电导线时，严禁用手直接去取。

2.4.4 砍剪的树木下面和倒树范围内应有专人监护，不得有人逗留，防止砸伤行人。

3 保证安全的组织措施

3.1 工作票制度

3.1.1 在电力线路上工作，应按下列方式进行：

3.1.1.1 填用第一种工作票（见附录A）：

3.1.1.2 填用第二种工作票（见附录B）：

3.1.1.3 口头或电话命令。

3.1.2 填用第一种工作票的工作为：

3.1.2.1 在停电线路（或在双回线路中的一回停电线路）上的工作；

3.1.2.2 在全部或部分停电的配电变压器台架上或配电变压器室内的工作。

所谓全部停电，系指供给该配电变压器台架或配电变压器室内的所有电源线路均已全部断开者。

3.1.3 填用第二种工作票的工作为：

3.1.3.1 带电作业：

3.1.3.2 带电线路杆塔上的工作；

3.1.3.3 在运行中的配电变压器台上或配电变压器室内的工作。

3.1.4 测量接地电阻，涂写杆塔号，悬挂警告牌，修剪树枝，检查杆根地锚，打绑桩，杆、塔基础上的工作，低压带电工作和单一电源低压分支线的停电工作等，按口头和电话命令执行。

3.1.5 工作票签发人可由线路工区（所）熟悉人员技术水平熟悉设备情况、熟悉本规程的主管生产领导人、技术人员或经供电局主管生产领导（总工程师）批准的人员来担任。工作票签发人不得兼任该项工作的工作负责人。

3.1.6 工作票所列人员的安全责任。

3.1.6.1 工作票签发人：

a. 工作必要性；

b. 工作是否安全；

c. 工作票上所填安全措施是否正确完备；

d. 所派工作负责人和工作班人员是否适当和充足。

3.1.6.2 工作负责人（监护人）：

a. 正确安全地组织工作；

b. 结合实际进行安全思想教育；

c. 工作前对工作班成员交代安全措施和技术措施；

d. 严格执行工作票所列安全措施，必要时还应加以补充；

e. 督促、监护工作人员遵守本规程；

f. 工作班人员变动是否合适。

3.1.6.3 工作许可人（值班调度员、工区值班员或变电所值班员）：

a. 审查工作必要性；

b. 线路停、送电和许可工作的命令是否正确；

c. 发电厂或变电所线路的接地线等安全措施是否正确完备。

3.1.6.4 工作班成员：

认真执行本规程和现场安全措施，互相关心施工安全，并监督本规程和现场安全措施的实施。

3.1.7 工作票应用钢笔或圆珠笔填写一式两份，应正确清楚，不得任意涂改。如有个别错、漏字要修改时，应字迹清楚。工作票一份交工作负责人，一份留存签发人或工作许可人处。

3.1.8 一个工作负责人只能发给一张工作票。

第一种工作票，每张只能用于一条线路或同杆架设且停送电时间相同的儿条线路。第二种工作票，对同一电压等级、同类型工作，可在数条线路上共用一张工作票。

在工作期间，工作票应始终保留在工作负责人手中；工作终结后交签发人保存三个月。

3.1.9 第一、二种工作票的有效时间，以批准的检修期为限。

3.1.10 事故紧急处理不填工作票，但应履行许可手续，作好安全措施。

3.2 工作许可制度

3.2.1 填用第一种工作票进行工作，工作负责人必须在得到值班调度员或工区值班员的许可后，方可开始工作。

3.2.2 线路停电检修，值班调度员必须在发电厂、变电所将线路可能受电的各方面都拉闸停电，并挂好接地线后，将工作班、组数目，工作负责人的姓名，工作地点和工作任务记入记录簿内，才能发出许可工作的命令。

3.2.3 许可开始工作的命令，必须通知到工作负责人，其方法可采用：

a. 当面通知；

b. 电话传达；

c. 派人传达。

3.2.4 对于许可开始工作的命令，在值班调度员或工区值班员不能和工作负责人用电话直接联系时，可经中间变电所用电话传达。中间变电所值班员应将命令全文记入操作记录簿，并向工作负责人直接传达。电话传达时，上述三方必须认真记录，清楚明确，并复诵核对无误。

3.2.5 严禁约时停、送电。

3.2.6 填用第二种工作票的工作，不需要履行工作许可手续。

3.3 工作监护制度

3.3.1 完成工作许可手续后，工作负责人（监护人）应向工作班人员交代现场安全措施、带电部位和其他注意事项。工作负责人（监护人）必须始终在工作现场，对工作班人员的安全应认真监护，及时纠正不安全的动作。

分组工作时，每个小组应指定小组负责人（监护人）。在线路停电时进行工作，工作负责人（监护人）在班组成员确无触电危险的条件下，可以参加工作班工作。

3.3.2 工作票签发人和工作负责人，对有触电危险、施工复杂容易发生事故的工作，应增设专人监护。专责监护人不得兼任其他工作。

3.3.3 如工作负责人必须离开工作现场时，应临时指定负责人，并设法通知全体工作人员及工作许可人。

3.4 工作间断制度

3.4.1 在工作中遇雷、雨、大风或其他任何情况威胁到工作人员的安全时，工作负责人或监护人可根据情况，临时停止工作。

3.4.2 白天工作间断时，工作地点的全部接地线仍保留不动。如果工作班须暂时离开工作地点，则必须采取安全措施和派人看守，不让人、畜接近挖好的基坑或接近未竖立稳固的杆塔以及负载的起重和牵引机械装置等。恢复工作前，应检查接地线等各项安全措施的完整性。

3.4.3 填用数日内工作有效的第一种工作票，每日收工时如果要将工作地点所装的接地线拆除，次日重新验电装接地线恢复工作，均须得到工作许可人许可后方可进行。

如果经调度允许的连续停电、夜间不送电的线路，工作地点的接地线可以不拆除，但次日恢复工作前应派人检查。

3.5 工作终结和恢复送电制度

3.5.1 完工后，工作负责人（包括小组负责人）必须检查线路检修地段的状况以及在杆塔上、导线上及瓷瓶上有无遗留的工具、材料等，通知并查明全部工作人员确由杆塔上撤下后，再命令拆除接地线。接地线拆除后，应即认为线路带电，不准任何人再登杆进行任何工作。

3.5.2 工作终结后，工作负责人应报告工作许可人，报告方法如下：

a. 从工作地点回来后，亲自报告；

b. 用电话报告并经复诵无误。电话报告又可分为直接电话报告或经由中间变电所转达两种。经中间变电所转达报告，应按照第 3.2.4 条规定的手续办理。

3.5.3 工作终结的报告应简明扼要，包括下列内容：

工作负责人姓名，某线路上某处（说明起止杆塔号，分支线名称等）工作已经完工，设备改动情况，工作地点所挂的接地线已全部拆除，线路上已无本班组工作人员，可以送电。

3.5.4 工作许可人在接到所有工作负责人（包括用户）的完工报告后，并确知工作已经完毕，所有工作人员已由线路上撤离，接地线已经拆除，并与记录簿核对无误后方可下令拆除发电厂、变电所线路侧的安全措施，向线路恢复送电。

4 保证安全的技术措施

4.1 停电

4.1.1 进行线路作业前，应作好下列停电措施：

a. 断开发电厂、变电所（包括用户）线路断路器（开关）和隔离开关（刀闸）；

b. 断开需要工作班操作的线路各端断路器（开关）、隔离开关（刀闸）和熔断器（保险）；

c. 断开危及该线路停电作业，且不能采取安全措施的交叉跨越、平行和同杆线路的断路器（开关）和隔离开关（刀闸）；

d. 断开有可能返回低压电源的断路器（开关）和隔离开关（刀闸）。

4.1.2 应检查断开后的断路器（开关）、隔离开关（刀闸）是否在断开位置；断路器（开关）、隔离开关（刀闸）的操作机构应加锁；跌落式熔断器（保险）的熔断管应摘下；并应在断路器（开关）或隔离开关（刀闸）操作机构上悬挂“线路有人工作，禁止合闸!”的标示牌。

4.2 验电

4.2.1 在停电线路工作地段装接地线前，要先验电，验明线路确无电压。验电要用合格的相应电压等级的专用验电器。

330kV 及以上的线路，在没有相应电压等级的专用验电器的情况下，可用合格的绝缘杆或专用的绝缘绳验电。验电时，绝缘棒的验电部分应逐渐接近导线，听其有无放电声。确定线路是否确无电压。验电时，应戴绝缘手套，并有专人监护。

4.2.2 线路的验电应逐相进行。检修联络用的断路器（开关）或隔离开关（刀闸）时，应在其两侧验电。

对同杆塔架设的多层电力线路进行验电时，先验低压、后验高压，先验下层、后验上层。

4.3 挂接地线

4.3.1 线路经过验明确实无电压后，各工作班（组）应立即在工作地段两端挂接地线。凡有可能送电到停电线路的分支线也要挂接地线。

若有感应电压反映在停电线路上时，应加挂接地线。同时，要注意在拆除接地线时，防止感应电触电。

4.3.2 同杆塔架设的多层电力线路挂接地线时，应先挂低压、后挂高压，先挂下层、后挂上层。

4.3.3 挂接地线时，应先接接地端，后接导线端，接地线连接要可靠，不准缠绕。拆接地线时的程序与此相反。装、拆接地线时，工作人员应使用绝缘棒或戴绝缘手套，人体不得碰触接地线。

若杆塔无接地引下线时，可采用临时接地棒，接地棒在地面下深度不得小于 0.6m。

4.3.4 接地线应有接地和短路导线构成的成套接地线。成套接地线必须用多股软铜线组成，其截面不得小于 $25mm^2$。如利用铁塔接地时，允许每相个别接地，但铁塔与接地线连接部分应清除油漆，接触良好。

严禁使用其他导线作接地线和短路线。

两线一地制系统的线路经验电后，装接地线的规定，由各供电局自行规定。

5 一般安全措施

5.1 挖坑

5.1.1 挖坑前，必须与有关地下管道、电缆的主管单位取得联系，明确地下设施的确实位置，做好防护措施。组织外来人员施工时，应交代清楚，并加强监护。

5.1.2 在超过 1.5m 深的坑内工作时，抛土要特别注意防止土石回落坑内。

5.1.3 在松软土地挖坑，应有防止塌方措施，如加挡板、撑木等。禁止由下部掏挖土层。

5.1.4 在居民区及交通道路附近挖的基坑，应设坑盖或可靠围栏，夜间挂红灯。

5.1.5 塔脚检查，在不影响铁塔稳定的情况下，可以在对角线的两个基脚同时挖坑。

5.1.6 进行石坑、冻土坑打眼时，应检查锤把、锤头及钢钎子。打锤人应站在扶钎人侧面，严禁站在对面，并不得戴手套，扶钎人应戴安全帽。钎头有开花现象时，应更换修理。

5.1.7 变压器台架的木杆打帮桩时，相邻两杆不得同时挖坑。承力杆打帮桩挖坑时，应采取防止倒杆的措施。使用铁杆时，注意上方导线。

5.2 立杆和撤杆

5.2.1 立、撤杆塔等重大施工项目（具体项目由供电局决定）应制定安全技术措施，并经局主管生产领导（总工程师）批准。

立、撤杆要设专人统一指挥。开工前，讲明施工方法及信号，工作人员要明确分工、密切配合、服从指挥。在居民区和文通道路上立、撤杆时，应设专人看守。

5.2.2 立、撤杆要使用合格的起重设备，严禁过载使用。

5.2.3 立杆过程中，杆坑内严禁有人工作。除指挥人及指定人员外，其他人员必须在远离杆下1.2倍杆高的距离以外。

5.2.4 立杆及修整杆坑时，应有防止杆身滚动、倾斜的措施，如采用叉杆和拉绳控制等。

5.2.5 顶杆及叉杆只能用于竖立轻的单杆，不得用铁锹、桩柱等代用。立杆前，应开好"马道"。工作人员要均匀地分配在电杆的两侧。

5.2.6 利用旧杆立、撤杆，应先检查杆根，必要时应加设临时拉绳。

5.2.7 使用吊车立、撤杆时，钢丝绳套应吊在杆的适当位置以防止电杆突然倾倒。

5.2.8 在撤杆工作中，拆除杆上导线前，应先检查杆根，做好防止倒杆措施，在挖坑前应先绑好拉绳。

5.2.9 使用抱杆立杆时，主牵引绳、尾绳、杆塔中心及抱杆顶应在一条直线上。抱杆应受力均匀，两侧拉绳应拉好，不得左右倾斜。固定临时拉线时，不得固定在有可能移动的物体上，或其他不可靠的物体上。

5.2.10 杆塔起立离地后，应对各吃力点处做一次全面检查，确无问题，再继续起立。起立60°后，应减缓速度，注意各侧拉绳。

5.2.11 已经立起的电杆，只有在杆基回土夯实完全牢固后，方可撤去叉杆及拉绳。杆下工作人员应戴安全帽。

5.2.12 整体组立杆塔，还应制定具体施工安全措施。

5.3 杆、塔上工作

5.3.1 上木杆前，应先检查杆根是否牢固。新立电杆在杆基未完全牢固以前，严禁攀登。遇有冲刷、起土、上拔的电杆，应先培土加固或支好杆架、或打临时拉绳后，再行上杆。

凡松动导、地线和拉线的电杆，应先检查杆根，并打好临时拉线或支好架杆后，再行上杆。

5.3.2 上杆前，应先检查登杆工具，如脚扣、升降板安全带、梯子等是否完整牢靠。

5.3.3 攀登杆塔脚钉时，应检查脚钉是否牢固。

5.3.4 在杆、塔上工作，必须使用安全带和戴安全帽。安全带应系在电杆及牢固的构件上，应防止安全带从杆顶脱出或被锋利物伤害。系安全带后必须检查扣环是否扣牢。在杆塔上作业转位时，不得失去安全带保护。杆塔上有人工作时，不准调整或拆除拉线。

5.3.5 检修杆塔不得随意拆除受力构件，如需要拆除时，应事先作好补强措施。调整倾斜杆塔时，应先打好拉线。

5.3.6 使用梯子时，要有人扶持或绑牢。

5.3.7 上横担时，应检查横担腐朽锈蚀情况，检查时安全带应系在主杆上。

5.3.8 现场人员应戴安全帽。杆上人员应防止掉东西，使用的工具、材料应用绳索传递，不得乱扔。杆下应防止行人逗留。

5.4 放线、撤线和紧线

5.4.1 放、换导线等重大施工项目（具体项目由供电局决定）应制定安全技术措施，并经局主管生产领导（总工程师）批准。

放线、撤线和紧线工作，均应设专人统一指挥、统一信号，检查紧线工具及设备是否良好。

5.4.2 交叉跨越各种线路、铁路、公路、河流等放、撤线时，应先取得主管部门同意，做好安全措施，如搭好可靠的跨越架、在路口设专人持信号旗看守等。

5.4.3 紧线前，应检查导线有无障碍物挂住。紧线时，应检查接线管或接线头以及过滑轮、横担、树枝、房屋等有无卡住现象。工作人员不得跨在导线上或站在导线内角侧，防止意外跑线时抽伤。

5.4.4 紧线、撤线前，应先检查拉线、拉桩及杆根。如不能适用时，应加设临时拉绳加固。

5.4.5 严禁采用突然剪断导、地线的做法松线。

5.5 爆破

5.5.1 炸药和雷管应分别运输、携带和存放，严禁和易燃物放在一起，并应有专人保管。运输中雷管应有防震措施。携带雷管时，必须将引线短路。电雷管与电池不得由同一人携带。雷雨天不应携带电雷管，并应停止爆破作业。在强电场附近不得使用电雷管。

如在车辆不足的情况下，允许同车携带少量炸药（不超过10kg）和雷管（不超过20个）。携带雷管人员应坐在驾驶室内，车上炸药应有专人管理。

5.5.2 爆破人员应经过专门培训。爆破工作应有专人指挥。

5.5.3 运送和装填炸药时，不得使炸药受到强烈冲击挤压，严禁使用金属物体往炮眼内推送炸药，应使用木棒轻轻捣实。

5.5.4 电雷管的接线和点火起爆必须由同一人进行。火雷管的导火索长度应能保证点火人离开危险区范围。点火者于点燃导火索后应立即离开危险区。

5.5.5 爆破基坑应根据土壤性质、药量、爆破方法等规定危险区。一般钻孔闷炮危险区半径应为50m；土坑开花炮危险区半径应为100m；石坑危险区半径应为200m；裸露药包爆破的危险区半径不小于300m。

如用深孔爆破加大药力时，应按具体情况扩大危险范围。

5.5.6 爆破现场的工作人员都应戴安全帽。准备起爆时，除点导火索的人以外，都必须离开危险区进行隐蔽。

起爆前要再次检查危险区内是否有人停留，并设人警戒。放炮过程中严禁任何人进入危险区内。

5.5.7 如需在坑内点火放炮时，应事先考虑好点火人能迅速、安全地离开坑内的措施。

5.5.8 雷管和导火索连接时，应使用专用钳子夹雷管口，严禁碰雷汞部分，严禁用牙咬雷管。

5.5.9 如遇有哑炮时，应等20min后再去处理。不得从炮眼中抽取雷管和炸药。重新打眼时，深眼要离原眼0.6m；浅眼要离原眼0.3～0.4m，并与原眼方向平行。

5.5.10 爆破时应考虑对周围建筑物、电力线、通信线等设施的影响，如有砸碰可能时，应采取特殊措施。

5.6 起重运输一般规定

5.6.1 起重工作必须由有经验的人领导，并应统一指挥、统一信号，明确分工，做好安全措施。

工作前，工作负责人应对起重工作和工具进行全面检查。

5.6.2 起重机械，如绞磨、汽车吊、卷扬机、手摇绞车等，必须安置平稳牢固，并应设有制动和逆制装置。

5.6.3 当重物吊离地面后，工作负责人应再检查各受力部位，无异常情况后方可正式起吊。

5.6.4 在起吊、牵引过程中，受力钢丝绳的周围、上下方、内角侧和起吊物的下面，严禁有人逗留和通过。

5.6.5 起吊物体必须绑牢，物体若有棱角或特别光滑的部分时，在棱角和滑面与绳子接触处应加以包垫。

5.6.6 使用开门滑车时，应将开门勾环扣紧，防止绳索自动跑出。

5.6.7 起重时，在起重机械的滚筒上至少应绕有五圈钢丝绳，拖尾钢丝绳应随时拉紧，并应由有经验的人负责。

5.6.8 起重机具均应有铭牌标明允许工作荷重，不得超铭牌使用。无铭牌或自造的起重机具，必须经试验合格后，方准使用。

5.6.9 起重钢丝绳的安全系数应符合下列规定：

a. 用于固定起重设备为3.5；

b. 用于人力起重为4.5；

c. 用于机动起重为5～6；

d. 用于绑扎起重物为10；

e. 用于供人升降用为14。

5.6.10 起重机具应妥善保管，列册登记，定期检查试验，具体规定见附录E。

5.6.11 钢丝绳应定期浸油，遇有下列情况之一者应予报废：

a. 钢丝绳在一个节距中有表1内的断丝根数者；

表1 **钢丝绳断丝根数**

最初的安全系数	钢丝绳结构							
	6×19=114+1		6×37=222+1		6×61=366+1		18×19=342+1	
	逆捻	顺捻	逆捻	顺捻	逆捻	顺捻	逆捻	顺捻
小于6	12	6	22	11	36	18	36	18
6～7	14	7	26	13	38	19	38	19
大于7	16	8	30	15	40	20	40	20

b. 钢丝绳断股者；

c. 钢丝绳的钢丝磨损或腐蚀达到原来钢丝直径的40%及以上，或钢丝绳受过严重退火或局部电弧烧伤者；

d. 钢丝绳压扁变形及表面起毛刺严重者；

e. 钢丝绳断丝数量不多，但断丝增加很快者。

5.6.12 使用车辆、船舶运输，不得超载。运电杆、变压器和线盘必须绑扎牢固，防止滚动、移动伤人。

5.6.13 装卸电杆应防止散堆伤人。当分散卸车时，每卸完一处，必须将车上其余的电杆绑扎牢固后，方可继续运送。

5.6.14 多人抬杆，必须同肩，步调一致，起放电杆时应互相呼应。

5.6.15 凡用绳子牵引杆子上山，必须将杆子绑牢，钢丝绳不得触磨地面，爬山路线两侧 5m 以内，不得有人停留或通过。

6 配电变压器台上的工作

6.1 配电变压器台（架、室）停电检修时，应使用第一种工作票；同一天内几处配电变压器台（架、室）进行同一类型工作，可使用一张工作票。高压线路不停电时，工作负责人应向全体人员说明线路上有电，并加强监护。

6.2 在配电变压器台（架、室）上进行工作，不论线路已否停电，必须先拉开低压刀闸［不包括低压熔断器（保险）］，后拉开高压隔离开关（刀闸）或跌落式熔断器（保险），在停电的高压引线上接地。上述操作在工作负责人监护下进行时，可不用操作票。

6.3 在吊起或放落变压器前，必须检查配电变压器台的结构是否牢固。

吊起或放落变压器时，应遵守邻近带电部分有关规定。

6.4 配电变压器停电做试验时，台架上严禁有人，地面有电部分应设围栏，悬挂“止步，高压危险！”的标示牌，并有专人监护。

6.5 进行电容器停电工作时，应先断开电源，将电容器放电接地后，才能进行工作。

6.6 线路柱上断路器（开关）、隔离开关（刀闸）、跌落式熔断器（保险）进行检修时，必须在连接该设备的两侧线路全部停电，并验电接地后，才能进行工作。

7 邻近带电导线的工作

7.1 在带电线路杆塔上的工作

7.1.1 在带电杆塔上刷油，除鸟窝，紧杆塔螺丝，检查架空地线（不包括绝缘架空地线），查看金具、瓷瓶工作时，作业人员活动范围及其所携带的工具、材料等，与带电导线最小距离不得小于表 2 的规定。

进行上述工作必须使用绝缘无极绳索、绝缘安全带，风力应不大于 5 级，并应有专人监护。

如不能保持表 2 要求的距离时，应按照带电作业工作进行。

表 2　　在带电线路杆塔上工作与带电导线最小安全距离

电压等级（kV）	安全距离（m）	电压等级（kV）	安全距离（m）
10 及以下	0.70	154	2.00
20～35	1.00	220	3.00
44	1.20	330	4.00
60～110	1.50	500	5.00

7.1.2 在10kV及以下的带电杆塔上进行工作，工作人员距最下层高压带电导线垂直距离不得小于0.7m。

7.2 邻近或交叉其他电力线路的工作

7.2.1 停电检修的线路如与另一回带电线路相交叉或接近，以致工作时可能和另一回导线接触或接近至危险距离以内（见表3），则另一回线路也应停电并予接地。接地线可以只在工作地点附近安装一处。

另一回线路的停电和接地，应填用第一种工作票并按照第2、3章的规定同样办理。若另一回电力线路属于其他单位，则工作负责人应向该单位要求停电和接地，并在确实看到该线路已经接地后，才可开始工作。

工作中应采取防止损伤另一回线的措施。

如邻近或交叉的线路不能停电时，必须遵守第7.2.2～7.2.5条的规定。

7.2.2 在带电的电力线路邻近进行工作时，有可能接近带电导线至危险距离以内时，必须做到以下要求：

a. 采取一切措施，预防与带电导线接触或接近至危险距离以内。牵引绳索和拉绳等至带电导线的最小距离应符合表3的规定。

b. 作业的导、地线必须在工作地点接地。绞车等牵引工具必须接地。

表3 邻近或交叉其他电力线工作的安全距离

电压等级（kV）	安全距离（m）	电压等级（kV）	安全距离（m）
10及以下	1.0	154～220	4.0
35（20～44）	2.5	330	5.0
60～110	3.0	500	6.0

7.2.3 在交叉档内放落、降低或架设导、地线工作，只有停电检修线路在带电线路下面时才可进行，但必须采取防止导、地线产生跳动或过牵引而与带电导线接近至危险范围以内的措施。

7.2.4 停电检修的线路如在另一回线路的上面，而又必须在该线路不停电情况下进行放松或架设导、地线以及更换瓷瓶等工作时，必须采取安全可靠的措施。安全措施应由工作人员充分讨论后经工区批准执行。措施应能保证：

a. 检修线路的导线、地线牵引绳索等与带电线路的导线必须保持足够的安全距离；

b. 要有防止导、地线脱落、滑跑的后备保护措施。

7.2.5 在发电厂、变电所出入口处或线路中间某一段有两条以上的相互靠近的（100m以内）平行或交叉线路上，要求：

a. 做判别标志、色标或采取其他措施，以使工作人员能正确区别哪一条线路是停电线路。

b. 在这些平行或交叉线路上进行工作时，应发给工作人员相对应线路的识别标记。

c. 登杆塔前经核对标记无误，验明线路确已停电并挂好地线后，方可攀登。

d. 在这一段平行或交叉线路上工作时，要设专人监护，以免误登有电线路杆塔。

7.3 同杆塔架设多回线路中，部分线路停电的工作

7.3.1 在同杆共架的多回线路中，部分线路停电检修，应在工作人员对带电导线最

小距离不小于表 2 规定的安全距离时，才能进行。

7.3.2 遇有 5 级以上的大风时，严禁在同杆塔多回线路中进行部分线路停电检修工作。

7.3.3 工作票签发人和工作负责人对停电检修的一回线路的正确称号应特别注意。多回线路中的每一回线路都应有双重称号，即：线路名称、左线或右线和上线或下线的称号。面向线路杆塔号增加的方向，在左边的线路称为左线，在右边的线路称为右线。

工作票中应填写停电检修线路的双重称号。

7.3.4 工作负责人在接受许可开始工作的命令时，应向工作许可人问明哪一回线路（左右线或上下线）已经停电接地，同时在工作票上记下工作许可人告诉的停电线路的双重称号，然后核对所指的停电的线路是否与工作票上所填的线路相符。如不符或有任何疑问时，工作负责人不得进行工作，必须查明已停电的线路确实是那一回线路后，方能进行工作。

7.3.5 在停电线路地段装设的接地线，应牢固可靠防止摆动。断开引线时，应在断引线的两侧接地。

如在绝缘架空地线上工作时，应先将该架空地线接地。

7.3.6 工作开始以前，工作负责人应向参加的工作人员指明哪一回线路已经停电，哪一回线路仍带电，以及工作中必须特别注意的事项。

7.3.7 为了防止在同杆塔架设多回线路中误登有电线路，还应采取如下措施：

7.3.7.1 各条线路应用标志、色标或其他方法加以区别，使登杆塔作业人员能在攀登前和在杆塔上作业时，明确区分停电和带电线路；

7.3.7.2 应在登杆塔前发给作业人员相对应线路的识别标记；

7.3.7.3 作业人员登杆塔前核对标记无误，验明线路确已停电并挂好地线后，方可攀登；

7.3.7.4 登杆塔和在杆塔上作业时，每基杆塔都应设专人监护。

7.3.8 在杆塔上进行工作时，严禁进入带电侧的横担，或在该侧横担上放置任何物件。

7.3.9 绑线要在下面绕成小盘再带上杆塔使用。严禁在杆塔上卷绕绑线或放开绑线。

7.3.10 向杆塔上吊起或向下放落工具、材料等物体时，应使用绝缘无极绳圈传递，保持表 3 的安全距离。

7.3.11 放线或架线时，应采取措施防止导线或架空地线由于摆动或其他原因而与带电导线接近至危险范围以内。

在同塔杆架设的多回线路上，下层线路带电，上层线路停电作业时，不准做放、撤导线和地线的工作。

7.3.12 绞车等牵引工具应接地，放落和架设过程中的导线亦应接地，以防止带电的线路发生接地短路时产生感应电压。

8 带电作业

8.1 一般规定

8.1.1 本章的规定适用于在海拔 1000m 及以下交流 10～500kV 的高压架空电力线

路，变电所（发电厂）电气设备上采用等电位、中间电位和地电位方式进行的带电作业，以及低压带电作业。

两线一地的线路及电气设备上不宜进行带电作业。

8.1.2 带电作业应在良好天气下进行。如遇雷、雨、雪、雾不得进行带电作业，风力大于5级时，一般不宜进行带电作业。

在特殊情况下，必须在恶劣天气进行带电抢修时，应组织有关人员充分讨论并采取必要的安全措施，经厂（局）主管生产领导（总工程师）批准后方可进行。

8.1.3 对于比较复杂、难度较大的带电作业新项目和研制的新工具，必须进行科学试验，确认安全可靠，编出操作工艺方案和安全措施，并经厂（局）主管生产领导（总工程师）批准后，方可实行和使用。

8.1.4 带电作业工作票签发人和工作负责人应具有带电作业实践经验。工作票签发人必须经厂（局）领导批准，工作负责人也可经工区领导批准。

8.1.5 带电作业必须设专人监护。监护人应由具有带电作业实践经验的人员担任。监护人不得直接操作。监护的范围不得超过一个作业点。复杂的或高杆塔上的作业应增设（塔上）监护人。

8.1.6 带电作业工作票签发人和工作负责人对带电作业现场情况不熟悉时，应组织有经验的人员到现场查勘。根据查勘结果作出能否进行带电作业的判断，并确定作业方法和所需工具以及应采取的措施。

8.1.7 带电作业工作负责人在带电作业工作开始前，应与调度联系，工作结束后应向调度汇报。

8.1.8 带电作业有下列情况之一者应停用重合闸，并不得强送电：

8.1.8.1 中性点有效接地的系统中有可能引起单相接地的作业。

8.1.8.2 中性点非有效接地的系统中有可能引起相间短路的作业。

8.1.8.3 工作票签发人或工作负责人认为需要停用重合闸的作业。

严禁约时停用或恢复重合闸。

8.1.9 在带电作业过程中如设备突然停电，作业人员应视设备仍然带电。工作负责人应尽快与调度联系，调度未与工作负责人取得联系前不得强送电。

8.2 一般技术措施

8.2.1 进行地电位带电作业时，人身与带电体间的安全距离不得小于表4的规定。

表4 **人身与带电体的安全距离**

电压等级（kV）	10	35	63（66）	110	220	330	500
距　离（m）	0.4	0.6	0.7	1.0	1.8（1.6）[1]	2.6	3.6[2]

注 1）因受设备限制达不到1.8m时，经厂（局）主管生产领导（总工程师）批准，并采取必要的措施后，可采用括号内（1.6m）的数值。

2）由于500kV带电作业经验不多，此数据为暂定数据。

35kV及以下的带电设备，不能满足表3规定的最小安全距离时，必须采取可靠的绝缘隔离措施。

8.2.2 绝缘操作杆、绝缘承力工具和绝缘绳索的有效长度不得小于表5的规定。

表5　　绝缘工具最小有效绝缘长度

电压等级（kV）	有效绝缘长度（m）	
	绝缘操作杆	绝缘承力工具、绝缘绳索
10	0.7	0.4
35	0.9	0.6
63（66）	1.0	0.7
110	1.3	1.0
220	2.1	1.8
330	3.1	2.8
500	4.0	3.7

8.2.3 更换绝缘子或在绝缘子串上作业时，良好绝缘子片数不得少于表6的规定。

表6　　良好绝缘子最少片数

电压等级（kV）	35	63（66）	110	220	330	500
片　数	2	3	5	9	16	23

8.2.4 更换直线绝缘子串或移动导线的作业，当采用单吊线装置时，应采取防止导线脱落时的后备保护措施。

8.2.5 在绝缘子串未脱离导线前，拆、装靠近横担的第一片绝缘子时，必须采用专用短接线或穿屏蔽服方可直接进行操作。

8.2.6 在市区或人口稠密的地区进行带电作业时，工作现场应设置围栏，严禁非工作人员入内。

8.3 等电位作业

8.3.1 等电位作业一般在63（66）kV及以上电压等级的电力线路和电气设备上进行。若须在35kV及以下电压等级进行等电位作业时，应采取可靠的绝缘隔离措施。

8.3.2 等电位作业人员必须在衣服外面穿合格的全套屏蔽服（包括帽、衣、裤、手套、袜和鞋），且各部分应连接好。屏蔽服内还应套阻燃内衣。

严禁通过屏蔽服断、接接地电流，空载线路和耦合电容器的电容电流。

8.3.3 等电位作业人员对地距离应不小于表4的规定，对邻相导线的距离应不小于表7的规定。

表7　　等电位作业人员对邻相导线的最小距离

电压等级（kV）	10	35	63（66）	110	220	330	500
距　离（m）	0.6	0.8	0.9	1.4	2.5	3.5	5.0

8.3.4 等电位作业人员在绝缘梯上作业或者沿绝缘梯进入强电场时，与接地体和带电体两部分间隙所组成的组合间隙不得小于表8的规定。

表 8　　等电位作业人员与组合间隙的最小距离

电压等级（kV）	35	63（66）	110	220	330	500
距　离（m）	0.7	0.8	1.2	2.1	3.1	4.0

8.3.5　等电位作业人员沿绝缘子串进入强电场的作业，只能在 220kV 及以上电压等级的绝缘子串上进行。扣除人体短接的和零值的绝缘子片后，良好绝缘子片数不得小于表 6 的规定，其组合间隙不得小于表 8 的规定。若不满足表 7 的规定，应加装保护间隙。

8.3.6　等电位作业人员在电位转移前，应得到工作负责人的许可，并系好安全带。转移电位时，人体裸露部分与带电体的距离不应小于表 9 的规定。

表 9　　转移电位时人体裸露部分与带电体的最小距离

电压等级（kV）	35～63（66）	110～220	330～500
距　离（m）	0.2	0.3	0.4

8.3.7　等电位作业人员与地面作业人员传递工具和材料时，必须使用绝缘工具或绝缘绳索进行，其有效长度不得小于表 5 的规定。

8.3.8　沿导、地线上悬挂的软、硬梯或飞车进入强电场的作业应遵守下列规定：

8.3.8.1　在连接档距的导、地线上挂梯（或飞车）时，其导、地线的截面不得小于：

钢芯铝绞线　120mm^2；

铜绞线　70mm^2；

钢绞线　50mm^2。

8.3.8.2　有下列情况之一者，应经验算合格，并经厂（局）主管生产领导（总工程师）批准后才能进行：

a. 在孤立档距的导、地线上的作业；

b. 在有断股的导、地线上的作业；

c. 在有锈蚀的地线上的作业；

d. 在其他型号导、地线上的作业；

e. 二人以上在导、地线上的作业。

8.3.8.3　在导、地线上悬挂梯子前，必须检查本档两端杆塔处导、地线的紧固情况。挂梯载荷后，地线及人体对导线的最小间距应比表 4 中的数值增大 0.5m，导线及人体对被跨越的电力线路、通信线路和其他建筑物的最小距离应比表 4 的安全距离增大 1m。

8.3.8.4　在瓷横担线路上严禁挂梯作业，在转动横担的线路上挂梯前应将横担固定。

8.3.9　等电位作业人员在作业中严禁用酒精、汽油等易燃品擦拭带电体及绝缘部分，防止起火。

8.4　带电断、接引线

8.4.1　带电断、接空载线路，必须遵守下列规定：

8.4.1.1　带电断接空载线路时，必须确认线路的终端开关［断路器（开关）或隔离开关（刀闸）〕确已断开，接入线路侧的变压器、电压互感器确已退出运行后，方可进行。

严禁带负荷断、接引线。

8.4.1.2 带电断、接空载线路时，作业人员应戴护目镜，并应采取消弧措施。消弧工具的断流能力应与被断、接的空载线路电压等级及电容电流相适应。如使用消弧绳，则其断、接的空载线路的长度不应大于表10的规定，且作业人员与断开点应保持4m以上的距离。

表10　使用消弧绳断、接空载线路的最大长度

电压等级（kV）	10	35	63（66）	110	220
长　度（km）	50	30	20	10	3

注　线路长度包括分支在内，但不包括电缆线路。

8.4.1.3 在查明线路确无接地、绝缘良好、线路上无人工作且相位确定无误后，才可进行带电断、接引线。

8.4.1.4 带电接引时未接通相的导线及带电断引时已断开相的导线，将因感应而带电。为防止电击，应采取措施后才能触及。

8.4.1.5 严禁同时接触未接通的或已断开的导线两个断头，以防人体串入电路。

8.4.2 严禁用断、接空载线路的方法使两电源解列或并列。

8.4.3 带电断、接耦合电容器时，应将其信号、接地刀闸合上并应停用高频保护。被断开的电容器应立即对地放电。

8.4.4 带电断、接空载线路、耦合电容器、避雷器等设备时，应采取防止引流线摆动的措施。

8.5 带电短接设备

8.5.1 用分流线短接断路器、隔离开关等载流设备，必须遵守下列规定：

8.5.1.1 短接前一定要核对相位。

8.5.1.2 组装分流线的导线处必须清除氧化层，且线夹接触应牢固可靠。

8.5.1.3 35kV及以下设备使用的绝缘分流线的绝缘水平应符合表17的规定。

8.5.1.4 断路器必须处于合闸位置，并取下跳闸回路熔断器，锁死跳闸机构后，方可短接。

8.5.1.5 分流线应支撑好，以防摆动造成接地或短路。

8.5.2 阻波器被短路前，严防等电位作业人员人体短接阻波器。

8.5.3 短接开关设备或阻波器的分流线截面和两端线夹的截流容量，应满足最大负荷电流的要求。

8.6 带电水冲洗

8.6.1 带电水冲洗一般应在良好天气时进行。风力大于4级，气温低于－3℃，雨大、雪天、雾天及雷电天气不宜进行。

8.6.2 带电水冲洗作业前应掌握绝缘子的脏污情况，当盐密值大于表11临界盐密值的规定，一般不宜进行水冲洗，否则，应增大水电阻率来补救。避雷器及密封不良的设备不宜进行带电水冲洗。

表 11　　带电水冲洗临界盐密值[1]（仅适用于 220kV 及以下）

爬电比距[2]（mm/kV）	发电厂及变电所支柱绝缘子							
	14.8～16（普通型）				20～31（防污型）			
水电阻率（Ω·cm）	1500	3000	10000	50000及以上	1500	3000	10000	50000及以上
临界盐密值（mg/cm^2）	0.02	0.04	0.08	0.12	0.08	0.12	0.16	0.2
爬电比距[2]（mm/kV）	线路悬式绝缘子							
	14.8～16（普通型）				20～31（防污型）			
水电阻率（Ω·cm）	1500	3000	10000	50000及以上	1500	3000	10000	50000及以上
临界盐密值（mg/cm^2）	0.05	0.07	0.12	0.15	0.12	0.15	0.2	0.22

注　1）330kV 及 500kV 等级的临界盐密值尚不成熟，暂不列入。
　　2）爬电比距指电力设备外绝缘的爬电距离与设备最高工作电压之比。

8.6.3　带电水冲洗用水的电阻率一般不低于 1500Ω·cm。冲洗 220kV 变电设备时，水电阻率不应低于 3000Ω·cm，并应符合表 11 的要求。每次冲洗前，都应用合格的水阻表测量水电阻率，应从水枪出口处取水样进行测量。如用水车等容器盛水，每车水都应测量水电阻率。

8.6.4　以水柱为主绝缘的大、中、小型水冲（喷嘴直径为 3mm 及以下者称小水冲；直径为 4～8mm 者称中水冲；直径为 9mm 及以上者称大水冲），其水枪喷嘴与带电体之间的水柱长度不得小于表 12 的规定。大、中型水枪喷嘴均应可靠接地。

表 12　　喷嘴与带电体之间的水柱长度

喷嘴直径（mm）		3 及以下	4～8	9～12	13～18
电压等级（kV）	63（66）及以下	0.8	2	4	6
	110	1.2	3	5	7
	220	1.8	4	6	8

8.6.5　由水柱、绝缘杆、引水管（指有效绝缘部分）组成的小水冲工具，其组合绝缘应满足如下要求：

8.6.5.1　在工作状态下应能耐受表 18 规定的试验电压。

8.6.5.2　在最大工频过电压下流经操作人员人体的电流应不超过 1mA，试验时间不小于 5min。

8.6.6　利用组合绝缘的小水冲工具进行冲洗时，冲洗工具严禁触及带电体。引水管的有效绝缘部分不得触及接地体。

操作杆的使用及保管均按带电作业工具的有关规定执行。

8.6.7　带电冲洗前应注意调整好水泵压强，使水柱射程远且水流密集。当水压不足时，不得将水枪对准被冲洗的带电设备。冲洗用水泵应良好接地。

8.6.8 带电水冲洗应注意选择合适的冲洗方法。直径较大的绝缘子宜采用双枪跟踪法或其他方法，并应防止被冲洗设备表面出现污水线。当被冲绝缘子未冲洗干净时，水枪切勿强行离开，以免造成闪络。

8.6.9 带电水冲洗前要确知设备绝缘是否良好。有零值及低值的绝缘子及瓷质有裂纹时，一般不可冲洗。

8.6.10 冲洗悬垂绝缘子串、瓷横担、耐张绝缘子串时，应从导线侧向横担侧依次冲洗。冲洗支柱绝缘子及绝缘瓷套时，应从下向上冲洗。

8.6.11 冲洗绝缘子时，应注意风向，必须先冲下风侧，后冲上风侧；对于上、下层布置的绝缘子应先冲下层，后冲上层。还要注意冲洗角度，严防临近绝缘子在溅射的水雾中发生闪络。

8.7 带电爆炸压接

8.7.1 带电爆炸压接应使用工业8号纸壳火雷管。

8.7.2 为防止雷管在电场中自行起爆，引爆系统（包括雷管、导火索、拉火管）必须全部屏蔽。

引爆方式可采用地面引爆和等电位引爆。当采用等电位引爆时，应做到：引爆系统与导线连接牢固；安装引爆系统时，作业人员应始终与导线保持等电位；导火索应有足够的长度，以保证作业人员安全撤离。

8.7.3 炸药爆炸会降低空气绝缘。为保证安全，应遵守下列规定：

8.7.3.1 爆炸时，爆炸点对地及相间的安全距离应满足表13的规定。

表13　爆炸点对地及相间的安全距离

电压等级（kV）	63（66）及以下	110	220	330	500
距　离（m）	2.0	2.5	3.0	3.5	5

8.7.3.2 如不能满足表13的规定，可在药包外包食盐或聚胺脂泡沫塑料，以减小由于爆炸时造成的空气绝缘的降低。

8.7.4 爆炸压接时，所有工作人员均应撤到离爆炸点30m以外与雷管开口端反向的安全区。

8.7.5 爆炸压接时，爆炸点距绝缘子、分流线、金属承力工具、绝缘工具之间的距离应大于表14的规定，否则，应采取保护措施。

表14　爆炸点距离邻近物的距离

邻　近　物	承力工具及分流线	绝缘子	绝缘工具
距　离（m）	0.4	0.6	1.0

8.7.6 若分裂导线间距小于0.4m，应设法加大距离或采取保护措施。

8.7.7 出现瞎炮时，应按《电业安全工作规程》（热力和机械部分）的有关规定处理。爆炸压接使用的炸药、雷管、导火索、拉火管均为易燃、易爆物品，均应按上述规程的有关规定加以管理。

8.8 感应电压防护

8.8.1 在220～500kV电压等级的线路杆塔上及变电所构架上作业，应采取防静电感应措施，例如，穿着静电感应防护服等。

8.8.2 带电更换架空地线或架设耦合地线时，应通过放线滑车可靠接地。

8.8.3 绝缘架空地线应视为带电体，作业人员与绝缘架空地线之间的距离不应小于0.4m。如需在绝缘架空地线上作业时，应用接地线将其可靠接地或采用等电位方式进行。

8.8.4 用绝缘绳索传递大件金属物品（包括工具、材料等）时，杆塔或地面上作业人员应将金属物品接地后再接触，以防电击。

8.9 高架绝缘斗臂车

8.9.1 使用前应认真检查，并在预定位置空斗试操作一次，确认液压传动、回转、升降、伸缩系统工作正常，操作灵活，制动装置可靠，方可使用。

8.9.2 绝缘臂的有效绝缘长度应大于表15的规定，并应在其下端装设泄漏电流监视装置。

表15 **绝缘臂的最小长度**

电压等级（kV）	10	35～63（66）	110	220
长　度（m）	1.0	1.5	2.0	3.0

8.9.3 绝缘臂下节的金属部分，在仰起回转过程中，对带电体的距离应按表4的规定值增加0.5m。

工作中车体应良好接地。

8.9.4 绝缘斗用于10～35kV带电作业时，其壁厚及层间绝缘水平应满足表18耐受电压的规定。

8.9.5 操作绝缘斗臂车人员应熟悉带电作业的有关规定，并经专门培训。在工作过程中不得离开操作台，且斗臂车的发动机不得熄灭。

8.10 带电气吹清扫

8.10.1 用于气吹的操作杆和出气软管，按表18相应电压等级要求所做的耐压试验应合格。储气风包、出气软管及辅助罐等压力容器应作水压试验（108N/cm^2）。

8.10.2 喷嘴宜用硬质绝缘材料制成。若用金属材料制作时，其长度不宜超过100mm，喷嘴内径以3.5～6mm为宜。

8.10.3 用作辅料的锯末，须经16～30目筛网筛选和干燥。装入辅料罐前，应用2500V摇表测量其绝缘电阻应大于9000MΩ。

8.10.4 现场作业前，应认真检查空气压缩机是否正常，风包安全网门是否动作可靠，风包内有余水时，应先放完。空气压缩机的排气压力以59～98N/cm^{2}为宜。

8.10.5 带电气吹操作人员在工作中，必须戴护目镜、口罩和防尘帽。

操作人员宜站在上风侧位置作业，且须保持表4的安全距离。

8.10.6 在带电气吹作业时，作业人员应注意喷嘴不得垂直电瓷表面及定点气吹，以免损坏电瓷和釉质表面层。

8.10.7 带电气吹清扫时，如遇喷嘴锯末阻塞，应先减压，再行消除障碍。

8.11 保护间隙

8.11.1 保护间隙的接地线应用多股软铜线。其截面应满足接地短路容量的要求，但最小不得小于 25mm²。

8.11.2 圆弧形保护间隙的距离应按表 16 的规定进行整定。

表 16　　圆弧形保护间隙定值

电压等级（kV）	220	330
间隙距离（m）	0.7～0.8	1.0～1.1

8.11.3 使用保护间隙时，应遵守下列规定：

8.11.3.1 悬挂保护间隙前，应与调度联系停用重合闸。

8.11.3.2 悬挂保护间隙应先将其与接地网可靠接地，再将保护间隙挂在导线上，并使其接触良好。拆除的程序与其相反。

8.11.3.3 保护间隙应挂在相邻杆塔的导线上，悬挂后，须派专人看守，在有人畜通过的地区，还应增设围栏。

8.11.3.4 装、拆保护间隙的人员应穿全套屏蔽服。

8.12 带电检测绝缘子

8.12.1 使用火花间隙检测器检测绝缘子时，应遵守下列规定：

8.12.1.1 检测前，应对检测器进行检测，保证操作灵活、测量准确。

8.12.1.2 针式及少于 3 片的悬式绝缘子不得使用火花间隙检测器进行检测。

8.12.1.3 检测 35kV 及以上电压等级的绝缘子串时，当发现同一串中的零值绝缘子片数达到表 17 的规定，应立即停止检测。

表 17　　一串中允许零值绝缘子片数

电压等级（kV）	35	63（66）	110	220	330	500
绝缘子串片数	3	5	7	13	19	28
零值片数	1	2	3	5	4	6

如绝缘子串的总片数超过表 17 的规定时，零值绝缘子片数可相应增加。

8.12.1.4 应在干燥天气进行。

8.13 低压带电作业

8.13.1 低压带电作业应设专人监护，使用有绝缘柄的工具。工作时，站在干燥的绝缘物上进行，并戴绝缘手套和安全帽。必须穿长袖衣工作，严禁使用锉刀、金属尺和带有金属物的毛刷、毛掸等工具。

8.13.2 高低压同杆架设，在低压带电线路上工作时，应先检查与高压线的距离，采取防止误碰带电高压设备的措施。在低压带电导线未采取绝缘措施时，工作人员不得穿越。在带电的低压配电装置上工作时，应采取防止相间短路和单相接地的绝缘隔离措施。

8.13.3 上杆前，应先分清火、地线，选好工作位置。断开导线时，应先断开火线，后断开地线。搭接导线时，顺序应相反。

人体不得同时接触两根线头。

8.14 带电作业工具的保管与试验

8.14.1 带电作业工具应置于通风良好，备有红外线灯泡或去湿设施的清洁干燥的专用房间存放。

8.14.2 高架绝缘斗臂车的绝缘部分应有防潮保护罩，并应存放在通风、干燥的车库内。

8.14.3 在运输过程中，带电绝缘工具应装在专用工具袋、工具箱或专用工具车内，以防受潮和损伤。

8.14.4 不合格的带电作业工具应及时检修或报废，不得继续使用。

8.14.5 发现绝缘工具受潮或表面损伤、脏污时，应及时处理并经试验合格后方可使用。

8.14.6 使用工具前，应仔细检查其是否损坏、变形、失灵。并使用2500V绝缘摇表或绝缘检测仪进行分段绝缘检测（电极宽2cm，极间宽2cm），阻值应不低于700MΩ。操作绝缘工具时应戴清洁、干燥的手套，并应防止绝缘工具在使用中脏污和受潮。

8.14.7 带电作业工具应设专人保管，登记造册，并建立每件工具的试验记录。

8.14.8 带电作业工具应定期进行电气试验及机械试验，其试验周期为：

电气试验：预防性试验每年一次，检查性试验每年一次，两次试验间隔半年。

机械试验：绝缘工具每年一次，金属工具两年一次。

8.14.9 绝缘工具电气试验项目及标准见表18。

表18　绝缘工具的试验项目及标准

额定电压（kV）	试验长度（m）	1min工频耐压（kV）		5min工频耐压（kV）		15次操作冲击耐压（kV）	
		出厂及型式试验	预防性试验	出厂及型式试验	预防性试验	出厂及型式试验	预防性试验
10	0.4	100	45	—	—	—	—
35	0.6	150	95	—	—	—	—
63	0.7	175	175	—	—	—	—
110	1.0	250	220	—	—	—	—
220	1.8	450	440	—	—	—	—
330	2.8	—	—	420	380	900	800
500	3.7	—	—	640	580	1175	1050

操作冲击耐压试验宜采用250/2500μs的标准波，以无一次击穿、闪络为合格。

工频耐压试验以无击穿、无闪络及过热为合格。

高压电极应使用直径不小于30mm的金属管，被试品应垂直悬挂，接地极的对地距离为1.0～1.2m。接地极及接高压的电极（无金属时）处，以50mm宽金属铂缠绕。试品间距不小于500mm，单导线两侧均压球直径不小于200mm，均压球距试品不小于1.5m。

试品应整根进行试验，不得分段。

8.14.10 绝缘工具的检查性试验条件是：将绝缘工具分成若干段进行工频耐压试验，每300mm耐压75kV，时间为1min，以无击穿、闪络及过热为合格。

8.14.11 组合绝缘的水冲洗工具应在工作状态下进行电气试验。除按表18的项目和标准试验外（指220kV及以下电压等级），还应增加工频泄漏试验，试验电压见表19。泄漏电流以不超过1mA为合格。试验时间为5min。

试验时的水电阻率为1500Ω·cm（适用于220kV及以下电压等级）。

表19　组合绝缘的水冲洗工具工频泄漏试验电压值

额定电压（kV）	10	35	63（66）	110	220
试验电压（kV）	15	46	80	110	220

8.14.12 带电作业工具的机械试验标准：

静荷重试验：2.5倍允许工作负荷下持续5min，工具无变形及损伤者为合格。

动荷重试验：1.5倍允许工作负荷下实际操作3次，工具灵活、轻便，无卡住现象。

8.14.13 屏蔽服衣裤最远端点之间的电阻值均不得大于20Ω。

9　电力电缆工作

9.1 电力电缆停电工作应填用第一种工作票，不需停电的工作应填用第二种工作票。工作前，必须详细核对电缆名称标示牌是否与工作票所写的符合，安全措施正确可靠后，方可开始工作。

9.2 挖掘电缆的工作应在有经验的人员交代清楚后才能进行。挖到电缆保护板后，应由有经验的人员在场指导，方可继续进行。

挖掘电缆沟前，应做好防止交通事故的安全措施。在挖出的土堆起的斜坡上，不得放置工具、材料等杂物。沟边应留有走道。

9.3 挖掘出的电缆或接头盒的下面需挖空时，必须将其悬吊保护，悬吊电缆应每隔约1.0～1.5m吊一道。悬吊接头盒应平放，不得使接头受到拉力。

9.4 敷设电缆时，应有专人统一指挥。电缆走动时，严禁用手搬动滑轮，以防压伤。移动电缆接头盒一般应停电进行；如带电移动时，应先调查该电缆的历史记录，由敷设电缆有经验的人员，在专人统一指挥下，平正移动，防止绝缘损伤爆炸。

9.5 锯电缆以前，必须与电缆图纸核对是否相符，并确切证实电缆无电后，用接地的带木柄的铁钎钉入电缆芯后，方可工作。扶木柄的人应戴绝缘手套并站在绝缘垫上。

9.6 熬电缆胶工作应由专人看管；熬胶人员应戴帆布手套及鞋盖。搅拌或掐取溶化的电缆胶或焊锡时，必须使用预先加热的金属棒或金属勺子，防止落入水分而发生爆溅烫伤。

9.7 进电缆井前，应排除井内浊气。在电缆井内工作应戴安全帽，并做好防火、防水及防止高空落物等措施，电缆井口应有专人看守。

9.8 提起水底电缆放在船上工作时，应使船体保持平衡。船上应具备足够的救生圈，工作人员应穿救生衣。

9.9 制作环氧树脂电缆头和调配环氧树脂工作过程中，应采取有效的防毒和防火措施。

附 录 A

电力线路第一种工作票

（补充件）

编号：

1. 工区、所（工段）名称：________________________________

2. 工作负责人姓名：________________________________

3. 工作班人员：________________________共______人

4. 停电线路名称（双回线路应注明双重称号）：________________

5. 工作地段（注明分、支路名称，线路的起止杆号）：________________

6. 工作任务：________________________________

7. 应采取的安全措施（包括拉开的隔离开关、断路器、应停电的范围）：________________

保留的带电线路或带电设备：________________________________

应挂的地线：

线路名称及杆号				
接地线编号				

8. 计划工作时间：自______年______月______日______时______分

至______年______月______日______时______分

9. 许可开始工作的命令：

许可的命令方式	许可人	许可工作的时间
		年月日时分

10. 工作终结报告的时间：

终许可人	终结报告的时间	

工作票签发人（签字）： 年 月 日

工作负责人（签字）：

备注栏

年 月 日

附 录 B

电力线路第二种工作票

（补充件）

编号：

1. 工区、所（工段）名称：________________

2. 工作负责人姓名：________________

3. 工作班人员：__________共__________人

4. 工作的线路或设备名称：________________

工作范围：________________

工作任务：________________

5. 计划工作时间：自____年____月____日____时____分

至____年____月____日____时____分

6. 执行本工作应采取的安全措施：________________

7. 通知调度：（工区值班员）

工作开始时间____年____月____日____时____分

工作完工时间____年____月____日____时____分

工作票签发人： 工作负责人：

附 录 C
倒闸操作票格式
（补充件）

供电局（或线路工区）倒闸操作票　　　　编号：

<table>
<tr><td colspan="3">操作开始时间：　　年　月　日　时　分，终 了 时 间：　　日　时　分</td></tr>
<tr><td colspan="3">操作任务：</td></tr>
<tr><td>√</td><td>顺序</td><td>操 作 项 目</td></tr>
<tr><td></td><td></td><td></td></tr>
<tr><td></td><td></td><td></td></tr>
<tr><td></td><td></td><td></td></tr>
<tr><td></td><td></td><td></td></tr>
<tr><td></td><td></td><td></td></tr>
<tr><td></td><td></td><td></td></tr>
<tr><td></td><td></td><td></td></tr>
<tr><td></td><td></td><td></td></tr>
<tr><td></td><td></td><td></td></tr>
<tr><td></td><td></td><td></td></tr>
<tr><td></td><td></td><td></td></tr>
<tr><td></td><td></td><td></td></tr>
<tr><td></td><td></td><td></td></tr>
<tr><td></td><td></td><td></td></tr>
<tr><td></td><td></td><td></td></tr>
<tr><td></td><td></td><td></td></tr>
<tr><td></td><td></td><td></td></tr>
<tr><td></td><td></td><td></td></tr>
<tr><td></td><td></td><td></td></tr>
<tr><td colspan="3">备 注：</td></tr>
</table>

操作人：　　　　监护人：　　　　工作许可人：

附 录 D

常用电气绝缘工具试验一览表

（补充件）

序号	名 称	电压等级（kV）	周 期	交流耐压（kV）	时间（min）	漏泄电流（mA）	附 注
1	绝缘棒	6～10	每年一次	44	5		
		35～154		四倍相电压			
		220		三倍相电压			
2	绝缘挡板	6～10	每年一次	30	5		
		35（20～44）		80			
3	绝缘罩	35（20～44）	每年一次	80	5		
4	绝缘夹钳	35及以下	每年一次	三倍线电压	5		
		110		260			
		220		400			
5	验电笔	6～10	每六个月一次	40	5		发光电压不高于额定电压的25%
		20～35		105			
6	绝缘手套	高压	每六个月一次	9	1	≤9	
		低压		2.5		≤2.5	
7	橡胶绝缘靴	高压	每六个月一次	15	1	≤7.5	
8	核相器电阻管	6	每六个月一次	6	1	1.7～2.4	
		10		10		1.4～1.7	
9	绝缘绳	高压	每六个月一次	105/0.5m	5		

附　录　E

登高、起重工具试验标准表

（补充件）

分类	名称	试验静重（允许工作倍数）	试验周期	外表检查周期	试荷时间（min）	试验静拉力（N）
登高工具	安全带大带小带		半年一次	每月一次	5	2205 1470
	安全腰绳		半年一次	每月一次	5	2205
	升降板		半年一次	每月一次	5	2205
	脚扣		半年一次	每月一次	5	980
	竹（木）梯		半年一次	每月一次	5	试验荷重 1765N
起重工具	白棕绳	2	每年一次	每月一次	10	2205 1470
	钢丝绳	2	每年一次	每月一次	10	2205
	铁链	2	每年一次	每月一次	10	2205
	葫芦及滑车	1.25	每年一次	每月一次	10	980
	扒杆	2	每年一次	每月一次	10	
	夹头及卡	2	每年一次	每月一次	10	
	吊钩	1.25	每年一次	每月一次	10	
	绞磨	1.25	每年一次	每月一次	10	

附　录　F
紧 急 救 护 法
（补充件）

略。〔详细内容见 DL408《电业安全工作规程》（发电厂和变电所电气部分）附录 G〕

附加说明：

本标准由能源部安全环保司提出。

本标准由能源部安全环保司归口。

本标准由能源部安全环保司负责起草，全国有关电管局、电力局等参加。

本标准主要起草人：徐余文、蔡树人、陈祖嘉、陈其祥、柏克寒。

国家防汛抗旱总指挥部关于明确水库水电站防汛管理有关问题的通知

国汛［2005］13号

各省、自治区、直辖市防汛抗旱指挥部，长江、黄河、淮河、松花江防汛总指挥部，新疆生产建设兵团防汛抗旱指挥部，水利部各流域管理机构，国家电网公司、中国电力投资集团公司、中国南方电网公司、中国华电集团公司、中国国电集团公司、中国大唐集团公司、中国华能集团公司：

2004年湖北省清江大龙潭水电站施工围堰溃决和2005年云南省昭通市双龙电站蓄水工程坝体溃决，均造成了重大人员伤亡。通过对水库、水电站安全度汛存在问题的分析表明，由于管理体制变化和开发主体多元化等原因，一些水库、水电站的建设与管理没有得到有效监管，存在防汛责任制不健全、汛期调度运用计划（也称汛期调度运用方案）和防洪抢险应急预案编制审批权限不明确、防汛指挥调度权限不明确、安全度汛措施不落实等问题，严重影响防洪安全。党中央、国务院领导高度重视水库、水电站防洪安全工作，多次做出重要批示，要求切实做好水库、水电站安全度汛工作。为贯彻落实党中央、国务院领导指示精神，依据《防洪法》和《防汛条例》，结合水库、水电站防汛管理现状，经研究，就水库、水电站（包括已建与在建，下同）防汛管理的有关问题明确如下：

一、关于水库、水电站防汛行政责任人的确定

水库、水电站的防汛实行行政首长负责制，防汛行政责任人必须由相应人民政府行政领导担任。各省（自治区、直辖市）防汛抗旱指挥部应根据辖区内水库、水电站的数量、规模和防洪影响范围等因素，研究制定辖区内水库、水电站防汛行政责任人的确定原则，并督促辖区内各级防汛抗旱指挥部落实水库、水电站防汛行政责任人。水库、水电站大坝跨省级行政区域的，其防汛行政责任人由流域防汛总指挥部或水利部流域管理机构商有关省（自治区、直辖市）防汛抗旱指挥部确定。各省（自治区、直辖市）防汛抗旱指挥部要按照有关法规的规定，明确水库、水电站防汛行政责任人的职责。

二、关于水库、水电站防汛指挥调度权限的确定

水库、水电站防汛指挥调度权限原则上按照水库、水电站防洪影响范围确定，即防洪影响范围不跨县级行政区域的水库、水电站，由县级防汛抗旱指挥部指挥调度；防洪影响范围跨县级行政区域但不跨地级行政区域的水库、水电站，由地级防汛抗旱指挥部指挥调度；防洪影响范围跨地级行政区域但不跨省级行政区域的水库、水电站，由省级防汛抗旱指挥部指挥调度；防洪影响范围跨省级行政区域和水利部各流域管理机构直管的水库、水电站由流域防汛总指挥部或水利部流域管理机构指挥调度，其中对大江大河防洪影响特别重大的水库、水电站由国家防总指挥调度。水库、水电站防洪影响范围是否跨省级行政区域由流域防汛总指挥部或水利部流域管理机构商有关省（自治区、直辖市）防汛抗旱指挥

部确定。各流域防汛总指挥部、水利部流域管理机构和各省（自治区、直辖市）防汛抗旱指挥部可根据以上原则和辖区内水库、水电站的实际情况，组织对辖区内的水库、水电站逐一确定其防汛指挥调度权限。

三、关于水库、水电站汛期调度运用计划和防洪抢险应急预案审批权限的确定

水库、水电站汛期调度运用计划审批权限按照“谁调度，谁审批”的原则确定，即由行使水库、水电站防汛指挥调度权限的防汛抗旱指挥部或水利部流域管理机构审批，并报上级防汛抗旱指挥部备案，其中对大江大河防洪影响特别重大的水库、水电站的汛期调度运用计划由国家防总审批。

水库、水电站防洪抢险应急预案原则上由水库、水电站防汛行政责任人所在人民政府的防汛抗旱指挥部审批，并报上级防汛抗旱指挥部备案。有关人民政府防汛抗旱指挥部在审批防洪影响跨省级行政区域水库、水电站的防洪抢险应急预案时，应征求有关省（自治区、直辖市）防汛抗旱指挥部和水库、水电站所在流域防汛总指挥部或水利部流域管理机构的意见。

各省（自治区、直辖市）防汛抗旱指挥部、流域防汛总指挥部或水利部流域管理机构要组织对辖区内所有水库、水电站进行调查摸底，并按照以上原则和本省（自治区、直辖市）及流域的实际情况，确定水库、水电站的防汛行政责任人、防汛指挥调度权限、汛期调度运用计划和防洪抢险应急预案审批权限，明确水库、水电站防汛行政责任人的职责。确保每座水库、水电站都有明确的防汛行政责任人、防汛指挥调度部门以及汛期调度运用计划和防洪抢险应急预案审批部门。大型和全国防洪重点中型水库、水电站的防汛行政责任人、汛期调度运用计划和防洪抢险应急预案必须报国家防总、流域防汛总指挥部或水利部流域管理机构备案。以上工作请于 2006 年 4 月 30 日前完成。

各地防汛抗旱指挥部或水利部流域管理机构在执行以上规定时，如有问题和建议请及时报告国家防总。

二〇〇五年十月十四日

水利部关于加强农村水电站工程验收管理的通知

水电［2004］308号

各省、自治区、直辖市水利（水务）厅（局）、新疆生产建设兵团水利局：

农村水电是农村重要的基础设施和公共设施，农村水电站工程的质量不仅关系到工程的安全运行和效益的发挥，还直接关系到社会公共安全。农村水电站工程验收是农村水电基本建设管理的重要环节，是确保农村水电站工程建设质量的重要措施。近年来，大量社会资金积极投资农村水电，农村水电建设呈现良好发展势头。但是，一些投资者违反基本建设程序和法律法规，无立项、无设计、无验收、无管理的“四无”水电站在各地不同程度地存在，特别是一些水电站不经验收就投入运行，留下安全隐患，给国家和人民生命财产安全造成严重威胁，加强农村水电站工程验收管理刻不容缓，为了明确职责，保证农村水电站工程建设质量，确保国家和人民生命财产安全，根据国家有关法律法规，经商国家发展和改革委员会，现就加强农村水电站工程验收管理通知如下：

一、农村水电站（单站装机容量50MW及以下）工程验收包括阶段（中间）验收、机组启动验收、竣工初验和竣工验收。农村水电站工程施工达到一定的关键阶段时应进行阶段（中间）验收。农村水电站工程的阶段性（中间）验收主要包括截流前验收、重要隐蔽工程及基础处理工程验收、工程蓄水验收和单位工程验收。每一台机组及其附属设备安装完毕，并具备生产条件后，必须进行机组启动验收。农村水电站工程已经具备生产运行条件，在提交生产单位运行前，要先进行竣工初验，竣工初验在阶段（中间）验收和机组启动验收的基础上进行。农村水电站工程具备竣工验收条件后，应及时进行竣工验收。农村水电站各项验收未进行或验收不合格的，工程不准进入下一阶段。

二、农村水电站工程验收实行分类验收制度。农村水电站工程的各项验收由项目法人根据工程建设的进展情况适时提出或负责进行。截流前验收、重要隐蔽工程及基础处理工程验收和单位工程验收由项目法人负责，水行政主管部门参加；工程蓄水验收由项目法人与水行政主管部门共同组织；机组启动验收由项目法人与接入电网的经营管理单位共同组织，水行政主管部门参加；竣工初验由水行政主管部门负责；竣工验收可根据各地实际情况，由审批项目初步设计的部门负责。

三、严格做好大坝安全鉴定工作。大坝安全鉴定是农村水电站工程蓄水验收的重要条件，是确保工程安全的重要措施，必须认真做好。大坝蓄水前安全鉴定由项目法人委托有资质的单位进行，并将鉴定结果报水行政主管部门备案。

四、库区移民、水土保持、环保、消防、劳动安全与工业卫生、工程档案等专项验收是农村水电站工程验收的重要内容，要按照有关规定进行。考虑到农村水电站工程的特点，为加快验收工作，可在竣工初验前组织联合验收。

五、农村水电站工程验收实行谁验收谁负责的制度。验收负责单位要切实负起责任，加强管理，选派政治素质好，技术水平高，实际经验丰富的人员，认真按有关规定做好验收工作。对于违反验收制度和程序，不负责任，验收走过场造成责任事故的要从严追究责任。项目法人应积极配合有关单位开展工作，并将所有验收资料和报告整理归档，保证工程资料的完整可靠。

六、《水利水电建设工程验收规程》（SL223－1999）和《小型水电站建设工程验收规程》（SL168－96）与本通知不一致的按本通知执行。库容 1000 万 m^3 及以上或总装机容量 50MW 及以下、2MW 及以上的农村水电站工程的各项验收，要严格按照有关要求执行，其他农村水电站工程的验收可突出重点适当简化，但必须保证安全，具体规定由省、自治区、直辖市水行政主管部门制定。

七、各地要认真贯彻本通知精神，严格执行国家有关法律法规和有关规定，结合本地实际提出加强农村水电站工程验收管理的具体办法，切实加强农村水电管理的机构建设和能力建设，保证农村水电站工程各项验收工作有序进行，确保农村水电站工程质量，维护公共利益和安全。

二〇〇四年七月三十日

水利部关于印发《农村水电站安全管理分类及年检办法》的通知

水电［2006］146号

部直属有关单位，各省、自治区、直辖市水利（水务）厅（局），各计划单列市水利（水务）局，新疆生产建设兵团水利局：

为提高农村水电站的管理水平，加强安全监督和管理，保障安全生产，保障人民生命财产安全，现将《农村水电站安全管理分类及年检办法》下发给你们，请遵照执行。

在执行过程中有何问题请及时反馈水利部水电局。

附件：《农村水电站安全管理分类及年检办法》

二〇〇六年四月十四日

附件：

农村水电站安全管理分类及年检办法

第一章 总 则

第一条 为提高农村水电站管理水平，加强水电站安全监督和管理，保障安全生产，保障人民生命财产安全，特制定本办法。

第二条 本办法根据《中华人民共和国水法》、《中华人民共和国防洪法》、《中华人民共和国电力法》、《中华人民共和国安全生产法》等法律法规制定。

第三条 本办法适用于中华人民共和国境内已投入运行的单站装机容量为5万千瓦及以下的水电站。

第二章 分类与评审管理

第四条 水电站安全管理水平确定为A、B、C、D四类。A类电站是安全可靠，管理优秀，实现了“无人值班，少人值守”，具有示范作用的水电站，冠名金牌水电站；B类电站是管理较好，能安全生产的水电站；C类电站是管理差，存在重要安全隐患，需限期整改的水电站；D类电站是存在严重安全隐患，必须停产整改的水电站。

第五条 水电站分类实行全国统一标准（见附录1）。

第六条 确定水电站类别实行首次申报与年度检验制度。

第七条 县级以上水行政主管部门负责水电站类别管理和年度检验工作。

第三章 首次申报程序

第八条 首次申报的基本条件是：

（一）非违规建设的水电站；

（二）有完整的水电站勘测、设计、施工、监理、质检资料和运行监测资料；

（三）已经通过竣工初验或竣工验收，并有水电站大坝工程安全鉴定报告；

（四）有健全的安全生产制度、职责明确的管理机构和符合岗位要求的运行人员。

第九条 首次申报的水电站，要如实填报水电站安全管理首次分类申报表（见附录2），并按分级管理要求报相应水行政主管部门批准。

第十条 水行政主管部门按照分级管理的规定和分类标准确定有关水电站类别，并逐级上报至省级水行政主管部门备案。

第四章 年度检验程序

第十一条 水电站安全管理类别实行年度检验制度。

第十二条 经首次分类确定的水电站应于次年3月1日前将水电站安全管理分类年度检验申报表（附录3）上报相应水行政主管部门。

第十三条 水行政主管部门对上报的年度检验申报表进行检验，可采取适当方式进行现场检验或抽查。

第十四条 水行政主管部门在对电站进行年度检验时，应当严格按照水电站安全管理分类标准，对已确定类别的电站进行定级、晋级或降级。

第五章 确定和冠名公布

第十五条 各省（自治区、直辖市）水行政主管部门根据本地实际，确定省、地、县三级水行政主管部门对水电站安全管理分类及年度检验管理权限。

第十六条 金牌由水利部统一规格和标准，由各省（自治区、直辖市）水行政主管部门制作。

第十七条 首次冠名和年度检验结果由省级水行政主管部门发文并在有关媒体公布。

第六章 奖惩和整改

第十八条 对冠名金牌的水电站，由水行政主管部门给予表彰奖励，并向当地政府推荐参加相关表彰评比，向金融部门推荐提高贷款信誉等级。

第十九条 被确定为C类的水电站，必须在限期内进行整改。整改后报原审核单位验收并重新确定类别。

第二十条 被确定为D类的水电站，必须立即停产整改。整改仍不合格或拒不接受整改或年检的水电站，由水行政主管部门吊销其使用证，并通知电网企业不准其并网，建议工商行政管理部门吊销其营业执照；对造成严重后果的，追究其法定代表人及相关负责人责任；对构成犯罪的，依照相关法律，移交司法部门追究当事人法律责任。

第二十一条 电站生产运行单位应当积极配合和接受水行政主管部门的监督管理。凡是不按本办法规定，进行首次申报和年度检验申报的电站，水行政主管部门将依照有关法律和国务院有关规定进行处理。

第七章 其 他

第二十二条 各级水利部门直属的水电站，水利部门管理的变电站，地方组织建设和管理的5万千瓦以上的水电站的安全管理分类及年度检验比照执行。

第二十三条 本办法由水利部负责解释。

第二十四条 本办法自颁布之日开始施行。

附录1：

水电站安全管理分类标准

A类电站标准

符合基本条件并达到以下全部要求。

1. 贯彻《农村水电技术现代化指导意见》，实现了“无人值班，少人值守”；
2. 生产一线职工的持证上岗率达到100%；
3. 考核期内安全运行，未发生人员伤亡或设备责任事故；
4. 水工程、机电设备及设施完好率达到100%，其中一类设备占90%；
5. 电站证照齐全，合法经营，经营状况良好；
6. 保证了生态环境用水，实现了文明生产，环境优美。

B类电站标准

符合基本条件并达到以下全部要求。

1. 部分生产、办公环节采用了微机自动化技术；
2. 人员编制基本符合水利部《农村水电站岗位设置及定员标准》；
3. 生产一线职工的持证上岗率达到80%以上；
4. 考核期内安全运行，未发生人员重伤或死亡事件以及重大设备责任事故；
5. “两票”执行填写合格率达到95%以上；
6. 水工程、机电设备及设施完好率达到100%，其中一类设备占80%；
7. 电站证照齐全，合法经营，经营状况正常；
8. 基本保证了河流生态用水，基本解决了跑冒滴漏和脏乱差，落实了文明生产和环境保护工作。

C类电站标准

未完全达到基本条件或发生下列条件之一。

1. 生产一线职工的持证上岗率50%以下；
2. 考核期内发生重大事故；
3. 电站存在重要安全隐患，影响发电安全和系统安全；
4. 电站证照不齐全，有严重的不良记录；
5. 管理混乱，严重跑冒滴漏和脏乱差；
6. 人员超编1.5倍以上。

D类电站标准

大坝或引水系统或发电厂设备存在严重隐患，随时可能造成危及人民生命财产安全的重大事故。

附录 2：

水电站安全管理首次分类申报表

电站名称		所属市县	
所属流域		首次申报类别	类
水库库容	（万立方米）	总装机容量	____（台）×____（千瓦）
水库调节性能		设计年发电量	（万千瓦·时）
电站总人数	（人）	上年度实际发电量	（万千瓦·时）
其中技术人员	（人）	连续运行天数	（天）
所有制形式		电站投产日期	

申请报告：

电站法定代表人签字（电站盖章）：

年　月　日

续表一

水电站安全管理首次分类申报表

类别	标准	自测结果	审批结果
基本条件	1. 非违规建设的水电站；		
	2. 有完整的水电站勘测、设计、施工、监理、质检资料和运行监测资料；		
	3. 已经通过竣工初验或竣工验收，并有水电站大坝工程安全鉴定报告；		
	4. 有健全的安全生产制度、职责明确的管理机构和符合岗位要求的运行人员。		
A类	符合基本条件并达到以下全部要求。		
	1. 贯彻《农村水电技术现代化指导意见》，实现了“无人值班，少人值守”；		
	2. 生产一线职工的持证上岗率达到100%；		
	3. 考核期内安全运行，未发生人员伤亡或设备责任事故；		
	4. 水工程、机电设备及设施完好率达到100%，其中一类设备占90%；		
	5. 电站证照齐全，合法经营，经营状况良好；		
	6. 保证了生态环境用水，实现了文明生产，环境优美。		
B类	符合基本条件并达到以下全部要求。		
	1. 部分生产、办公环节采用了微机自动化技术；		
	2. 人员编制基本符合水利部《农村水电站岗位设置及定员标准》；		
	3. 生产一线职工的持证上岗率达到80%以上；		
	4. 考核期内安全运行，未发生人员重伤或死亡事件以及重大设备责任事故；		
	5. “两票”执行填写合格率达到95%以上；		
	6. 水工程、机电设备及设施完好率达到100%，其中一类设备占80%；		
	7. 电站证照齐全，合法经营，经营状况正常；		
	8. 基本保证了河流生态用水，基本解决了跑冒滴漏和脏乱差，落实了文明生产和环境保护工作。		
C类	未完全达到基本条件或发生下列条件之一。		
	1. 生产一线职工的持证上岗率50%以下；		
	2. 考核期内发生重大事故；		
	3. 电站存在重要安全隐患，影响发电安全和系统安全；		
	4. 电站证照不齐全，有严重的不良记录；		
	5. 管理混乱，严重跑冒滴漏和脏乱差；		
	6. 人员超编1.5倍以上。		
D类	大坝或引水系统或发电厂设备存在严重隐患，随时可能造成危及人民生命财产安全的重大事故。		

续表二

水电站安全管理首次分类申报表

<table>
<tr><td>县（市）水行政主管部门审核意见：

盖　章
年　月　日</td></tr>
<tr><td>地（市）水行政主管部门审核意见：

盖　章
年　月　日</td></tr>
<tr><td>省水行政主管部门审核意见：

盖　章
年　月　日</td></tr>
</table>

注　申报理由一栏可按相应分类标准逐条说明。

附录 3：

水电站安全管理分类年度检验申报表

<table>
<tr><td colspan="2">电站名称</td><td></td><td>所属市县</td><td></td></tr>
<tr><td colspan="2">上次申报类别</td><td>类</td><td>上次批准时间</td><td></td></tr>
<tr><td colspan="2">连续运行天数</td><td>（天）</td><td>总装机容量</td><td>___（台）×___（千瓦）</td></tr>
<tr><td colspan="2">电站总人数</td><td>（人）</td><td>设计年发电量</td><td>（万千瓦·时）</td></tr>
<tr><td colspan="2">其中技术人员</td><td>（人）</td><td>上年度实际发电量</td><td>（万千瓦·时）</td></tr>
<tr><td colspan="2">所有制形式</td><td colspan="3"></td></tr>
<tr><td>年检申请报告</td><td colspan="4">电站法定代表人签字（电站盖章）：
年 月 日</td></tr>
<tr><td>水行政主管部门审核意见</td><td colspan="4">盖 章
年 月 日</td></tr>
</table>

续表一

水电站安全管理分类年度检验申报表

类别	标　　准	自测结果	审批结果
A类	达到以下全部要求。		
	1. 贯彻《农村水电技术现代化指导意见》，实现了“无人值班，少人值守”；		
	2. 生产一线职工的持证上岗率达到100%；		
	3. 考核期内安全运行，未发生人员伤亡或设备责任事故；		
	4. 水工程、机电设备及设施完好率达到100%，其中一类设备占90%；		
	5. 电站证照齐全，合法经营，经营状况良好；		
	6. 保证了生态环境用水，实现了文明生产，环境优美。		
B类	达到以下全部要求。		
	1. 部分生产、办公环节采用了微机自动化技术；		
	2. 人员编制基本符合水利部《农村水电站岗位设置及定员标准》；		
	3. 生产一线职工的持证上岗率达到80%以上；		
	4. 考核期内安全运行，未发生人员重伤或死亡事件以及重大设备责任事故；		
	5. “两票”执行填写合格率达到95%以上；		
	6. 水工程、机电设备及设施完好率达到100%，其中一类设备占80%；		
	7. 电站证照齐全，合法经营，经营状况正常；		
	8. 基本保证了河流生态用水，基本解决了跑冒滴漏和脏乱差，落实了文明生产和环境保护工作。		
C类	发生下列条件之一。		
	1. 生产一线职工的持证上岗率50%以下；		
	2. 考核期内发生重大事故；		
	3. 电站存在重要安全隐患，影响发电安全和系统安全；		
	4. 电站证照不齐全，有严重的不良记录；		
	5. 管理混乱，严重跑冒滴漏和脏乱差；		
	6. 人员超编1.5倍以上。		
D类	大坝或引水系统或发电厂设备存在严重隐患，随时可能造成危及人民生命财产安全的重大事故。		

续表二

水电站安全管理分类年度检验申报表

县（市）水行政主管部门审核意见：   盖　章 年　月　日
地（市）水行政主管部门审核意见：   盖　章 年　月　日
省水行政主管部门审核意见：   盖　章 年　月　日

注　申报理由一栏可按相应分类标准逐条说明。

水利部关于印发《农村水电安全生产监察管理工作指导意见》的通知

水电［2006］210号

各省、自治区、直辖市水利（水务）厅（局），各计划单列市水利（水务）局，新疆生产建设兵团水利局：

为进一步贯彻《中华人民共和国安全生产法》、《电力安全生产监管办法》等有关法律法规，落实国务院和水利部关于安全生产的有关会议精神，做好农村水电安全生产工作，提高农村水电行业安全生产水平，特制订《农村水电安全生产监察管理工作指导意见》。现印发你们，请遵照执行。

在执行过程中有何问题和建议，请与水利部农村水电及电气化发展局联系。

联 系 人：程　骏

电　　话：010－63202593

电子邮箱：chengjun@mwr.gov.cn

附件：农村水电安全生产监察管理工作指导意见

二〇〇六年五月三十一日

附件：

农村水电安全生产监察管理工作指导意见

为了进一步贯彻《中华人民共和国安全生产法》、《中华人民共和国电力法》、《电力安全生产监管办法》等有关法律法规，落实国务院和水利部关于安全生产的有关会议精神，做好农村水电安全生产工作，提高农村水电安全生产水平，现对农村水电安全生产监察和管理工作提出如下意见。

一、提高对安全监察和管理工作重要性的认识

我国农村水电点多面广，截止到2005年底，农村水电站达到4万多座，装机容量4380万千瓦，全国二分之一的国土面积、三分之一的县市、四分之一的人口主要由农村水电供电，做好农村水电的安全生产工作，对于保证全国电力安全，维护全国安全生产大局具有十分重要的作用。当前农村水电安全生产形势总体上是好的，但是，一些地方和企

业对安全生产工作重视不够，安全措施不落实、安全生产管理和监察机构不健全、人员不到位，人身和设备安全事故时有发生，造成了一定的经济损失和社会不良影响。各级水行政主管部门和各农村水电企业必须以对人民高度负责的精神，进一步加强安全生产管理与监察工作，提高安全生产工作水平。

二、建立健全安全监察与管理体系

安全监察实行分级管理和属地管理的原则。各级水行政主管部门负责所在地区农村水电安全监察和管理工作。农村水电安全监察任务较重的省、市、县设立安全监察机构，配备安全监察人员，其他地区设立专职或兼职安全监察员。各地可以从农村水电企业聘请经过培训、有安全管理实际经验的人员担任兼职安全监察员，协助开展安全监察工作。

农村水电企业和单位根据规模大小设定安全生产管理机构和人员配置。农村水电供电公司和总装机容量2000千瓦及以上的发电企业必须设置安全生产管理机构，配置专门的安全管理人员。其他企业必须设置安全生产管理岗位，配置专职安全管理员或由单位负责安全生产的负责人兼任。

三、严格履行安全监察管理职责与要求

（一）行业安全监察工作主要职责

1. 制定有关电力安全生产和安全监察工作的政策和规章制度等。

2. 制定本部门管辖范围内的年度安全监察工作计划，并组织实施。

3. 对所管辖范围内的生产单位，就安全生产法规、规程的执行情况及有关安全规章制度的完善和执行情况进行监督检查。

4. 组织并参加所管辖范围内的电力安全生产大检查。

5. 严格执行事故报告制度，做好电力生产事故统计和上报工作，参与事故的调查和处理。

6. 做好安全宣传和教育工作。依照有关规定对在安全生产中做出显著成绩的单位和个人进行表彰；对违反安全管理的单位和个人进行批评和处理。

（二）企业安全生产管理工作职责

1. 宣传、贯彻国家有关安全生产方针、法规和政策。

2. 制定本单位安全生产管理工作计划，并组织实施。

3. 检查作业现场的安全状况及设备的安全运行情况，及时提出加强和改进安全生产的意见和建议。及时制止违章指挥、违章作业等行为；发现不安全隐患，要求限期消除。

4. 发生事故后，协助保护事故现场，进行必要的调查，了解与事故有关的情况，对事故的调查分析处理等有不同意见时，有权直接向上级主管部门反映。

5. 对安全生产中存在和发生的重大问题隐瞒不报的，有权向上级或越级直接反映。

6. 做好电力生产事故的统计分析和上报工作。

四、加强安全监察和管理人员的管理

（一）严格安全监察员和管理员的任职条件

安全监察员和管理员应符合下列条件：

1. 作风正派，坚持原则，责任心强，身体健康，接受群众监督。

2. 了解国家有关电力安全生产的方针政策、法律法规，熟悉电力生产有关规程。

3. 熟悉安全生产技术业务，了解本管辖范围内的电力生产企业的安全生产特点和状况，对可能发生的事故或存在的重大隐患应有一定的预见和处理能力。

4. 安全监察员和农村水电供电企业、5000 千瓦以上发电企业和单位的安全管理员应具有助理工程师、助理技师以上职称。其余企业和单位的安全管理员应具有相当于技术员以上的技术职称。

（二）加强对安全监察员和管理员的管理

1. 各地必须按照规定条件和要求选配安全监察员。

2. 建立安全监察员登记制度，调离本岗位的要及时补充合格人员，并向上级主管部门备案。

3. 安全监察员深入企业现场监察工作时必须出示监察员证。

4. 对在安全监察工作中玩忽职守、徇私舞弊或打击报复的，要严肃处理。

企业安全管理员由各企业按照规定条件配置，报本地区水行政主管部门备案。

五、抓好安全监察员和管理员的培训

（一）完善农村水电安全监察员培训考核和监察员证制度。由水利部统一教学大纲和教材，建立合格任职教师信息库和考核试题库，实行分级考核，考核合格取得证书的安全监察员每 5 年进行一次换证考试。初次考核和换证考核的考试题目均从试题库中抽取。拟任安全监察员由所在单位和地区水行政主管部门推荐，参加上岗培训，经考试合格后由水利部颁发《电力安全监察员监察证》。

农村水电安全生产管理任务重的省份，安全监察员可以由省级水行政主管部门委托有条件的机构按照全国统一的教学大纲、教材，聘任合格教师组织培训。

（二）安全管理员的培训由所在企业或地区负责，也可以参加安全监察员培训班，对培训合格者颁发水利部《水利行业培训证书》。

六、关心、支持安全监察员和管理员的工作

（一）各有关水行政主管部门要为农村水电安全监察机构或安全监察员岗位配置必要的安全监察、管理工具和仪器仪表，保证必需的业务经费。各生产企业对安全监察和管理工作应给予支持和配合，不得阻拦或影响安全监察员和管理员的工作。

（二）各地区对在工作中做出贡献的安全监察员和管理员要进行表彰。

（三）支持安全监察员和管理员参加业务和管理培训，不断提高业务能力和工作水平。

参 考 文 献

1 郭健．电力安全监察手册［M］．北京：中国水利水电出版社，1996
2 李庆林．电力安全监察工程师培训教材［M］．北京：中国电力出版社，2004
3 电力安全监察员培训教材编委会．电力安全监察员培训教材［M］．北京：中国水利水电出版社，1995
4 国家电力公司发输电运营部．电力生产安全监督培训教材［M］．北京：中国电力出版社，2003
5 陆荣华．电气安全手册［M］．北京：中国电力出版社，2006
6 陆荣华．电力安全监督 300 问［M］．北京：中国电力出版社，2004

后　记

为加强农村水电安全监察工作，提高安全生产水平，水利部出台了《农村水电安全生产监察管理工作指导意见》，要求加大对农村水电安全监察员的培训力度，规范培训、考试、发证工作，统一教学大纲和教材，分级考核，统一发证。为此，水利部农村水电及电气化发展局组织编写了本教材。

本教材由邢援越主编，陆荣华任副主编并统稿，参加编写的还有李佐云、杨福田、熊杰、符宁桃、程骏。全书由端润生、周春华审稿，田中兴审定。在教材编写过程中，黄明、何峰等同志做了一些工作，在此一并致以衷心的感谢。在教材编写时参阅了有关文献，摘录了有关资料，在此对参阅的文献、书刊和资料作者致以衷心的感谢。

由于本教材政策性强、涉及的内容广、涉及的规程规范多，限于编写者水平，书中如有不妥之处，敬请广大读者指正。今后国家和水利部如有新的政策规定、新的规程规范颁布，应按新的规定执行。

编写组

2007 年 8 月